普通高等教育物联网工程专业系列教材

云计算及其实践教程

(第二版)

郝卫东　王志良　刘宏岚　王　宁　编著

西安电子科技大学出版社

内 容 简 介

本书系统、全面地介绍了面向教学的云计算理论、平台和应用实践。云计算理论部分主要包括 SPI 服务模型、虚拟化、云存储、云安全、云标准化、云计算与物联网通信等方面的知识；平台部分主要包括 Google、Amazon、OpenStack、Windows Azure、Hadoop、Spark 等主流云平台；应用实践部分主要包括基于 Windows Azure 和 Hadoop、Spark 的九个实验，并给出了云实践的路径建议。附录包括习题答案、习题增补和中英文术语对照表等内容。全书既重视基本概念、基本理论的阐述，也重视主流产品、应用方案、编程实现的介绍。在出版社网站上提供本书教学和实验所用的课件与相关素材。

本书可作为高等学校物联网工程、通信与信息系统、电子科学与技术、电子工程、计算机等专业的本科生教材，也可作为相近专业的教学参考书。

图书在版编目(CIP)数据

云计算及其实践教程/郝卫东等编著. —西安：西安电子科技大学出版社，2017.9(2023.5 重印)
ISBN 978-7-5606-4512-4

Ⅰ. ① 云⋯ Ⅱ. ① 郝⋯ Ⅲ. ① 云计算—教材 Ⅳ. ① TP393.027

中国版本图书馆 CIP 数据核字(2017)第 144369 号

策　　划	毛红兵
责任编辑	王　斌　毛红兵
出版发行	西安电子科技大学出版社(西安市太白南路 2 号)
电　　话	(029)88202421　88201467　　邮　编　710071
网　　址	www.xduph.com　　　　电子邮箱　xdupfxb001@163.com
经　　销	新华书店
印刷单位	广东虎彩云印刷有限公司
版　　次	2017 年 9 月第 2 版　　2023 年 5 月第 3 次印刷
开　　本	787 毫米×1092 毫米　1/16　　印　张　28.5
字　　数	675 千字
印　　数	6001～6500 册
定　　价	68.00 元

ISBN 978-7-5606-4512-4/TP

XDUP 4804002-3

如有印装问题可调换

前 言

由于云计算的发展十分迅猛,自《云计算及其实践教程》出版以来,新的 Hadoop 2.0 平台及 YARN 框架的出现、新的云平台 Spark 的出现及迅速被广泛接受,促使我们下决心更新教材内容,赶上时代发展。

根据教学反馈,学生对云计算实践很关注。原有教材主要关注在 Windows 平台的云开发,少量涉及 Linux 平台,修订版增加了 Linux 平台的云开发,并在宏观意义上给出了几条不同的加强云平台实践和开发的学习路径。

本书共分 11 章。第 1 章云计算概论,介绍了云计算的定义和特征、云计算的 SPI 服务模型;第 2 章主流云平台,介绍了 Amazon 云平台、Google 云平台、OpenStack 云平台等;第 3 章 Windows Azure 云平台,介绍了微软的云服务、Windows Azure 云平台及其组成;第 4 章虚拟化,介绍了虚拟化的概念、功能、产品和应用方案;第 5 章 Hadoop 云平台,介绍了并行计算的概念、Hadoop 的各个组件构成和原理、Hadoop 程序实例运行;第 6 章 Spark 平台,介绍 Spark 产生背景、生态系统、核心概念 RDD、程序设计实例;第 7 章云存储,介绍了云存储的概念、FCoE 接口、NoSQL 的概念和实例、云存储方案设计和存储虚拟化;第 8 章云安全,介绍了云安全的概念、技术和应用方案;第 9 章云标准,介绍了云计算的各种标准化组织;第 10 章云计算与物联网通信,介绍了物联网三层体系结构、物联网通信的概念、WPAN、WLAN、WMAN 和 WWAN 等;第 11 章云计算实践,介绍了基于 Windows Azure 和 Hadoop、Spark 平台的九个实验的实验指导,其实验步骤详细,初学者也可以参照学习和实践。本书包括三个附录:附录 1 为各章习题答案;附录 2 为增补习题及其答案;附录 3 为中英文术语对照表。本书提供教学用的 PPT 课件、实验源程序和实验用的素材等,可在出版社网站下载。

与第一版相比,第二版修订的内容包括:

第一,新增了云计算平台 Spark 的基本理论,包括产生背景、生态系统、核心概念 RDD、程序设计实例。新增 YARN 的核心概念以及架构。

第二,补充完善了虚拟机的迁移、网络虚拟化、桌面虚拟化等方面的内容。

第三,NoSQL 技术目前应用越来越广泛,包括阿里云等国内厂商也在迅速跟进使用 MongoDB 等 NoSQL 数据库,学生毕业设计和就业已开始涉及这些新知识。更新原有教材,加强 NoSQL 的实例和分类以及 FCoE 接口、集群存储的概念和方案。

第四,在实践方面,增加了 Linux 平台的云开发,包括支持 YARN 的 Hadoop 分布式安装和部署、Spark 安装、编写和运行 Hadoop 和 Spark 程序、Spark Shell 程序命令执行等,并给出加强云平台实践和开发的学习路径建议。

第五,各章中更新和增加了"温馨提示"部分,帮助读者理解易混淆的相关概念。

第六,增加了一些计算题和设计题,并集中放置到附录 2 中,这些题目关注并行计算和分布式计算、资源管理和调度等基本理论问题,有助于学生深入思考云计算背后的科学问题。

与现有的云计算图书比较，本书的特点在于：

第一，面向物联网加以阐述，切合专业。云计算是物联网的重要基础，物联网是云计算的应用之一。本书在内容上包括云计算与物联网的关系、云计算与物联网通信、可以用于物联网领域中的数据挖掘和数据分析的 Mahout 开源平台、Spark MLlib 开源平台等内容。

第二，注重基础知识和基本理论，形成体系，便于教学。本书每个章节都有"温馨提示"部分，以使读者理解易混淆的概念。

第三，从实践入手，使读者有获得感。例如，听视频、看电子书、自学课件中简单的非关键部分；在网上申请阿里云、百度云、Amazon 云等账号(这三个都易于申请且有免费的时间段赠送)；自己动手安装 Hadoop、Spark 运行环境并用 Java 或 Scala 语言开发 Linux 平台下的云程序；自己动手安装 Windows Azure 运行环境并用 C#语言开发 Windows 平台下的云程序；自己动手安装 VMware Workstation 虚拟化软件或 OpenStack 开源虚拟化管理平台，创建自己的虚拟机。

第四，关注云计算领域的热点。本书不仅关注 Mahout、Spark、MLlib 等大数据和机器学习方面的内容，也关注网络虚拟化、桌面虚拟化等云网络方面的内容，并创新性地以习题形式关注并行计算和分布式计算、资源管理和资源调度等基本理论问题。

本书的初稿在北京科技大学计算机与通信工程学院物联网专业进行了多次试讲，并指导学生做了书中的全部实验，收到了良好的效果。本书的出版得到了教育部"本科教学工程"、"专业综合改革试点"项目经费和北京科技大学教材建设基金的资助，在此表示感谢。

本书可作为高等学校物联网工程、通信与信息系统、电子科学与技术、电子工程、计算机等专业的本科生教材，也可作为相近专业的教学参考书。

郝卫东编写了本书第 3、4、5、6、11 章，王志良编写了第 1、10 章，刘宏岚编写了第 7、8、9 章和附录 1、2、3，王宁编写了第 2 章。

感谢刘宏岚整理了全书所有的图片。感谢王志良教授对本书的指导意见，让我们重视习题和实验，并联系了微软公司对我们进行指导。感谢西安电子科技大学出版社毛红兵编辑和王斌编辑的大力支持和认真细致的工作。本书部分引用了相关参考文献和网络资源，在此，我们对这些资料的作者们表示衷心感谢。

由于编者水平有限，书中难免存在不妥之处，恳请广大读者批评指正。

作者联系方式：郝卫东，E-mail：Wed@ustb.edu.cn。

编　者
2017 年 5 月

第一版前言

随着云计算的深入发展，高校的物联网工程专业急需一本云计算及其实践方面的教材。本书的编写目的就是为了比较系统、全面地介绍面向物联网的云计算理论和技术基础，相应的主流应用平台，产品的体系结构、设计方法、实际运行方案等方面的知识，以及该领域国际上比较新的热点课题，使相关专业的学生及从事此方向研究的工程技术和科研人员，在理论和实际工程应用方面得到较为有价值的训练。

本书共分 10 章。第 1 章云计算概论，介绍了云计算的定义和特征、云计算的 SPI 服务模型；第 2 章主流云平台，介绍了 Amazon 云平台、Google 云平台、OpenStack 云平台等；第 3 章 Windows Azure 云平台，介绍了微软的云服务、Windows Azure 云平台及其组成；第 4 章虚拟化，介绍了虚拟化的概念、产品和应用方案；第 5 章基于 Hadoop 的云编程，介绍了并行计算的概念、Hadoop 的各个组件构成和原理、Hadoop 的程序实例运行；第 6 章云存储，介绍了云存储的概念、NoSQL 的概念和实例、方案设计和存储虚拟化；第 7 章云安全，介绍了云安全的概念、技术和应用方案；第 8 章云标准，介绍了云计算的各种标准化组织；第 9 章云计算与物联网通信，介绍了物联网三层体系结构、物联网通信的概念、WPAN、WLAN、WMAN 和 WWAN 等；第 10 章 Windows Azure 和 Hadoop 实验，介绍了基于 Windows Azure 和 Hadoop 平台的六个实验的实验指导，其实验步骤详细，初学者也可以参照学习和实践。本书包括两个附录：附录 1 为习题答案；附录 2 为中英文术语对照表。本书还附有光盘，提供教学用的 PPT 课件、实验源程序和实验用的素材等。

与现有的云计算图书比较，本书的首要特色及创新之处在于面向物联网加以阐述，重视在理论分析基础上的应用开发和编程实验，重点包括基于 Windows Azure 和 Hadoop 云平台的开发实验的详细过程。本书的第二个特色是追踪前沿热点问题，如基于 Hadoop 的云编程、OpenStack 云平台等。其中基于 Hadoop 的 Mahout 开源平台可用于物联网领域中的数据挖掘和数据分析。本书的第三个特色是面向基础。本书从基本的知识讲起，帮助学生有效地学习和掌握基础知识。书中每个章节都有"温馨提示"部分，对相关知识的背景和基础加以介绍。本书设置了形式多样的习题，以帮助学生巩固所学的知识。

本书的初稿在北京科技大学计算机与通信工程学院物联网专业进行了两次试讲，并指导学生做了书中全部的实验，收到了良好的效果。北京科技大学是教育部批准的首批物联网本科专业的 28 所学校之一(2010 年)，是教育部批准的首批物联网本科特色专业的 6 所学校之一(2011 年)。北京科技大学物联网专业与微软公司、IBM 公司等有着长期教学研究合作计划，同时得到国家级高等学校(物联网工程)特色专业建设重点项目、北京市支持中央在京高校共建项目、北京科技大学教改重点项目的支持和资助，在此一并表示感谢。本书的出版得到了教育部"本科教学工程""专业综合改革试点"项目经费和北京科技大学教材建设基金的资助，在此也表示感谢。

本书可以作为高等学校物联网工程、通信与信息系统、电子科学与技术、电子工程、计算机等专业的本科生教材，也可以作为相近专业的教学参考书。

郝卫东编写了本书第 3、4、5、10 章，王志良编写了第 1、9 章，刘宏岚编写了第 6、7、8 章和附录 1、2，王宁编写了第 2 章。王丹丹、陈宇、马欢、孔妍、习荣华、耿绪超、迪娜·艾德力汗、于汝云和覃小娜参与了部分章节的编写。

感谢刘宏岚整理了全书所有的图片。感谢王志良教授对本书的意见，让我们重视习题和实验，并联系了微软公司对我们进行指导。感谢西安电子科技大学出版社毛红兵编辑和王斌编辑的大力支持和认真细致的工作。本书部分引用了相关参考文献和网络资源，在此，我们对这些资料的作者们表示衷心感谢。

由于编者水平有限，书中难免存在不妥之处，恳请广大读者批评指正。

作者联系方式：郝卫东，E-mail：Wed@ustb.edu.cn。

编　者

2014 年 3 月

目 录

第1章 云计算概论
1.1 云计算的定义和特征 ... 1
1.1.1 云计算的定义 ... 1
1.1.2 云计算的特征 ... 3
1.1.3 云计算系统的组成 ... 3
1.1.4 云计算的部署模式 ... 4
1.2 云计算应用实例 ... 5
1.3 服务理论 ... 9
1.3.1 服务的概念 ... 9
1.3.2 几种常见的服务 ... 10
1.3.3 服务概念的特征 ... 11
1.3.4 面向服务的开发 ... 12
1.4 云计算的SPI服务模型 ... 14
1.4.1 IaaS ... 14
1.4.2 PaaS ... 15
1.4.3 SaaS ... 17
1.4.4 IaaS、PaaS和SaaS的比较 ... 18
1.5 云计算与相关领域的关系 ... 18
1.5.1 云计算与网格计算的关系 ... 18
1.5.2 云计算与P2P计算的关系 ... 20
1.5.3 云计算与集群计算的关系 ... 22
1.5.4 云计算与物联网的关系 ... 23
本章小结 ... 24
习题与思考 ... 24

第2章 主流云平台 ... 26
2.1 云平台综述 ... 26
2.2 Amazon云平台 ... 26
2.2.1 弹性计算云EC2 ... 27
2.2.2 简单存储服务S3 ... 33
2.2.3 简单数据库服务Simple DB ... 35
2.2.4 简单队列服务SQS ... 37
2.3 Google云平台 ... 39
2.3.1 Google文件系统GFS ... 40
2.3.2 分布式计算编程模型MapReduce ... 42
2.3.3 分布式锁服务Chubby ... 43
2.3.4 分布式数据存储系统Bigtable ... 45
2.3.5 Google App Engine ... 49
2.4 OpenStack云平台 ... 51
2.4.1 计算服务Nova ... 54
2.4.2 存储服务Swift ... 58
2.4.3 镜像服务Glance ... 63
2.4.4 身份服务Keystone ... 63
2.4.5 用户界面服务Horizon ... 64
本章小结 ... 65
习题与思考 ... 65

第3章 Windows Azure云平台 ... 67
3.1 微软云计算服务概述 ... 67
3.1.1 面向消费者的云服务 ... 68
3.1.2 面向企业的云服务 ... 69
3.1.3 平台发展目标 ... 70
3.2 Windows Azure平台简介 ... 70
3.3 云操作系统Windows Azure ... 71
3.3.1 Windows Azure的组成 ... 71
3.3.2 Windows Azure计算服务 ... 72
3.3.3 Windows Azure存储服务 ... 74
3.3.4 Windows Azure Fabric控制器 ... 78
3.3.5 Windows Azure应用场景 ... 80
3.4 SQL Azure ... 81
3.4.1 SQL Azure概述 ... 81
3.4.2 SQL Azure数据库体系结构 ... 82
3.4.3 SQL Azure数据库和SQL Server数据库的对比 ... 84
3.5 Windows Azure AppFabric ... 86
3.5.1 Windows Azure AppFabric概述 ... 86
3.5.2 服务总线 ... 87
3.5.3 访问控制服务 ... 90
3.5.4 分布式缓存 ... 90
本章小结 ... 91
习题与思考 ... 92

· 1 ·

第 4 章 虚拟化 93
4.1 虚拟化概述 93
4.2 服务器虚拟化 95
4.2.1 服务器虚拟化概述 95
4.2.2 服务器虚拟化的类型 95
4.2.3 服务器虚拟化的架构 99
4.2.4 服务器虚拟化的核心技术 99
4.3 虚拟化的主要功能 100
4.3.1 虚拟机的基本功能 100
4.3.2 虚拟机的迁移 102
4.3.3 虚拟化应用举例 103
4.4 服务器虚拟化主流厂商及产品 105
4.4.1 VMware ESX 105
4.4.2 Citrix XenServer 106
4.4.3 Microsoft Hyper-V 108
4.4.4 RedHat KVM 109
4.4.5 主流虚拟化产品的比较 110
4.5 服务器虚拟化应用方案设计 112
4.5.1 需求分析 112
4.5.2 方案准备 113
4.5.3 方案设计 114
4.5.4 方案实施 115
4.5.5 方案效益 116
4.6 网络虚拟化 117
4.6.1 传统的网络虚拟化 117
4.6.2 虚拟以太网交换机 VEB 118
4.6.3 VEPA 和 VN-Tag 技术 119
4.7 桌面虚拟化 122
4.7.1 桌面虚拟化的概念和技术 122
4.7.2 网络显示协议及其实例 123
4.7.3 桌面虚拟化实例 124
4.8 应用虚拟化 125
4.8.1 应用虚拟化概述 125
4.8.2 应用虚拟化实例 125
本章小结 126
习题与思考 126

第 5 章 Hadoop 云平台 128
5.1 并行计算 128
5.1.1 并行计算概述 128
5.1.2 并行计算的体系结构 128
5.1.3 集群计算 130
5.1.4 并行计算的进程模型 133
5.1.5 并行编程模型 134
5.2 Hadoop 概述 136
5.2.1 Hadoop 的由来 136
5.2.2 Hadoop 的特点 136
5.2.3 Hadoop 的基本结构 137
5.2.4 Hadoop 的应用 138
5.3 HDFS 138
5.3.1 HDFS 的功能 138
5.3.2 HDFS 的结构 138
5.3.3 HDFS 文件读/写操作流程 139
5.3.4 HDFS 如何实现可靠存储、副本管理 141
5.4 MapReduce 142
5.4.1 MapReduce 原理 142
5.4.2 MapReduce 执行流程 143
5.4.3 MapReduce 数据流程 144
5.4.4 MapReduce 的容错机制 145
5.5 YARN 146
5.5.1 YARN 是一个资源管理平台 146
5.5.2 原 MapReduce 框架存在的问题 147
5.5.3 YARN 架构 148
5.5.4 YARN 工作流程 148
5.5.5 YARN 框架相对于旧的 MapReduce 框架的优势 149
5.6 HBase 149
5.6.1 HBase 概述 149
5.6.2 HBase 与关系型数据库的比较 150
5.6.3 HBase 的数据模型 150
5.6.4 HBase Shell 命令的应用 150
5.7 Zookeeper 152
5.7.1 Zookeeper 的功能 152
5.7.2 Zookeeper 的数据模型 152
5.7.3 Zookeeper 的典型应用场景 153
5.8 Hadoop 的程序实例运行与分析 155
5.8.1 WordCount 实例 155
5.8.2 每年最高气温实例 158

5.8.3 基于 Hadoop 的数据挖掘
开源平台——Mahout 160
本章小结 162
习题与思考 162

第 6 章　Spark 平台 164
6.1 三种计算框架 164
 6.1.1 批处理(Batch)计算 165
 6.1.2 流式(Streaming)计算 165
 6.1.3 交互式(Interactive)计算 165
6.2 Spark 产生背景 166
6.3 Spark 特点 166
 6.3.1 高效 167
 6.3.2 易用 168
 6.3.3 与 Hadoop 集成 169
6.4 Spark 生态系统 170
 6.4.1 Spark 生态系统概述 170
 6.4.2 Alluxio 171
 6.4.3 Mesos 和 YARN 172
 6.4.4 Shark 和 Spark SQL 172
 6.4.5 Spark Streaming 172
 6.4.6 GraphX 173
 6.4.7 MLBase 和 MLlib 173
6.5 Spark 核心概念 RDD 174
 6.5.1 Spark 的核心概念 174
 6.5.2 利用本地文件或 HDFS 文件
    创建 RDD 174
 6.5.3 对 RDD 进行操作 174
 6.5.4 RDD Transformation 举例 176
 6.5.5 RDD Action 举例 177
 6.5.6 Key/Value 类型的 RDD 177
6.6 Spark 程序设计实例 178
 6.6.1 实例 1：WordCount 178
 6.6.2 Spark 程序设计的基本流程 ... 180
 6.6.3 Spark 程序设计的 Scala 语言 ... 180
 6.6.4 实例 2：用蒙特卡洛算法
    分布式估算 Pi 180
 6.6.5 程序架构及相关概念 182
 6.6.6 体验 Spark 交互式模式
    Spark-shell 183

 6.6.7 提交 Spark 程序 183
6.7 进一步理解 Spark 核心概念 RDD ... 185
 6.7.1 RDD 与 DAG 185
 6.7.2 划分 Stage 185
 6.7.3 划分 Stage 举例 186
6.8 进一步理解 Spark 新概念 187
 6.8.1 Dataset 的概念和使用 188
 6.8.2 SparkSession 的概念和使用 ... 189
本章小结 191
习题与思考 191

第 7 章　云存储 193
7.1 云存储概述 193
 7.1.1 云存储的概念 193
 7.1.2 云存储的结构模型 194
 7.1.3 云存储国内外发展现状 195
 7.1.4 云存储相比传统存储的优势 ... 197
7.2 存储结构 198
 7.2.1 DAS(直接连接存储) 198
 7.2.2 NAS(网络附加存储) 198
 7.2.3 SAN(存储区域网络) 199
 7.2.4 集群存储 200
7.3 存储设备 203
 7.3.1 存储设备概述 203
 7.3.2 磁盘阵列(RAID) 203
7.4 存储接口 206
 7.4.1 SCSI 接口 206
 7.4.2 FC 接口 208
 7.4.3 iSCSI 接口 211
 7.4.4 InfiniBand 接口 212
 7.4.5 Myrinet 接口 213
 7.4.6 FCoE 接口 214
7.5 NoSQL 数据库 216
 7.5.1 数据库的分类和 NoSQL 简介 ... 216
 7.5.2 关系数据库的问题和 NoSQL 的
    出现 218
 7.5.3 NoSQL 的特点 219
 7.5.4 NoSQL 的实例 219
 7.5.5 NoSQL 的常见数据结构 220
7.6 云存储上传和下载文件的设计 221

7.6.1 概要设计 221
7.6.2 MySQL 数据库设计 222
7.6.3 详细设计 223
7.7 存储虚拟化 225
7.7.1 存储虚拟化的概念与分类 225
7.7.2 服务器级别的存储虚拟化 226
7.7.3 存储设备级别的存储虚拟化 226
7.7.4 存储网络级别的存储虚拟化 227
本章小结 228
习题与思考 228

第 8 章 云安全 230
8.1 云安全概述 230
8.1.1 云安全的定义 230
8.1.2 云安全与传统网络安全的差别 231
8.1.3 云安全发展现状 231
8.2 云安全技术 232
8.2.1 灾难备份和恢复 232
8.2.2 可信计算 235
8.2.3 云支付 237
8.2.4 应用方案和设计实例 240
本章小结 242
习题与思考 242

第 9 章 云标准 243
9.1 云计算标准化的意义 243
9.2 云计算标准化的现状 244
9.3 云计算标准化组织 244
9.3.1 美国国家标准与技术研究院 244
9.3.2 开放云计算联盟 245
9.3.3 分布式管理任务组 245
9.3.4 企业云买方理事会 246
9.3.5 云安全联盟 246
9.3.6 《云开放宣言》 246
9.3.7 存储网络工业协会 247
9.3.8 欧洲电信标准协会 247
9.3.9 开放网格论坛 247
9.3.10 开放云计算工作组 248
9.3.11 云计算互操作论坛 248
9.3.12 电信管理论坛 248
9.3.13 ISO/IEC 249
9.3.14 IEEE 249
9.3.15 ITU-T 249
本章小结 250
习题与思考 250

第 10 章 云计算与物联网通信 251
10.1 物联网三层体系结构 251
10.1.1 感知层关键技术 252
10.1.2 网络层关键技术 254
10.1.3 应用层关键技术 254
10.2 物联网通信概述 255
10.3 ZigBee 技术 258
10.3.1 ZigBee 技术的来源与优势 258
10.3.2 ZigBee 技术的协议架构 259
10.3.3 ZigBee 技术在物联网中的应用 ... 262
10.4 蓝牙(Bluetooth)技术 265
10.4.1 蓝牙技术的来源与特点 265
10.4.2 蓝牙技术的应用及产品 269
10.5 超宽带(UWB)技术 270
10.5.1 超宽带的定义 270
10.5.2 超宽带技术的特点与应用 272
10.5.3 超宽带技术的两大技术标准 274
10.5.4 超宽带技术与其他无线
通信技术的比较 276
10.6 60 GHz 通信技术 277
10.6.1 60 GHz 通信技术的特点 277
10.6.2 60 GHz 标准化进程 279
10.6.3 60 GHz 组网中的非视距传输 ... 281
10.7 无线 LAN 通信技术 282
10.7.1 无线 LAN 通信技术的标准 282
10.7.2 无线 LAN 通信技术的
应用和组网 285
10.8 无线 MAN 通信技术 287
10.8.1 WiMAX 的概念和特点 287
10.8.2 WiMAX 的演进 288
10.8.3 WiMAX 系统的结构 289
10.9 移动通信网 289
10.9.1 移动通信网的基本组成 289
10.9.2 移动通信网络的发展历程 290
10.9.3 WCDMA 技术 294

10.9.4	CDMA 2000 技术	295
10.9.5	TD-SCDMA 技术	296
10.9.6	LTE 技术	297

本章小结 299
习题与思考 299

第 11 章 云计算实践 303

11.1 建立和启动 Windows Azure 程序开发环境 303
- 11.1.1 实验目的 303
- 11.1.2 实验环境 303
- 11.1.3 实验内容 303
- 11.1.4 上机思考题 306

11.2 创建 Windows Azure Web 角色应用程序 306
- 11.2.1 实验目的 306
- 11.2.2 实验环境 307
- 11.2.3 实验内容 307
- 11.2.4 上机思考题 315

11.3 编写 WCF 云后台辅助角色应用程序 315
- 11.3.1 实验目的 315
- 11.3.2 实验环境 315
- 11.3.3 实验原理 315
- 11.3.4 实验内容 316
- 11.3.5 上机思考题 327

11.4 编写 Table 存储服务应用程序 328
- 11.4.1 实验目的 328
- 11.4.2 实验环境 328
- 11.4.3 实验原理 328
- 11.4.4 实验内容 329
- 11.4.5 上机思考题 347

11.5 编写基于 Blob 的云存储应用程序 348
- 11.5.1 实验目的 348
- 11.5.2 实验环境 348
- 11.5.3 实验内容 348
- 11.5.4 上机思考题 358

11.6 Hadoop 的伪分布式部署 358
- 11.6.1 实验目的 358
- 11.6.2 实验环境 358
- 11.6.3 实验内容 359
- 11.6.4 上机思考题 366

11.7 支持 YARN 的 Hadoop 在两个虚拟机中分布式运行 366
- 11.7.1 实验目的 366
- 1.7.2 实验环境 366
- 11.7.3 实验原理 366
- 11.7.4 实验内容 367
- 11.7.5 上机思考题 383

11.8 Spark 安装部署及上机操作 383
- 11.8.1 实验目的 383
- 11.8.2 实验环境 383
- 11.8.3 实验内容 384
- 11.8.4 上机思考题 388

11.9 云中的 Spark 实验 388
- 11.9.1 实验目的 388
- 11.9.2 实验环境 389
- 11.9.3 实验内容 389
- 11.9.4 上机思考题 394

11.10 云实践路径推荐 394
- 11.10.1 从一份调查问卷谈云实践路径 394
- 11.10.2 结合翻转课堂进行云实践 396
- 11.10.3 亚马逊 AWS 云服务的申请步骤 397
- 11.10.4 在 VMWare 上安装 Linux 虚拟机 403

附录 1 习题答案 407
附录 2 增补习题及其答案 415
附录 3 中英文术语对照表 432
参考文献 441

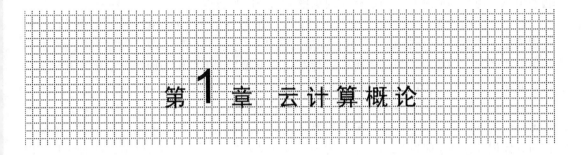

第1章 云计算概论

本章要点：

- 云计算的定义
- 云计算的特征
- 云计算系统的组成
- 服务理论
- 云计算的 SPI 服务模型
- 云计算与相关领域的关系

课件

1.1 云计算的定义和特征

1.1.1 云计算的定义

虽然云计算技术发展迅速，应用日渐广泛，但是目前，仍没有一个关于云计算的统一定义。通常得到较多认可的云计算(Cloud Computing)的定义有：

云计算是一种 IT 服务的交付和使用模式，即用户通过网络以按需、易扩展的方式获得所需的资源(硬件、平台、软件)，提供资源的网络被称为"云"。

温馨提示：

云计算定义中所说的"资源(硬件、平台、软件)"，分别对应 SPI 服务模型中的"基础设施作为服务（IaaS）"、"平台作为服务（PaaS）"、"软件作为服务（SaaS）"。SPI 服务模型见 1.4 节。

"云"中的资源在使用者看来是可以无限扩展的，并且可以随时获取，按需使用，按使用方式付费。"云"的这种特性使其成为一种像水、电设施一样的 IT 基础设施。

根据美国国家标准与技术研究院(National Institute of Standards and Technology，NIST)的定义，云计算是一种利用互联网实现随时随地、按需、便捷地访问共享资源池(如计算设施、存储设备、应用程序等)的计算模式。计算机资源服务化是云计算重要的表现形式，它为用户屏蔽了数据中心管理、大规模数据处理、应用程序部署等问题。

云计算的基本思路十分简单，就是"合"的思路：服务提供商提供应用程序，服务提供商的数据中心负责集中存储过去一直保存在最终用户个人计算机上或企业自己的数据中心的信息，用户则通过互联网远程访问这些应用程序和数据。

根据上面的定义，"云"就是一些可以自我维护和自我管理的虚拟资源。它通常由一些大规模服务器集群(包括计算服务器、存储服务器、宽带资源等)组成。云计算将所有的资源集中在一起，并由软件自动管理。这使得用户无需为许多的细节而烦恼，能够把更多的精力放在自己的业务上，有利于创新和降低成本。

这种虚拟资源之所以称为"云"，是因为它在某些方面具有现实中云的特征：云一般都较大；云的规模可以动态伸缩，云的边界是模糊的；云在空中飘忽不定，无法也无需确定它的具体位置。将其称为"云"，还因为云计算的鼻祖之一——亚马逊(Amazon)公司将其网格计算的产品取名为"弹性计算云(Elastic Compute Cloud，EC2)"，而该产品在商业上取得了很大的成功。

另外，在各种图示中，互联网常用一个云状图案来表示。因此提供资源的网络被称为"云"，同时"云"也是对底层基础设施的一种抽象。"云"的形象描述如图 1.1 所示。

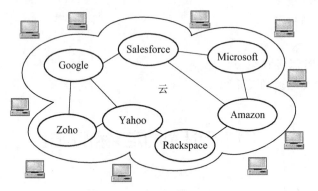

图 1.1　"云"的形象描述

云计算的出现，使提供计算能力的方式发生了巨大变化，这就好比电力供应从古老的单台发电机模式转向电厂集中供电模式。这一改变意味着计算能力和存储能力可以像煤气、水电一样作为商品进行流通，并且取用方便，费用低廉。而其中最大的不同只是在于，计算能力和存储能力是通过互联网进行传输的。

云计算是分布式计算、互联网、大规模资源管理等技术融合与发展的结果。云计算与相关技术的关系如图 1.2 所示。其研究和应用是一个系统工程，涵盖了数据中心管理、资源虚拟化、海量数据处理、计算机安全等重要问题。

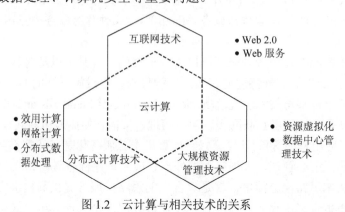

图 1.2　云计算与相关技术的关系

1.1.2 云计算的特征

云计算有以下七大特征：

(1) 超大规模。"云"具有相当大的规模，Google 云计算已经拥有 200 多万台服务器，Amazon、IBM、Microsoft、Yahoo 等的"云"均拥有几十万台服务器。企业私有云一般拥有数百到上千台服务器。"云"能赋予用户前所未有的计算能力。

(2) 虚拟化。云计算支持用户在任意位置、使用各种终端获取应用服务。所请求的资源来自"云"，应用在"云"中某处运行，用户无需了解，也不用担心应用运行的具体位置。只需要一台笔记本或者一部手机，就可以通过网络来获取需要的服务，甚至实现超级计算这样的任务。

(3) 高可靠性。"云"使用了数据多副本容错、计算节点同构可互换等措施来保障服务的高可靠性，使用云计算比使用本地计算机可靠。

(4) 通用性。云计算不针对特定的应用，在"云"的支撑下可以构造出千变万化的应用，同一个"云"可以同时运行不同的应用。

(5) 高可扩展性。"云"的规模可以动态伸缩，满足应用和用户规模增长的需要。

(6) 按需服务。"云"是一个庞大的资源池，用户可按需购买。使用"云"时，可以像使用自来水、电、煤气那样计费。

(7) 价格低廉。由于"云"的特殊容错措施，可以采用极其廉价的节点来构成"云"。"云"的自动化集中式管理使大量企业无需负担日益高昂的数据中心管理成本，"云"的通用性使资源的利用率较之传统系统大幅提升，因此用户可以充分享受"云"的低成本优势，通常只要花费几百美元、几天时间就能完成以前需要数万美元、数月时间才能完成的任务。

1.1.3 云计算系统的组成

以电力网络模拟云计算系统的组成，如图 1.3 所示。云计算系统包含以下三个部分：

(1) 以数据中心为代表的信息电厂。

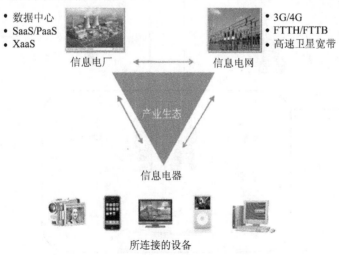

图 1.3 云计算系统的组成

(2) 以手机、电视、计算机等访问终端为代表的信息电器。

(3) 在两者之间起到互联互通作用的信息电网，如移动通信网、光纤网、卫星通信网等。

云计算的访问终端具有丰富多样化的特征。现在用来连接网络的设备丰富多样，除了手机、计算机，还有多媒体座机、网络电台、电子相框、游戏机、音乐播放器等设备。

例如，通过如图 1.4 所示的多媒体座机可以进行网络订票，查看电影介绍。多媒体座机支持音乐播放、Wi-Fi 上网或者宽带拨号上网，还支持 Android 系统及其应用软件。

图 1.4　多媒体座机

1.1.4　云计算的部署模式

云计算可以有三种部署模式，如图 1.5 所示，即公共云、私有云和混合云，三者的比较如表 1.1 所示。

图 1.5　云计算的部署模式

表 1.1　云计算的部署模式的比较

比较项目	前期成本	运行成本	适用对象	安全性	对云资源可用性的控制	法律问题
公共云	无需前期成本	运营可委托服务供应商，按需付费	大企业以及中小企业	低，有更多受到诸如 DDoS(分布式拒绝服务攻击)恶意攻击的可能，需要可信的虚拟数据中心	公司无法自行控制	存在跨国界的数据存储问题
私有云	需要较大的系统投资	需要专门的运营管理技术和开销	大企业	高	公司可自行控制	无跨国界的数据存储问题
混合云	需要一定的系统投资	介于公共云和私有云中间	有多个外部和内部供应商的企业	有应用兼容性问题	公司可在一定程度上自行控制	存在跨国界的数据存储问题

1. 公共云

公共云是指为外部客户提供服务的"云"。它所有的服务是供别人使用的，而不是供自己使用的。目前，典型的公共云有微软的 Windows Azure 平台、亚马逊的 AWS(Amazon Web Services)、Salesforce.com 以及国内的阿里云、用友伟库等。

对于使用者而言，公共云的最大优点是其所应用的程序、服务及相关数据都存放在公共云的提供者处，使用者无需做相应的投资和建设。目前最大的问题是，由于数据不存储在自己的数据中心，其安全性存在一定风险。同时，公共云的可用性不受使用者控制。

2. 私有云

私有云是指企业自己使用的"云"。它所有的服务不是供别人使用的，而是供自己内部人员或分支机构使用的。私有云的部署比较适合于有众多分支机构的大型企业或政府部门。随着这些大型企业数据中心的集中化，私有云将会成为其部署 IT 系统的主流模式。

相对于公共云，私有云部署在企业内部，因此其数据安全性高，系统可用性可自己控制，但其缺点是投资较大。

3. 混合云

混合云是指供自己和客户共同使用的"云"，它所提供的服务既可以供别人使用，也可以供自己使用。相比较而言，混合云的部署方式对提供者的要求较高。

1.2　云计算应用实例

1. 云办公

作为云计算应用实例，本节介绍利用 Google 的云办公应用套件，完成一系列网上应用。

(1) 申请一个基于 Web 的电子邮件账户，账户名为 "wadehao.bj@gmail.com"，并通过 Gmail 收发邮件，如图 1.6 所示。图中显示了收件箱内容和邮箱的剩余空间，同时，用户可以通过 Google Talk(聊天)与同事和朋友聊天。

图 1.6 通过 Gmail 收发邮件

(2) 通过 Google Calendar(日历)，用户可以管理日程安排，如图 1.7 所示，可以添加年、月、日，甚至具体到某小时的活动安排(如去图书馆还书等)，还可以提醒自己不要忘记预定的活动。

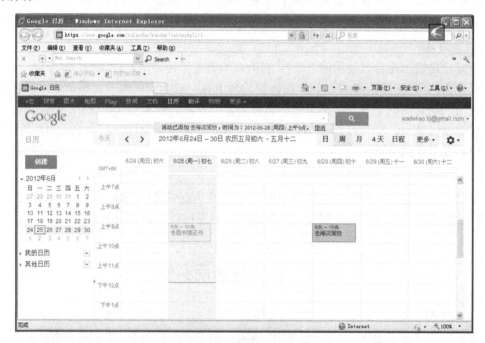

图 1.7 Google 日历

(3) 通过 Google Docs(文档)，用户可以编写在线文档，而无需安装 Office 软件。用户可直接在网上使用文档、电子表格、演示文稿、绘图、表单等功能，如图 1.8 所示。

第 1 章 云计算概论

图 1.8　Google 文档

(4) 为了了解云计算方面的学术论文情况，用户还可以通过 Google Scholar(学术)搜索相关论文(http://scholar.google.com/)，如图 1.9 所示，其中使用"云计算"作为搜索关键词。

图 1.9　Google Scholar 学术搜索

(5) 通过 Google Translate (http://translate.google.com)，用户可以翻译一些英文资料，如图 1.10 所示，该工具可以翻译成段的句子，支持日语、德语等许多不同语言。不过，鉴于目前的机器翻译水平，用户在用 Google Translate 翻译完毕后，必须进一步加以完善和修改。

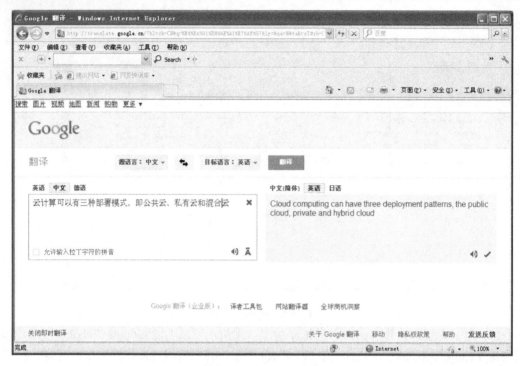

图 1.10　Google 翻译

(6) 通过 Google Charts，用户可以绘制一些图表。Google 的图表 API 可以动态生成图表。用户要查看 Google 图表 API 的运行情况，可打开浏览器窗口，并将以下网址复制到地址栏中："http://chart.apis.google.com/chart?cht=p3&chd=t:60,40&chs=250x100&chl=Hello|World"，按下回车键，就会看到对应的图片，如图 1.11 所示。

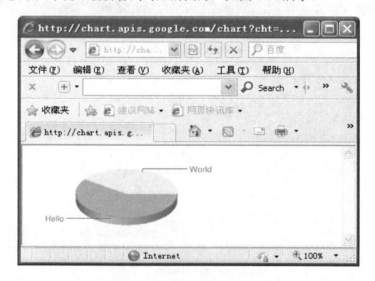

图 1.11　Google Charts 绘制图表

(7) 通过 Google 的图片搜索来查找图片，如图 1.12 所示。图中显示了以"云计算"为关键词所查找到的图片。

图 1.12　Google 的图片搜索

2.《纽约时报》的示例

《纽约时报》是成立于 1851 年的一份日报,在美国纽约出版,全世界发行,距今已有将近 160 年的历史。在《纽约时报》的档案室中存放了大量有趣的数据。《纽约时报》希望建立一个 Time Machine(时间机器),以供读者查阅。但是要做这件事情,有两个条件:一是数据;二是计算能力。

该报的数据在最近几年已经完全数字化,并以 TIFF 格式存放,其总量约有 4 TB,TIFF 格式不适宜上网,因此需要将它们转化为 PDF 格式,这件事情如果想要在短时间内完成,需要购买大量的设备。

为此,该报利用云计算技术,租用 100 台 Amazon EC2 虚拟机,运行 MapReduce 程序完成数据的转化,将结果存储于 Amazon S3(Simple Storage Service)。结果在一天时间内将 4 TB 的 TIFF 文件转化为了 PDF 文件,总花费不到 3000 美元。

1.3　服 务 理 论

1.3.1　服务的概念

根据网格之父 Ian Foster 的定义,服务(Service)是一种通过定义良好的信息交换来提供给客户(Client)某种能力的实体(Entity)。服务可定义为导致服务执行某些操作(Operation)的特定信息交换的序列。

温馨提示:

服务与函数、对象的比较:服务与函数、对象一样是程序实体,是编程的基础。服务更大型化,更复杂。

服务包括接口和实现。"接口"类似拼图的外形,"实现"类似拼图的材质,如塑料、木质、铁片。"接口"像函数头,服务接口由 WSDL 语言描述。"实现"像函数体,是由内部语句构成的,可由各种编程语言完成。

服务是分布式的,跨机器实现,服务调用者和服务本身可以位于不同的机器上。函数是本地的,函数调用者和函数本身都在一个机器内,甚至在一个 C 语言文件内。

事实上,服务的概念有一个从 Web 服务(Web Services)到网格服务(Grid Service)、自治服务(Autonomic Service)、云服务(Cloud Service)、服务虚拟化(Service Virtualization)和面向服务开发(Service-oriented Development)的不断完善的过程。

W3C(www.w3c.org)为 Web Services 下的定义是:Web Services 是指由统一资源标识符(Uniform Resource Identifier,URI)标识的软件应用,该应用的接口和绑定可通过可扩展标记语言(Extensible Markup Language,XML)标准进行定义、描述和发现,同时,该应用可通过基于 Internet 的 XML 消息协议与其他软件应用直接交互。

Ian Foster 结合 Web Services 的概念分析了企业内部和企业之间系统互联对分布式资源集成的需求,提出了响应协议消息的服务本质和网格服务的概念,指出了网格所提供的可扩展服务集合能够以各种方式聚合以满足企业等虚拟组织的需求,为开放网格服务体系结构(Open Grid Services Architecture,OGSA)规范奠定了基础。

2004 年,Foster 等提出了 WS-Resource(Web 服务-资源)的概念和方法,解决了使用 Web 服务一致地和可互操作地访问分布式状态化资源的问题,进一步推动了网格服务和 Web 服务的融合问题,为新的 Web 服务资源框架(Web Services Resource Framework,WSRF)规范奠定了基础。

Foster 等还描述了 Grid 和 Agent(智能体或智体)之间融合的必要性,揭示了两者之间共同的服务本质,提出了自治服务(Autonomic Service)的思想以及鲁棒敏捷面向服务系统(Robust Agile Service Oriented Systems)的思想,给出了相关的 10 个研究问题,进一步增强了服务理论在工商业领域的应用前景。

2005 年,Ann Chervenak 等给出了基于轻量数据复制器(Lightweight Data Replicator,LDR)的发布功能的数据复制服务(Data Replication Service)的设计和实现经验,这是一个应用服务理论解决科学协同问题的典范。

1.3.2 几种常见的服务

1. Web 服务(Web Services)

Web 服务包括以下三个方面的含义:

(1) Web 服务是在 Internet 上跨机器进程使应用程序之间相互通信的技术,而非人与机器之间交互的技术。

(2) Web 服务的设计初衷是平台无关性和语言无关性,这也是它的特色之一。

(3) Web 服务只是提供一个接口,剩下的工作则需要程序员在开发平台上使用不同的编程语言来实现。

在 Internet 和网格环境下的信息系统中,服务交互的结构是通过 Web 服务机制实现的,因此所有的实体都是服务。

2. 网格服务

网格服务是一种 Web 服务，该服务提供了一组接口，这些接口定义明确并且遵守特定的惯例，解决服务发现、动态服务创建、生命周期管理、服务通知等问题。简单地说，有以下两个公式：

OGSI 服务 = OGSI 接口/行为 + 服务数据
(Open Grid Services Infrastructure)　　(Service Data)

WSRF 服务 = WSRF 接口/行为 + WS 资源属性
(Web Services Resource Framework)　　(WS-Resource Properties)

3. Agent

Agent(智能体或称为代理)是封装的计算机系统，它适合于某些环境，并且能够在该环境中通过灵活的、自治的行为以达到其设计目标。更具体而言，智能体是：

(1) 带有良好定义的边界和接口的可以清楚确认的问题解决实体。

(2) 适合(嵌入)某个特定的环境——通过传感器接收与其环境的状态有关的输入，并且通过受动器作用于环境。

(3) 被设计成履行特定的角色——有特定的目标去完成并且有特定的问题解决能力(服务)，从而实现其目标。

(4) 自治的(Autonomous)——不仅控制自身内部的状态，还控制自身的行为。

(5) 能够展示灵活的问题解决能力以追求它们的设计目标——既是反应式的(能够及时响应其环境发生的改变)又是前摄式的(能够灵活机动地达到目标并采取主动)。

尽管每个智能体都可以被考虑为一个服务(由于其他智能体与它的环境通过消息交换进行交互)，但是并非每个服务都必须是一个智能体(因为它可能不参与展示灵活的自治动作的消息交换)。

因此，"自治动作"的概念是智能体和普通服务如何互操作问题的核心。

4. 云服务

云服务主要指云计算的 SPI 服务模型。

1.3.3　服务概念的特征

服务概念的特征如下：

(1) 服务交互的结构是通过 Web 服务机制实现的。例如，服务引入了大量新描述语言(如 WSDL，即 Web Services Description Language)、新通信方法(如 SOAP，即 Simple Object Access Protocol)和新体系结构(如 SOA，即 Service-oriented Architecture)。

(2) 服务与传统的 Web Services 不同，它是动态的(Dynamic)、有状态的(Stateful)。

服务的动态性表现在可以临时创建新服务，也可以在系统生命期结束时销毁服务回收资源。

服务可以提供多个服务实例(Instance)，每个服务实例自身保持着内部状态(State)信息，并且通过一组标准的接口与它的客户进行互操作(Interaction)。给出的这些接口是根据 OGSI 或 WSRF 规范定义的，它使客户除了正常的服务访问行为以外，还能获取/设置状态信息。

(3) 服务是自治的(Autonomous)。服务的自治性表现在其服务行为不仅由客户请求驱动，还可以根据其他因素如本地策略、与客户协商的输出反馈等完成行为调节。

自治性能够根据本地策略和局部反馈进行闭环调节，从而提供稳定(Stable)的服务。

1.3.4 面向服务的开发

分布式应用程序的开发(Distributed Application Development)是一种从一台机器向另一台机器获取数据的技术与工程。这些数据可以是不确定的变量，如购买订单、顾客数据、π 的 100～200 位等。

应用开发方法的演变主要经历了以下的几个阶段，从中可看出其走向分布式开发的趋势：

(1) 面向过程开发。
(2) 面向对象开发。
(3) 面向组件开发。
(4) 面向服务开发。

1. 面向过程开发

面向过程开发是结构化的程序设计，软件系统的行为与数据部分分离。典型开发工具是 C 语言、Pascal 语言等，其程序核心是函数或过程。

通常其运行环境是典型的主机(Mainframe)，如 IBM 的大型机及单机 PC。

2. 面向对象开发

面向对象开发是数据和操作的封装、行为和数据的隐藏。典型开发工具是 C++、Java 等，其程序核心是对象。

通常其运行环境是局域网(企业网或校园网)计算平台下的 C/S(客户机/服务器)架构。

通用对象请求代理架构(Common Object Request Broker Architecture，CORBA)就是一种分布式技术规范。

3. 面向组件开发

面向组件开发是基于组件或构件快速创建更加复杂、高质量的系统。典型开发工具是 VB、J2EE、Delphi 等，其程序核心是组件或构件。

通常其运行环境是广域网(Internet 或 Intranet)计算平台下的 B/S(浏览器/服务器)架构，或者是带中间件的 B/M/S(浏览器/中间件/服务器)三层架构。

分布式组件对象模型(Distributed Component Object Model，DCOM)、企业 JavaBean(EJB)组件模型等就是相应的分布式技术规范。

4. 面向服务开发

面向服务开发是更广泛的企业之间的信息系统集成。典型开发工具是.Net、J2EE 等，其程序核心是 Web Services 或 Grid Services。

通常其运行环境是网格计算/云计算平台下的开放网络服务架构或面向服务的架构。

SOAP 是应用于面向服务开发的典型分布式调用和通信协议。

5. 面向服务开发的特点

面向服务开发有以下几个特点：

(1) 服务是一种通用开发方式，它不仅支持科学计算，还支持其他服务，包括数据服务、信息服务、通信服务、计算服务、交易服务、政务服务、教育服务、娱乐服务、金融服务、旅游服务、医疗服务、专家服务等，还可以承担包括自动化信息系统在内的各种新型信息系统，对实时性的支持相当好，如工业 Ethernet 上的数据处理、实验仪器的远程访问、即时消息、在线聊天、IP 电话和视频会议等。即一切皆是服务。

(2) 服务是一种基本的应用模式，即客户端向网格/云端发出服务请求，网格/云端完成服务，并将结果通知客户端。

客户看到的是一个网格整体/云整体，所有的服务请求都向网格/云端发出，而不是向具体的某个网站或某台服务器发出。即服务的关键是一体化(Integration)。

(3) 服务开发的主要评价指标不再单纯是速度、费用等单一指标，而是类似服务等级协议(Service Level Protocol)的一套用户满意度或服务质量(Quality of Service，QoS)评价标准。即服务一体化的目标是提高服务质量(QoS)。

6. 面向服务的架构(SOA)

SOA 是一个组件模型，它将应用程序的不同功能单元(称为服务)通过相应的接口和契约联系起来。接口是采用中立的方式进行定义的，它独立于实现服务的硬件平台、操作系统和编程语言。SOA 中的协作如图 1.13 所示。

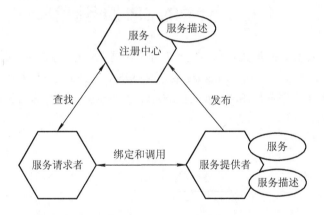

图 1.13 SOA 中的协作

SOA 的作用是使得构建在这样系统中的各种服务能以一种统一和通用的方式进行交互，是更传统的面向对象模型的替代模型。在面向服务的架构中包括以下三个角色：

(1) 服务提供者(Service Provider)：服务提供者是一个可通过网络寻址的实体，它接受和执行来自使用者的请求，并将自己的服务描述和接口契约发布到服务注册中心，以便服务使用者可以发现和访问该服务。

(2) 服务请求者(Service Consumer)：服务请求者是一个应用程序、一个软件模块或需要一个服务的另一个服务。它发起对注册中心中服务的查询，通过传输绑定服务，并且执行服务功能。服务请求者根据接口契约来执行服务。

(3) 服务注册中心(Service Registry)：服务注册中心是服务发现的支持者。它包含一个可用服务的存储库,并允许感兴趣的服务使用者查找服务提供者接口。

角色之间主要有以下三个操作:

(1) 发布(Publish):为了使服务可访问,需要发布服务描述以使服务请求者可以发现和调用它。

(2) 查找(Find):服务请求者的定位服务,通过查询服务注册中心来找到满足其标准的服务。

(3) 绑定和调用(Bind and Invoke):在检索完服务描述之后,服务请求者根据服务描述中的信息来调用服务。

在面向服务的架构中,服务注册和调用的过程是:第一步,服务提供者发布服务描述信息到服务注册中心;第二步,服务请求者在服务注册中心查找所需要的服务,如果找到了,则由服务注册中心返回服务所在的位置;第三步,根据所返回的服务位置信息,服务请求者与服务提供者的服务绑定,并直接调用和执行它。

Web 服务描述语言(Web Services Description Language,WSDL)的用途是"描述"Web 服务。业务之间将通过交换 WSDL 文件来理解对方的服务。当实现了某种服务的时候(如股票查询服务),为了让别的程序调用,必须用 WSDL 公布服务的接口。服务接口包含的信息有服务名称,服务所在的机器名称,监听端口号,传递参数的类型、个数和顺序,返回结果的类型等。

1.4 云计算的 SPI 服务模型

云计算资源以云服务的形式提供,"一切皆是服务"。云计算核心服务通常可以分为三个子层:基础设施即服务层(Infrastructure as a Service,IaaS)、平台即服务层(Platform as a Service,PaaS)、软件即服务层(Software as a Service,SaaS),这被称为云计算的 SPI 服务模型,如图 1.14 所示。

图 1.14 云计算的 SPI 服务模型

1.4.1 IaaS

IaaS 是指企业或个人使用云计算技术远程访问计算资源、存储资源以及云服务提供商采用虚拟化技术所提供的相关服务。无论是最终用户、SaaS 提供商,还是 PaaS 提供商都可以从基础设施服务中获得应用所需的计算能力,但却无需对支持这一计算能力的基础 IT 软硬件付出相应的原始投资成本。

IaaS 提供硬件基础设施部署服务,为用户按需提供实体或虚拟的计算、存储和网络等资源。在使用 IaaS 层服务的过程中,用户需要向 IaaS 层服务提供商提供基础设施的配置信息,运行于基础设施的程序代码以及相关的用户数据。

由于数据中心是 IaaS 层的基础,因此数据中心的管理和优化问题近年来已成为研究热点。另外,为了优化硬件资源的分配,IaaS 层引入了虚拟化技术。借助于 Xen、KVM、VMware 等虚拟化工具,可以提供可靠性高、可定制性强、规模可扩展的 IaaS 层服务。

IaaS 层是云计算的基础。通过建立大规模数据中心,IaaS 层为上层云计算服务提供海量硬件资源。同时,在虚拟化技术的支持下,IaaS 层可以实现硬件资源的按需配置,并提供个性化的基础设施服务。

基于以上两个基础,IaaS 层主要研究两个问题:① 如何建设低成本、高效能的数据中心;② 如何拓展虚拟化技术,实现弹性、可靠的基础设施服务。

IaaS 是将硬件设备等基础设施作为服务出租给用户,并且按照使用时间来计费。例如,Amazon 的 AWS 和弹性计算云 EC2 以及简单存储服务 S3。

IaaS 服务的主要客户是中小型公司,由于雇佣维护人员和购买服务器是一项很大的成本,而事实上即使购买了非常贵的服务器,其使用率也不及 15%,这些服务器更多的时候处于闲置状态,因此 Amazon 的 AWS 为中小型公司提供了所谓服务器租赁等服务,受到了极大的欢迎。IaaS 服务可以很好地节约中小型公司对服务器的购买与维护成本。

典型的 IaaS 平台包括 Amazon EC2 和 Eucalyptus,分述如下:

(1) Amazon EC2 为公众提供基于 Xen 虚拟机的基础设施服务。Amazon EC2 的虚拟机分为标准型、高内存型、高性能型等多种类型,每一种类型的价格各不相同。用户可以根据自身应用的需求,定制虚拟机的硬件配置和操作系统。Amazon EC2 的计费系统根据用户的使用情况(一般为使用时间)收费。在弹性服务方面,Amazon EC2 可以根据用户自定义的弹性规则,扩张或收缩虚拟机集群规模。目前,Amazon EC2 已拥有 Ericsson、Active.com、Autodesk 等大量用户。

(2) Eucalyptus 是加州大学圣巴巴拉分校开发的开源 IaaS 平台。与 Amazon EC2 等商业 IaaS 平台不同,Eucalyptus 的设计目标是成为科研领域的云计算基础平台。为了实现这个目标,Eucalyptus 的设计强调模块化,以便研究者对各功能模块升级、改造和更换。目前,Eucalyptus 已实现了和 Amazon EC2 相兼容的 API,并部署于全球各地的研究机构。

1.4.2 PaaS

PaaS 是指将一个完整的计算机平台,包括应用设计、应用开发、应用测试和应用托管,都作为一种服务提供给客户。在这种服务模式中,客户不需要购买硬件和软件,只需要利用 PaaS 平台,就能够创建、测试和部署应用及服务。与利用基于数据中心的平台进行软件开发相比,利用 PaaS 平台进行软件开发的费用要低得多,这是 PaaS 的最大价值所在。

PaaS 是云计算应用程序运行环境,提供应用程序部署与管理服务。通过 PaaS 层的软件工具和开发语言，应用程序开发者只需上传程序代码和数据即可使用服务，而不必关注底层的网络、存储、操作系统的管理问题。

由于目前互联网应用平台(如 Facebook、Google、淘宝等)的数据量日趋庞大，PaaS 层应当充分考虑对海量数据的存储与处理能力，并利用有效的资源管理与调度策略提高处理效率。

PaaS 层作为三层核心服务的中间层，既为上层应用提供简单、可靠的分布式编程框架，又需要基于底层的资源信息调度作业、管理数据，屏蔽底层系统的复杂性。随着数据密集型应用的普及和数据规模的日益庞大，PaaS 层需要具备存储与处理海量数据的能力。

基于以上分析，PaaS 层主要研究两个问题：① PaaS 层的海量数据存储与处理技术；② 基于海量数据存储与处理技术的资源管理与调度策略。

PaaS 所搭建的是应用程序的运行环境，如 Microsoft 的 Windows Azure 和 Google 的 App Engine 等。PaaS 服务主要特点在于提供了一个运行平台，用户可在该平台上编写所需要程序，运行并且维护该程序，不用考虑节点、资源间配合等因素，但是用户只能按照服务提供商所提供的某些固定的语言编写程序。

例如，Google 的 App Engine 可让用户在 Google 的基础架构上开发和运行网络应用程序，提供的开发语言有 Java 和 Python。Salesforce 的 Force.com 是另一个开发应用程序的云计算平台，使用 Eclipse 开发。

典型的 PaaS 平台包括 Google App Engine、Hadoop 和 Windows Azure。这些平台都基于海量数据处理技术搭建，并且各具代表性。图 1.15 比较了上述 PaaS 平台所采用的关键技术。

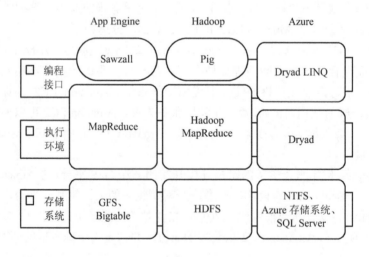

图 1.15 典型 PaaS 平台的比较

Google App Engine 是基于 Google 数据中心的开发、托管 Web 应用程序的平台。通过该平台，程序开发者可以构建规模可扩展的 Web 应用程序，而不用考虑对硬件基础设施的管理。Google App Engine 由 GFS 管理数据、MapReduce 处理数据，并用 Sawzall 为编程语言提供接口。

Hadoop 是开源的分布式处理平台，其 HDFS(Hadoop Distributed File System)、Hadoop MapReduce 和 Pig 模块实现了 GFS(Google File System)、MapReduce 和 Sawzall 等数据处理

技术。与 Google 的分布式处理平台相似，Hadoop 在可扩展性、可靠性、可用性方面做了优化，使其适用于大规模的云环境。目前，Hadoop 由 Apache 基金会维护，Yahoo、Facebook、淘宝等公司利用 Hadoop 构建数据处理平台，以满足海量数据分析处理需求。

Windows Azure 以 Dryad(森林女神)作为数据处理引擎，允许用户在 Microsoft 数据中心上构建、管理、扩展应用程序。2010 年 12 月 21 日，Microsoft 发布了公测版 Dryad 平台，成为 Google MapReduce 分布式数据计算平台的竞争对手。Microsoft 的 Dryad 项目主要研究用于编写并行和分布式程序的编程模型。目前，Windows Azure 支持按需付费，并提供 90 天免费试用和 1 GB 数据库空间，其服务范围已经遍布 41 个国家和地区。

1.4.3 SaaS

SaaS 是用户获取软件服务的一种新形式。它不需要用户将软件产品安装在自己的计算机或服务器上，而是按某种服务水平协议(SLA)直接通过网络向专门的提供商获取自己所需要的、带有相应软件功能的服务。从本质上来说，软件即服务就是软件服务提供商为满足用户某种特定需求而提供可被消费的软件的能力。

SaaS 是基于云计算基础平台所开发的应用程序。企业可以通过租用 SaaS 层服务解决企业信息化问题，如企业通过 Gmail 建立属于该企业的电子邮件服务。该服务托管于 Google 的数据中心，企业不必考虑服务器的管理、维护问题。对于普通用户来讲，SaaS 层服务将桌面应用程序迁移到互联网，可实现应用程序的泛在访问。

SaaS 是将软件打包成服务，如 Google 的在线翻译和 Gmail 等服务，SaaS 的特点是在大多数情况下不需要安装任何客户端，或者只是需要安装很小的客户端就可以运行性能很好的程序或软件。SaaS 服务取代以往需要安装客户端才可以运行的程序，这使得用户可以在更好的资源环境下享受这种服务。

SaaS 是在线应用平台，为用户提供平台化的服务，为上层各种信息化应用提供统一的平台，能够完整地贯穿业务流，将各种信息化产品完美整合，统一运行维护，形成一个完整的支撑系统。

SaaS 层面向的是云计算终端用户，提供基于互联网的软件应用服务。随着 Web 服务、HTML5、Ajax、Mashup 等技术的成熟与标准化，SaaS 应用近年来发展迅速。

当前，SaaS 有各种典型的应用，如在线邮件服务、网络会议、网络传真、在线杀毒等各种工具型服务，在线 CRM(Customer Relationship Management，客户关系管理)、在线 HR(Human Resource，人力资源)、在线进销存、在线项目管理等各种管理型服务以及网络搜索、网络游戏、在线视频等娱乐性应用。

SaaS 是未来软件业的发展趋势，目前已吸引了众多厂商的参与。不仅 Google、微软、Salesforce 等各大软件巨头都推出了自己的 SaaS 应用，用友、金蝶等国内软件巨头也推出了自己的 SaaS 应用。

下面简述两种典型的 SaaS 应用，即 Google Apps 和 Salesforce CRM，分述如下：

(1) Google Apps 包括 Google Docs、Gmail 等一系列 SaaS 应用。Google 将传统的桌面应用程序(如文字处理软件、电子邮件服务等)迁移到互联网，并托管这些应用程序。用户通过 Web 浏览器便可随时随地访问 Google Apps，而不需要下载、安装或维护任何硬件或软件。Google Apps 为每个应用提供了编程接口，使各应用之间可以随意组合。Google Apps 的用户既可以是个人用户，也可以是服务提供商。例如，企业可向 Google 申请域名为 "@example.com" 的邮件服务，满足企业内部收发电子邮件的需求。在此期间，企业只需对资源使用量付费，而不必考虑购置、维护邮件服务器、邮件管理系统的开销。

(2) Salesforce CRM 部署于 Force.com 云计算平台，为企业提供客户关系管理服务，包括销售云、服务云和数据云等部分。通过租用 CRM 的服务，企业可以拥有完整的企业管理系统，用以管理内部员工、生产销售和客户业务等。利用 CRM 预定义的服务组件，企业可以根据自身业务的特点定制工作流程。基于数据隔离模型，CRM 可以隔离不同企业的数据，为每个企业分别提供一份应用程序的副本。CRM 可根据企业的业务量为企业弹性分配资源。除此之外，CRM 为移动智能终端开发了应用程序，支持各种类型的客户端设备访问该服务，实现泛在接入。

1.4.4　IaaS、PaaS 和 SaaS 的比较

IaaS、PaaS 和 SaaS 三者之间的比较如表 1.2 所示。

表 1.2　IaaS、PaaS 和 SaaS 三者之间的比较

项目	服务内容	服务对象	使用方式	关键技术	系统实例
IaaS	提供基础设施部署服务	需要硬件资源的用户	使用者上传数据、程序代码、环境配置	数据中心管理技术、虚拟化技术等	Amazon EC2、Eucalyptus 等
PaaS	提供应用程序部署与管理服务	程序开发者	使用者上传数据、程序代码	海量数据处理技术、资源管理与调度技术等	Google App Engine、Windows Azure、Hadoop 等
SaaS	提供基于互联网的应用程序服务	企业和需要软件应用的用户	使用者上传数据	Web 服务技术、互联网应用开发技术等	Google Apps、Salesforce CRM 等

1.5　云计算与相关领域的关系

1.5.1　云计算与网格计算的关系

根据网格之父 Ian Foster 的定义，网格(Grid)的基本概念是：动态多机构虚拟组织中的协同资源共享与问题解决。网格的三要素如下：

(1) 对非集中控制的资源进行协调。
(2) 使用标准的、开放的、通用的协议和接口。
(3) 提供非平凡的服务质量。

网格计算体系结构的发展包括三个阶段：五层沙漏结构、开放网格服务体系结构(Open Grid Service Architecture，OGSA)、Web Service 资源框架(Web Service Resource Framework，WSRF)。网格技术的发展阶段如图 1.16 所示。

网格技术的发展阶段如图1.16所示。

20世纪80年代中后期	20世纪90年代中期	2001年	2002年	2004年	自治多域服务联合计算
元计算	计算网格	多层网格体系结构	•OGSA •OGSI	•OGSA •WSRF	

图1.16　网格技术的发展阶段

五层沙漏结构最早是由 Foster 等提出的，如图 1.17 所示。它是一个最先出现的应用和影响广泛的结构，从高到低包括应用层、汇聚层、资源层、连接层和构造层五层：构造层(Fabric Layer)提供一套对局部资源控制的工具和接口；连接层(Connectivity Layer)提供保证通信安全的认证核心协议；资源层(Resource Layer)定义了一些对单个的资源实施共享操作的协议；汇聚层(Collective Layer)实现多个资源协同工作；应用层(Application Layer)提供网格的系统开发和应用开发工具、环境。

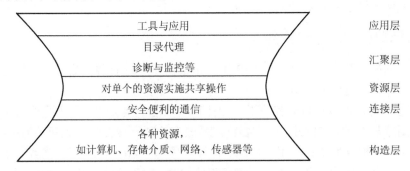

图1.17　五层沙漏结构

开放网格服务体系结构是全球网格论坛(Global Grid Forum)的重要标准建议，是继五层沙漏结构之后最重要的一种网格体系结构。它是由 Foster 等结合 Web 服务等技术，在 IBM 合作下提出的新的网格结构。

最初的 OGSA 的技术体系采用开放网格服务基础设施(Open Grid Services Infrastructure，OGSI)技术体系，后来 Foster 等提出了 Web 服务-资源(WS-Resource)的概念和方法，解决了使用 Web 服务一致地和可互操作地访问分布式状态化资源的问题，进一步推动了网格服务和 Web 服务的融合问题，OGSA 也过渡到以 WSRF 规范为技术体系。网格计算与云计算的比较如表 1.3 所示。

表1.3　网格计算与云计算的比较

网格计算	云计算
异构资源	同构资源
不同机构	单一机构
虚拟组织	虚拟机
科学计算为主	数据处理为主
高性能计算机	服务器/PC
松耦合问题	紧耦合问题
免费(政府支付)	按量计费
标准化	尚无标准
科学界	商业社会

网格计算强调资源共享，任何人都可以作为请求者使用其他节点的资源，任何人都需要贡献一定资源给其他节点。网格计算强调将工作量转移到远程的可用计算资源上。云计算强调专有，任何人都可以获取自己的专有资源，并且这些资源是由少数团体提供的，用户不需要贡献自己的资源。在云计算中，计算资源被转换形式去适应工作负载，它既支持网格类型应用，也支持非网格环境，如运行传统或 Web2.0 应用的三层网络架构。网格计算侧重并行的计算集中性需求，并且难以自动扩展。云计算侧重事务性应用，大量的单独的请求，可以实现自动或半自动的扩展。

网格的构建大多为完成某一个特定的任务需要或者支持挑战性的应用。这也是会有生物网格、地理网格、国家教育网格等各种不同的网格项目出现的原因。而云计算一般来说都是为了通用应用而设计的。云计算一开始就支持广泛企业计算、Web 应用，普适性更强。网格计算的主要思路是聚合分布的松散耦合资源。而云计算的 IT 资源相对集中，以 Internet 的形式提供底层资源的获得和使用。

1.5.2 云计算与 P2P 计算的关系

Intel 公司对等计算(Peer to Peer，P2P)工作组给出了 P2P 计算的定义：系统之间通过直接交换来共享计算机资源和服务。

P2P 就是人可以直接连接到其他用户的计算机以便交换文件，而不是像过去那样连接到服务器去浏览与下载。P2P 另一个重要特点是改变互联网现在的以大网站为中心的状态，重返非中心化，并把权力交还给用户。每个计算机作为节点(Peer)，既充当客户端的角色又充当服务器的角色，网络上的所有节点都可以通过直接互相连接共享信息资源、处理器资源、存储资源甚至高速缓存资源等。

P2P 是一种分散的、非集中和自组织的分布式系统，利用分布式资源进行关键性的应用。网络上现有的许多服务可以归入 P2P 的行列，如搜索外太空智能生命的服务 SETI@home，如图 1.18 所示。即时通信系统，如 ICQ、AOL Instant Messenger、Yahoo Pager、MSN Messenger 以及 QQ 都是最流行的 P2P 应用。P2P 已经由最初的文件共享，转向更深入的应用，如大规模的分布式存储等。

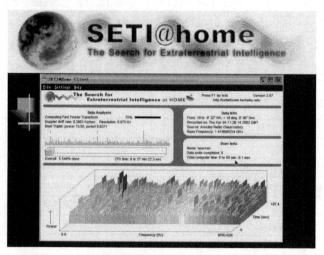

图 1.18 搜索外太空智能生命的服务 SETI@home

温馨提示：

40 年来，天文学家一直在搜索天空寻找生命迹象，这一努力的过程被称为"搜寻外星智慧(Search for Extra-terrestrial Intelligence，SETI)"计划，在这 40 年里，"哇!"信号是所接收到的数据中唯一从噪音中凸显出来的信号。1977 年 8 月 15 日，俄亥俄州立大学"巨耳"射电天文台发现了这个来自人马座方向、长达 72 s 的无线电传输信号。当其达到峰值时，该信号比深空的环境辐射要强 30 倍，这促使志愿者、天文学家杰里·埃曼在计算机打印出的数据旁潦草地写下了"哇!"，从而给这个信号命了名。2012 年 8 月 15 日，在发现"哇!"信号整整过去 35 年后，人类将向出现这一令人迷惑的信号的方向发射信息。任何人都可以通过推特(Twitter)将自己的意见（确切地说是 140 个字）添加到给"外星人"的答复中。

P2P 计算的优势：

(1) 集合大量计算机之能力，达到空前的计算能力。截止到 2002 年 7 月，SETI@home 项目已有 380 多万台计算机参加，投入百万年 CPU 时间，平均每台返回 142.81 个结果，已经有 547 488 318 个结果，如图 1.19 所示。

(2) 使用空闲计算时间，成本很低。

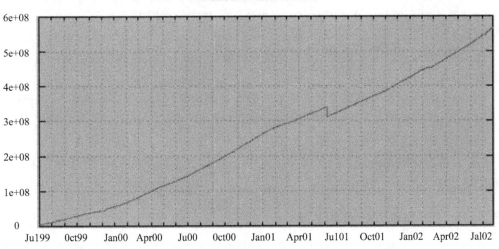

图 1.19　SETI@home 聚合的计算能力

P2P 计算的劣势：

(1) 用户的注意力有限，不可能有大量的类似活动。

(2) 对应用的限制是：单元之间是独立的。

(3) 不稳定的计算能力，需要不断推动用户参与。SETI@home 项目的计算能力是不稳定的，通常暑假期间每日返回的结果数多，这是因为对该项目感兴趣的多半是大中学生，如图 1.20 所示。

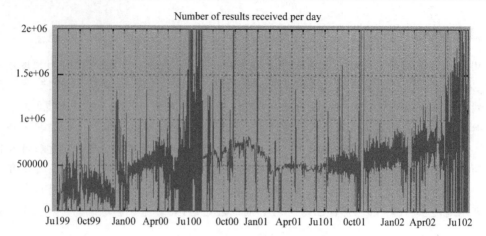

图 1.20　SETI@home 不稳定的计算能力

P2P 计算与云计算(以 MapReduce 为例)的比较。

相同点：将问题分为独立的块，然后进行并行计算。

不同点 1：

(1) P2P 计算是 CPU 高度密集型的，相对于计算时间而言，其传输时间微不足道。因此，P2P 计算贡献的是 CPU 周期，而不是带宽。

(2) MapReduce 是 CPU 和带宽高度密集型的。MapReduce 被设计为用来运行那些需要数分钟或数小时的作业，这些作业在一个聚集很高带宽的数据中心运行。

不同点 2：

(1) P2P 计算是在接入互联网的不可信的计算机上运行的，这些计算机的网速不高，而且数据也不在本地。

(2) MapReduce 是在高带宽的高性能数据中心的可信任的专用硬件设备上运行的。

不同点 3：

(1) P2P 计算适合运行在世界各地数万到数百万台计算机上，规模庞大。

(2) 目前 MapReduce 尚不能跨多个数据中心工作,最多能在 4000 台机器的集群上运行，规模不算庞大。

1.5.3　云计算与集群计算的关系

集群(Cluster)的概念：由彼此连接并相似的基本系统单元(计算\内存\通信\存储)组成的计算机系统，通常都位于一个单一的管理域内且在很多情况下被看做是一个单一的系统。

计算机节点可以是物理上集中在一起的，也可以是物理上分散而通过局域网(Local Area Network, LAN)连接在一起的。一个连接在一起(LAN 基础上)的计算机集群对于用户和应用程序来说像一个单一的系统，这样的系统可以提供一种价格合理且运行快速而可靠的解决方案。集群计算主要有以下几个特点：

(1) 集群技术支持混合平台工作模式，体系结构上可以同时支持 RISC(Reduced Instruction Set Computer，精简指令集计算机)和 IA(Intel Architecture)节点，操作系统上可以同时支持 Windows Server、Linux 和 UNIX 等操作系统。

(2) 集群技术具有统一的系统监控和管理功能，可以简单、直观地监控到整个集群的软硬件运行状态，同时通过集群的主机入侵检测系统保障系统的安全性。

(3) 集群技术的架构具有优异的动态扩展性，可以根据用户应用的需要，随时增加新的节点，而不必改动整个集群系统。

(4) 集群服务器节点可以根据不同的需要，灵活地进行调整和配置，承担不同的应用服务、计算任务或通过软件管理协同处理某一特定任务。

1. 云计算与集群计算的区别

集群计算局限于某个领域，是为了解决计算能力不足的问题而创建的，因此通常局限于 LAN 范围内，不适用于不同领域参与者之间的资源共享。云计算能够提供更为广泛可用的、域内/域间的、通信以及资源的共享。

集群中的节点是集中控制的，而且集群管理器(Cluster Manager)知道每个节点的状态。云计算是分布式控制的。

2. 云计算与集群计算的联系

云计算与集群计算的联系如下：

(1) 集群计算是云计算的一个不可缺少的子集，集群计算可以构成私有云，它是规模更大的云计算的基础。

(2) 集群计算能够减少更高一级的云计算必须解决的问题的数目。

(3) 集群计算使用资源和软件来实现组合单元的外部特性，这些特性影响它的使用或到更大的云计算中集成。

1.5.4 云计算与物联网的关系

云计算和物联网之间有着紧密的关系。为此说明如下：

(1) 物联网和云计算是国家非常重视的战略性新兴产业，是国家重点推动跨越发展的新一代信息技术产业。物联网产业有很大的市场容量，有巨大的发展潜力，是重大的应用领域。

(2) 物联网的形成和发展使得分布在各处的大量的数据需要协调和处理，云计算对于物联网数据处理起到重要的支持作用。没有云计算，物联网就会成为"物离网"，产生一个一个的"信息孤岛"，没有云计算平台支持的物联网价值不大。小范围的传感器数据处理和整合的技术早已产生，如工控领域，但这并不是真正的物联网。

(3) 对于云计算来说，物联网是一个应用，是一个国家重点推动的巨大的应用领域。但从业务层次来看，物联网与其他应用对于云计算来说没有本质的区别。云计算不关心具体的应用。

物联网产业要真正的蓬勃发展离不开云计算的支撑，物联网项目在上马的时候一定要考虑到后面的支撑平台。

云计算正是为了解决平台问题而出现的一种全新的、完整的体系架构。有了云计算，也就有了平台；有了平台，物联网就有了稳定的根基。甚至可以说，物联网虽不因云计算而产生，却因云计算而存在，它只是云计算的一种应用。源于物联网中的物，在云计算模式中，它只不过是附加上传感器的云终端，与上网本、手机并没有什么本质上的区别。这可能就是为什么物联网只有在云计算日渐成熟的今天，才能重新焕发活力的主要原因。

本 章 小 结

本章阐述了云计算的概念和特征，图文并茂地列举了云计算实例。为了分析云计算的 SPI 服务模型，简单说明了服务理论的基础知识。最后，本章介绍了云计算与网格计算、P2P 计算、集群计算和物联网的关系。

习题与思考

一、选择题

1. 之所以称"云计算"为"云"，是因为_____。(多选)
   A. 它在某些方面具有现实中云的特征
   B. 云计算的鼻祖之一——亚马逊公司的弹性计算云 EC2 产品
   C. 互联网常以一个云状图案来表示
   D. 以上都不是
2. 云计算未来发展所面临的挑战主要包括_____。(多选)
   A. 数据安全问题   B. 网络性能问题
   C. 协议与标准问题   D. 可扩展技术问题   E. 推广问题
3. 下列云计算技术属于 IaaS 层面的是_____。(多选)
   A. Amazon EC2   B. Eucalyptus
   C. Google App Engine   D. Windows Azure
4. 下列云计算技术属于 PaaS 层面的是_____。(多选)
   A. Hadoop   B. Eucalyptus
   C. Google App Engine   D. Windows Azure
5. 下列云计算技术属于 SaaS 层面的是_____。(多选)
   A. Hadoop   B. Salesforce CRM
   C. Google Apps   D. Windows Azure

二、填空题

1. 由于互联网常以一个_____状图案来表示，因此提供资源的网络被称为"云"。
2. 根据网格之父 Ian Foster 的定义，服务(Service)是_____。
3. 应用开发方法的演变主要经历了不同的几个阶段，从中可看出其走向_____的趋势。
4. 云计算的 SPI 服务模型包含_____、_____、_____三个层次。

三、列举题

1. 以电力网络模拟云计算系统的组成方式，列举云计算系统包含哪三个组成部分？
2. 说明本书中云计算的两个例子分别属于 SPI 服务模型的哪个层次？
3. Web 服务的定义中包括哪三个方面的含义？
4. 应用开发方法的演变主要经历了哪几个阶段？
5. 网格的三要素是什么？

四、简答题

1. 什么是云计算？它有哪些特征？
2. 云计算的特征之一是"价格低廉"，请说明为什么它具有该特征？
3. 云计算的部署方式除了公共云、私有云和混合云之外，有的业内人士还提到了社区云、行业云的概念，请查找资料，说明其特征。
4. 列表比较"云"的三种部署模式。
5. 服务概念的特征有哪些？
6. 在面向服务的架构中，服务注册和调用的过程包含哪些步骤？
7. 列表比较 SaaS、PaaS 和 IaaS 三者的关系。
8. 列表比较网格计算和云计算。
9. 说明 P2P 计算与云计算(MapReduce)的异同。
10. 说明云计算和集群计算的比较。参考 5.1.3 节有关高可用性集群与负载均衡集群的示例，进一步加深对集群计算的理解。
11. 说明云计算与物联网的关系。
12. 举出你自己了解和熟悉的云计算的实例，并用 100 字加以说明。
13. 说明服务与函数、对象的区别和联系。

第 2 章　主流云平台

本章要点：
- Amazon 云平台
- 弹性计算云 EC2
- 简单存储服务 S3
- Google 云平台
- Google 文件系统 GFS
- 分布式数据存储系统 Bigtable
- OpenStack 云平台
- 计算服务 Nova

课件

2.1　云平台综述

云计算的出现，给业界带来了重大变革，而云平台的出现是该转变的最重要环节之一。这种平台允许开发者将写好的程序放在"云"中运行或使用"云"中提供的服务。云平台提供基于"云"的服务，供开发者创建应用时使用。开发者不需要构建自己的基础设施，完全可以依靠云平台来创建新的 SaaS 应用。云平台的直接用户是开发者，而不是最终的用户。

2.2　Amazon 云平台

Amazon 依靠电子商务逐步发展起来，凭借其在电子商务领域积累的大量基础设施、先进的分布式计算技术和巨大的用户群体，很早就进入了云计算领域，并在云计算、云存储等方面一直处于领先地位。在传统的云计算服务基础上，Amazon 不断进行技术创新，开发了一系列新颖、实用的云计算服务。目前，Amazon 的云计算服务主要包括：弹性计算云(Elastic Compute Cloud，EC2)、简单存储服务(Simple Storage Service，S3)、简单数据库服务(Simple DB，SDB)、简单队列服务(Simple Queue Service，SQS)、弹性服务 MapReduce、内容推进服务 CloudFront、电子商务服务 DevPay、灵活支付服务(Flexible Payments Service，FPS)等。这些服务涉及云计算的各个方面，用户完全可以根据自己的需要选取一个或多个 Amazon 云计算服务。所有的这些服务都是按需获取资源,具有极强的可扩展性和灵活性。

2.2.1 弹性计算云 EC2

Amazon 将他们的云计算平台称为弹性计算云(Elastic Compute Cloud,EC2),它是最早提供远程云计算平台服务的公司。亚马逊弹性计算云(Amazon EC2)是一个 Web 服务,提供可调整的云计算能力。它旨在为开发人员提供简便的网络规模的计算。

图 2.1 给出了 EC2 的基础架构。Amazon EC2 呈现一个虚拟的计算环境,让用户使用 Web 服务接口实现各种功能,例如,推出了各种操作系统的实例,加载用户的自定义应用程序环境,管理用户的网络访问权限,并可以在许多系统中运行自己的映像文件。本节主要介绍 EC2 的一些基本情况。

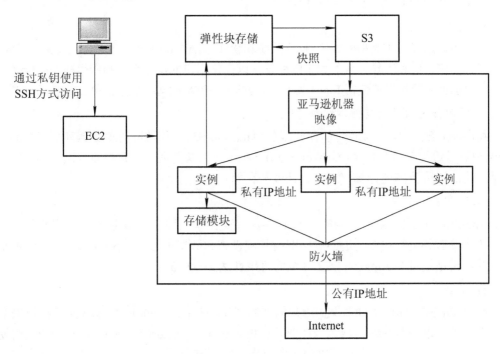

图 2.1　EC2 的基础架构

温馨提示:

SSH 是加密传输的远程登录命令。SSH 的传输过程是加密的,基于公钥加密算法和 SSL。

所谓远程登录,是指用户用 SSH 命令以及远程主机的主机名或 IP 地址,就可在其所在地通过网络连接注册(即登录)到远地的另一个主机上,并使用远程主机的资源工作,用户感觉到好像本地的键盘和显示器是直接连在远程主机上的。

Telnet 是明码传输的远程登录命令,发送的数据被监听后不需要解密就能看到内容。
通常不建议使用 Telnet,因为现在网络监听手段十分发达,而且中间人攻击也很容易。

1. 弹性计算云 EC2 的优势

1) 弹性

Amazon EC2 让用户可以在几分钟内提升或降低计算能力,而不是几小时或几天。用户可以委托一个服务器实例或者同时委托数百或上千个服务器实例。当然,因为这全是通过 Web 服务 API 控制的,所以用户的应用程序可以根据它的需要,自动提升或降低计算规模。

2) 完全控制

用户可以完全控制自己的实例,用户有 Root 权限去访问每一个实例,也可以与任意一个机器相互通信。同时,用户可以停止自己的实例,并且保留在自己的引导分区中的数据,然后通过 Web 服务 API 重新启动后使用相同的实例。可以使用 Web 服务的 API 远程重启实例,用户还可以使用实例的控制台输出。

3) 灵活

用户可以选择多种类型的实例、操作系统和软件包。Amazon EC2 允许自己设置一组内存、处理器、实例存储和引导分区的大小的配置,以优化用户的操作系统和应用程序的选择。例如,用户选择的操作系统包括 Linux 发行版、Microsoft Windows 服务器和 OpenSolaris 等。

4) 同时使用亚马逊其他网络服务

Amazon EC2 与亚马逊简单存储服务(Amazon S3)、亚马逊简单数据库服务(Amazon SDB)和亚马逊简单队列服务(Amazon SQS)一起工作,以提供一个完整的解决方案,用于在一个广泛的适用范围内计算、查询、处理和存储。

5) 可靠

Amazon EC2 提供一个高度可靠的环境,在这个环境下可以快速替换实例和可预见性的委托。该服务运行在亚马逊的成熟网络基础设施和数据中心上。Amazon EC2 服务水平协议的承诺是使每个 Amazon EC2 区域的可用性达到 99.95%。

6) 安全

Amazon EC2 提供了许多保护用户的计算资源的机制,并能使用 Web 服务接口来配置防火墙设置,以控制网络访问。当在亚马逊虚拟私有云(Virtual Private Cloud,VPC)内使用 Amazon EC2 的资源时,用户可以使用自己指定的特殊范围的 IP 地址来隔离计算实例,并使用基于行业标准的加密协议 IPsec 的 VPN 来连接到用户现有的 IT 基础设施。

7) 廉价

Amazon EC2 能给用户带来规模经济利益,相对于自己所使用的计算量,用户的支付率非常低。

情形 1:按需实例。用户可以按小时支付自己所使用的计算量,无需长期购买。这让用户摆脱了昂贵的消费成本、复杂的计划和维护硬件费用,将通常巨大的固定成本转换成十分微小的可变成本。

情形 2:预留实例。用户可以选择通过低廉、一次性的付费购买所需要的实例,从而获得了有关该实例每小时使用费的折扣。当实例被一次性付款后,亚马逊就可以为用户保留该实例,在用户的使用期内,可以选择按实例运行情况付费。若不使用实例,用户将不会为它支付使用费。

情形 3：竞价型实例。用户可以利用竞价型实例对未使用的 Amazon EC2 容量进行竞价，并可在竞价高于当前现货价格的期间内运行此类实例。现货价格根据供应和需求定期变化，竞价符合或超过现货价格的客户可以获得可用竞价型实例的访问权。如果用户能灵活控制应用程序的运行时间，则竞价型实例可以大幅度降低 Amazon EC2 成本。

2. 功能

Amazon EC2 为构建可拓展企业级的应用程序提供了一系列强大的功能：

1) 亚马逊弹性块存储

实例自身携带了一个存储模块(Instance Store)，但是该模块的缺点是它只是一个临时的存储空间。对于需要长期保存或者比较重要的数据，则用户需要专门的存储模块来完成，这个模块就是弹性块存储(Elastic Block Store，EBS)。与 S3 不同，EBS 是专门为 EC2 设计的，因此可以更好地与 EC2 配合使用。EBS 允许用户创建卷(Volume)，卷的功能和用户平常使用的移动硬盘非常类似。亚马逊限制每个 EBS 最多创建 20 个卷，每一个卷可以作为一个设备挂载(Mounted as a Device)在任何一个实例上。挂载以后就可以像使用 EC2 的一个固有模块一样使用它，这与 S3 是完全不同的。因此当用户需要使用 EC2 服务时，推荐使用 EBS 作为其存储对象。当实例被终止时，EBS 上的数据会继续保存下去直到用户自己删除它，这与关机后移动硬盘上的数据还会长久保存是一个道理。快照(Snapshot)是 EBS 提供的一个非常实用的功能，可以捕捉当前卷的状态，然后数据就可以被存储在 S3 中。对于习惯使用 S3 的用户来说，这是一个很方便的功能，快照的另一个功能是用于创建一个新卷的起始点。

温馨提示：

弹性块存储(EBS)与存储模块(Instance Store)的区别：

存储模块(Instance Store)也称为实例存储，是实例自身固有的存储设备。该模块的缺点在于它只是一个临时的存储空间。实例在重启时，它里面数据不会丢失；但 EC2 实例终止或毁坏后，它里面的数据就会丢失。

弹性块存储(EBS)可理解为云硬盘，但普通的云硬盘(如百度云盘)直接被用户使用，而 EBS 要和 EC2 实例一起使用。EC2 实例仅是一个运行的 OS，一般无应用软件和数据。应用软件和数据要存储到 EBS 上或存储模块(Instance Store)上。EC2 实例终止或毁坏后，EBS 上的数据不会丢失，但实例存储(Instance Store)上的数据会丢失。因此，对于需要长期保存或者比较重要的数据，建议采用 EBS 存储。这样，即使 EC2 实例终止或毁坏，EBS 上的数据也可以挂载到别的 EC2 实例上或挂载到新建的一个 EC2 实例上。

亚马逊弹性块存储(Amazon EBS)为 Amazon EC2 实例提供了持久存储的功能，Amazon EBS 卷提供了持续独立于实例生命期的专用实例存储。Amazon EBS 卷是高可用性、高可靠性的卷，可以作为一个 Amazon EC2 实例的启动分区或者作为一个标准块设备附加到一个正在运行的 Amazon EC2 实例上。当其作为启动分区使用时，Amazon EC2 实例可以被停止并随后重新启动，用户只需支付使用存储资源的费用，同时保持自己实例的状态。Amazon EBS 卷之所以大大改善了本地 Amazon EC2 实例存储的可用性，是因为 Amazon EBS 卷自动地在后台(在一个单一可用的区域)复制。对于那些希望获得更大的持久性的用户,Amazon EBS 提供了能够创建用户卷的任意时间点的实时一致的备份,这个备份之后存储在 Amazon S3 上,通过多个可用区域进行自动复制。这些备份能被用于创建新的 Amazon EBS 卷的新起点,也能更加持久地保护用户的数据。用户同样可以更加容易地与同事及其他 AWS 开发人员共享这些备份。

2) 多个地点放置实例

Amazon EC2 提供了能够在多个地点放置实例的能力。Amazon EC2 的位置是由区域和可用区组成的。通过在独立的可用区使用实例,可以保护用户的应用程序远离单一地区的失败。区域由一个或多个可用区组成,其地理位置分散分布于独立的地理区域或国家/地区。Amazon EC2 服务水平协议的承诺是使每个 Amazon EC2 的区域提供 99.95% 的可用性。截止 2013 年 5 月 29 日只有 8 个地区提供 Amazon EC2:美国东部(弗吉尼亚北部)、美国西部(俄勒冈)、美国西部(加利福尼亚北部)、欧洲地区(爱尔兰)、亚太地区(新加坡)、亚太地区(东京)、亚太地区(悉尼)和南美地区(圣保罗)。

3) 弹性 IP 地址

弹性 IP 地址是专门用于动态云计算的静态 IP 地址,它与用户的账户关联而并非与特殊实例关联,用户可以控制该地址,直到选择彻底释放该地址。与传统静态 IP 地址不同,使用弹性 IP 地址,用户可以用编程的方法将其公有 IP 地址重新映射到账户中的任何实例,从而掩盖实例故障或可用区域故障。Amazon EC2 可以将用户的弹性 IP 地址快速重新映射到替换实例,这样用户便可以处理实例或软件问题,而不是等待数据技术人员重新配置或重新放置主机。

4) 虚拟私有云(Virtual Private Cloud)

Amazon VPC 是公司现有 IT 基础设施和 AWS 云之间的一座安全且无缝的桥梁。有了 Amazon VPC,企业可以通过虚拟专用网(VPN)连接将现有基础设施连至一组独立的 AWS 计算资源,并扩展他们现有的管理功能(如安全服务、防火墙和入侵检测系统),从而囊括其 AWS 计算资源。

温馨提示:

虚拟私有云(Virtual Private Cloud):公有云上的私有云,比普通的公有云更安全。虚拟私有云用 VPN 构建,即用 VPN 在公有云中划出安全的隔离区域,实现专有虚拟数据中心。

5) 亚马逊监控服务(Amazon Cloud Watch)

Amazon Cloud Watch 是一种 Web 服务,用于监控通过 Amazon EC2 启动的 AWS 云资源和应用程序。它可以显示资源利用情况、操作性能和整体需求模式——包括 CPU 利用率、磁盘读取、磁盘写入以及网络流量等度量值。用户可以获得统计数据、查看图表及设置度量数据警告。要使用 Amazon Cloud Watch,只需选择用户要监控的 Amazon EC2 实例即可。用户也可以提供自己的业务或应用程序的度量数据。Amazon Cloud Watch 汇集并存储监控数据,这些数据可通过 Web 服务 API 或命令行工具访问。

6) 自动缩放(Auto Scaling)

Auto Scaling 可以根据用户定义的条件自动扩展 Amazon EC2 容量。使用 Auto Scaling,

用户可以确保所使用的 Amazon EC2 实例数量在需求高峰期可实现无缝增长以保持性能，也可以在需求平淡期自动缩减，最大程度地降低成本。Auto Scaling 特别适合每小时、每天或每周使用率都不同的应用程序。它通过 Amazon Cloud Watch 启用，除了 Amazon Cloud Watch 费用外，无需支付其他任何费用。

7) 弹性负载平衡(Elastic Load Balancing)

Elastic Load Balancing 在多个 Amazon EC2 上自动分配应用程序的传入流量。有了 Elastic Load Balancing，用户可以更好地改善应用程序的容错性能，同时持续地提供相应应用程序传入流量所需要的负载平衡容量。Elastic Load Balancing 可以检测出实例资源池内的不正常实例，并自动更改数据流动路线，使其指向正常实例，直到不正常实例恢复正常为止。用户可以在单可用区或多个可用区域中启用 Elastic Load Balancing，以实现一致性更高的应用程序性能。Amazon Cloud Watch 可用于捕获特定弹性负载均衡器的运行度量值(如申请次数和申请延迟)，除了 Elastic Load Balancing 费用外，无需支付任何其他费用。

8) 高性能计算(HPC)集群

紧耦合的并行处理复杂计算工作的客户或网络性能敏感的应用程序的客户，可以达到很高的计算和网络性能，这些来源于定制的基础设施，同时也来源于 Amazon EC2 所带来的弹性、灵活性和成本优势。集群计算的实例是专门设计的，以便提供高性能的网络能力，它可以被编程到集群允许的应用程序中，以获得低延迟网络性能，满足节点到节点的通信需要。集群计算的实例也显著提高了网络吞吐量，使它们很好地适应需要执行网络密集型操作的客户应用程序。

3. 亚马逊机器映像(AMI)

AMI(Amazon Machine Image)是一个可以将用户的应用程序、配置等一起打包的加密机器映像。AMI 是用户云计算平台运行的基础，因此，用户使用 EC2 服务的第一步就是要创建一个自己的 AMI，这与使用 PC 首先需要操作系统的道理相同。AMI 预配置了一张可不断增加的操作系统列表。AMI 是存储在 Amazon S3(亚马逊简单存储服务)中的，目前亚马逊提供的 AMI 有以下四种类型：

(1) 公共 AMI：由亚马逊提供，可免费使用。
(2) 私有 AMI：用户本人和其授权的用户可以使用。
(3) 付费 AMI：向开发者付费购买的 AMI。
(4) 共享 AMI：开发者之间相互共享的一些 AMI。

当用户初次使用 EC2 时，可以以亚马逊提供的 AMI 为基础创建自己的服务器平台，也可以用 EC2 社区提供的脚本来创建新的 AMI，但这种方法对用户的要求比较高，一般来说使用亚马逊提供的 AMI 即可。选定好 AMI 后需要将 AMI 打包压缩，然后加密并分割上传，最后再使用相关的命令将 AMI 恢复即可。

4. 实例

当用户创建好 AMI 后，实际运行的系统就被称为一个实例，实例与日常的 PC 主机很像。EC2 服务的计算能力是由实例提供的，因此可以说实例是 EC2 服务的核心内容之一。按照亚马逊目前的规定，每个用户最多可以拥有 20 个实例。每个实例自身携带一个存储模块或称实例存储(Instance Store)。

温馨提示：

亚马逊机器映像与 EC2 实例的区别：

AMI(Amazon Machine Image)是亚马逊机器映像，它是一个可以将用户的 OS 和应用程序、配置等一起打包的加密机器映像。"Image" 此处翻译为映像，但在 OpenStack 等许多其他上下文环境中被翻译为"镜像"，都指 OS 文件本身。所以有"镜像库"一说，即存储 OS 文件的存储库。AMI 是存储在 S3(简单存储服务)中的。S3 就是 AMI 的镜像库。

Instance 表示实例。所谓 EC2 实例，即在用户创建好的 AMI 的基础上实际运行的 OS 系统，它本质上是一个虚拟机，而 AMI 就是一种虚拟机映像文件。

按照计算能力来划分，实例可以被分成标准型和高 CPU 型、高内存型等不同种类。标准型实例的 CPU 和内存是按一定比例配置的，对于大多数应用来说已经足够了。如果用户对于计算能力的要求比较高，可以选择高 CPU 型的实例，这种实例的 CPU 资源比内存资源要高。

为了屏蔽底层硬件的差异，准确地度量用户实际使用的计算资源，EC2 定义了所谓的 CPU 计算单位。一个 EC2 计算单位被称为一个 ECU(EC2 Compute Unit)。一个 EC2 计算单位(ECU)可提供相当于一个主频为 1.0 GHz～1.2 GHz 的 2007 Opteron 或 2007 Xeon CPU 的容量。下面列举 EC2 标准实例的几种类型：

(1) 小型实例(默认)：1.7 GB 内存，1 个 EC2 计算单位(1 个虚拟核，含 1 个 EC2 计算单位)，160 GB 本地实例存储，32 位或 64 位平台。

(2) 中型实例：3.75 GB 内存，2 个 EC2 计算单位(1 个虚拟核，含 2 个 EC2 计算单位)，410 GB 本地实例存储，32 位或 64 位平台。

(3) 大型实例：7.5 GB 内存，4 个 EC2 计算单位(2 个虚拟核，各含 2 个 EC2 计算单位)，850 GB 本地实例存储，64 位平台。

(4) 超大型实例：15 GB 内存，8 个 EC2 计算单位(4 个虚拟核，各含 2 个 EC2 计算单位)，1690 GB 本地实例存储，64 位平台。

5. EC2 的区域概念

区域(Zone)是 EC2 中独有的概念。亚马逊将区域分为两种：地理区域(Region Zone)和可用区域(Availability Zone)。其中，地理区域是按照实际的地理位置划分的，而可用区域的划分则是为了隔绝各个区域之间的错误，这样，某个可用区域的错误就不会影响到别的可用区域。因此，可用区域实际上就是一个人工隔绝出的"孤岛"。图 2.2 为 EC2 中区域之间的关系。从图中可以很明显地看出两者之间的关系。EC2 系统中包含多个地理区域，而每个地理区域中又包含多个可用区域。为了确保系统的稳定性，用户最好将自己的多个实例分布在不同的可用区域和地理区域中。这样在某个区域出现问题时可以用别的实例代替，最大程度地保证了用户利益。

总而言之，亚马逊通过提供弹性计算云，减少了小规模软件开发人员对于集群系统的维护，并且收费方式相对简单明了，用户使用多少资源，就付多少费用。这种付费方式与传统的主机托管模式不同。传统的主机托管模式让用户将主机放入托管公司，用户一般需要根据最大或者计划的容量进行付费，而不是根据使用情况进行付费。而且，为了保证服务的可靠性、可用性等，用户可能需要付出更多的费用。但在很多时候，服务并没有进行满额资源使用。而根据亚马逊的模式，用户只需要为实际使用情况付费即可。

图 2.2　EC2 中区域之间的关系

温馨提示：

为进一步了解区域和可用区域，下面给出一些数量指标。亚马逊在 2014 年公开了一组数据：一个包含 5 个 AZ(Availability Zone 可用区域)的地理区域(美国东部地区，当时其他区域的 AZ 不超过 3 个)内有多达 82864 个光纤束，AZ 之间为城域 DWDM(Dense Wavelength Division Multiplexing，密集波分复用)链路，延迟通常小于 1 ms，峰值流量达 25 Tb/s；每个 AZ 由 1 个或更多的数据中心构成，有些 AZ 的数据中心达到 6 个，单个数据中心的服务器数量可以超过 5 万台。

2.2.2　简单存储服务 S3

早在 2006 年 3 月，亚马逊就发布了简单存储服务(Simple Storage Service，S3)，这种存储服务按照每个月类似租金的形式进行服务付费，同时用户还需要为相应的网络流量进行付费。亚马逊网络服务平台使用 REST(Representational State Transfer)和简单对象访问协议(SOAP)等标准接口，用户可以通过这些接口访问到相应的存储服务。S3 服务是 Amazon 推出的简单存储服务，用户通过 Amazon 提供的服务接口可以将任意类型的文件临时或永久地存储在 S3 服务器上，S3 的总体设计目标是可靠、易用及很低的使用成本。

S3 给开发人员提供一个简单、安全、本质上拥有无限能力的连续在线存储功能。S3 可以被看成是在"云"上的一个很大的磁盘驱动器或一个 SAN(存储区域网)。与带宽的收费模式一样，Amazon 对最终用户按每吉比特收费，并且当存储和检索 S3 数据时要收费。

S3 可以存储和获得被 Amazon 称为对象的无组织的数据，这些数据可以是拥有 2 KB 相关元数据的从 1 B 到 5 GB 的任何地方的数据。尽管 S3 里没有目录或文件名，其功能相当于"Buckets(桶)"和对象,即Buckets相当于目录,而对象相当于文件。对象存储在"Buckets"中,并由开发人员通过预设的唯一键进行检索。使用一个REST和SOAP接口,开发人员可以创建、列出和检索Buckets和对象,同时,可以通过GET接口或者BitTorrent协议下载。

S3的基本结构如图2.3所示。S3为任意类型的文件提供临时或永久的存储服务,基本概念有:① 对象:S3的基本存储单元(数据、元数据),数据类型任意;② 键:对象的唯一标识符;③ 桶:存储对象的容器(不能嵌套,在S3中名称唯一,每个用户最多可创建100个桶)。

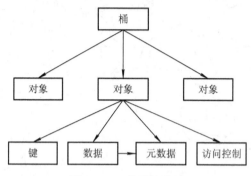

图2.3 S3的基本结构

Amazon S3是基于云的数据存储,通过Web Services API,Internet上任何地方都可以对其进行实时访问。特别重要的是,不要把S3想象成某种文件系统。很多人期望S3表现得像个文件系统,结果都会碰到麻烦。首先,名字空间有两层,在第一层有若干桶,在第二层有若干对象。可以把这些桶想象成文件目录,它们存储的是放进S3的数据。然而,与传统目录不同的是,没办法按层次结构来管理它们——不能把桶放到桶中。也许更重要的一点是,桶名字空间在所有Amazon客户之间被共享。设计桶名字需要特别留意,以免与其他桶冲突。换句话说,不要取"Documents"这样的桶名。

其次,很重要的一点是S3相对速度较慢。事实上,对于部署在Internet上的服务来说,它已经非常快了,但是,如果期望它有像本地磁盘或SAN那样的响应速度,一定会非常失望。因此,把S3作为运行时的存储介质来用是不可取的。

最后,访问S3不是通过文件系统,也不是通过Web DAV,而是通过Web服务。因此,需要专门编写程序来向S3中存储数据。S3使用户能将持久化数据放入"云"中,供以后再次取出,并且,当用户取回数据时,数据保证完整无误。它主要的好处是只需不断将数据丢到S3中,永远不用担心存储空间耗尽,对大多数用户而言,S3就是一个短期或长期的备份设备。

温馨提示:

S3与EBS存储的区别:

S3属于对象存储;而EBS属于块存储。S3适合大容量批处理式的存储,速度相对较慢;而EBS适合快速实时数据处理。EBS为虚拟机实例提供云硬盘;而S3是不与实例直接挂钩的,可单独使用。

根据Amazon提供的技术文档,目前S3支持的主要操作包括:Get、Put、List、Delete和Head,如表2.1所示。

表 2.1 S3 支持的主要操作

操作目标	Get	Put	List	Delete	Head
桶	获取桶中对象	创建或更新桶	列出桶中所有键	删除桶	无
对象	获取对象数据和元数据	创建或更新对象	无	删除对象	获取对象元数据

云存储系统要处理一些独特的、传统存储技术不用关心的难题。基于 RAID 和复制的存储技术不能很好地适应云基础设施，因为它们不能方便地扩展到 ExaByte 级别。老的存储技术依赖冗余拷贝来增强可靠性，带来的问题是系统很难管理，耗尽了带宽，收益成本比率也不够好。

采用冗余存储，但保持数据最终一致性是 S3 的主要设计思路。S3 是为了保证用户数据的一致性而采取的一种折中手段，即在数据被充分传播到所有的存放节点之前返回给用户的仍是原数据，这称为最终一致性数据模型，如图 2.4 所示。

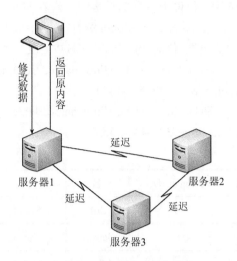

图 2.4 最终一致性数据模型

2.2.3 简单数据库服务 Simple DB

Amazon Simple DB(Amazon SDB)是一个用于存储、处理和查询结构化数据集的 Web 服务，主要用于存储结构化的数据，并为这些数据提供查找、删除等基本的数据库功能。

SDB 的基本结构如图 2.5 所示。其中包含了 SDB 中几个最重要的概念：① 用户账户(Customer Accout)；② 域(Domain)：数据容器；③ 条目(Item)：一个实际的对象；④ 属性(Attribute)：条目的特征；⑤ 值(Value)：每个条目的某属性的具体内容。

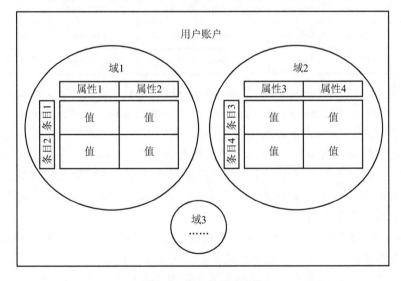

图 2.5 SDB 的基本结构

每个条目可以包含最多 256 个键-值对(Key-Value Pair)。可以在每个域中对自己的数据集执行查询，SDB 当前还不支持跨域查询。

以上这些术语可理解为类似于传统电子表格中的对应概念。以表 2.2 中显示的客户管理数据库详细信息为例，考虑它们在 Amazon Simple DB 中的表示方式，整个表就是一个名为"Customers"的域，各个客户就是表中的行或域中的条目，联系信息用列标题(属性)来描述，值位于各个单元格中。现在假设下面的记录是用户要添加到域中的新客户。

在 Amazon Simple DB 中，要添加表 2.2 中的记录，用户需要将 Customer ID 和各个客户的属性-值对一起 PUT 到域中。无需特定的语法，方式如下：

PUT (item, 123), (First name, Bob), (Last name, Smith), (City, Springfield), (Zip, 65801), (Telephone, 222-333-4444)

PUT (item, 456), (First name, James), (Last name, Johnson), (City, Seattle), (Zip, 98104), (Telephone, 333-444-5555)

表 2.2 "Customers"域

Customer ID	名	姓	城市	邮编	电话
123	Bob	Smith	Springfield	65801	222-333-4444
456	James	Johnson	Seattle	98104	333-444-5555

SDB 不受模式限制，能够动态地插入数据和添加新的列或键。例如，假设用户开始采集客户的电子邮件地址，以便启用对订单状态的实时警告。无需重建"Customers"域、重写查询和重建索引，用户只需要向现有的"Customers"域添加新的记录和任何其他属性。生成的域如表 2.3 所示。

表 2.3 增加新的列后的"Customers"域

Customer ID	名	姓	城市	邮编	电话	E-mail
123	Bob	Smith	Springfield	65801	222-333-4444	
456	James	Johnson	Seattle	98104	333-444-5555	
789	Deborah	Thomas	New York	10001	444-555-6666	dthomas@xyz.com

相应的命令是：PUT (item, 789)、(First name, Deborah)、(Last name, Thomas)、(City, New York)、(Zip, 10001)、(Telephone, 444-555-6666)、(E-mail, dthomas@xyz.com)。

SDB 便于使用，提供关系数据库的大多数功能，其维护比典型的数据库简单得多，因为不需要设置或配置任何东西。Amazon 负责所有管理任务，并自动为数据编制索引，可以在任何时候、任何地方访问索引。不受模式限制的优点是，能够动态地插入数据和添加新的列或键。SDB 是 Amazon 基础设施的组成部分，会在幕后自动地扩展。同样，用户需要对实际使用的数据集资源付费。

Amazon SDB 是个奇怪的组合，它是结构化的数据存储，比起常用的 MySQL 或 Oracle 实例来说可靠性更高。但是，它只满足最基本的关系型存储需求。对于更关心关系型数据的可获得性、要求关系模型不怎么复杂及事务管理要求也不高的用户来说，Amazon SDB 显然是一个非常强有力的工具。但根据经验来看，在事务型应用程序上要求如此低的人极少，当然，在读操作非常密集的环境(如在 Web 内容管理系统中)下，Amazon SDB 可能就特别有用。

总之，SDB 和关系型数据库有很多相同之处，但也有很大的不同。传统的关系数据库采用表结构，SDB 采用树状结构，如图 2.6 所示。Amazon SDB 不是关系数据库，它舍弃了复杂的事务处理和关系(即连接)。

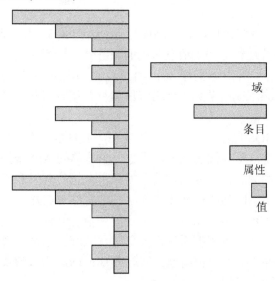

图 2.6 SDB 树状组织方式

SDB 为了系统的高可用性采取了最终一致性数据模型，每次操作设定了一个超时值。所有数据副本的一致性通常可在一秒钟之内实现；在短时间之后重复读取，应会返回更新的数据。

温馨提示：

S3 与 SDB 有以下两个方面的主要区别：

(1) S3 是专为大型、非结构化的数据块设计的；SDB 是为复杂的结构化数据建立的，支持数据的查找、删除、插入等操作。

(2) 为了优化使用 AWS 服务的成本，应将大型数据元或文件存储在 Amazon S3 中，而最好将小型数据元素或文件指针(可能指向 Amazon S3 数据元)保存在 Amazon SDB 中。

Amazon SDB 有以下一些优点：

(1) 不需要数据库管理员(DBA)。
(2) 通过非常简单的 Web Services API 就可以获取数据。
(3) 可以使用数据库管理系统(DBMS)集群。
(4) 从数据存储能力的角度来看，扩展性非常好。

2.2.4 简单队列服务 SQS

2007 年 7 月，亚马逊公司推出了简单队列服务(Simple Queue Service，SQS)，这项服务使托管主机可以存储计算机之间发送的消息。Amazon 为解决其云计算平台之间不同组件的通信而专门设计开发了 SQS。通过这一项服务，应用程序编写人员可以在分布式程序之间进行数据传递，而无需考虑消息丢失的问题。通过这种服务方式，即使消息的接收方还没有启动相应的接收模块也没有关系，服务内部会缓存相应的消息，而一旦有消息接收组件被启动运行，则队列服务将消息提交给相应的运行模块进行处理。同样，用户必须为这种消息传递服务付费，计费的规则与存储计费规则类似，依据消息的个数以及消息传递的大小进行收费。

所有基于 Amazon 的网络计算，其基础都是 Amazon SQS。与任何消息队列服务一样，SQS 接收消息，把消息传递给订阅了消息队列的服务器。一般来说，消息系统可以让服务器交换信息时完全不用了解对方的情况。消息发送者只需简单地提交一条短消息(在 Amazon SQS 中最大为 64 KB)给队列，然后继续运行。接收者从队列取得消息，对消息的内容进行处理。

之所以 Amazon 的 SQS 能结合到云计算环境中，主要是因为它很简单。对需要使用消息队列的大多数系统而言，所要做的不过是通过一个简单的 API 来提交和取得消息，完全不用操心消息在队列中的完整性。在这样简单的平台上进行开发和维护确实很乏味，但是比起许多复杂、昂贵的消息队列商业软件来说，还是简单一点好。

若要构建一个灵活且可扩展的系统，低耦合度是很有必要的。因为只有系统各个组件之间的关联度尽可能低，才可以根据系统需要随时从系统中增加或者删除某些组件。但松散的耦合度也带来了组件之间的通信问题。SQS 是 Amazon 为了解决其云计算平台之间不同组件的通信而专门设计开发的。

SQS 由三个基本部分组成：系统组件(Component)、队列(Queue)、消息(Message)，如图 2.7 所示。消息是发送者创建的、具有一定格式的文本数据，接收对象可以是一个或多个组件。消息的大小是有限制的，截止 2013 年 1 月 Amazon 规定每条消息不得超过 64 KB，但是消息的数量并未做限制。队列是存放消息的容器，类似于 S3 中的桶，队列的数目也是任意的，创建队列时用户必须给其指定一个在 SQS 账户内唯一的名称。

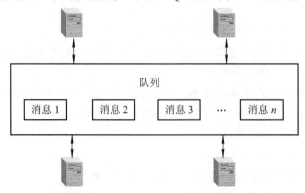

图 2.7 简单队列服务 SQS

消息的格式包括：① 消息 ID(Message ID)；② 接收句柄(Receipt Handle)；③ 消息体(Body)；④ 消息体 MD5 摘要(MD5 of Body)。例如，消息可以是"处理 S3 桶(S3://fancy-bucket)中的数据 123.csv，再将结果提交给队列 Y"。消息队列的好处之一是发送者不用去识别接收者，也不用针对失败的通信进行处理。在消息发送时，甚至不必激活接收者。

Amazon SQS 有以下一些功能：

(1) 开发人员可以创建任意数量的 Amazon SQS 队列，队列可包含任意数量的消息。此消息正文可包含最多 64 KB 的文本(格式不限)。可以成批发送、接收或删除消息，每批最多 10 条消息或 64 KB。消息可以在队列中最多保留 14 天。可以同时发送和读取消息。

(2) 收到消息后，在处理期间它会变为"锁定"状态。这可防止其他计算机同时处理该消息。如果消息处理失败，"锁定"会过期，而消息也重新变为可用的。如果应用程序需要更多的处理时间，则可通过 Change Message Visibility 操作动态更改"锁定"超时。

(3) 开发人员可以和他人安全共享 Amazon SQS 队列。可以和其他 AWS 账户共享队列，也可以匿名共享。队列共享还可按 IP 地址和一天中的时间进行限制。

Amazon SQS 可以与 Amazon EC2、Amazon S3 和 Amazon SDB 一起使用，让应用程序具有更好的灵活性和可扩展性。常见的使用案例包括：创建需要互相通信却又不能同时处理相同工作量的多个组件或模块。在此情形中，SQS 队列可以承载消息，让用户在 Amazon EC2 实例上运行的应用程序能够有序地进行处理。Amazon EC2 实例可以读取该队列，处理作业，然后将结果作为消息发布到另一 SQS 队列(可能由其他应用程序进行进一步处理)。由于 Amazon EC2 允许应用程序动态扩展，应用程序开发人员可根据 SQS 队列中的工作量，轻松改变计算实例的数量，确保作业得以及时处理。

下面介绍一家视频转码网站是如何搭配使用 Amazon EC2、Amazon SQS、Amazon S3 和 Amazon SDB 的。最终用户将需要转码的视频提交到网站。视频存储到 Amazon S3 中，一条消息(请求消息)则排入 Amazon SQS 队列(传入队列)，消息中包含了指向视频和目标视频格式的指针。在一组 Amazon EC2 实例上运行的转码引擎从传入队列中读取请求消息，使用其中的指针从 Amazon S3 中检索视频，并将视频转换为目标格式。转换后视频放回到 Amazon S3 中；另一条消息(回复消息)排入另一个 Amazon SQS 队列(传出队列)，其中包含了指向转换后视频的指针。同时，视频相关的元数据(如格式、创建日期和长度)可以索引到 Amazon SDB 中，以方便查询。在整个工作流中，一个专门的 Amazon EC2 实例可以持续监控传入队列，并根据传入队列中的消息数量，动态调整转换 Amazon EC2 实例的数量，来满足客户对响应时间的要求。

2.3 Google 云平台

Google 拥有全球最强大的搜索引擎，除了搜索业务，Google 还有 Google Maps、Google Earth、Gmail 和 YouTube 等其他业务。这些应用的共性在于数据量巨大，并且要面向全球用户提供实时服务，因此，Google 必须解决海量数据存储和快速处理问题。Google 研发了简单而又高效的技术，让多达百万台的廉价计算机协同工作，共同完成这些任务，这些技术在诞生几年后才被命名为 Google 云计算技术。

Google 云计算技术包括：Google 文件系统 GFS、分布式计算编程模型 MapReduce、分布式锁服务 Chubby、分布式结构化数据表 Bigtable、分布式存储系统 Megastore 以及分布式监控系统 Dapper 等。Google 云计算的四个组件及其调用关系如图 2.8 所示。其中，GFS 提供了海量数据的存储和访问的能力，MapReduce 使得海量信息的并行处理变得简单易行，Chubby 保证了分布式环境下并发操作的同步问题，Bigtable 使得海量数据的管理和组织十分方便，构建在 Bigtable 之上的 Megastore 则实现了关系型数据库和 NoSQL 之间的巧妙融合，Dapper 能够全方位地监控整个 Google 云平台的运行状况。

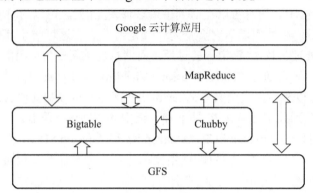

图 2.8 Google 云计算的四个组件及其调用关系

2.3.1 Google 文件系统 GFS

1. GFS 的概念

Google 文件系统(Google File System，GFS)是一个大型的分布式文件系统，用于大型的、分布式的、对大量数据进行访问的应用。它运行于廉价的普通硬件上，但可以提供容错功能。它可以给大量的用户提供总体性能较高的服务，为 Google 云计算提供海量存储，并与 Chubby、MapReduce、Bigtable 等技术结合十分紧密，处于所有核心技术的底层。GFS 不是一个开源的系统，目前仅能从 Google 公布的技术文档来获得相关知识。

Google 设计 GFS 的动机是需要建立一个能在一堆廉价的服务器上构建该分布式文件系统，并支持海量存储的文件系统。GFS 的观点认为：硬件出错是正常现象而非异常，其主要的工作是负责流数据的读/写，即主要用于程序处理批量数据，而不是与用户的交互或随机进行读/写。其中，数据写主要是"追加写"，而"插入写"非常少，另外，存储的文件大小可能是吉字节或太字节量级的，而且应当能支持存储成千上万个文件。GFS 的设计思想是：首先将文件划分成若干块存储，每个块的大小固定。其次，通过冗余来提高可靠性，即每个数据块至少在三个数据块服务器上冗余；再次，通过单个 Master 来协调数据访问、元数据存储；最后，没有缓存。

GFS 的体系架构如图 2.9 所示。它是单个的 Master、若干个 Chunk Server 的模式。GFS 将整个系统的节点分为三类角色：Client(客户端)、Master(主服务器)和 Chunk Server(数据块服务器)。Client 是 GFS 提供给应用程序的访问接口，它是一组专用接口，不遵守 POSIX(Portable Operating System Interface of UNIX，可移植操作系统接口)规范，以库函数的形式提供。应用程序直接调用这些库函数，并与该库链接在一起。Master 是 GFS 的管理节点，在逻辑上只有一个，它保存系统的元数据，负责整个文件系统的管理，是 GFS 文件系统中的"大脑"。Chunk Server 负责具体的存储工作，数据以文件的形式存储在 Chunk Server 上，Chunk Server 的个数可以有多个，它的数目直接决定了 GFS 的规模。GFS 将文件按照固定大小进行分块，默认是 64 MB，每一块称为一个 Chunk(数据块)，每个 Chunk 都有一个对应的索引号(Index)。

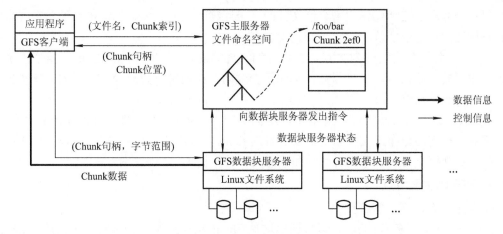

图 2.9 GFS 的体系架构

当客户端访问 GFS 时，首先访问 Master 节点，获取将要与之进行交互的 Chunk Server 信息，然后直接访问这些 Chunk Server 完成数据存取。GFS 的这种设计方法实现了控制流和数据流的分离。Client 与 Master 之间只有控制流，而无数据流，这样就极大地降低了 Master 的负载，使之不成为系统性能的一个瓶颈。Client 与 Chunk Server 之间直接传输数据流，同时由于文件被分成多个 Chunk 进行分布式存储，Client 可以同时访问多个 Chunk Server，从而使得整个系统的 I/O 高度并行，系统整体性能得到提高。

GFS 与过去的分布式文件系统有很多相同的目标，但 GFS 的设计受到了当前及预期的应用方面的工作量及技术环境的驱动，这反映了它与早期的文件系统有以下一些明显不同的设想：

(1) 硬件出错是正常而非异常。由于文件系统存储在成百上千个机器中，而这些机器是由廉价的普通部件组成的并被大量的客户机访问。部件的数量和质量使得一些机器随时都有可能无法工作并且有一部分还可能无法恢复。因此实时地监控、错误检测、容错、自动恢复对系统来说必不可少。

(2) 需要存储大尺寸的文件。长度达几个吉字节的文件是很平常的，每个文件通常包含很多应用对象。当经常要处理快速增长的、包含数以万计对象的、长度达太字节量级的数据集时，我们很难管理成千上万的千字节量级的文件块，即使底层文件系统提供支持。因此，设计中操作的参数、块的大小必须要重新考虑。对大型文件的管理一定要能做到高效，对小型文件也必须支持，但不必针对小型文件而优化。

(3) 大部分文件的更新是通过添加新数据完成的，而不是改变已存在的数据。在一个文件中随机的操作在实践中几乎不存在，一旦写完，文件就只可读，很多数据都有这些特性。一些数据可能组成一个大仓库以供数据分析程序扫描，有些是运行中的程序连续产生的数据流，有些是档案性质的数据，有些是在某个机器上产生、在另外一个机器上处理的中间数据。由于这些对大型文件的访问方式，添加操作成为性能优化和原子性保证的焦点，而在客户机中缓存数据块则失去了吸引力。

(4) 工作量主要由两种读操作构成：对大量数据的流方式的读操作和对少量数据的随机方式的读操作。在前一种读操作中，可能要读几百或几千个字节，通常达 1 MB 或更多。

来自同一个客户的连续操作通常会读文件的一个连续的区域。随机的读操作通常在一个随机的偏移处读几千个字节。

(5) 工作量还包含许多对大量数据进行的、连续的、向文件添加数据的写操作。所写的数据的规模和读相似,一旦写完,文件很少改动,在随机位置对少量数据的写操作也支持,但不必非常高效。

(6) 系统必须高效地实现定义完好的大量客户同时向同一个文件的添加操作的语义。

相对于传统的分布式文件系统,GFS 针对 Google 应用的特点从多个方面进行了简化,从而在一定规模下达到成本、可靠性和性能的最佳平衡。

2. GFS 的主要特点

GFS 主要有以下一些特点:

(1) 采用中心服务器模式:可以方便地增加 Chunk Server;Master 掌握系统内所有 Chunk Server 的情况,方便进行负载均衡;不存在元数据的一致性问题。

(2) 不缓存文件数据,缓存元数据:对于存储在 Chunk Server 上的文件数据,由于其本地文件系统能够提供缓存机制,而在 GFS 中实现缓存受制于 Chunk Server 不稳定所带来的复杂的数据一致性问题,因此并没有实现缓存机制。对于存储在 Master 中的元数据,GFS 采取了缓存策略,GFS 中 Client 发起的所有操作都需要先经过 Master。Master 需要对其元数据进行频繁操作,为了提高操作的效率,Master 的元数据都是直接保存在内存中进行操作;同时采用相应的压缩机制降低元数据占用空间的大小,提高内存的利用率。GFS 的文件操作大部分是流式读/写,不存在大量的重复读/写,使用 Cache 对性能提高不大;Chunk Server 上的数据存取使用本地文件系统,如果某个 Chunk 读取频繁,文件系统具有 Cache;从可行性看,Cache 与实际数据的一致性维护也极其复杂。

(3) 在用户态下实现:直接利用 Chunk Server 的文件系统存取 Chunk,实现简单,用户态应用调试较为简单,利于开发,用户态的 GFS 不会影响 Chunk Server 的稳定性。提供专用的访问接口:未提供标准的 POSIX 访问接口;降低 GFS 的实现复杂度。

(4) 单 Master 模式:只有一个 Master 极大地简化了设计并使得 Master 可以根据全局情况做出先进的块放置和复制决定。但是我们必须要将 Master 对读和写的参与减至最少,这样它才不会成为系统的瓶颈。Client 只从 Master 读取文件块的元数据信息,然后知道了要和哪个 Chunk Server 联系,Client 在一段限定的时间内将这些信息缓存,在后续的操作中 Client 直接和 Chunk Server 交互。这样的设计降低了 Master 的压力,平衡了负载。

(5) 块(Chunk)规模为 64 MB:块规模是设计中的一个关键参数,64 MB 的存储块比一般的文件系统的块规模要大得多。每个块的副本作为一个普通的 Linux 文件存储,在需要的时候可以扩展。较大的块规模能够减少 Client 和 Master 之间的交互,使 Client 在一个给定的块上很可能执行多个操作,同时能够减少 Master 上保存的元数据(Metadata)的规模。

2.3.2 分布式计算编程模型 MapReduce

MapReduce 是 Google 提出的一个软件架构,是一种处理海量数据的并行编程模式,用于大规模数据集(通常大于 1TB)的并行计算。"Map(映射)"、"Reduce(化简)"的概念和主要思想,都是从函数式编程语言和矢量编程语言借鉴来的。Map()把一个函数应用于集合中的所有成员，然后返回一个基于这个处理的结果集；Reduce()对结果集进行分类和归纳。Map()和 Reduce()两个函数可能会并行运行，即使不是在同一个系统的同一时刻。正是由于 MapReduce 有函数式和矢量编程语言的共性，使得这种编程模式特别适合于非结构化和结构化的海量数据的搜索、挖掘、分析与机器智能学习等。

按 Google MapReduce 框架所设计的分布式框架，分布式文件系统很大程度上，是为各种分布式计算需求所服务的。在这里所讨论的分布式文件系统就是加了分布式的文件系统，类似的定义推广到分布式计算上，可以将其视为增加了分布式支持的计算函数。从计算的角度上看，MapReduce 框架接受各种格式的键-值对文件作为输入，读取计算后，最终生成自定义格式的输出文件。而从分布式的角度上看，分布式计算的输入文件往往规模巨大，且分布在多个机器上，单机计算完全不可支撑且效率低下，因此 MapReduce 框架需要提供一套机制，将此计算扩展到无限规模的机器集群上进行。

在 MapReduce 框架中，每一次计算请求，被称为作业(Job)。在分布式计算 MapReduce 框架中，为了完成这个作业，它进行两步走的战略，即 Map 和 Reduce。首先是将作业拆分成若干个 Map 任务(Task)，分配到不同的机器(Worker)上去执行，每一个 Map 任务拿输入文件的一部分作为自己的输入，经过一些计算，生成某种格式的中间文件，这种格式与最终所需的文件格式完全一致，但是仅仅包含一部分数据。因此，等到所有 Map 任务完成后，它会进入下一个步骤，用以合并这些中间文件获得最后的输出文件。此时，系统会生成若干个 Reduce 任务，同样也是分配到不同的机器(Worker)去执行，它的目标就是将若干个 Map 任务生成的中间文件汇总到最后的输出文件中去。当然，这个汇总不完全如"1 + 1 = 2"那么直截了当，这也就是 Reduce 任务的价值所在。经过如上步骤，最终作业完成，所需的目标文件生成。整个算法的关键，就在于增加了一个中间文件生成的流程，大大提高了灵活性，使其分布式扩展性得到了保证。表 2.4 给出了 Google 云平台的相关术语及其解释。

表 2.4　Google 云平台的相关术语及其解释

中文翻译	Google 术语	相关解释
作业	Job	用户的每一个计算请求，就称为一个作业
作业服务器	Master	用户提交作业的服务器，同时，它还负责各个作业任务的分配，管理所有的任务服务器
任务服务器	Worker	任劳任怨的工蜂，负责执行具体的任务
任务	Task	每一个作业，都需要拆分开了，交由多个服务器来完成，拆分出来的执行单位，就称为任务
备份任务	Backup Task	每一个任务，都有可能执行失败或者缓慢，为了降低为此付出的代价，系统会未雨绸缪地在另外的任务服务器上执行同样一个任务，这就是备份任务

2.3.3　分布式锁服务 Chubby

Chubby 是 Google 设计的提供粗粒度锁服务的一个文件系统，它基于松耦合分布式系统，解决了分布的一致性问题。通过使用 Chubby 系统的锁服务，用户可以确保数据操作过程中的一致性。不过值得注意的是，这种锁只是一种建议性的锁(Advisory Lock)，而不是强制性的锁(Mandatory Lock)，这种选择使系统具有更大的灵活性。

Chubby 系统具有广泛的应用场景，在分布式环境的开发中扮演重要作用。Chubby 系统让客户端进行同步并且协调配置环境，方便程序员进行分布式系统中一致性服务的开发。例如，GFS 使用 Chubby 选取一个 GFS 主服务器；Bigtable 使用 Chubby 指定一个主服务器并发现、控制与其相关的子表服务器；Chubby 还可以作为一个稳定的存储系统存储包括元数据在内的小数据；Google 内部还使用 Chubby 进行名字服务(Name Server)；软件开发者使用 Chubby 粗粒度的分配任务，在编写并发程序时，使用 Chubby 提供的共享锁或者独占锁，保证数据的一致性。下面将从 Chubby 系统的概述、目标以及整体架构来阐述 Chubby 系统的设计。

1. 系统概述

Chubby 系统提供粗粒度(Coarse-grained)的锁服务，并且基于松耦合分布式系统设计可靠的存储，而没有采用细粒度(Fine-grained)的锁服务，两者的差异在于持有锁的时间，细粒度的锁持有时间很短。Chubby 系统提供建议性的锁，而不是强制性的锁；强调锁服务的可用性、可靠性。两者的根本区别在于用户访问某个被锁定的文件时，建议性的锁不会阻止访问，而强制性的锁则会阻止访问，实际上使用建议性的锁是为了方便系统组件之间的信息交互。

Chubby 系统本质上是一个分布式的文件系统，存储大量的小文件。每一个文件就代表了一个锁，并且保存一些应用层面的小规模数据。用户通过打开、关闭和读取文件，获取共享锁或者独占锁；并且通过通信机制，向用户发送更新信息。例如，当一群机器选举 Master 时，这些机器同时申请打开某个文件，并请求锁住这个文件。成功获取锁的服务器当选主服务器，并且在文件中写入自己的地址。其他服务器通过读取文件中的数据，获得主服务器的地址信息。

2. 系统目标

Chubby 系统的设计目标有以下几点：

(1) 支持粗粒度的锁服务：基于松耦合分布式系统的可靠存储，向用户提供粗粒度锁服务。

(2) 高可用性和高可靠性：保证锁服务的高可用性和高可靠性，同时提供基本的可用性、吞吐量和存储能力。

(3) 直接存储服务信息：提供档案文件，存储服务的参数及相关信息，而不需要建立并维护另一个服务。

(4) 高扩展性：在 RAM 中存储数据，支持大规模用户访问文件。

在具体实现时，Chubby 系统主要有以下几个特征：

(1) 通报机制：客户端需要及时知道服务发生的变化。通过通报机制，定期向客户端发送更新消息。

(2) 缓存机制：利用缓存保存文件，避免频繁访问主服务器；为了方便用户，使用一致性缓存。

3. 基本架构

Chubby 系统的基本架构如图 2.10 所示。客户端和服务器端通过远程过程调用(RPC)来连接。客户端应用程序通过调用 Chubby 程序库(Chubby Library)，申请锁服务并获取相关信息，同时，通过租约保持同服务器的连接。所有应用都是通过调用 Chubby 程序库中相关函数来完成。

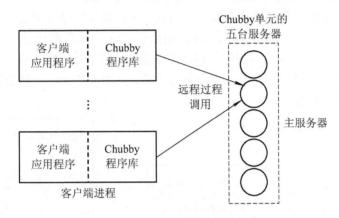

图 2.10　Chubby 系统的基本架构

Chubby 服务器组一般由五台服务器组成，其中一台服务器担任主服务器，负责与客户端的所有通信。其他服务器不断和主服务器通信获得用户操作，Chubby 服务器组的所有机器都会执行用户操作，并将相应的数据存放到文件系统，以防止主服务器出现故障导致数据丢失。

客户端的数据请求由主服务器完成，Chubby 保证在一定时间内有且仅有一个主服务器，这个时间就称为主服务器租约期(Master Lease)。

每个 Chubby 单元是由五个副本组成的，这五个副本中需要选举产生一个主服务器，这种选举本质上就是一个一致性问题。在实际执行过程中，Chubby 使用 Paxos 算法来解决。主服务器产生后客户端的所有读/写操作都是由主服务器来完成的。读操作很简单，客户直接从主服务器上读取所需数据即可；写操作就会涉及数据一致性的问题。为了保证客户的写操作能够同步到所有的服务器上，系统再次利用了 Paxos 算法。

2.3.4　分布式数据存储系统 Bigtable

Bigtable 是 Google 开发的基于 GFS、MapReduce 和 Chubby 的分布式存储数据库系统，它被设计用来处理海量数据：通常是分布在数千台普通服务器上的 PB 级的数据。Bigtable 和数据库很类似：它使用了很多数据库的实现策略，但是它又不是一个完全的关系型数据库，它不支持完整的关系数据模型，而是提供了一个简单的数据模型接口，使得数据的存储更加灵活。Google 的很多数据，包括 Web 索引、卫星图像数据等在内的海量结构化和半结构化数据都是存储在 Bigtable 中的。

设计 Bigtable 的原因有以下两个方面：

(1) Google 需要存储的数据种类繁多，如网页、地图数据、邮件等。需使用统一的方式存储各类数据。

(2) 针对海量的服务请求,快速地从海量信息中寻找需要的数据。

1. Bigtable 的组件

Bigtable 包括了三个主要的组件:客户端程序库(Client Library)、一个主服务器(Master Server)和多个子表服务器(Tablet Server)。针对系统工作负载的变化情况,Bigtable 可以动态地向集群中添加(或者删除)子表服务器,其基本结构如图 2.11 所示。主服务器主要解决一些元数据操作以及子表服务器之间负载调度问题,实际数据存储在子表服务器上。当客户访问 Bigtable 的服务器时,首先要利用其库函数执行 Open( )操作来打开一个锁(实际上就是获取了文件目录),锁打开以后客户端就可以和子表服务器进行通信。与许多具有单个主节点分布式系统一样,客户端主要与子表服务器通信,几乎不与主服务器进行通信,这使得主服务器的负载大大降低。

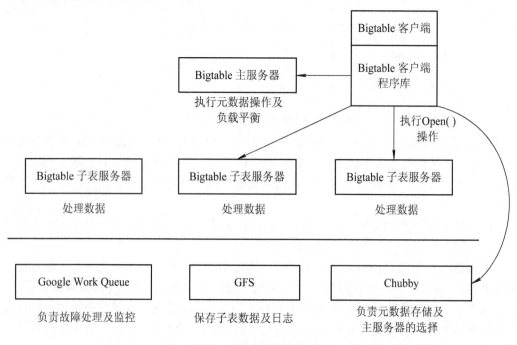

图 2.11 Bigtable 的基本结构

一个 Bigtable 集群存储了很多表,每个表包含了一个子表的集合,而每个子表包含了某个范围内的行的所有相关数据。Bigtable 中存储数据都是以子表的形式保存在子表服务器上的,客户一般也只和 Tablet 服务器进行通信。

主服务器主要负责的工作有:为子表服务器分配子表、检测新加入的或者过期失效的子表服务器、对子表服务器进行负载均衡以及对保存在 GFS 上的文件进行垃圾收集。除此之外,它还处理对模式的相关修改操作,如建立表和列族。

每个子表服务器都管理一个子表的集合(通常每个服务器大约有数十个至上千个子表)。每个子表服务器负责处理它所加载的子表的定位、分配和读/写操作,同时负责在子表过大时对其进行分割。子表实际上存储的是包含了某个范围内的行的所有相关数据,而子表又是以 SStable 作为基本的存储单元,由多个 SStable 共同组成的,SStable 是 Google 为 Bigtable 设计的内部数据存储格式。所有的 SStable 文件都是存储在 GFS 上的,用户可以通过键来查询相应的值。一个子表服务器上所有子表都共享一个日志文件。

一般来说，每个子表的大小在(100～200)MB 之间。每个子表服务器上保存的子表数量可以从几十到上千不等，通常情况下是 100 个左右。

由于 Bigtable 中的数据都是以子表的形式存储在各个子表服务器上的，因此子表的寻址成为了 Bigtable 系统的关键问题。Google 使用了一个三层的、类似 B+ 树的结构存储 Tablet 的位置信息。子表地址的结构如图 2.12 所示。

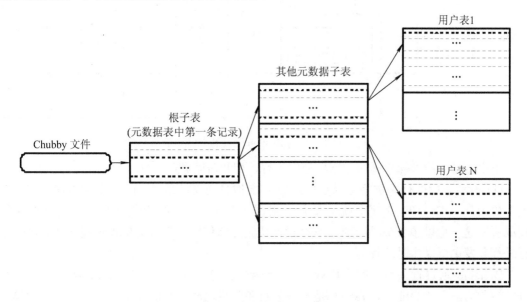

图 2.12　子表地址的结构

所有的子表地址都被记录在元数据表中，元数据表也是由一个个的元数据子表(Metadata Tablet)组成的。第一层是存储在 Chubby 中的根子表，它是元数据表中的第一个元数据子表，存储了其他元数据子表的地址；第二层是根子表指向的其他元数据子表，表中每个子表的位置信息都存放在一个行关键字下面，而这个行关键字是由子表所在的表的标识符和子表的最后一行编码而成的；第三层便是所有用户子表。

2. Bigtable 的数据模型

Bigtable 是一个稀疏的、分布式的、持久化存储的多维度排序 Map。Map 的索引是行关键字、列关键字以及时间戳；Map 中的每个 value 都是一个未经解析的 byte 数组。

例如，假设要存储海量的网页及相关信息，这些数据可以用于很多不同的项目，暂且称这个特殊的表为 Webtable。在 Webtable 中，使用 URL 作为行关键字，使用网页的某些属性作为列名，网页的内容存在 "contents:" 列中，并用获取该网页的时间戳作为标识。一个存储 Web 网页的表的片断如图 2.13 所示。行名是一个反向 URL。"contents:" 列族存放的是网页的内容，anchor 列族存放引用该网页的锚链接文本(即 HTML 的 Anchor 标记)。CNN 的主页被 Sports Illustrater(缩写为 SI，即 cnnsi.com 的主页，用 cnnsi.com 上网搜索就会跳转到 www.si.com)和 My-look 的主页引用，因此该行包含了名为 "anchor:cnnsi.com" 和 "anchor:my-look.ca" 的列。每个锚链接只有一个版本(注意时间戳标识了列的版本，t_9 和 t_8 分别标识了两个锚链接的版本)；而 "contents:" 列则有三个版本，分别由时间戳 t_3、t_5 和

t_6 标识。

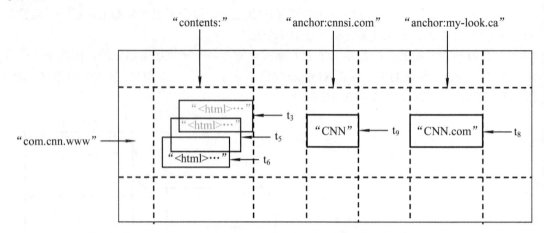

图 2.13 一个存储 Web 网页的表的片断

下面主要介绍 Bigtable 的数据模型中的行、列和时间戳：

(1) 行。表中的行关键字可以是任意的字符串(目前支持最大 64 KB 的字符串，但是对大多数用户，10～100 个字节就足够了)。对同一个行关键字的读/写操作都是原子的(不管读或者写这一行里多少个不同列)，这个设计决策能够使用户很容易地理解程序在对同一个行进行并发更新操作时的行为。

Bigtable 通过行关键字的字典顺序来组织数据。表中的每个行都可以动态分区。每个分区被称为一个"Tablet"，Tablet 是数据分布和负载均衡调整的最小单位。这样做的结果是，当操作只读取行中很少几列的数据时效率很高，通常只需要很少几次机器间的通信即可完成。用户可以通过选择合适的行关键字，在数据访问时有效利用数据的位置相关性，从而更好地利用这个特性。例如，在 Webtable 中，通过反转 URL 中主机名的方式，可以把同一个域名下的网页聚集起来组织成连续的行。即可以把"maps.google.com/index.html"的数据存放在关键字"com.google.maps/index.html"下。把相同的域中的网页存储在连续的区域可以让基于主机和域名的分析更加有效。

(2) 列族。列关键字组成的集合称为"列族"，列族是访问控制的基本单位。存放在同一列族下的所有数据通常都属于同一个类型(可以把同一个列族下的数据压缩在一起)。列族在使用之前必须先创建，然后才能在列族中任何的列关键字下存放数据；列族创建后，其中的任何一个列关键字下都可以存放数据。根据设计意图，一张表中的列族不能太多(最多几百个)，并且列族在运行期间很少改变。与之相对应的是，一张表可以有无限多个列。

列关键字的命名语法是："列族：限定词"。列族的名字必须是可打印的字符串，而限定词的名字可以是任意的字符串。例如，Webtable 有个列族 language，language 列族用来存放撰写网页的语言。在 language 列族中只使用一个列关键字，用来存放每个网页的语言标识 ID。Webtable 中另一个有用的列族是 anchor；anchor 列族包含"anchor:cnnsi.com"和"anchor:my.look.ca"等两个列；这个列族的每一个列关键字代表一个锚链接，如图 2.13 所示。anchor 列族的限定词是引用该网页的站点名；anchor 列族每列的数据项存放的是链接文本。

访问控制、磁盘和内存的使用统计都是在列族层面进行的。在 Webtable 中，上述的控制权限能帮助用户管理不同类型的应用：一些应用可以添加新的基本数据；另一些应用可以读取基本数据并创建继承的列族；还有一些应用则只允许浏览数据(甚至可能因为隐私的原因不能浏览所有数据)。

(3) 时间戳。在 Bigtable 中，表的每一个数据项都可以包含同一份数据的不同版本；不同版本的数据通过时间戳来索引。Bigtable 时间戳的类型是 64 位整型。Bigtable 可以给时间戳赋值，用来表示精确到毫秒的"实时"时间；用户程序也可以给时间戳赋值。如果应用程序需要避免数据版本冲突，那么它必须自己生成具有唯一性的时间戳。在数据项中，不同版本的数据按照时间戳倒序排序，即最新的数据排在最前面。

为了减轻多个版本数据的管理负担，Bigtable 对每一个列族配有两个设置参数，Bigtable 通过这两个参数可以对废弃版本的数据自动进行垃圾收集。用户可以指定只保存最后 n 个版本的数据或者只保存"足够新"的版本的数据(例如，只保存最近 7 天写入的数据)。在 Webtable 的举例中，"contents:"列存储的时间戳信息是网络爬虫抓取一个页面的时间。

2.3.5 Google App Engine

Google 公司发展迅速，在推出自己产品的同时，Google 倾力打造了一个平台，来继承自己的服务并供开发者使用，这就是 Google App Engine 平台。

App Engine 是在 Google 的基础架构上构建和运行网络应用程序的平台，提供了使用 Google 基础服务的编程结构。Google App Engine 应用程序易于构建和维护，开始使用 Google App Engine 是免费的。所有应用程序都可以使用 500 MB 的存储空间及可支持每月约 500 万页面浏览量的足够的 CPU 和带宽，并可根据用户的访问量和数据存储需要的增长轻松扩展。为用户的应用程序启用付费后，用户的免费配额将提高，只需为使用的超过免费水平的资源付费。 App Engine 平台实现了资源的按需分配，Google App Engine 平台会监控资源的使用情况，根据资源的使用量来收取费用。

Google App Engine 是隶属于 PaaS 类型的云服务计算环境，支持 Python 和 Java 语言，可使用 Google 的基础服务，如 Bigtable 和 GFS 等。用户仅需提供应用代码，无需自备服务器维护应用程序，可根据访问量和数据存储需要的增长轻松进行扩展。Google App Engine 不会获得自己的虚拟机，还受到一些标准 API 的限制(例如，不可以创建大量的线程)，也不可以使用文件系统(可以使用 Blobstore API 来替代)。用户可以通过使用命令行或者 IDE 建立和设计程序。不需要管理服务器也没有 ssh，只有 App。App 在沙盒中运行，可能还会运用一些专有的 API 在 NoSQL 中进行存储，可以使用 MapReduce 等进行开发。用户不需要经常接入目标设备就可以通过管理员 UI 来浏览数据存储、查看日志文件和性能标准。

Google App Engine 的架构如图 2.14 所示。其可以分成以下四个部分：

(1) 前端和静态文件。主要提供的功能有：负载均衡、静态文件的传输、HTML 的生成、转发请求给应用服务器。

(2) 应用服务器(App Server)。它能同时运行多个应用的运行时(Runtime)，可以是 Python 或 Java 语言的应用。

(3) 服务群(Service Group)。服务群现在主要包括的服务有：Datastore(数据库)、

Memcache、Images(图像)、User(用户)、URLFetch(网址抓取)、E-mail 等。

(4) 应用管理节点(App Master)。它主要负责应用的启停和计费。

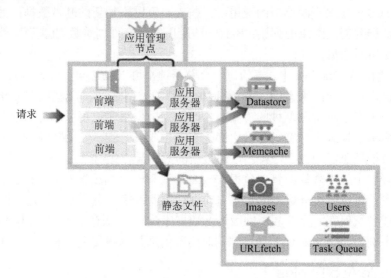

图 2.14 Google App Engine 的架构

具体而言,服务群提供的服务有:

① 图像(Image)操作 API:开发人员可通过该 API 对 JPEG 和 PNG 图像进行缩放、裁剪、旋转和翻转等操作。

② 邮件(E-mail)API:为开发人员开发的应用程序提供电子邮件发送服务。

③ Memcache API:高性能的内存键值缓存,用户可使用应用程序访问该缓存;可提高应用程序的性能并减少数据库的负载。

④ 网址抓取(URLFetch)API:可以使用 HTTP 或 HTTPS 等网址对数据进行检索。

⑤ 用户(User)API:使应用程序与 Google 账号集成,支持 Google 账号身份认证。

⑥ 数据库(Datastore)API:为用户提供查询引擎和事务存储服务。其数据库的实现就是利用 Google 的 Bigtable 技术。

简单地说,Google App Engine 是一个由 Python 应用服务器群、Bigtable 数据库及 GFS 数据存储服务组成的平台,它能为开发者提供一体化的、可自动升级的在线应用服务。从云计算平台的分类来看,Amazon 提供的是 IaaS 平台,而 Google 提供的 Google App Engine 是一个 PaaS 平台,用户可以在上面开发应用软件,并在 Google 的基础设施上运行此软件。其定位是易于实施和扩展,无需服务器维护。Google App Engine 可以让开发人员在 Google 的基础架构上运行网络应用程序。在 Google App Engine 之上容易构建和维护应用程序,并且应用程序可以根据访问量和数据存储需要的增长轻松进行扩展。使用 Google App Engine,开发人员将不再需要维护服务器,只需要上传应用程序,它便可立即为用户提供服务。

应用程序的环境特性如下:

(1) 动态网络服务功能,能够完全支持常用的网络技术。

(2) 具有持久存储的空间,可支持查询、分类等基本操作。

(3) 具有自主平衡网络和系统的负载、自动进行扩展的功能。

(4) 可对用户的身份进行验证，并且支持使用 Google 账户发送邮件。

(5) 具有一个功能完整的本地开发环境，开发人员可以在自身的计算机上模拟 Google App Engine 环境。

通过 Google App Engine，即使在负载很重和数据量极大的情况下，也可以轻松构建能安全运行的应用程序。

下面介绍 Java 语言运行时的环境和沙盒限制。App Engine 使用 Java 虚拟机(JVM)来运行 Java 应用程序。Google App Engine SDK 支持 Java 5 及更高版本，该环境包括 Java SE 运行环境(JRE)平台和库。出于服务和安全原因，JVM 在安全的沙盒中运行以隔离不同的应用程序。沙盒确保了应用程序仅执行不影响其他应用程序的性能和可伸缩性的操作。沙盒限制应用程序不得进行的操作有：① 向文件系统写入；② 打开套接字或直接访问另一主机；③ 产生子进程或线程。

Google App Engine 对网络应用程序使用 Java Servlet 标准。用户以标准 WAR 目录结构提供应用程序的 Servlet 类、Java Server Pages (JSP)、静态文件和数据文件以及部署描述符(Web.xml 文件)和其他配置文件。用户也可以在应用程序中使用 Java Web 编程中的常用框架，但是像 Hibernate 这样面向关系型数据库的持久层框架不可以使用。其他框架中在沙盒限制范围的功能将不能使用。

2.4 OpenStack 云平台

OpenStack 是美国国家航空航天局和 Rackspace 合作研发的云端运算软件，以 Apache 许可证授权，并且是一个自由软件和开放源代码项目。OpenStack 是 IaaS(基础设施即服务)软件，让任何人都可以自行建立和提供云端运算服务。此外，OpenStack 也用于建立防火墙内的私有云(Private Cloud)，为机构或企业内各部门提供共享资源。OpenStack 用 Python 语言编写，遵循 Open Virtualization Format、AMQP 等标准，支持的虚拟机软件包括 KVM、Xen、VirtualBox、QEMU、LXC 等。

OpenStack 具有很强的灵活性，逐渐成为快速组建云平台的标准服务。OpenStack 具有以下特点。

(1) 管理和灵活性好。开源的平台意味着用户不必再被一个固定厂家束缚，模块化的设计能够容易整合第三方的技术来满足商业需求。

(2) 执行行业标准。超过 12 个国家的 60 多个全球领先的公司参与了 OpenStack，包括 Cisco、Citrix、Dell、Intel 及 Microsoft，而且它还在全球范围内传播。微软在 2010 年 10 月表示支持 OpenStack 与 Windows Server 2008 R2 的整合。2011 年 2 月，思科系统正式加入 OpenStack 项目，重点研制 OpenStack 的网络服务。

(3) 已被证明的软件。世界上最大的几个公共云和私有云运行着同样的软件，它们保持相互兼容与连接。OpenStack 公共云的兼容性意味着一旦条件成熟，企业未来可以很容易地迁移数据和应用到公共云。

1. OpenStack 的原理

OpenStack 主要由五部分组成，分别是计算服务 Nova、存储服务 Swift、镜像服务 Glance、身份服务 Keystone 和用户界面服务 Horizon。OpenStack 可以单独提供其中的一部分，也可以将这五部分组合起来，搭建一个通用的云平台。OpenStack 参考了亚马逊 AWS 设计理念，所有子模块之间均通过标准化的 API 实现服务调用。

温馨提示：

其实，OpenStack 有很多组件或服务，上面提到的五个服务是其最成熟、应用最广泛的服务。例如，截至 Liberty 版本，OpenStack 含九个核心项目：计算(Compute)服务 Nova、网络(Networking)服务 Neutron/Quantum、身份管理(Identity Management)服务 Keystone、对象存储(Object Storage)服务 Swift、块存储(Block Storage)服务 Cinder、镜像 (Image Service)服务 Glance、用户界面仪表盘(User Interface Dashboard)服务 Horizon、部署编排(Orchestration) 服务 Heat、测量和告警(Telemetry)服务 Ceilometer。另有一个数据库(Database Service)服务 Trove，自 Icehouse 版本集成到项目中，但到 Juno 版就终止了。

OpenStack 首先将数据中心虚拟化，利用虚拟机管理程序(Hypervisor)提供应用程序和硬件之间抽象的对应关系，如图 2.15 所示。

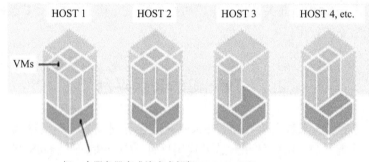

图 2.15 通过 OpenStack 实现数据中心虚拟化

数据中心虚拟化的特点如下：

(1) 为每个服务器提供了抽象的硬件(例如，第一台主机其实提供了抽象的四台虚拟机；第二台主机经虚拟化后变成三台虚拟机；等等)。

(2) 利用虚拟机实现对每个服务器资源更好的利用。图 2.16 是 OpenStack 虚拟化的更多实现。

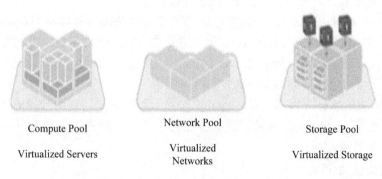

图 2.16 OpenStack 虚拟化的更多实现

以上的每个虚拟服务器、虚拟网络或者虚拟存储设备之后都是一个资源池(Pool)，这样无论对资源的分配还是对请求响应都更加灵活且有效。

OpenStack 完成数据中心虚拟化后，还提供对云进行管理的功能。OpenStack 负责在云上部署各种应用和文件，同时还要提供对应用和文件的检索、创建和分配虚拟机，当虚拟机用完之后还要撤销，要提供用户和管理员接口，用户要能知道自己的应用情况，管理员也要能知道整个云的运行情况，负责云存储的分配、检索和收回。OpenStack 云管理如图 2.17 所示。

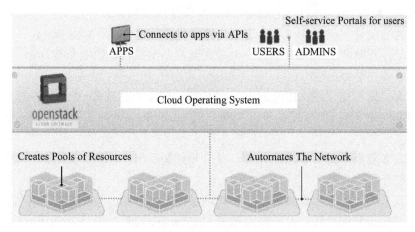

图 2.17　OpenStack 云管理

2. OpenStack 的概念架构

OpenStack 能帮助用户建立自己的 IaaS，提供类似 Amazon Web Service 的服务给客户。为实现这一点，设计了 OpenStack 的概念架构，如图 2.18 所示。该架构采用的是非常普通的分层方法，包括展示层(Presentation)、逻辑层(Logic)和资源层(Resources)。另外，它带有两个正交区域，即整合层(Integration)和管理层(Management)。

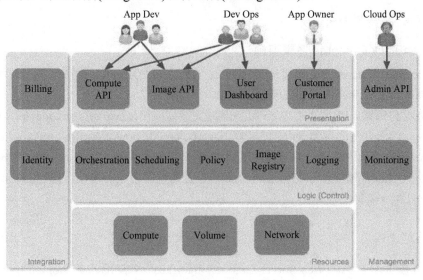

图 2.18　OpenStack 的概念架构

在 OpenStack 的概念架构中，假设了需要与云交互的四个用户集：应用开发者(App Developers)、开发操作者(Dev Ops)、应用拥有者(App Owner)和云操作者(Cloud Operator)，并为每类用户划分了他们所需要的功能。各类用户的功能如下：

(1) 允许应用拥有者(App Owner)注册云服务，查看运行和计费情况。

(2) 允许应用开发者(App Developers)和开发操作者(Dev Ops)创建和存储他们应用的自定义镜像。

(3) 允许四个用户集启动、监控和终止实例。

(4) 允许云操作者(Cloud Operator)配置和操作基础架构。

展示层的功能是实现组件与用户交互，并接收和呈现信息。Web Portals 为非开发者提供图形界面，为开发者提供 API 端点。如果是更复杂的结构，那么负载均衡、控制代理、安全和名称服务也都会在这一层。

逻辑层为"云"提供逻辑(Logic)和控制功能。这层包括部署(复杂任务的工作流)、调度(作业到资源的映射)、策略(配额等)、镜像注册 Image Registry (实例镜像的元数据)和日志(事件和计量)。

假设绝大多数服务提供者已经有客户身份和计费系统。任何云架构都需要整合这些系统。这就是整合层的功能。

在任何复杂的环境下，都将需要一个管理层(Management)来操作这个环境。它应该包括一个 API 访问云管理特性以及一些监控表单(Forms)。监控功能将以整合的形式加入一个已存在的工具中。当前的架构中已经为虚拟的服务提供商加入了监控(Monitoring)和管理(Admin)API，在更完全的架构中，将见到一系列的其他支持功能，如供应(Provisioning)和配置管理(Configuration Management)。

最后，资源层提供各种资源，包括计算(Compute)资源、网络(Network)资源和存储(Storage)资源，以供应给"云"的客户。该层提供这些服务，无论它们是服务器、网络交换机、NAS(Network Attached Storage，网络附加存储)还是其他的一些资源。

2.4.1 计算服务 Nova

1. OpenStack Compute 逻辑架构

在 OpenStack Compute 逻辑架构中，组件中的绝大多数可分为两种自定义编写的 Python 守护进程(Custom Written Python Daemons)：

(1) 接收和协调 API 调用的 Web 服务器网关接口应用(nova-api、glance-api 等)。

(2) 执行部署任务的 Worker 守护进程(nova-compute、nova-network、nova-schedule 等)。

然而，逻辑架构中有两个重要的部分，既不是自定义编写，也不是基于 Python，它们是消息队列(Queue)和数据库(Nova Database)。二者简化了复杂任务(通过消息传递和信息共享的任务)的异步部署。

温馨提示：

Web 服务器网关接口(Web Server Gateway Interface，WSGI)是 Python 应用程序或框架和 Web 服务器之间的一种接口，已经被广泛接受。它已基本成了可移植性方面的目标。

OpenStack Compute 逻辑架构如图 2.19 所示。从图中可以总结出以下三点：

(1) 终端用户(Dev Ops、AppDevelopers 和其他的 OpenStack 组件)通过和 nova-api 对话来与 OpenStack Compute 交互。

(2) OpenStack Compute 守护进程之间通过队列(行为)和数据库(信息)交换信息，以执行 API 的请求。

(3) OpenStack Glance 基本上是独立的基础架构，OpenStack Compute 通过 Glance API 来和它交互。

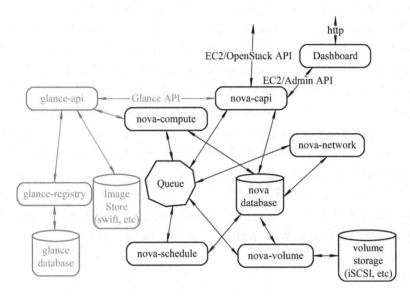

图 2.19　OpenStack Compute 逻辑架构

OpenStack 各个组件的情况如下：

(1) nova-api 守护进程是 OpenStack Compute 的中心，它提供外部世界与云架构交互的接口，为所有 API 查询(OpenStack API 或 EC2 API)提供端点，初始化绝大多数部署活动(如运行实例)以及实施一些策略(绝大多数是配额检查)。

(2) nova-compute 进程主要是一个创建和终止虚拟机实例的 Worker 守护进程，它负责处理实例管理生命周期。其过程相当复杂，但是其基本原理很简单：从队列中接收实例生命周期管理的请求，然后在更新数据库的状态时，执行一系列的系统命令实现相应的操作。

(3) nova-volume 管理映射到计算机实例的卷，如执行卷的创建、附加和取消。这些卷可以来自很多提供商，如 iSCSI 和 AoE。

😊 温馨提示：

OpenStack 从 Folsom 版开始使用 Cinder 替换原来的 nova-volume 服务，为 OpenStack 云平台提供块存储服务。Cinder 作为块存储服务，相当于 Amazon 中的 EBS 存储。

(4) nova-network worker 守护进程类似于 nova-compute 和 nova-volume，它从队列中接收网络任务，然后执行任务以操控网络，如分配 IP 地址、配置 VLAN、为计算节点配置网络等。

温馨提示：

OpenStack 从 Folsom 版开始使用 Quantum 替换原来的 nova-network 服务，因为商标侵权的原因，OpenStack 在 Havana 版本上将 Quantum 更名为 Neutron。

(5) Queue 提供中心 Hub，为守护进程传递消息。当前用 Rabbit-MQ 实现，但是理论上能是 Python amqplib 支持的任何 AMQP(Advanced Message Queue Protocol，高级消息队列协议)。

(6) nova-schedule 映射 nova-api 调用到适当的 OpenStack 组件。

(7) SQL(Structured Query Language，结构化查询语言)数据库存储云基础架构中绝大多数编译时和运行时状态。这包括了可用的实例类型、在用的实例、可用的网络和项目。理论上，OpenStack Compute 能支持 SQL-Alchemy 所支持的任何数据库，但是当前广泛使用的数据库是 SQLite(仅适合测试和开发工作)、MySQL 和 PostgreSQL。

(8) OpenStack Glance 是一个单独的项目，它是 OpenStack Compute 逻辑架构中一个可选的项目，分为 glance-api、glance-registry 和 Image Store 三个部分。其中，glance-api 接受 API 调用；glance-registry 负责存储和检索镜像的元数据；实际的 Image Blob 存储在 Image Store 中，Image Store 可以是多种不同的 Object Store，包括 OpenStack Object Storage (Swift)。

(9) 最后，User Dashboard(用户仪表盘)是另一个可选的项目。OpenStack Dashboard 提供了一个 Web 应用界面给应用开发者(App Developers)和开发操作者(Dev Ops)类似 API 的功能。当前它是作为 Django Web Application 来实现的，当然，也有其他可用的 Web 前端。

2. 概念映射

逻辑架构到概念架构的映射如图 2.20 所示。

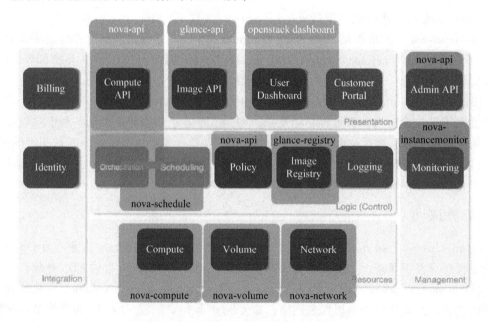

图 2.20　逻辑架构到概念架构的映射

逻辑架构到概念架构的映射并不是唯一的，图2.20中的方式只是其中的一种。通过映射 OpenStack Compute 逻辑组件、Glance 和 Dashboard 来表示功能范围。对于每一个映射，都有相应的提供该功能的逻辑组件的名称，可以总结出以下几点：

(1) 在映射范围中，最大的差距是 Logging 和 Billing。此刻，OpenStack Compute 没有能协调 Logging 事件、记录日志以及创建/呈现账单的 Billing 组件。真正的焦点是 Logging 和 Billing 的整合。这能通过以下方式来补救。例如，扩充代码、采用第三方商业产品或服务、解析与整合自定义日志等。

(2) Identity 是未来可能要补充的一点。

(3) Customer Portal 是一个整合点。User Dashboard 没有提供一个界面，来允许应用拥有者(App Owner)签署服务，跟踪它们的费用以及声明有问题的票据(Lodge Trouble Tickets)。

(4) 理想的情况是，Admin API 会复制用户通过命令行接口实现的所有功能。

(5) 云监控和操作将是服务提供商关注的重点，好操作方法的关键是好的工具。当前，OpenStack Compute 提供 nova-instance monitor，它跟踪计算节点的使用情况。未来还可以采用第三方工具来监控。

(6) Policy 是极其重要的方面，但是它与供应商相关。从配额(Quotas)到 QoS(服务质量)，进而到隐私控制都在其管辖内。当前图上有部分映射，这意味着，OpenStack Compute 为虚拟机实例、浮动 IP 地址以及元数据提供配额。

(7) 当前，OpenStack Compute 内的 Scheduling 对于大的安装来说是相当初步的。调度器是以插件的方式设计的，具体的调度策略目前支持 Chance(随机主机分配)、Simple(最少负载)和 Zone(在一个可用区域里的随机节点)等三种。分布式的调度器和理解异构主机的调度器正在开发之中。

3. OpenStack Compute 物理架构

OpenStack Compute 采用无共享、基于消息的架构，非常灵活，可以将每个 nova-service 安装在单独的服务器上，这意味着安装 OpenStack Compute 有多种可能的方法。可以多节点部署，唯一的相关依赖性是 Dashboard 必须被安装在 nova-api 服务器上。几种部署架构如下：

(1) 单节点：一台服务器运行所有的 nova-services，同时也驱动虚拟机实例。这种配置只为尝试 OpenStack Compute 或者为了开发目的。

(2) 双节点：一个 Cloud Controller 节点运行除 nova-compute 外的所有 nova-services，一台 Compute 节点运行 nova-compute。很可能需要一台客户计算机打包镜像以及与服务器进行交互，但是这并不是必要的。这种配置主要用于概念和开发环境的证明。

(3) 多节点：通过简单部署 nova-compute 到一台额外的服务器以及拷贝 nova.conf 文件到这个新增的节点，用户能在两节点的基础上，添加更多的 Compute 节点，形成多节点部署。在较为复杂的多节点部署中，还能增加一个 Volume Controller 和一个 Network Controller 作为额外的节点。对于运行多个需要大量处理能力的虚拟机实例，至少有四个节点是最好的。

一个可能的 OpenStack Compute 多节点部署架构如图2.21所示。它由两个必选集群和两个可选节点构成：一个必选集群是 Cloud Controller，它的功能扩展到多个节点构成的集群中，其上运行除 nova-compute 外的其他 nova-services，如数据库(Nova Database)服务、API 服务(nova-api)、网络控制器(nova-network)、调度器(nova-schedule)、卷控制器(nova-volume)、Object Store、Glance 服务等；另一个必选集群是运行 nova-compute 的多个计算节点，这些计算节点分成四组，每组四个服务器，服务器上运行虚拟实例。一个可选节点是运行监控(Monitoring)服务的节点；另一个可选节点是运行 VPN 服务的节点，它给予云管理者(Cloud Administrators)以访问内部云体系结构的接口和通道。

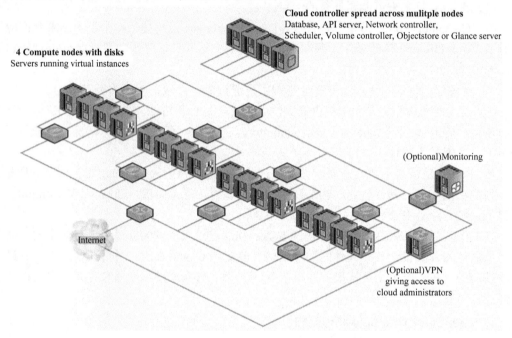

图 2.21　OpenStack Compute 多节点部署架构

2.4.2　存储服务 Swift

OpenStack Object Storage(Swift)是 OpenStack 开源云计算项目的子项目之一，被称为 OpenStack 对象存储，提供了强大的扩展性、冗余和持久性，它模拟 Amazon S3(亚马逊简单存储服务)。

温馨提示：

在 OpenStack 中，Swift 和 Cinder 的区别是：

(1) Swift 是 Object Storage(对象存储)。将 Object(可以理解为文件)存储到 Bucket(可以理解为文件夹)中，可以用 Swift 创建容器(Container)，然后上传文件，如视频、照片，这些文件会被复制(Replication)到不同服务器上以保证可靠性。Swift 可以不依靠虚拟机(即实例)工作。Swift 类似于 Amazon S3(Simple Storage Service)，一般用于流式数据读/写。

(2) Cinder 是 Block Storage(块存储)。可以把 Cinder 当做优盘管理程序来理解。可以用 Cinder 创建卷 Volume，然后将它接到(Attach)虚拟机上去，这个 Volume 就像虚拟机的一个存储分区一样工作。如果这个虚拟机终止(Terminate)了，这个 Volume 和里边的数据依然还在，还可以把它接到其他虚拟机上继续使用里边的数据。Cinder 创建的 volume 必须被接到虚拟机(即实例)上才能工作。类似于 Amazon EBS(Elastic Block Storage)，一般用于随机实时数据读/写。

本节将从架构、原理和实践等几个方面介绍 Swift。

1. Swift 架构概述

Swift 主要有三个组成部分：Proxy Server、Storage Server 和 Consistency Server，其架构如图 2.22 所示。其中，Storage 和 Consistency 服务均部署在 Storage Node 上。Auth 认证服务目前已从 Swift 中剥离出来，使用 OpenStack 的认证服务 Keystone，目的在于统一实现 OpenStack 各个项目间的认证管理。

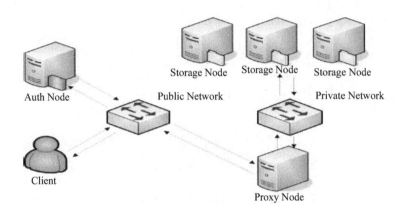

图 2.22 Swift 的架构

Swift 主要组件如下：

1) Proxy Server

客户通过 Proxy Server 与 Swift 打交道。Proxy Server 的行为类似于一个看门人，它接收来自世界的请求。Proxy Server 是提供 Swift API 的服务器进程，负责 Swift 其余组件间的相互通信。对于每个客户端的请求，它将在 Ring 中查询合适的条目的位置(条目包括 Account、Container 或 Object 等)，并且相应地转发请求到该条目。Proxy 提供了 REST API，并且符合标准的 HTTP 协议规范，这使得开发者可以快捷构建定制的 Client 与 Swift 交互。

2) Storage Server

Storage Server 提供了磁盘设备上的存储服务。在 Swift 中有三类存储服务器：Account(账号)、Container(容器)和 Object(对象)。Object 通常是存储在文件系统中的二进制文件。Container 服务器在容器中存储 Object 的列表，这些 Object 列表以 SQLite 文件的形式存储。Container 服务器并不知道对象存放位置，只知道指定 Container 中存放哪些 Object。Container 服务器也做一些跟踪统计，例如，存储的 Object 的总数、Container 的使用情况。Account 服务器存储 Container 的列表，其方式就如同 Container 服务器存储 Object 的列表一样。

3) Consistency Servers

在磁盘上存储数据并向外提供 REST API 并不是难以解决的问题，最主要的问题在于故障处理。Swift 的 Consistency Servers 的目的是查找并解决由数据损坏和硬件故障引起的错误。主要存在三个 Consistency Servers：Auditor、Updater 和 Replicator。Auditor 运行在每个 Swift 服务器的后台，它持续地扫描磁盘来检测 Object(对象)、Container(容器)和 Account(账号)的完整性。如果发现数据损坏，Auditor 就会将该文件移动到隔离区域，然后由 Replicator 负责用一个完好的拷贝来替代该数据。图 2.23 给出了隔离对象处理的流程图。在系统高负荷或者发生故障的情况下，Container 或 Account 中的数据不会被立即更新。如果更新失败，该次更新在本地文件系统上会被加入队列，然后 Updater 会继续处理这些失败了的更新工作，其中由 Account Updater 和 Container Updater 分别负责 Container 列表和 Object 列表的更新。Replicator 的功能是处理数据的存放位置是否正确并且保持数据的合理拷贝数，它的设计目的是 Swift 服务器在面临如网络中断或者驱动器故障等临时性故障情况时可以保持系统的一致性。

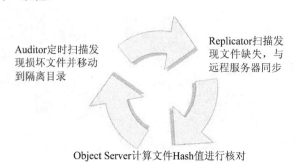

图 2.23　隔离对象处理的流程图

4) Ring

Ring 是 Swift 最重要的组件，用于记录存储对象与物理位置间的映射关系。Ring 包含存储在 Swift 中的对象的物理位置的信息。在涉及查询 Account、Container 和 Object 信息时，就需要查询集群的 Ring 信息。Ring 使用 Zone、Device、Partition 和 Replica 来维护这些映射信息。Ring 中每个 Partition 在集群中都有默认的三个 Replica。每个 Partition 的位置由 Ring 来维护，并存储在映射中。Ring 文件在系统初始化时创建，之后当每次增/减存储节点时，需要重新平衡一下 Ring 文件中的条目，以保证在增/减节点时，系统因此而发生迁移的文件数量最少。

2. Swift 原理

Swift 用到的算法和存储理论并不复杂，主要有以下几个概念。

1) 一致性哈希算法

Swift 利用一致性哈希算法构建了一个冗余的可扩展的分布式对象存储集群。Swift 采用一致性哈希算法的主要目的是在改变集群的 Node 数量时，能够尽可能少地改变已存在 Key 和 Node 的映射关系。该算法的思路分为以下三个步骤：首先，计算每个节点的哈希值(该哈希值是一个长度为 32 bit 的数值)，并将其分配到一个 $0\sim2^{32}$ 的圆环区间上。其次，使用相同方法计算存储对象的哈希值，也将其分配到这个圆环上。最后，从数据映射到的哈希值的位置开始沿圆环区间顺时针查找，将数据保存到找到的第一个节点上。如果超过 2^{32} 个区间仍然找不到节点，就会保存到第一个节点上。假设在这个环形哈希空间中存在四台

Node，若增加一台 Node 5，根据算法得出 Node 5 被映射在 Node 3 和 Node 4 之间，那么受影响的将仅是沿 Node 5 逆时针遍历到 Node 3 之间的对象(它们本来映射到 Node 4 上)。一致性哈希环架构如图 2.24 所示。

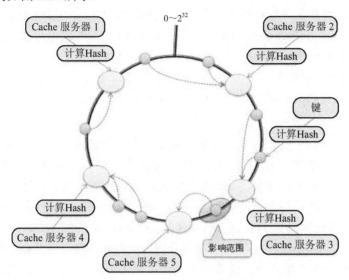

图 2.24　一致性哈希环架构

2) Replica

如果集群中的数据在本地节点上只有一份，一旦发生故障就可能会造成数据的永久性丢失。因此，需要有冗余的副本来保证数据安全。Swift 中引入了 Replica 的概念，其默认值为 3，理论依据主要来源于 NWR 策略(也称为 Quorum 协议)。NWR 是一种在分布式存储系统中用于控制一致性级别的策略。在 Amazon 的 Dynamo 云存储系统中，使用了 NWR 来控制一致性。其中，N 代表同一份数据的 Replica 的份数，W 是更新一个数据对象时需要确保成功更新的份数；R 代表读取一个数据需要读取的 Replica 的份数。公式 W + R > N，保证某个数据不被两个不同的事务同时读和写；公式 W > N/2 保证两个事务不能并发写某一个数据。在分布式系统中，数据的单点是不允许存在的，即正常存在的 Replica 数量为 1 的情况是非常危险的，因为一旦这个 Replica 再次出错，就可能发生数据的永久性错误。假如把 N 设置成为 2，那么只要有一个存储节点发生损坏，就会有单点的存在，所以 N 必须大于 2。N 越高，系统的维护成本和整体成本就越高。工业界通常把 N 设置为 3。例如，对于 MySQL 主从结构，其 NWR 数值分别是 N = 2、W = 1、R = 1，没有满足 NWR 策略。而 Swift 的 N = 3、W = 2、R = 2，完全符合 NWR 策略，因此 Swift 系统是可靠的，没有单点故障。

3) Zone

如果所有的 Node 都在一个机架或一个机房中，那么一旦发生断电、网络故障等，都将造成用户无法访问。所以，需要一种机制对机器的物理位置进行隔离，以满足分区容错性(CAP 理论中的 P)。因此，Ring 中引入了 Zone 的概念，把集群的 Node 分配到每个 Zone 中。其中同一个 Partition 的 Replica 不能同时放在同一个 Node 上或同一个 Zone 内。需要注意的是，Zone 的大小可以根据业务需求和硬件条件自定义，可以是一块磁盘、一台存储服务器，也可以是一个机架甚至一个互联网数据中心(Internet Data Center，IDC)。

温馨提示：

CAP 理论是由 Eric Brewer 教授提出的。在设计和部署分布式应用时，存在三个核心的系统需求，它们之间存在一定的特殊关系。这三个需求包括 C: Consistency (一致性)、A: Availability (可用性)和 P:Partition Tolerance(分区容错性)。CAP 理论的核心是：一个分布式系统不可能同时很好地满足一致性、可用性和分区容错性这三个需求，最多只能同时较好地满足两个。更进一步，也是最重要的，实现一个满足最终一致性 (Eventually Consistency) 和 AP 的系统是可行的。现实中的一个例子是 Cassandra 系统。

3. 实例分析

图 2.25 是一种 Swift 集群部署。其集群中又分为五个 Zone，每个 Zone 是一台存储服务器，每台服务器由 12 块 2 TB 的 SATA 磁盘组成，只有操作系统安装盘需要 RAID，其他盘作为存储节点，不需要 RAID。Swift 采用完全对称的系统架构，在这个部署案例中得到了很好的体现。图 2.25 中每个存储服务器的角色是完全对等的，系统配置完全一样，均安装了所有 Swift 服务软件包，如 Proxy Server、Object Server、Container Server、Account Server 等。上面的负载均衡器(Load Balancer)并不属于 Swift 的软件包，出于安全和性能的考虑，一般会在业务之前安装一层负载均衡设备。当然可以不要这层代理，让 Proxy Server 直接接收用户的请求，但这可能不太适合在生产环境中使用。图 2.25 中分别表示了上传文件 PUT 和下载文件 GET 请求的数据流，两个请求操作的是同一个对象。上传文件时，PUT 请求通过负载均衡器随机挑选一台 Proxy Server，将请求转发到后者，后者通过查询本地的 Ring 文件，选择三个不同 Zone 中的后端来存储这个文件，然后同时将该文件向这三个存储节点发送。这个过程需要满足 NWR 策略(Quorum Protocol)，即三份存储，写成功的份数必须大于 3/2，即必须保证至少两份数据写成功，再给用户返回文件写成功的消息。下载文件时，GET 请求也通过负载均衡器随机挑选一台 Proxy Server，后者上的 Ring 文件能查询到这个文件存储在哪三个节点中，然后同时去向后端查询，至少有两个存储节点"表示"可以提供该文件，然后 Proxy Server 从中选择一个节点下载文件。

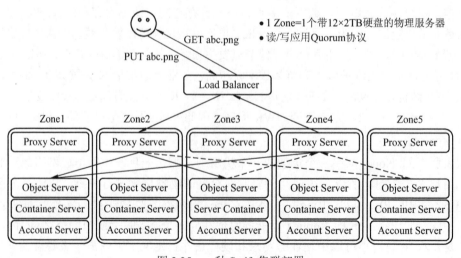

图 2.25　一种 Swift 集群部署

2.4.3 镜像服务 Glance

OpenStack Image Service(Glance)是一个对虚拟机镜像进行查找和提取的系统。Glance 包括四个主要的部分，分别是 API Server(运行"glance-api"程序)、Registry Server(运行 "glance-registry"程序)、一个存储镜像元数据的数据库以及一个用于存储实际镜像文件的后端存储库。其分述如下：

温馨提示：

此处"镜像"即 Amazon 平台中的"映像(Image)"，它本质上是虚拟机的映像文件。

(1) API Server(运行"glance-api"程序)起通信 Hub 的作用，它接受镜像 API 调用以便实现镜像发现、镜像提取和镜像存储。例如，各种各样的客户程序、镜像元数据的注册和实际包含虚拟机镜像数据的存储系统，都是通过它来进行通信的。API Server 转发客户端的请求到镜像元数据注册处和它的后端存储。

(2) Registry Server(运行"glance-registry"程序)负责存储、处理和提取有关镜像的元数据(如镜像的大小、类型等)。根据安装手册，API Server 和 Registry Server 这两个服务安装在同一个服务器上。

(3) 一个存储镜像元数据的数据库。类似 Nova，用户可以根据自己的偏好选择适当的数据库，但大多数人都是用 MySOL 或 SQLite。

(4) 一个用于存储实际镜像文件的后端存储库，即所谓"镜像库"。OpenStack Image Service 支持的后端存储类型有四种，分别如下：

① OpenStack Object Storage(Swift)：它是 OpenStack 中高可用的对象存储项目。

② FileSystem：OpenStack Image Service 存储虚拟机镜像的默认后端，是后端文件系统。这个简单的后端会把镜像文件写到本地文件系统。

③ Amazon S3 体系结构：该后端允许 OpenStack Image Service 存储虚拟机镜像在 Amazon S3 服务中。

④ HTTP：OpenStack Image Service 能通过 HTTP 在 Internet 上读取可用的虚拟机镜像。这种存储方式是只读的。

因此，镜像本身可以存储在 OpenStack Object Storage、Amazon S3 体系结构和 FileSystem 上。如果用户只需要只读访问，可以将镜像存储在一台 Web 服务器上。

2.4.4 身份服务 Keystone

OpenStack Identity Service(Keystone)为运行在 OpenStack Compute 上的 OpenStack 开源云提供了认证和管理用户、账号和角色信息服务，并为 OpenStack Object Storage 提供授权服务。Keystone 体系结构有两个主要部件：验证和服务目录(Service Catalog)。其分述如下：

(1) 验证。它提供了一个基于令牌的验证服务，主要有以下几个概念。

① 租户(Tenant)：使用 OpenStack 相关服务的一个组织。一个租户映射到一个 Nova 的 "project-id"，在对象存储中，一个租户可以有多个容器。根据不同的安装方式，一个租户可以代表一个客户、账号、组织或项目。

② 用户(User)：代表一个个体，OpenStack 以用户的形式来授权服务给它们。用户拥有证书(Credentials)，且可能分配给一个或多个租户。经过验证后，会为每个单独的租户提供一个特定的令牌。

③ 证书(Credentials)：为了给用户提供一个令牌，需要用证书来唯一标识一个 Keystone 用户的密码或其他信息。

④ 令牌(Token)：一个令牌是一个任意比特的文本，用于与其他 OpenStack 服务共享信息，Keystone 以此提供一个 Central Location，以验证访问 OpenStack 服务的用户。一个令牌可以是"scoped"或"unscoped"。一个 scoped 令牌代表为某个租户验证过的用户，而 unscoped 令牌则仅代表一个用户。令牌的有效期是有限的，可以随时被撤回。

⑤ 角色(Role)：一个角色是应用于某个租户的使用权限的集合，以允许某个指定用户访问或使用特定操作。角色是使用权限的逻辑分组，它使得通用的权限可以简单地分组并绑定到与某个指定租户相关的用户。

(2) 服务目录。Keystone 为 OpenStack 提供了一个 REST API 端点列表并以此作为决策参考，主要的概念包括：

① 服务(Service)：一个 OpenStack 服务，如 Nova、Swift、Glance 或 Keystone。一个服务可以拥有一个或多个端点，通过它用户可以与 OpenStack 的服务或资源交互。

② 端点(Endpoint)：一个可以通过网络访问的地址(典型的例子是一个 URL)，代表了 OpenStack 服务的 API 接口。端点也可以分组为模板，每个模板代表一组可用的 OpenStack 服务，这些服务是跨区域(Regions)可用的。

③ 模板(Template)：一个端点集合，代表一组可用的 OpenStack 服务端点。

2.4.5 用户界面服务 Horizon

Horizon 是一个模块化的 Django Web 应用程序，它为终端用户和系统管理员提供界面来管理 OpenStack 服务。OpenStack 界面如图 2.26 所示。

图 2.26 OpenStack 界面

与大多数 Web 应用程序一样，该体系架构也是非常简单的。Horizon 通常使用 Apache 上的 mod_wsgi 进行部署。代码本身被分离成可复用的 Python 模块，通过逻辑(使用不同的 OpenStack API 进行交互)和 Presentation(对不同的站点很容易实现定制)实现。

Horizon 服务是指基于 Web 的仪表盘(Dashboard)，能被用于操作和管理 OpenStack 服务。它可以用于管理实例和镜像、附加卷连接到实例、操纵 Swift 容器等。它可以让用户访问实例控制台，并通过 VNC(Virtual Network Computing，虚拟网络计算)连接到一个实例。

❤ 温馨提示：

VNC 是一款优秀的远程控制工具软件，它由著名的 AT&T 的欧洲研究实验室开发。VNC 是基于 UNIX 和 Linux 操作系统的免费的开源软件，远程控制能力强大，高效实用，其性能可以和 Windows、MAC 中的任何远程控制软件媲美。

本 章 小 结

本章主要对当前的主流云平台进行了介绍，包括 Amazon 云平台、Google 云平台和 OpenStack 云平台。其中，重点阐述了 Amazon 云平台主要提供的四个服务：EC2、S3、SDB 和 SQS，并介绍了 Google 云平台的四个重要组件：GFS、MapReduce、Chubby 和 Bigtable。对开源软件而言，主要介绍了当前比较流行的 OpenStack 的五个服务：计算服务 Nova、存储服务 Swift、镜像服务 Glance、身份服务 Keystone 和用户界面服务 Horizon。

习 题 与 思 考

一、选择题

1. OpenStack 处于＿＿＿＿＿＿层软件。
  A. Software as a Service (SaaS)   B. Platform as a Service (PaaS)
  C. Infrastructure as a Service (IaaS)

2. 除了搜索业务，Google 还有＿＿＿＿＿＿等其他业务。(多选)
  A. Google Maps   B. Google Earth
  C. YouTube   D. Gmail

3. Chubby 服务器组一般由＿＿＿台服务器组成，其中一台服务器担任主服务器，负责与客户端的所有通信。
  A. 二   B. 三   C. 四   D. 五

二、填空题

1. Amazon 的云计算服务主要包括：＿＿＿＿＿＿、＿＿＿＿＿＿、＿＿＿＿＿＿、＿＿＿＿＿＿、弹性服务 MapReduce、内容推进服务 CloudFront、电子商务服务 DevPay 和灵活支付服务 FPS 等。

2. 所有基于 Amazon 的网络计算，其基础都是_____。

3. Chubby 是 Google 设计的提供_____服务的一个文件系统，它基于_____系统，解决了分布的_____。

4. Bigtable 是 Google 开发的基于_____、_____和_____的分布式存储系统。

三、列举题

1. 目前亚马逊提供的 AMI 主要有哪几种类型？
2. 列举 Google 云计算技术的四个主要组件。
3. 列举 OpenStack 云平台的五个服务。

四、简答题

1. 亚马逊的弹性计算云 EC2 的几个主要优势有哪些？
2. 亚马逊的 S3 和 SDB 的主要区别是什么？
3. 简要陈述分布式计算编程模型 MapReduce 的工作过程。
4. 分布式锁服务 Chubby 的整体架构是什么？并做简单介绍。
5. 分布式数据存储系统 Bigtable 的主要作用是什么？
6. 简述 OpenStack Compute 逻辑架构。
7. 映像和实例有何区别？
8. 亚马逊的 EBS 和 S3 有何区别？OpenStack 的 Cinder 和 Swift 有何区别？从中可以发现块存储和对象存储有何区别？

第 3 章 Windows Azure 云平台

本章要点：

- 微软云计算服务
- 云操作系统 Windows Azure
- 云关系型数据库 SQL Azure
- 云中间件 Windows Azure AppFabric

课件

3.1 微软云计算服务概述

微软认为，未来的互联网世界将会是"云+端"的组合，在这个以"云"为中心的世界里，用户可以便捷地使用各种终端设备访问"云"中的数据和应用，这些设备可以是电脑和手机，甚至是电视等大家熟悉的各种电子产品，同时用户在使用各种设备访问"云"中的服务时，得到的是完全相同的无缝体验。

微软已推出的公共云平台为 Windows Azure Platform。该"云"由微软自己运营，为用户提供各种应用托管服务。Windows Azure 平台目前主要提供平台即服务(PaaS)类型服务，但是微软已宣布推出 VM Role(角色)。另外，微软还提供针对个人消费者的 Live 服务和针对企业的 Online 服务。

微软云战略包括三大部分，为客户和合作伙伴提供三种不同的云计算运营模式，如图 3.1 所示，分别详述如下：

(1) 微软运营：微软构建及运营公共云的应用和服务，同时向个人消费者和企业客户提供云服务。例如，微软向最终使用者提供的 Online Services 和 Windows Live 等服务。

微软运营的特点是：共享基础设施；虚拟化，动态化；高稳定性，高可用性；量入为出(Pay as You Go)。

(2) 伙伴运营：独立软件开发商(ISV)/系统集成商(SI)等各种合作伙伴可基于 Windows Azure 平台开发 ERP、CRM 等各种云计算应用，并在 Windows Azure 平台上为最终使用者提供服务。另外一个选择是，微软的云计算平台中的 Business Productivity Online Suite (BPOS)产品可交由合作伙伴进行托管和运营。BPOS 主要包括 Exchange Online、Share Point Online、Office Communications Online 和 Live Meeting Online 等服务。

伙伴运营的特点是：租用服务器；较少的控制权限；较少的灵活性；较少的前期投入。

(3) 客户自建：客户可以选择微软的云计算解决方案构建自己的云计算平台。微软可以为用户提供包括产品、技术、平台和运维管理在内的全面支持。

客户自建的特点是：使用自己的服务器；完全自己控制；稳定的性能；大量的前期投入。

图 3.1　微软云计算的三种运营模式

3.1.1　面向消费者的云服务

Live 解决方案是微软针对消费者提供的云计算解决方案。该方案具体包括 Windows Live、Office Live Meeting、Live Messenger、Bing 以及 Xbox Live 等在内的多种服务。事实上，这些服务都已经有大量用户在广泛使用，例如，Office Live Meeting 每年用户使用的在线会议时长达 50 亿分钟；Windows Live ID 每天用户登录使用人数达 10 亿人；Exchange Hosted Services 每天处理电子邮件信息 20~40 亿条等。

Windows Live 的登录窗口如图 3.2 所示。登录后通过 Hotmail 收发邮件以及通过 Live Messenger 联系在线好友的 Windows Live 窗口，如图 3.3 所示。

图 3.2　Windows Live 的登录窗口

第 3 章　Windows Azure 云平台

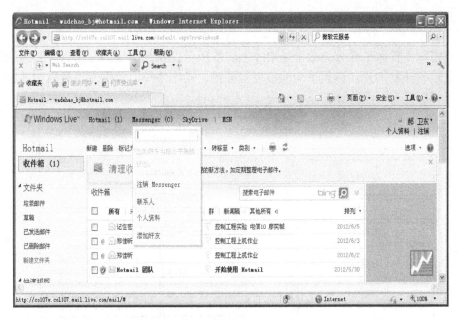

图 3.3　登录后的 Windows Live 窗口

3.1.2　面向企业的云服务

Online 解决方案是微软针对企业提供的云计算解决方案，全称为 Microsoft Online Services。这是一个以企业在线办公和沟通协作为主的解决方案，它能够帮助企业大大提高自己的业务经营效率，而无需企业自己维护和管理复杂的 IT 系统。该方案主要包括 Exchange Online、Share Point Online、Office Communicator Online、Office Live Meeting、Dynamics CRM Online 等。

从 15 年前的 Windows Live Hotmail 到最新的 Microsoft Online Services，微软在云计算领域积累了丰富的经验，如图 3.4 所示。

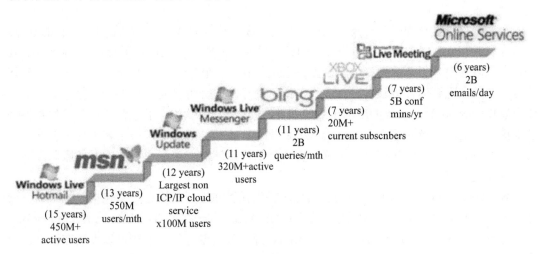

图 3.4　微软的云计算经验积累

3.1.3 平台发展目标

微软将整个软件平台分为七个层次(如图 3.5 所示),从最高层的应用软件到为应用软件开发做贡献的开发工具,再到下面的应用服务器、操作系统、数据库以及操作系统底层的管理,每一层都有不同的分工。

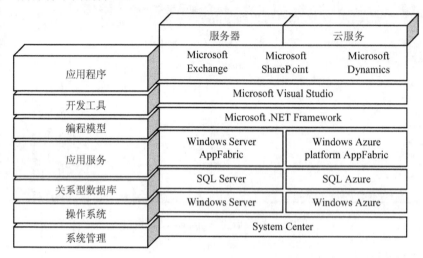

图 3.5　微软统一的平台和技术

微软的发展目标是实现同一个应用程序既可以在 Windows Azure 平台上运行又可以在 Windows Server 上运行,在不同平台之间迁移应用程序不需要修改代码而只需要修改 XML 配置文件。这样用户可以根据企业业务的发展阶段自由决定是采用微软这样的第三方公有云服务,还是在自己的服务器平台上运行。

3.2　Windows Azure 平台简介

为客户提供优秀的平台一直是微软的目标。在云计算时代,平台战略也是微软的重点。在云计算时代,有三个平台非常重要,即开发平台、部署平台和运营平台。Windows Azure 平台在微软的整体云计算解决方案中发挥着关键作用。它既是运营平台,又是开发、部署平台;在其上既可运行微软的自有应用,也可以开发部署用户或 ISV 的个性化服务;平台既可以作为 SaaS 等云服务的应用模式的基础,又可以与微软线下的系列软件产品相互整合和支撑。事实上,微软基于 Windows Azure 平台,在云计算服务和线下客户自有软件应用方面都拥有更多样化的应用交付模式、更丰富的应用解决方案、更灵活的产品服务部署方式和商业运营模式。

Windows Azure 平台是一个为应用程序提供托管和运行的平台,它包括一个云计算操作系统(Windows Azure)、云关系型数据库(SQL Azure)和云中间件(Windows Azure platform AppFabric,简称 Windows Azure AppFabric)。开发人员创建的应用既可以直接在该平台中运行,也可以通过使用该云计算平台提供的服务在别的地方运行。用户现有的许多应用程序都可以相对平滑地迁移到该平台上运行。另外,Windows Azure 平台还可以按照云计算的方式按需扩展，并根据实际用户使用的资源(如 CPU、存储、网络等)计费。

Windows Azure 平台让开发人员可以把精力放在他们的应用逻辑上而不是在部署和管理云服务的基础架构上，并可以节省开发部署的时间和费用。为了便于理解，可以把 Windows Azure 看成是数据中心的操作系统。当然，这里称之为操作系统实际上是一种类比，因为 Windows Azure 不是传统意义上的操作系统，但是它履行了资源管理的职责，只不过它管理的资源更为宏观，数据中心中的所有服务器、存储、交换机、负载均衡器，甚至是机架上的电源开关等都接受它的管理。未来的数据中心会越来越像一台超级计算机，因此 Windows Azure 也会越来越像一个超级操作系统。SQL Azure 是"云"中的关系型数据库；Windows Azure AppFabric 则是一个基于 Web 的开发服务，它可以把现有应用和服务与云平台的连接、用户认证和互操作变得更为简单。Windows Azure 平台的组成如图 3.6 所示。

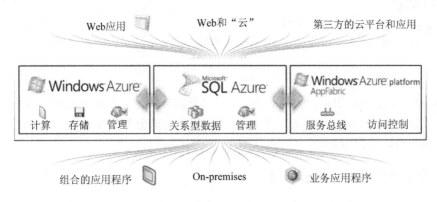

图 3.6　Windows Azure 平台的组成

3.3　云操作系统 Windows Azure

3.3.1　Windows Azure 的组成

Windows Azure 为开发者提供了托管的、可扩展的、按需应用的计算和存储资源，还为开发者提供了云平台管理和动态分配资源的控制手段。Windows Azure 是一个开放的平台，支持微软和非微软的语言和环境。开发人员在构建 Windows Azure 应用程序和服务时，不仅可以使用熟悉的 Microsoft Visual Studio、Eclipse 等开发工具，同时 Windows Azure 还支持各种流行的标准与协议，包括 SOAP、REST、XML 和 HTTPS 等。

从云计算 SPI 模型来看，Windows Azure 主要处于平台即服务(PaaS)层次。按照微软目前公开的发展计划，即将提供基础设施即服务(IaaS)层次的一些服务，如 VM Role。

Windows Azure 作为基础平台的调度和管理软件。它是构建高效、可靠、可动态扩展应用的重要平台，主要由计算服务、存储服务、管理服务以及开发环境四大部分组成，如图 3.7 所示。

云计算及其实践教程

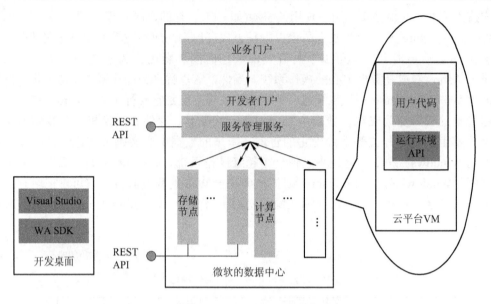

图 3.7 Windows Azure 的组成

在 Windows Azure 的四个组成部分中,只有开发环境是安装在用户的计算机上的,用于用户开发和测试 Windows Azure 的应用程序,其余三部分都是 Windows Azure 平台的一部分而安装在微软数据中心。

3.3.2　Windows Azure 计算服务

Windows Azure 计算服务目前主要是通过成为 Windows Azure 角色的方式来分配的,如图 3.8 所示。

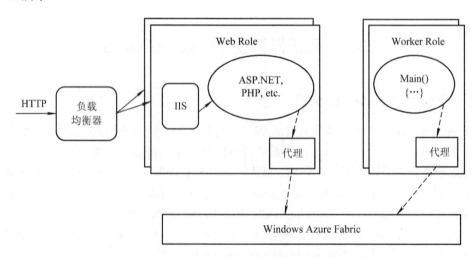

图 3.8 Windows Azure 计算服务

Windows Azure 角色是指在"云"中运行的可单独缩放的组件,"云"中的每个角色实例都分别对应于一个虚拟机(VM)实例。它有两种类型的角色:Web 角色(Web Role)和辅助角色(Worker Role)。

Web 角色是运行于 IIS 上的 ASP.NET 或 PHP Web 应用程序，该角色可通过 HTTP 或 HTTPS 终结点访问。

辅助角色是一个可运行任意.NET 代码的后台处理应用程序，它也能够公开面向 Internet 的终结点和内部终结点。

举一个实例，用户的云服务中可能有一个 Web 角色，该角色实现一个可通过 URL(如 http://[somename].cloudapp.net)访问的网站。用户还可能有一个辅助角色，它处理该 Web 角色使用的一组数据。

用户可以单独设置每个角色的实例数，例如，三个 Web 角色实例和两个辅助角色实例，相应地，在运行 Web 角色的"云"中有三个 VM 以及在运行辅助角色的"云"中有两个 VM。

Web 角色就是 ASP.NET Web 应用程序项目，两者只有几点不同。Web 角色包含对以下程序集的引用，这些程序集不能由标准的 ASP.NET Web 应用程序引用：

(1) Microsoft.WindowsAzure.Diagnostics(诊断和日志记录 API)。

(2) Microsoft.WindowsAzure.ServiceRuntime(环境和运行时 API)。

(3) Microsoft.WindowsAzure.StorageClient(用于为 Blob、表和队列访问 Windows Azure 存储服务的 .NET API)。

WebRole.cs 文件包含用于设置日志记录和诊断的代码，而且在"web.config/app.config"中包含一个跟踪侦听器，这样就能支持用户使用标准的 .NET 日志记录 API。

为了便于理解，我们可以认为 Web Role 和 Worker Role 是两种不同的虚拟机模板。其中 Web Role 是为了方便运行 Web 应用程序而设计的，而 Worker Role 是为了其他应用类型(如批处理)而设计的。一种比较常见的架构设计方式是使用 Web Role 来处理展示逻辑，而通过 Worker Role 来进行业务逻辑处理。Web Role 负责客户端的 HTTP 请求，为了支持应用的扩展，Web Role 上的应用一般会设计为无状态的，从而使得系统可以方便地增加 Web Role 实例数量，提高应用的并发处理能力。

当应用程序部署完后，Windows Azure Fabric 控制器便开始监控应用的状态，以保证应用程序的正常运行。为了使该控制器能够实时获取应用和运行实例的状态，所有角色(Role)实例，即虚拟机实例中都预先安装了代理程序，Windows Azure Fabric 控制器就是通过这些代理来实时获取相应的状态信息。当检测到实例故障时，Windows Azure Fabric 控制器就会启动新的包含同样服务的实例并添加到服务组中。

除了上述 Web Role 和 Worker Role 之外，Windows Azure 还将提供另外一种被称为 VM Role(角色)的计算服务，它将让用户对底层计算平台有更多的控制权，可以通过远程桌面服务(RDS)方式连接过去。其主要目的是让已有的 Windows 应用程序可以相对平滑地迁移到 Windows Azure 上去。

虚拟机(VM)角色(Beta 版中现已提供)针对旧版应用程序，允许用户将自定义 Windows Server 2008 R2(Enterprise 或 Standard)映像部署到 Windows Azure。可以在应用程序需要大量服务器操作系统自定义项且无法自动执行时使用 VM 角色。利用 VM 角色，可完全控制应用程序环境并可将现有应用程序迁移到"云"。

一个计算实例为一台虚拟机，有五种计算虚拟机规格供用户选择。表 3.1 汇总了按每个计算实例大小提供的资源。

表 3.1　Windows Azure 提供的五种虚拟机规格

虚拟机大小	CPU 内核数	内存	每小时成本
特小	共享	768 MB	$0.02
小	1	1.75 GB	$0.12
中	2	3.5 GB	$0.24
大	4	7 GB	$0.48
特大	8	14 GB	$0.96

3.3.3　Windows Azure 存储服务

Windows Azure 提供的存储不是一个关系型数据系统，并且它的查询语言也不是结构化查询语言(Structured Query Language，SQL)，它主要被设计用来支持建于 Windows Azure 上的应用，它提供更简单容易扩展的存储。

Windows Azure 主要提供了三种数据存储方式以满足应用程序的不同需求，这三种存储服务分别为 Blob、Table 和 Queue，如图 3.9 所示。Windows Azure 为了提升兼容性还提供了 Drive 的存储方式，其底层实现实际上就是 Blob 的一种。

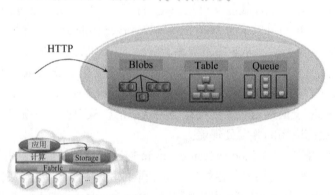

图 3.9　Windows Azure 存储服务

每个存储类型都有其优势，满足应用程序不同的需求，用户可以为应用程序选择合适的存储类型，当然也可以在同一应用程序中使用多种类型的存储。Windows Azure 提供的存储方式如下：

(1) 大型的二进制对象 Blob：Blob 为存储较大型的二进制对象而设计，例如，图片、视频和音乐文件。

(2) 表 Table：该表存储类型提供了结构化存储能力，可以用来存储数量巨大、而结构相对简单的数据。

(3) 消息队列 Queue：消息队列是为可靠的异步消息传递而设计的存储类型。云服务内部署的应用程序可以使用消息队列实现异步通信。

(4) Windows Azure Drive(简称 Drive)：提供了一个存储在 Windows Azure 的虚拟硬盘，可以让用户像操作 NTFS 硬盘一样读/写数据。

所有这几种存储服务都可以通过标准的 REST(Representational State Transfer，表述性状态转移)API 来访问。当然，对于在 Windows Azure 之外的应用程序也可以通过标准的 REST API 来访问和使用这个存储服务，如图 3.10 所示。

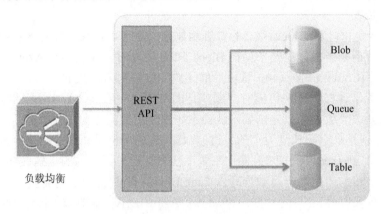

图 3.10　使用 REST API 访问存储服务

REST 是一种针对网络应用的设计和开发方式，可以降低开发的复杂性，提高系统的可伸缩性。

REST 是 HTTP 协议的作者 Roy Fielding 博士在其博士论文中提出的一种互联网应用构架风格。相比 SOAP 和 XML-RPC 的 Web 服务的实现方式，REST 以其简洁性和高扩展性而受到关注。

Windows Azure 提供的存储服务具有的特点有：可以存放大量数据；大范围分布；可以无限扩展；所有数据都会复制多份；可以选择数据存储地点。

1. Blob 存储

Blob 非常便于存储二进制数据，如 JPEG 图片、电影、视频或 MP3 文档等多媒体数据。Blob 的抽象概念如图 3.11 所示。

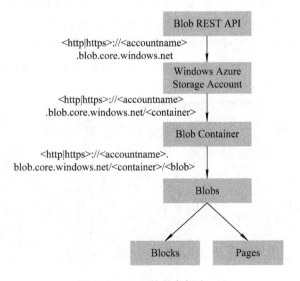

图 3.11　Blob 的抽象概念

Windows Azure 的 Blob 存储服务有两种对象：一种是 Blob Container，用来收纳 Blob 对象之用，读者可以将它当成一个文件夹来看待；另一种是 Blob 对象，代表实体的数据结构体。Blob 对象又可以分为 Block Blob 与 Page Blob 两种，前者针对流工作负载，后者针对随机写工作负载。

Block Blob 是以区块(Block)存储的二进制数据，每一个 Block 的大小是 4 MB，利用档案区块的签章数据来产生排序性。而在 Block Blob 写入时，Windows Azure 都会对每个区块执行认可程序(Commit Process)，认可后的区块才会被视为档案的一部分。如果出现非认可的区块时，表示该档案区块可能有问题或是网络传输中断导致数据不正确。Block Blob 非常适合用来处理一般类型或是需要确认档案完整性的数据存储。

Page Blob 则是以空间长度设定的二进制数据，它的单位是以一个数据范围(Range)来设定，就像一般的二进制文件的读/写，操作系统不会去管理数据写入的正确性，因此 Page Blob 的写入不会有认可的问题，一旦数据写入 Page Blob 区域时就会自动被认可。Page Blob 非常适合用来处理实时性读/写的数据，Windows Azure Drive 就要求 Blob 空间必须是 Page Blob。

💬 **温馨提示：**

随着技术的更新，Azure 存储空间开始提供三种类型的 Blob：块 Blob、页 Blob 和追加 Blob。

块 Blob 特别适用于存储短的文本或二进制文件，如文档和多媒体文件。追加 Blob 类似于块 Blob，因为它们是由块组成的，但针对追加操作对它们进行了优化，因此它们适用于日志记录方案。单个的块 Blob 或追加 Blob 可以包含最多 50000 个块，每个块最大 4 MB，总大小稍微大于 195 GB (4 MB * 50000)。

页 Blob 最大可达 1 TB 大小，并且对于频繁的读/写操作更加高效。Azure 虚拟机使用页 Blob 作为存储 OS 和数据的磁盘。

图 3.12 给出了 Windows Azure Blob 的结构。这里的存储账号是"cohowinery"(访问 Windows Azure 存储必须使用注册时的存储账号)。在这个账号下，创建了一个被称为"images"的 Blob 容器，在这个容器下放了两张分别被称为"PIC01.JPG"和"PIC02.JPG"的图片，另外还创建了一个被称为"videos"的 Blob 容器，在这个容器下放了一个名为"VID1.AVI"的视频文件。

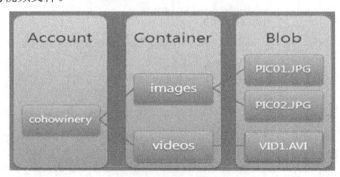

图 3.12　Blob 的结构

2. Table 存储

Blob 适用于部分应用,但它存储的数据缺乏结构化,为了让应用能够以更易获取的方式来使用数据,Windows Azure 存储服务提供了 Table。它最大的不同之处是通过键-值对的方式提供半结构化数据的存储,并且是一种可扩展存储,它通过多个节点对分布式数据进行扩展和收缩,这比使用一个标准的关系型数据库更为有效。

图 3.13 给出了 Windows Azure Table 的结构。在存储账号"cohowinery"下创建了"customers"和"winephotos"两个 Table,在 customers Table 下保存了代表客户信息的实体,实体有"Name"、"Email"等属性,在 winephotos Table 下的实体具有"Photo ID"和"Date"等属性。

Table 提供大规模可扩展结构化存储,一个 Table 就是包含一组属性的一组实体,应用程序可以操作这些实体,并可以查询存储在 Table 中的任何属性。

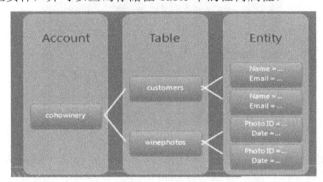

图 3.13 Table 的结构

3. Queue 存储

与 Blob 和 Table 都是用于长期存储数据不同,Queue 的主要功能是提供一种 Web Role 实例和 Worker Role 实例之间通信的方式,如图 3.14 所示。

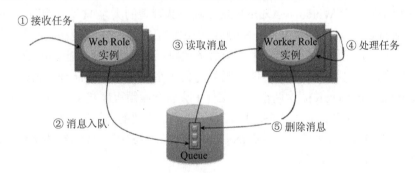

图 3.14 Queue 的一种典型用法

Web Role 实例与 Worker Role 实例不是一一绑定的,而是通过 Windows Azure 的存储队列进行通信。因此,Web Role 的实例数和 Worker Role 的实例数可以根据业务具体情况进行分配。这种通过消息队列的方式同时也很好地解决了数据的并发处理,并使整个系统具有良好的扩展性。而且,某个实例暂时停止工作都不会对整个系统造成大的影响,从而增强了应用程序的可用性。

图 3.15 给出了 Windows Azure Queue 的结构。在存储账号"cohowinery"下创建了一个被称为"orders"的 Queue，存储了正在等待处理的订单消息，消息包含 customer ID、order ID、订单链接等信息。

Queue(队列)为应用程序消息提供可靠的存储和投递，在应用程序不同组件(角色)之间建立松散的连接和可伸缩的工作流。

Drive 的主要作用是为 Windows Azure 应用程序提供一个 NTFS 文件卷，这样应用程序可以通过 NTFS API 来访问存储的数据。提供这种 Drive 存储方式使得迁移已有应用程序到 Windows Azure 的过程变得更为平滑。

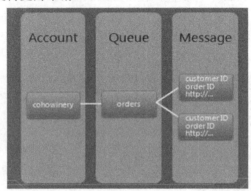

图 3.15 Queue 的结构

无论数据以 Blob、Table、Queue 或 Drive 等任何方式存储，Windows Azure 存储服务都会将所有数据复制三次，如果有一份拷贝出现问题，存储服务能自动恢复出一份新的拷贝，保证应用能够及时准确地读取原始数据信息。

3.3.4　Windows Azure Fabric 控制器

Windows Azure Fabric 控制器被看成是 Windows Azure 的大脑，它负责平台中各种资源的统一管理和调配。而 Windows Azure Fabric 则由其管理的大量 IT 设备组成。开发人员通过 Windows Azure 开发工具(如 Visual Studio 2010 和相应的 SDK)开发的应用程序一般分为两大部分：一部分是应用程序代码，也称为服务代码；另一部分是应用的配置文件，也称为服务模型。每个应用包括两个配置文件：服务定义文件(ServiceDefinition.csdef)和服务配置文件(ServiceConfiguration.cscfg)。这两个配置文件中会包含应用程序在 Windows Azure 上运行和发布的一些信息，如认证信息、服务端口、服务角色、需要的实例数、自定义变量等。

例如，第 10 章实验 2 中打开"ServiceConfiguration.cscfg"文件，将"haoMvcWebRole1"的运行实例改为 3，代码如下：

```
<?xml version="1.0" encoding="utf-8"?>
<ServiceConfiguration serviceName="WindowsAzureProject1" xmlns="http://schemas.microsoft.com/
            ServiceHosting/2008/10/ServiceConfiguration" osFamily="1" osVersion="*">
  <Role name="haoMvcWebRole1">
    <Instances count="3" />
    <ConfigurationSettings>
      <Setting name="Microsoft.WindowsAzure.Plugins.Diagnostics.ConnectionString" value=
```

第 3 章 Windows Azure 云平台

```
          "UseDevelopmentStorage=true" />
    </ConfigurationSettings>
  </Role>
</ServiceConfiguration>
```

第 10 章实验 2 中 ServiceDefinition.csdef 文件的代码如下：

```xml
<?xml version="1.0" encoding="utf-8"?>
<ServiceDefinition name="WindowsAzureProject1" xmlns="http://schemas.microsoft.com/
                   ServiceHosting/2008/10/ServiceDefinition">
  <WebRole name="haoMvcWebRole1">
    <Sites>
      <Site name="Web">
        <Bindings>
          <Binding name="Endpoint1" endpointName="Endpoint1" />
        </Bindings>
      </Site>
    </Sites>
    <Endpoints>
      <InputEndpoint name="Endpoint1" protocol="http" port="80" />
    </Endpoints>
    <Imports>
      <Import moduleName="Diagnostics" />
    </Imports>
  </WebRole>
</ServiceDefinition>
```

当用户通过开发者门户把应用程序上传到 Windows Azure 平台的时候，其中的配置文件则由 Windows Azure Fabric 控制器来读取，然后由其根据配置文件中指定的方式进行服务部署。

下面从 Windows Azure 应用程序的自我感知的角度进一步分析应用程序和其 Windows Azure Fabric 管理环境之间的交互。

对于一个自我感知应用而言，一方面它要能够感知底层运行平台的一些环境信息；另一方面它还需要一种机制能够把自身运行要求传递给底层运行环境。由于 Windows Azure 上应用程序由代码和基于 XML 的配置文件两部分组成，应用程序可以通过配置文件把自身运行要求传递给 Windows Azure，确切地讲是提交给 Windows Azure Fabric 控制器。但是，应用程序如何才能感知环境的一些变化呢？假如配置文件更新之后应用程序如何才能得到通知并做出响应呢？这里就要用到 Windows Azure 提供的服务运行时编程接口(Service Runtime API)。

Windows Azure 的服务运行时编程接口(Service Runtime API)最常用的使用方式就是帮助应用程序了解应用服务和应用所在的 Role 实例的信息，它包括以下一些功能：

(1) 它能够让应用程序访问在服务配置文件和服务定义文件中的最新服务配置信息。

当配置文件的信息被更新的时候，服务运行时编程接口能够保证返回最新的配置信息。

(2) 它能够让应用得到最新的服务拓扑结构，例如，哪些 Role 实例在运行、每种类型的 Role 有多少实例等。

(3) 由于 Worker Role 实例中的代码运行周期有点类似于有限状态自动机的处理方式，服务运行时编程接口能够帮助应用得到 Worker Role 实例的生命周期信息。

服务运行时编程接口的使用可以通过两种方式。对于.NET 托管代码，Windows Azure 的 SDK 中包含一个"Microsoft.WindowsAzure.ServiceRuntime.dll"文件，当用 Visual Studio 新生成一个云服务项目时它会被自动引用。而对于本地代码，可以通过使用 SDK 中的头文件和库文件就可以用 C 来调用这个编程接口了。

服务运行时编程接口是应用程序本身用来得到自身及其运行环境信息用的，但是如果在应用程序之外，例如，一个管理工具要得到指定应用程序的信息，那么一般需要利用另外一个被称为服务管理的编程接口(Service Management API)。这两个编程接口的功能有重合的地方，它们之间的最大区别在于服务运行时编程接口在 Windows Azure 中运行，而服务管理的编程接口一般在 Windows Azure 之外运行，它更多的用在那些针对 Windows Azure 的管理工具开发当中。

3.3.5 Windows Azure 应用场景

在 Windows Azure 应用场景里，拟通过一些示例图给大家介绍一些 Windows Azure 角色和存储的应用场景。

在如图 3.16 所示的应用场景中，用户通过 Web Role 实例访问 Table 中的数据，Web Role 和 Worker Role 之间的消息传递是通过 Queue 来实现的，而 Worker Role 则访问了 Blob 中的大数据。

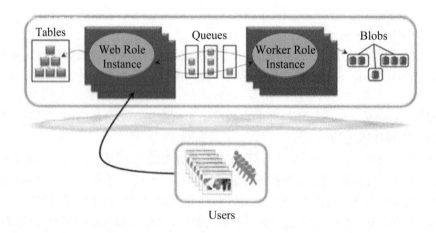

图 3.16　Table、Queue 和 Blob 的应用场景

在如图 3.17 所示的应用场景中，Web Role 和 Worker Role 之间的消息传递是通过 Queue 来实现的，而 Worker Role 则访问了 Blob 中的大数据。

在如图 3.18 所示的应用场景中，用户通过 Web Role 实例访问 Table 中的数据。第 10 章的 10.4 实验(编写 Table 存储服务应用程序)就是该应用场景。

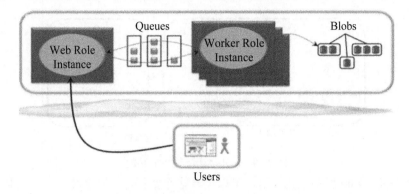

图 3.17 Queue 和 Blob 的应用场景

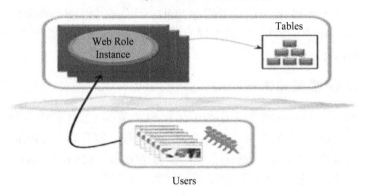

图 3.18 Table 的应用场景

3.4 SQL Azure

3.4.1 SQL Azure 概述

SQL Azure 的概念是比较好理解的,它是一个部署在云端的关系型数据库管理系统。SQL Azure 的设计遵循了三个主要的特性:可扩展性、可管理性和开发的灵活性。作为一个部署在云端的数据库引擎,绝大多数的管理工作都由微软完成,因此用户不用担心任何诸如备份、集群等管理方面的问题,微软的服务等级协议(Service Level Agreement,SLA)确保用户的数据库服务器平均每个月将有 99.99% 的时间在线。

SQL Azure 提供的功能如图 3.19 所示。SQL Azure 除了提供最基础的关系型数据库服务之外,同时还提供更多的与数据相关的功能,如数据同步、报表,并计划推出商业智能系统。基于数据同步的功能,能够与 SQL Server 数据库同步,实现了传统应用与云端应用的整合与并存。由于 SQL Azure 支持 SQL Server 的绝大多数功能,因此它具有良好的应用兼容性。

SQL Azure 服务器和数据库都是逻辑对象,并不对应于物理服务器和数据库。通过用户与物理实现的隔离,SQL Azure 使得用户可以将时间专用于数据库设计和业务逻辑上。

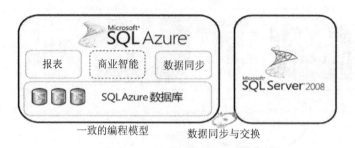

图 3.19 SQL Azure 提供的功能

在每个 SQL Azure 服务器内,用户可以创建多个数据库,每个数据库可以拥有多个表、视图、存储过程、索引和其他熟悉的数据库对象。开发人员可以使用现有的知识,如 ADO.NET Entity Framework(EDM)、LINQ to SQL,甚至是传统的 DataSet、ODBC 等技术,来访问位于 SQL Azure 上的数据。大多数现有的数据访问程序只需要修改一个连接字符串,便能顺利访问 SQL Azure。

3.4.2 SQL Azure 数据库体系结构

SQL Azure 承载在 Microsoft 数据中心中运行 SQL Server 技术的服务器上。从体系结构的角度来看,SQL Azure 数据库存在四个不同的抽象层:客户端层(Client Layer),服务层(Service Layer)、平台层(Platform Layer)和基础结构层(Infrastructure Layer),如图 3.20 所示。这四层协同工作,共同提供应用程序使用的关系数据库。

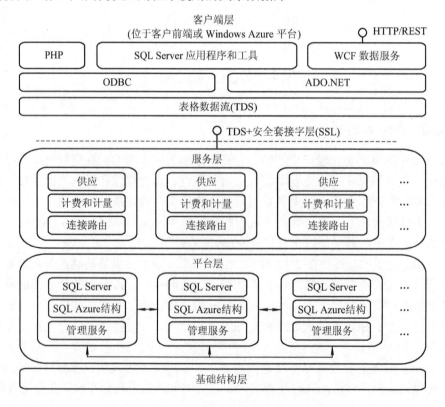

图 3.20 SQL Azure 数据库体系结构

1. 客户端层

客户端层是最接近应用程序的一层，应用程序使用该层直接与 SQL Azure Database 进行通信。客户端层可驻留在用户的数据中心内部，也可驻留在 Windows Azure 云平台中。由于 SQL Azure Database 提供与 SQL Server 相同的表格数据流(Tabular Data Stream，TDS)界面，所以用户可以使用熟悉的工具和库，为"云"中的数据构建客户端应用程序。

SQL Azure 数据库服务器和客户机之间通过专用的 TDS(Tabular Data Stream)表格数据流协议来通信，如图 3.21 所示。通信协议就是网络中的两台计算机的"语言"，使用相同协议的两台计算机之间可以方便地沟通和交流。SQL Server 2000 使用 TDS 8.0 协议，SQL Server 2005 使用 TDS 9.0 协议。

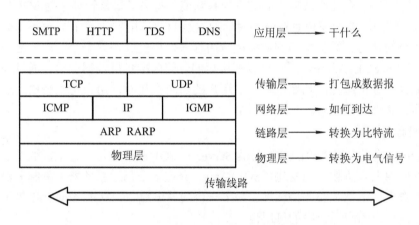

图 3.21　TDS 协议属于应用层

TDS 协议和其他通信协议协作配合，封装数据的过程类似邮寄包裹时的各种工序，最后在网络上传送。

2. 服务层

服务层充当客户端层和数据所在的平台层之间的网关。服务层提供三种功能：供应(Provisioning)、计费和计量(Billing and Metering)以及连接路由(Connection Routing)。

服务层的供应功能让用户使用 Windows Azure 平台账户指定的数据库。通过基于单个 Windows Azure 平台账户提供对数据库使用情况的监视和计费，服务层的计费和计量功能可提供多租户支持。SQL Azure Database 基于涉及多个物理服务器的可扩展平台构建。该层处理用户的应用程序与数据所在的物理服务器之间的所有连接路由。

3. 平台层

平台层包含支持服务层的物理服务器和管理服务。平台层包含许多 SQL Server 实例，每个实例由 SQL Azure Fabric(结构)进行管理。

SQL Azure Fabric 是由紧密集成的网络、服务器和存储构成的分布式计算系统。该结构支持物理服务器之间的自动故障转移、负载均衡和自动复制。

管理服务监视各个服务器的运行状况，并支持自动安装服务升级和软件修补程序。

4. 基础结构层

基础结构层表示针对支持服务层的物理硬件和操作系统进行的 IT 管理。

3.4.3 SQL Azure 数据库和 SQL Server 数据库的对比

SQL Azure 数据库和 SQL Server 数据库的对比包含两个方面：首先是 SQL Azure 的优势；其次是相比 SQL Server 数据库，SQL Azure 目前仍不能实现的功能。

1. SQL Azure 的优势

SQL Azure 的优势是多方面的，包括自主管理、高可用性、可拓展性、熟悉的开发模式以及关系型数据模型。

1) 自主管理

SQL Azure 提供了企业级数据中心的规模和功能，省去了日常管理本地 SQL Server 实例的支出。自主管理的能力使得企业既不用增加本地 IT 部门的支持负荷，也不用分散具有良好技能的职员的精力去维护部门的数据库应用程序，还能够在整个企业内为应用程序提供数据服务。有了 SQL Azure，用户可以在极短的时间内准备好数据存储。通过提供用户仅需的存储减少了数据服务的初始成本。当用户的需求变化时，用户可以轻松地通过拓展基于云的数据存储来满足需求。

2) 高可用性

SQL Azure 构建于久经考验的 Windows Server 和 SQL Server 技术之上，拥有足够的弹性以处理所有应用上和负载上的变化。SQL Azure 会在多个物理服务器上复制多份数据冗余拷贝以维持数据可用性和业务持续性。如果一台硬件出故障，SQL Azure 提供了自动的故障切换来确保用户的应用程序的可用性。

3) 可拓展性

SQL Azure 的一大关键优势在于能够轻松拓展用户的解决方案。随着数据增长，数据库也需要纵向拓展和横向拓展。纵向拓展往往会有一个上限，而横向拓展并没有实际的限制。通常横向拓展的方法是数据分割。在分割了用户的数据之后，服务随着数据增长而拓展。一个现收现付的计价模式确保了用户只需为其所使用的存储付费，所以当用户不需要时可以随时缩减服务的规模。

4) 熟悉的开发模式

当开发者创建使用 SQL Server 的本地应用程序时，他们使用客户端库如 ADO.NET、ODBC。他们使用 TDS 协议在客户端与服务器之间通信。SQL Azure 提供了与 SQL Server 一致的 TDS 接口，所以用户可以使用相同的工具和库来为存储于 SQL Azure 中的数据构建客户端应用程序。

5) 关系型数据模型

SQL Azure 对于开发者和管理员来说应该很容易上手，因为 SQL Azure 使用相似的关系型数据模型，数据存储在 SQL Azure 上就和存储在 SQL Server 上一样。在概念上类似于一个本地 SQL Server 实例，一个 SQL Azure 服务器就是一组数据库的逻辑组合，是一个独立的授权单位。

该数据模型可以很好地重用用户现有的关系型数据库设计和 Transact-SQL 编程技能和经验，简化了迁移现有本地数据库应用程序至 SQL Azure 的过程。

2. SQL Azure 功能的不足

相比 SQL Server 数据库，SQL Azure 数据库目前仍不能完全支持其所有功能，两者的对比如表 3.2 所示。

表 3.2　SQL Azure 数据库和 SQL Server 数据库的对比

特性	SQL Server (本地)	SQL Azure	变通方法
数据存储大小	无大小限制	当用户使用的数据达到分配的大小(1 GB 或 10 GB)时，只有 SELECT 和 DELETE 语句会被执行。UPDATE 和 INSERT 语句会抛出错误	因为上述的大小约束，建议对数据进行跨数据库分割。创建多个数据库能够充分利用多个节点的计算能力
版本	Express Workgroup Standard Enterprise	Enterprise 版本	
验证(Authentication)	SQL 验证 Windows 验证	SQL Server 验证	使用 SQL Server 验证
TSQL 支持	支持	某些 TSQL 命令完全支持。一些部分支持，另一些不支持	
USE 命令	支持	不支持	不支持 USE 命令。因为每一个用户创建的数据库可能并不在同一个物理服务器上
事务复制	支持	不支持	可以使用 BCP 或 SSIS 来按需获得流入本地 SQL Server 的数据
日志传输	支持	不支持	
数据镜像	支持	不支持	
SQL Agent	支持	SQL Azure 上无法运行 SQL agent/jobs	可以在本地 SQL Server 上运行 SQL agent 并连接至 SQL Azure

3.5　Windows Azure AppFabric

3.5.1　Windows Azure AppFabric 概述

在"云"上运行应用是云计算的一个重要方面。Windows Azure 平台能够提供多种基于云端的服务，这些服务能被传统自有应用(On-premises Applications)或云计算平台上的应用所调用。这正是 Windows Azure AppFabric 服务的目标。

在创建分布式应用时，通过 Windows Azure AppFabric 服务可以解决普遍存在的基础架构方面的问题，实现不同应用程序或者不同的服务之间的互联互通。

Windows Azure AppFabric 在 Windows Azure 平台的开发初期被称为 .NET Services。它包括服务总线、访问控制、分布式缓存等三个部件。图 3.22 给出了其主要功能组件，即服务总线和访问控制服务。

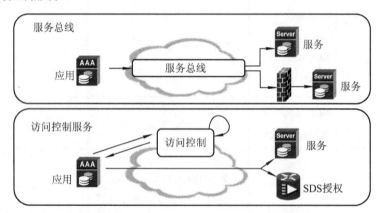

图 3.22　Windows Azure AppFabric 的主要功能组件

😊 温馨提示：

有些读者可能已经听说过另外一个产品的名字，那就是 Windows Server AppFabric。它与 Windows Azure AppFbric 在功能定位上非常类似，都属于中间件层次，只不过 Windows Server AppFabric 是针对 Windows Server 平台的。随着时间的推移，用户将看到两个 AppFabric 在功能上也有越来越多的相似性。还有一个需要注意的地方是，虽然这里讲的两个 AppFabric 与前面提到的 Windows Azure Fabric 控制器在名称中都有 Fabric，但是它们是完全不同的组成部分，没有直接联系。

具体而言，Windows Azure AppFabric 要解决以下一些问题：

(1) 企业内部服务对外开放难度很大。由于企业内部网的网络拓扑结构、防火墙的设置、DNS 的设置等问题，企业内部服务与外部云服务的互联互通有困难。

(2) 服务的安全性难于控制。由于安全机制不统一，并且需要继承一些现有的其他权限控制，企业暴露出来的服务需要进行访问安全控制。

(3) 分布式缓存的问题。目前 Windows 平台的分布式缓存产品相对较少，企业自己实现分布式缓存难度、代价较高，因此需要云平台上的分布式缓存。

Windows Azure AppFabric 的三个组成部分解决了上述问题。首先，Service Bus(服务总线)易于将企业内部服务开放给外部用户。其次，Access Control(访问控制)统一了服务的安全验证并集成现有的安全验证机制。最后，Caching(分布式缓存)提供了云端的、Windows 平台的分布式缓存。

3.5.2 服务总线

为了要实现数据共享与交换，最简单的方式是完全"点对点"的数据引用，即两个不同系统间的直接交换和共享对方所需的数据。

"点对点"的数据通信模式在需要对较少应用进行集成时具有显著优势，实现简单，开发速度快。但随着规模的扩大，缺点也变得非常明显，包括以下几种：

(1) 维护成本高。
(2) 刚性。
(3) 难于扩展。

那么设计的思路是什么呢？目前的答案是选择"总线机制"。总线机制应该满足以下两方面的功能：一方面，要求建立一个统一的数据格式集合，而由各个应用系统依照集合中的各个数据格式来设置与自己的数据格式之间的匹配关系；另一方面，要求建立传输具有统一格式的数据的通信机制。

基于总线机制的一种新软件架构——"企业服务总线"(Enterprise Service Bus，ESB)已经广泛出现，如图 3.23 所示。它可成为政府和企业采用的、基于标准的、作为构建应用中枢神经系统骨干的技术。

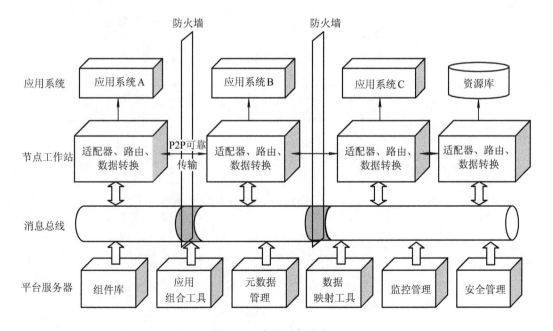

图 3.23 企业服务总线

ESB 是传统中间件技术与 XML、Web 服务等技术结合的产物。ESB 提供了网络中最基本的连接中枢，是构筑企业神经系统的必要元素。ESB 的出现改变了传统的软件架构，可以提供比传统中间件产品更为廉价的解决方案，同时它还可以消除不同应用之间的技术差异，让不同的应用服务器协调运作，实现了不同服务之间的通信和整合。

从功能上看，ESB 提供了事件驱动和文档导向的处理模式以及分布式的运行管理机制，它支持基于内容的路由和过滤，具备了复杂数据的传输能力，并可以提供一系列的标准接口。

Windows Azure AppFabric 的服务总线与传统 SOA 中的企业服务总线(ESB)在概念上有相似的地方，但是在范围和功能上是不一样的。这里的服务总线是专门针对互联网上的服务相互调用的而不仅限于企业内部。换言之，Windows Azure AppFabric 提供了一个互联网上的系统总线，帮助我们能够将不同的应用服务基于系统总线有效地连接起来。

将传统应用服务部署到互联网上比大多数人想的要难得多。服务总线的目标就是使其变得简单化。无论是传统的自有(On-premises)系统或是云端应用，都可以互相访问对方的 Web 服务。服务总线为每个服务端点分配一个固定的 URI 地址，从而帮助其他应用定位和访问。

服务总线还可处理网络地址转换(NAT)和企业防火墙所带来的挑战。服务总线可以将企业内网的服务暴露给互联网。大多数企业都拥有自己的局域网，为了解决 IP 地址不足的问题，通常都设置了网络地址转换，因此每台服务器对外都没有一个确定的地址。同时，出于安全性考虑，防火墙往往都限制了大多数的端口。这就使得要在互联网上访问部署在内网的服务变得相当困难。

服务总线正是为了解决 NAT 和企业防火墙问题而产生的，如图 3.24 所示。

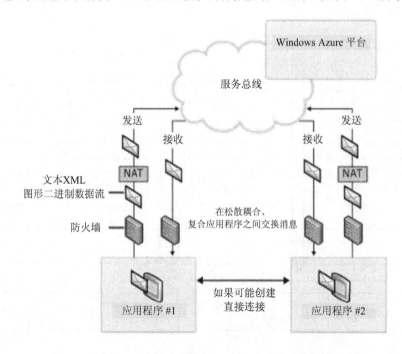

图 3.24　服务总线解决 NAT 和企业防火墙问题

第 3 章 Windows Azure 云平台

服务总线作为一个"中间人",用户的服务和使用服务的客户端全都作为服务总线的客户端与它进行交流。因为服务总线不存在网络地址转换的问题,所以用户的服务和服务客户端都能很方便地与它通信。在最简单的场合下,服务总线只需要用户的服务器暴露出站(Outbound)服务的 80 或 443 端口。也就是说,只需要用户的服务器能够以 HTTP/HTTPS 协议访问互联网,用户的服务就能连上服务总线。由于服务的访问是由用户服务端向服务总线发起出站网络连接而实现的,因此它对防火墙的要求可以说是相当低的。

温馨提示:

常见服务及其端口号如图 3.25 所示。我们可以把物理上的服务器理解为一座大厦,端口号就是这座大厦不同的房间号。可以将各种服务器软件安装在不同的房间,给它们一个互相可以区别的房间号(端口号)就可以了。这样"IP 地址:端口"的形式就可以唯一标识某台计算机上的某个特定的网络服务。

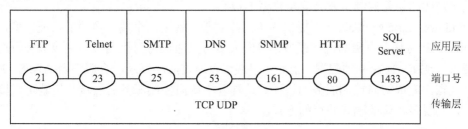

图 3.25 常见服务及其端口号

Windows Azure AppFabric 服务总线的注册和访问过程如图 3.26 所示。其步骤为:第一步,机构 B 要暴露的服务向服务总线注册一个或多个服务总线的终端(Endpoint);第二步,要访问机构 B 服务的机构 A 的应用到服务总线发现终端;第三步,机构 A 的应用通过服务总线与机构 B 的服务建立调用关系,访问机构 B 的服务。

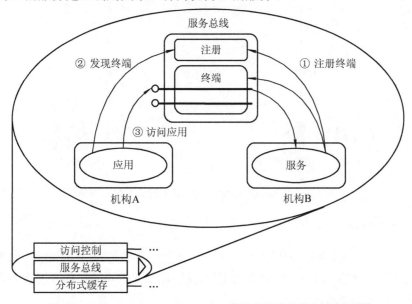

图 3.26 Windows Azure AppFabric 服务总线的注册和访问过程

3.5.3 访问控制服务

认证和授权是应用安全最为基础的两个方面。身份认证是许多分布式应用的基础,然后基于用户的身份信息,应用系统将决定该用户的操作权限。Windows Azure AppFabric 中提供的访问控制服务为开发人员提供了一个在应用中使用的认证和授权服务,开发人员可以使用这个访问控制服务来认证应用的用户而不需要自己编写代码来实现。访问控制服务不仅简化了利用已有的企业内部身份认证系统的方式,还使应用可以方便地使用 Google、Windows Live、Yahoo 和 FaceBook 等互联网上流行的身份认证系统。

经过几十年的演变,身份认证的解决方案更多地采用基于声明(Claim)的方式进行。基于声明的认证模型允许应用程序将认证与授权交给外部的服务来完成,外部的服务可以集中管理和维护身份信息,并提供更专业的身份管理控制服务。

用户身份标识和其他可能的信息(包括角色和更细粒度的访问权限),这些信息称为声明,基于声明的访问控制是联合安全模型的核心。

Windows Azure AppFabric 中提供的访问控制服务就是一个基于声明的认证模型,如图 3.27 所示。利用基于声明的认证模型,开发人员可以通过访问控制服务完成多种方式的认证和授权。通过访问控制的配置,企业客户端可以通过活动目录联合服务器(ADFS v2)提供的登录凭据,完成访问控制服务的认证。这样基于访问控制服务的云端应用就可以接受这一认证,实现多种认证模式并存的方式。

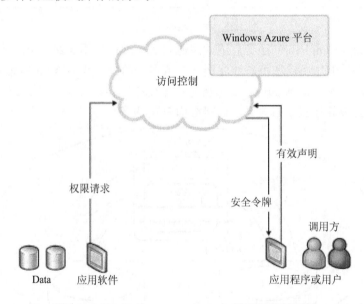

图 3.27 Windows Azure AppFabric 的访问控制服务

3.5.4 分布式缓存

在金融危机的时候,有一句话很流行——"现金为王"。在计算机领域,如果要提升性能同样有一个很流行的说法——"缓存为王"。我们可以在不同的计算机层次中看到各种不同的缓存技术同时在使用。

为什么要用缓存？答案就是缓存能提高系统响应速度、减少 I/O 操作、改善用户体验、支持可扩展性(特别是横向扩展)。

为什么要用分布式缓存？答案就是分布式缓存节点能动态添加或撤销、缓存节点以及缓存逻辑对使用者透明、支持横向扩展。

在 Windows Azure 平台中，为了提升应用程序的性能，除了内容分发网络(CDN)外，Windows Azure AppFabric 还提供了分布式缓存服务，如图 3.28 所示。该缓存服务为 Windows Azure 应用程序提供了基于内存的分布式缓存服务，并提供访问缓存的 API 库。

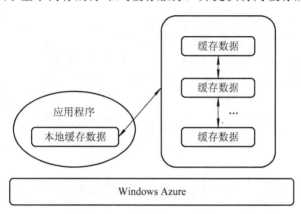

图 3.28　分布式缓存服务

分布式缓存服务在应用程序的每个角色实例上保存一份本地缓存数据。如果本地缓存数据没有所需要的数据，它会自动去访问缓存服务所提供的共享缓存。在图 3.28 中，缓存数据分散到多个实例上，每个实例保存不同的缓存数据。对应用程序而言这种缓存是透明的，也就是说，应用程序只管请求数据，Windows Azure AppFabric 的缓存服务将会自动找到和返回数据。最近被访问的数据不会被自动缓存，应用程序需要通过 API 专门把数据添加到缓存中。对于运行在 Windows Azure 上的 ASP.NET 应用程序，可以通过配置的方式把会话数据保存到缓存服务中，这样可以不用修改任何代码就加快了它的运行。

与 Windows Azure AppFabric 对等的本地 Windows Server AppFabric(需要注意的是，其最开始的开发项目代号是 Velocity)也有缓存服务，其实两者非常相似。与 Windows Server AppFabric 不同的是，Windows Azure AppFabric Caching 是一个服务，它不需要去专门配置管理服务器，它的服务会自动被处理。同时，缓存服务是多租户的，每个使用它的应用程序都有自己的实例。由于应用程序在实例上必须通过验证，因此其他应用程序访问不到不属于自己的缓存数据。

本 章 小 结

本章首先概述了微软云计算服务，然后分三部分详细说明了 Windows Azure 平台的基本构成：云计算操作系统 Windows Azure、云关系型数据库 SQL Azure 和云中间件 Windows Azure AppFabric。

习题与思考

一、选择题

1. 从云计算 SPI 服务模型来看，Windows Azure 主要处于_____服务层次。
   A. Software as a Service (SaaS)　　　B. Platform as a Service (PaaS)
   C. Infrastructure as a Service (IaaS)

2. Windows Azure Drive 要求 Blob 空间必须要是_____。
   A. Block Blob　　B. Page Blob　　C. Blob Container　　D. 存储账号

3. TDS(Tabular Data Stream)表格数据流协议属于网络协议的哪一层？
   A. 应用层　　　B. 传输层　　　C. 网络层　　　D. 链路层

4. HTTP 协议的 TCP 端口是_____，HTTPS 协议的 TCP 端口是_____。
   A. 23　　　B. 1433　　　C. 80　　　D. 443

二、填空题

1. 微软云战略包括三大部分，为客户和合作伙伴提供三种不同的云计算运营模式，它们是_____、_____、_____。

2. _____解决方案是微软针对消费者提供的云计算解决方案，_____解决方案是微软针对企业提供的云计算解决方案。

3. 无论数据以 Blob、Table、Queue 或 Drive 任何方式存储，Windows Azure 存储服务都会将所有数据复制_____次。

4. 开发人员通过 Windows Azure 开发工具(如 Visual Studio 2010 和相应的 SDK)开发的应用程序一般分为两大部分：一部分是应用程序代码，也称为服务代码；另一部分是应用的配置文件，也称为服务模型。每个应用包括两个配置文件，分别是_____和_____。

5. Windows Azure AppFabric 中提供的访问控制服务是一个基于_____的认证模型。

三、列举题

1. SQL Azure 数据库体系结构包含哪四个不同的抽象层？
2. 常见的数据访问接口有哪些？至少列举四个。
3. 相比 SQL Server 数据库，SQL Azure 不支持的功能有哪些？至少列举三个。

四、简答题

1. Windows Azure 角色主要有哪两类？它们的含义和区别是什么？
2. Blob、Queue、Table 的含义是什么？其功能有何不同？
3. 相比 SQL Server 数据库，SQL Azure 的优势有哪些？
4. Windows Azure AppFabric 的服务总线与传统 SOA 中的企业服务总线(ESB)的区别和联系是什么？
5. "点对点"的数据通信模式与"总线机制"的优缺点对比是什么？
6. Windows Azure AppFabric 要解决哪些问题？如何解决的？
7. 在 Windows Azure AppFabric 中，为什么要使用缓存？为什么要使用分布式缓存？

第 4 章　虚　拟　化

本章要点：

- 虚拟化的概念
- 服务器虚拟化
- 服务器虚拟化的类型
- 服务器虚拟化的架构
- 虚拟化的主要功能
- 服务器虚拟化主流厂商及产品
- 网络虚拟化
- 桌面虚拟化
- 应用虚拟化

课件

4.1 虚拟化概述

1. 虚拟化的概念

虚拟化(Virtualization)是指应用服务在虚拟的、不真实的基础上运行。它原本是指资源的抽象化，就是将物理资源转变为逻辑上可管理的资源，打破物理结构的壁垒，而资源的管理都将按照逻辑方式进行，完全实现资源的自动化分配，是一种将计算机资源的抽象化并调配计算资源的方法。虚拟化技术有很多定义，下面就给出了一些不同的定义：

(1) IBM 公司认为：虚拟化是资源的逻辑表示，它不受物理限制的约束。

(2) Wikipedia(维基百科)认为：虚拟化可将计算机物理资源如服务器、网络、内存及存储等予以抽象、转换后呈现出来，使用户可以比原来的组态更好的方式来应用这些资源。这些资源的新虚拟部分不受现有资源的架设方式、地域或物理组态所限制。

(3) OGSA(Open Grid Services Architecture)认为：虚拟化是对一组类似资源提供一个通用的抽象接口集，从而隐藏属性和操作之间的差异，并允许通过一种通用的方式来查看并维护资源。

简单来讲，虚拟化是指在一个硬件或软件上运行另一个模拟的硬件或软件的过程。具体来讲，虚拟化主要是指将计算机资源(如 CPU、内存、I/O 等)表示成若干虚拟机，使不同层面的硬件、软件、网络、数据、存储隔离开来，在虚拟机中运行独立的操作系统。

目前计算机的典型配置是在硬件上安装操作系统，之后再安装应用程序，再通过一个连接本地计算机的显示器显示程序界面。在这种配置下，改动其中的一层往往会影响到其他层，这使得改动难以实施。而虚拟化技术利用软件将不同层面的应用隔离开来，使得改动更容易实施，简化了管理，更有效地利用了 IT 资源。

虚拟化的概念很广，包罗万象。虚拟化从实现层次划分可以分为：硬件虚拟化、操作系统虚拟化、应用程序虚拟化；从其应用的领域划分可以分为：服务器虚拟化、存储虚拟化、网络虚拟化、桌面虚拟化。

虚拟化中最常见的是服务器虚拟化，是指能够在一台物理服务器上运行多台虚拟服务器的技术。因此，有人把虚拟化的英文 Virtualization 改写成 V12N，一方面意味着在 V 和 N 之间有 12 个英文字母，另一方面也意味着"虚拟化的含义是从 1 个服务器到 N 个服务器"(V12N 即 V one to N)。

2. 虚拟化的优势

虚拟化技术可以增大硬件的空间，简化软件的重新配置过程。优化整合使得服务器资源利用率最大化，可以实现系统安全性、可靠性、可用性、成本效益、轻松管理、减少停机时间等，还可以提高系统的动态扩展性和设备的复用性。虚拟化技术支持多个操作系统同时运行，其中每个虚拟机都有一套独立的虚拟硬件(如 CPU、内存、网卡等)，可以在这些硬件中安装操作系统和应用程序。

虚拟化的目的是实现高效的资源利用率，提高系统可扩展性和工作负载能力，同时通过将底层物理设备与顶层应用分离，实现计算资源的灵活性。虚拟化减弱了用户与资源具体实现之间的关联性，使用户不再依赖于资源的某种特定方式而实现。虚拟化带来的好处是多方面的，其关键优势如图 4.1 所示，分述如下：

(1) 效率：将一台物理服务器的资源分配给了多台虚拟服务器，闲置的资源得到有效的利用，使企业应用程序具有更高的性能，提高软硬件的利用率，实现资源的复用，也解决了单个硬件资源不足的问题。

(2) 隔离：虚拟机彼此之间是完全隔离的，其中一个虚拟机崩溃，不会影响其他虚拟机。虚拟机之间不会泄露数据，应用程序只能通过网络连接进行通信。虚拟化技术实现了系统有效的隔离，将资源按需分配，保证了每个系统的安全性和性能。

(3) 可靠：虚拟服务器与硬件是独立的，当一台服务器出问题后，能在短时间内恢复且不影响其他服务器，使整个数据中心具备高可用性。通过监测 CPU、内存、网络、端口等资源的利用，可以隔离侵入的虚拟机并实现系统恢复，从而实现虚拟机迁移和容灾资源的整合，提高系统安全性和业务连续性。

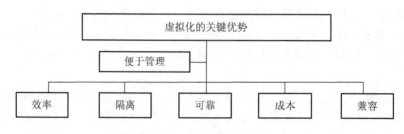

图 4.1 虚拟化的关键优势

(4) 成本：虚拟化降低了部署成本，使用少量服务器就可以实现多数服务器的功能，间接地降低了机房、安全等其他成本。另外，虚拟化技术功耗低，节约资源成本。

(5) 兼容：所有的虚拟机都与 x86 系统相兼容，改进了桌面管理方式，可安装多个不同的操作系统，解决了兼容性问题。同时，操作系统及其所有应用程序可以迁移到另一台虚拟机，反之亦然。将完整的虚拟机环境封装为一个文件，便于移动、备份和复制，还为应用程序提供了标准化的虚拟硬件，保证了兼容性。

(6) 便于管理：管理员可以轻松管理多台服务器而没有很大负担，方便开发人员部署系统架构，搭建大规模的数据中心，实现集群管理，方便管理人员监控虚拟机。

4.2 服务器虚拟化

4.2.1 服务器虚拟化概述

服务器虚拟化技术是指能够在一台物理服务器上运行多台虚拟服务器的技术。从用户、应用程序甚至操作系统的角度来看，虚拟服务器与真实的服务器差别不大，用户可在虚拟机上灵活地安装各种软件。除此之外，服务器虚拟化技术还能保证多个虚拟服务器之间的数据有效隔离，虚拟服务器对资源的占用是安全可控的。

在服务器虚拟化技术中，被虚拟出来的服务器称为虚拟机(Virtual Machine，VM)；运行在虚拟机中的操作系统被称为客户操作系统(Guest OS)；管理虚拟机的软件称为虚拟机管理器(Virtual Machine Monitor，VMM)，也称为Hypervisor。服务器虚拟化的分层抽象如图 4.2 所示。

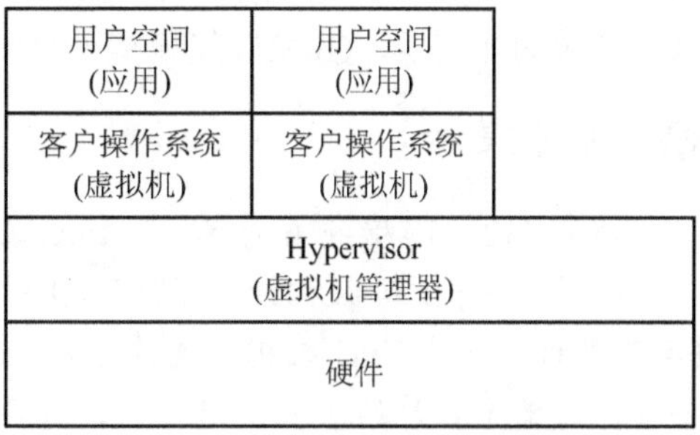

服务器虚拟化经济实惠，不用购置很多的物理服务器。每台服务器专门用于特定的应用，并允许将这些应用合并到数量更少、利用率更高的虚拟机上。服务器虚拟化还使系统故障的恢复变得更加容易。

图 4.2 服务器虚拟化的分层抽象

经过抽象的服务器物理资源称为逻辑资源。一台服务器可以变成多台相互隔离的虚拟服务器，多台服务器也可以虚拟成一台服务器，因此不必局限于物理上的界限，而是可以将 CPU、内存、磁盘、I/O 等硬件变成可动态管理的资源池。有效地提高资源的利用率，简化系统管理，实现服务器整合，使得 IT 对业务的变化更具有适应力。

4.2.2 服务器虚拟化的类型

服务器虚拟化的类型包括硬件仿真、全虚拟化、半虚拟化(Para-virtualization)、操作系统级虚拟化等四种。

1. 硬件仿真

硬件仿真(Emulation)是最复杂的虚拟化实现技术，其原理如图 4.3 所示。通过在宿主硬件平台上创建一个硬件 VM 来仿真所需硬件，主要应用于操作系统开发、固件及硬件的协作开发。用纯软件对其架构进行仿真，可以使 VM 最大程度地与主机硬件分离。

应用	应用	应用	……
客户操作系统	客户操作系统	客户操作系统	
硬件虚拟机 A		硬件虚拟机 B	
硬件			

图 4.3　硬件仿真的原理

硬件仿真的缺点：由于是完全模拟硬件的运行，因此性能比较低，速度仅是物理情况下的十分之一。

硬件仿真的优点：可以运行多个虚拟机，且每个虚拟机都可以仿真一个不同的处理器，而不需要任何修改。

硬件仿真的代表产品：Bochs、QEMU(Quick EMUlator)就是硬件仿真类型的虚拟化产品。

Bochs 是一个开放源代码 x86、x86-64 模拟器。它的优点在于能够模拟跟主机不同的机种，如在 Sparc 系统中模拟 x86，但缺点是它的速度却慢得多。它可以运行在 PPC(Pocket PC)、Alpha、Sun SPARC 和 MIPS 等很多非 x86 的平台上，当然也可以运行在 x86 上。

QEMU 是一套由 Fabrice Bellard 所编写的模拟处理器的开源软件。它与 Bochs、PearPC 近似，但其又具有一些这两者所不具备的特性，如高速度及跨平台的特性。经由 KQEMU 这个开源的加速器，QEMU 能模拟至真实计算机的速度。

温馨提示：

x86 架构：1978 年 6 月 8 日，Intel 发布了新款 16 位微处理器 "8086"，也同时开创了一个新时代——x86 架构诞生了。Intel 从 8086 开始，286、386、486、586、P1、P2、P3、P4 都用的同一种 CPU 架构，统称 x86。x86 指的是特定微处理器执行的一些计算机语言指令集，定义了芯片的基本使用规则，如今天的 x64、IA64 等。2003 年，AMD 推出了业界首款 64 位处理器 Athlon 64，也带来了 x86-64，即 x86 指令集的 64 位扩展超集，具备向下兼容的特点。Windows 7 支持 x86 和 x64 等不同的版本，前者 32 位，后者 64 位。值得注意的是，在实际的实验中用到的 Azure SDK 有 32 位和 64 位两种版本，需要根据用户的 Windows 7 的版本而选择。其中，Azure SDK 32 位版本的程序名为：WindowsAzureSDK-x86.exe 。Azure SDK 64 位版本的程序名为：WindowsAzureSDK-x64.exe。

2. 全虚拟化

全虚拟化(Full Virtualization)也称为原始虚拟化，其原理如图 4.4 所示。这种模式是通过 Hypervisor 在虚拟服务器和底层硬件之间建立一个抽象层来获取 CPU 指令，为指令访问硬件控制器和外设充当中介，协调操作系统与底层硬件之间的关系。

全虚拟化的优点：由于底层硬件并不是由操作系统所拥有的，而是通过 Hypervisor 提供的硬件设备接口模拟的，使得 Guest OS 无需修改就可以直接在虚拟机中运行，具有很好的兼容性，这是完全虚拟化的最大的优点。

全虚拟化的缺点：Hypervisor 给 CPU 带来了更多开销，而且操作系统必须要支持底层硬件。

全虚拟化的代表产品有：VMware 系列、Microsoft Virtual PC 等。

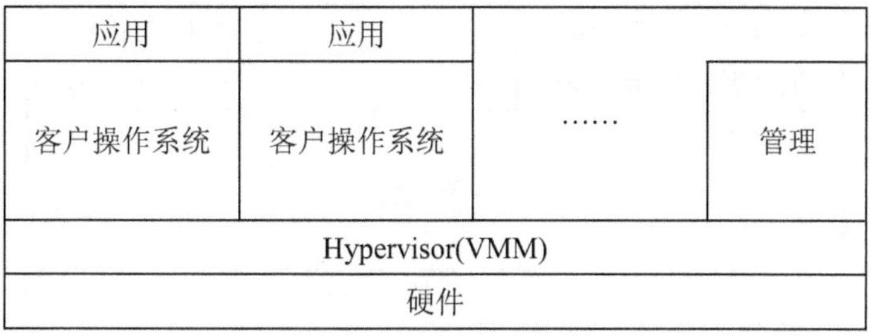

应用	应用		
客户操作系统	客户操作系统	……	管理
Hypervisor(VMM)			
硬件			

图 4.4 全虚拟化的原理

3. 半(超)虚拟化

半虚拟化也称为超虚拟化(Para Virtualization)，其原理如图 4.5 所示。它与全虚拟化比较类似，同样通过 Hypervisor 来实现对底层硬件的访问和共享，不同之处在于半虚拟化将有关代码集成到了操作系统中，不需要重新编译和捕获指令。从而产生了对现有操作系统的兼容性问题，但同时它也可以根据需求改变客户机的结构体系，以此来提高虚拟机的总体性能。因此半虚拟化通常具有比全虚拟化更好的性能。

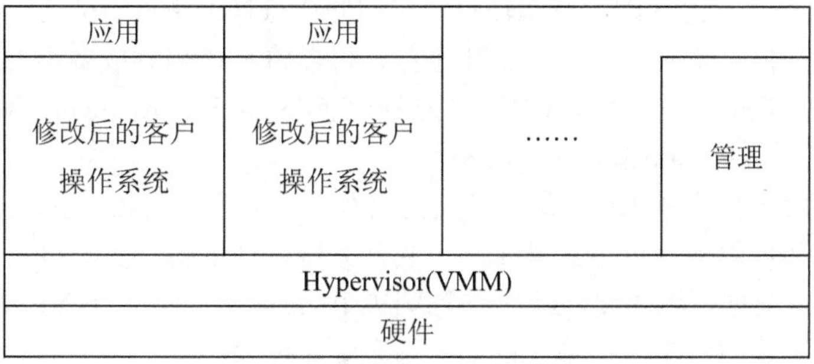

应用	应用		
修改后的客户操作系统	修改后的客户操作系统	……	管理
Hypervisor(VMM)			
硬件			

图 4.5 半(超)虚拟化的原理

半虚拟化的优点：经过半虚拟化处理的服务器可与 Hypervisor 协同工作，其效果与未经虚拟化的系统性能相近。

半虚拟化的缺点：因其需要对客户操作系统进行修改，很大程度上限制了它的应用场合。目前，结合了半虚拟化技术和硬件辅助的完全虚拟化技术的解决方案开始引起广泛的关注。

半虚拟化的代表产品：Hyper-V、Xen、Denali、UML、Plex86。

Xen 是一种著名的开放源代码的虚拟化技术，它基于 Linux 平台，始于英国剑桥大学。由于 Xen 采用半虚拟化技术，因此操作系统要经过一些修改才能在 Xen 上运行。含 Hyper-V 的 Windows Server 2008(64 位操作系统)同样采用半虚拟化技术，它是以 Xen 的虚拟化技术为基础开发而成的。

4. 操作系统级虚拟化

操作系统级虚拟化(Operating System Level Virtualization)通过对服务器操作系统进行简单的隔离来实现虚拟化，其原理如图 4.6 所示。在操作系统层添加虚拟服务器的功能，不含独立的 Hypervisor 层。通过在这个系统上安装虚拟化平台，可以将系统划分为多个独立且相互隔离的区域，每个区域都是一个虚拟的操作系统。多个虚拟环境以模板的方式共享同一个文件系统,使得性能大幅度提升,是面向生产环境、商业运行环境最适合的虚拟化技术。

图 4.6 操作系统级虚拟化的原理

操作系统级的虚拟化的缺点:操作系统级的虚拟化要求对操作系统的内核进行一些修改,系统隔离性和灵活性差,而且要求所有虚拟服务器必须运行同一操作系统。

操作系统级的虚拟化的优点:本机实现成本较低,速度性能较高,管理也比较容易。

操作系统级的虚拟化的代表产品:Virtuozzo、Jails、OpenVZ 等。

较新的虚拟化技术已经发展到了操作系统级虚拟化,以 SWsoft 的 Virtuozzo/OpenVZ 和 Sun 基于 Solaris 平台的 Container 技术为代表,其中,Virtuozzo 是商业解决方案,而 OpenVZ 是以 Virtuozzo 为基础的开源项目。它们的特点是一个单一的节点运行唯一的操作系统实例。通过在这个系统上加装虚拟化平台,可以将系统划分成多个独立隔离的容器,每个容器是一个虚拟的操作系统,被称为虚拟环境(Virtual Environment,VE),也被称为虚拟专用服务器(Virtual Private Server,VPS)。

在操作系统级虚拟化技术中,每个节点上只有唯一的系统内核,不虚拟任何硬件设备。此外,多个虚拟环境以模板的方式共享一个文件系统,性能得以大幅度提升。在生产环境中,一台服务器可根据环境需要,运行一个 VE/VPS 或者运行上百个 VE/VPS。因此,操作系统级虚拟化技术是面向生产环境、商业运行环境的技术。

OpenVZ 灵活性差而性能高,具体表现为:

(1) 灵活性差:所有的 VPS 共享相同的 OS 内核(同一 OS 且为同一内核),而且 OS(Linux 发行版)需经过修改,提供对硬件的设备驱动以及虚拟化层(即 Hypervisor)的功能。VPS 不含 OS,只含应用和软件包,有自己独立的 IP 地址,是 Linux 发行版的一部分(Segmentation)。

(2) OpenVZ 性能高体现在 CPU 性能测试、内存性能测试、硬盘性能测试中,都接近 Linux 裸机的性能,只是 OpenVZ 的网络性能在收发包方面比 Linux 裸机的性能差。

😊 温馨提示:

上述分类并不是绝对的,虚拟化方案往往需要跨越硬件、VMM、操作系统和应用等多个层次。值得一提的还有硬件辅助虚拟化(Hardware Assisted Virtualization)技术,该技术是指 Intel、AMD 等硬件厂商通过对全虚拟化和半虚拟化的软件技术进行硬件化来提高性能。硬件辅助虚拟化技术通常用于优化全虚拟化和半虚拟化产品,而不是一种独立的虚拟化方式。现在市面上的主流全虚拟化和半虚拟化产品都支持硬件辅助虚拟化,包括 VMware ESX、Xen、KVM 等。

4.2.3 服务器虚拟化的架构

服务器虚拟化的架构包括寄生架构和裸金属架构两种。

1. 寄生架构

一般而言,在使用计算机之前,都需要安装操作系统,该操作系统称为宿主操作系统,即 Host OS。采用虚拟机技术需要在操作系统之上再安装一个 Hypervisor,然后利用它创建并管理虚拟机。Hypervisor 被看成是一个应用软件或服务,运行在已经安装好的操作系统上,这种后装模式称为寄生架构(Hosted),如图 4.7 所示。

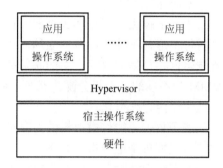

图 4.7 寄生架构

Hypervisor 好像是"寄生"在操作系统上的,需要依赖于底层的操作系统。例如,Oracle 公司的 Virtual Box 就是一种寄生架构;微软公司的 Hyper-V 与 Windows Server 2008 一起安装时也是寄生架构;VMware Workstation 还是寄生架构。这一类产品最大的特色就是具有很好的硬件兼容性,只要宿主操作系统能使用的硬件,虚拟机的操作系统就都能使用。然而当宿主操作系统出现问题时,虚拟机中的操作系统将无法使用,因此难以适用于要求安全性和稳定性的企业应用。

2. 裸金属架构

裸金属架构(Bare-metal)是指将 Hypervisor 直接安装在物理服务器硬件之上而无需事先安装操作系统,由 Hypervisor 直接管理硬件,如图 4.8 所示。Hypervisor 不需要依赖任何操作系统,或者说它本身就是一个操作系统,只是这个操作系统的目的是专门服务于虚拟化。安装 Hypervisor 之后,再安装其他操作系统,任何一个客户操作系统出故障,都不会影响其他客户端,因此比较适用于企业应用。

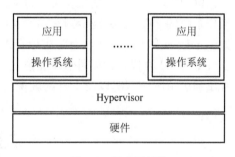

图 4.8 裸金属架构

目前普遍认为裸金属架构直接运行于物理硬件之上,无需通过 Host OS,因此性能更高,但实际上基于裸金属架构的 Hypervisor 中包含一个修改过的 Host OS,裸金属架构本身不会给 Host OS 的性能带来任何提升。其代表产品为 VMware ESX、Xen、KVM 等。

4.2.4 服务器虚拟化的核心技术

1. CPU 虚拟化

CPU 虚拟化能够将物理 CPU 抽象成一个或多个虚拟 CPU,供每个客户操作系统使用。该技术分为软件和硬件辅助两种方法,软件虚拟化包括全虚拟化和半虚拟化两种方案,通过处理某些客户操作系统发出的敏感指令集来实现。但无论是全虚拟化还是半虚拟化,都会降低虚拟机的性能。因此硬件辅助虚拟化应运而生,需要 CPU、主板芯片组、BIOS 和软件的支持,目前主要包括 Intel VT 和 AMD-V 技术。在硬件增加虚拟化支持后,CPU 获取客户的操作系统发出的敏感指令集,通过异常的方式报告给 VMM,再找到对应的虚拟化模块进行执行,把最终结果反映在虚拟机运行环境中。

由于硬件辅助虚拟化技术支持操作系统直接在硬件上运行,无需二进制转换,减少了性能开销,简化了虚拟平台的设计,因此性能相比软件虚拟化有了很大提升。

2. 内存虚拟化

内存虚拟化是指对真实物理内存进行统一的管理,包装成多个虚拟内存供虚拟机使用,使得每个虚拟机各自拥有独立的内存空间。在内存虚拟化中,内存虚拟化管理单元负责管理逻辑内存与物理内存之间的映射关系,主要通过影子页表法实现。通过维护影子页表,VMM 为不同的虚拟机分配内存页,从而将虚拟机物理地址空间映射到主机物理地址空间,由此实现内存虚拟化。

影子页表还能将虚拟机的内存换页到磁盘,因此虚拟机内存的申请可以超出主机内存,也可以根据每个虚拟机的要求动态分配内存。为权衡时间开销和空间开销,现在一般采用影子页表缓存技术,即通过 VMM 在内存中维护最近使用过的影子页表,当缓存区找不到时,再生成新的影子页表。

3. I/O 虚拟化

I/O 虚拟化是把物理机中真实的设备(如磁盘和网卡等)统一管理,包装成多个虚拟设备供若干虚拟机使用,响应每个虚拟机的设备访问请求和 I/O 请求。虚拟化平台处于硬件与虚拟机之间,为 I/O 设备的管理提供方便。

I/O 虚拟化可分为宿主型 I/O 虚拟化和硬件 I/O 虚拟化。宿主型的虚拟化要求使用宿主操作系统的 I/O 设备驱动程序,因此大大增加了虚拟化的性能开销,并且常用的操作系统如 Windows 和 Linux 并没有为虚拟机提供性能隔离服务,从而无法满足服务器环境的要求;以 Intel VT-d 为代表的硬件 I/O 虚拟化技术可以直接将 I/O 设备传至虚拟机,这需要 I/O 装置了解虚拟机的情况以及支持的虚拟接口个数,以便 VMM 能安全地将接口映射至虚拟机。

4.3 虚拟化的主要功能

4.3.1 虚拟机的基本功能

1. 虚拟机的快照

虚拟机的快照是虚拟机在某个特定时刻的状态、数据和配置文件的一个定格。可以随时获取虚拟机快照,即使是在其系统运行时。通过建立多个快照,可以为不同的工作保存多个状态,并且不会互相影响。将相应快照应用于虚拟机即可将虚拟机恢复为任何之前的状态,可以轻松还原到"拍照"的那个状态,实现系统和数据的备份。

对于每一个安装好的虚拟机,推荐使用快照方式保存其状态,可以随时恢复到之前的任意时刻。虽然可以在虚拟机运行、启动的任意时刻创建快照,但强烈建议在关闭虚拟机的时候进行创建,这样可以节省大量硬盘空间。

2. 虚拟机的克隆

虽然使用快照可以方便地保存虚拟机的每一个状态,并且可以保存多个状态,但这些快照都位于同一个虚拟机中，有时需要多台虚拟机，这时，使用虚拟机的克隆功能就是一个相当不错的选择。

虚拟机克隆是指基于现有的虚拟机创建一个系统与之相同或相近的新的虚拟机，通过复制即可创建，省去了虚拟机安装、更新等很多麻烦。一个虚拟机的克隆就是原来虚拟机的一个完全的拷贝或者镜像，克隆的过程并不影响原来的虚拟机。使用虚拟机克隆还可以对现有虚拟机创建备份，如备份某个虚拟机操作系统或复制多个相同的虚拟机操作系统，都可以采用这种方法。

快照相当于现有的一台电脑备份了一下，以后可以随时恢复到快照时的状态，但是还是只有一台虚拟电脑。克隆相当于又买了一台电脑，然后把这台电脑的系统完整的复制到新电脑上，现在可以同时打开两个虚拟电脑，但是它们并不能恢复到克隆时的状态。通常做软件测试、病毒测试等可以用快照功能。如果需要用虚拟机做多种不同的工作或同时开启多台虚拟电脑，可以用克隆功能。一般建议用快照，克隆太浪费资源了。

3. 虚拟机的迁移

虚拟机的迁移有三种方式：P2V(Physical to Virtual)、V2V(Virtual to Virtual)和V2P(Virtual to Physical)，目前主流的虚拟化软件如 Xen、VMware、Hyper-V、KVM 等都提供了各自的迁移组件。虚拟机迁移为服务器虚拟化提供了便捷的方法，可以节约资金成本，降低系统维护和升级费用。

P2V(Physical to Virtual)是指将操作系统、应用程序和数据从物理计算机的运行环境迁移到虚拟环境；V2V(Virtual to Virtual)是指在虚拟机之间移动操作系统和数据，需要物理主机上 VMM 的支持，相同类型 VMM 之间通常具有强大的迁移能力；相应的还有 V2P(Virtual to Physical)，即 P2V 的逆操作，它可以同时迁移虚拟机系统到一台或多台物理机上。迁移后的服务器，可以通过某些虚拟机软件方便管理，当服务器因为各种故障停机时，可以自动切换到网络中其他相同的虚拟服务器中，不会中断业务，因此优势显著。

4. 虚拟机的备份

与物理机上的应用系统一样，虚拟机系统也有一整套数据备份和恢复工具，方便数据中心进行备份和恢复工作。一般情况下，虚拟机的备份计划，在映像级别，要定期为操作系统执行备份；在文件级别，要定期备份各硬盘驱动器上的文件。在执行备份时，需要使用备份软件中的三个组件：备份客户端(备份代理)、备份服务器和调度程序。将备份客户端部署到需要备份服务的每个系统，然后可以定期调度自动备份。

例如，VMware Data Recovery 是基于磁盘的备份和恢复解决方案，可快速、简单和全面地保护虚拟机数据。它与 VMware vCenter Server 完全集成，可进行集中、高效的备份管理，同时还包括重复数据消除功能，可以节省备份所占用的磁盘空间。

5. 虚拟机的集群

利用虚拟机创建高可用性(High Availability，HA)集群，即将两个或多个服务器连接在一起，使其客户端呈现为单个服务器，产生具有高可用性的应用程序，可在较短的时间内大幅提升系统性能，同时降低设备的采购成本，提高资源的利用率，提高业务系统的可用性和连续性。

例如，使用 VMware 创建 HA 集群，需要安装 vCenter Server，通过此软件可以建立数据中心及集群，管理多个虚拟机系统，并对其进行监控和动态资源的调配，还可以与 DRS(Distributed Resource Scheduler，分布式资源调度器)相结合，将自动故障切换与负载平衡结合起来，使虚拟机移至其他主机后可以更快地实现平衡。

4.3.2 虚拟机的迁移

1. 在 VMWare Workstation 上的虚拟机迁移

VMWare Workstation 不存在迁移的概念，只要把映像文件(或称镜像文件)复制到新的物理宿主机即可。映像文件如图 4.9 所示。拷贝走的映像文件在新的机器的 VMWare Workstation 中打开就可以运行了。这种迁移属于离线迁移。

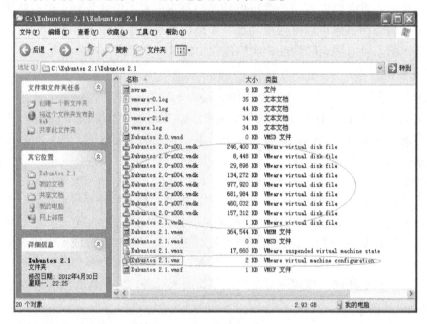

图 4.9 映像文件

在图 4.9 中有两类文件，VMDK 文件和 VMX 文件。下面分别说明。

VMDK 文件：VMDK(VMWare Virtual Machine Disk Format)是 VMware 虚拟机创建的虚拟磁盘文件(Virtual Disk File)。一个 VMDK 文件代表在虚拟机上的一个物理硬盘驱动。所有用户数据和有关虚拟服务器的配置信息都存储在 VMDK 文件中。通常，VMDK 文件比较大，所以，2TB 大小的文件都不足为奇。任何用户数据的变化或虚拟服务器配置的变化，VMDK 文件都要更新。由于 VMDK 没有增量类型数据获取功能，任何对文件的更改意味着整个文件需要重新备份。

VMX 文件：VMX 文件是 VMware 虚拟机配置文件，当在 VMware Workstation 中建立了一个虚拟机之后，该文件就会出现。它是用来记录所建立的虚拟机的配置信息的，比如内存大小、硬盘空间的大小等。VMX 文件本质上是一个文本文件，只是以 vmx 为后缀。可以用记事本打开和编辑 VMX 文件。

一般可用 VMPlayer 或 VMWare Workstation 打开 VMX 文件及其相关的 VMDK 文件，从而免安装地运行虚拟器件中包含的程序，实现虚拟机的离线迁移。

2. 在线迁移

在线迁移(也称热迁移、实况迁移，Live Migration)即在不中断运行于 VM 上的程序的情况下发生迁移。即 VM 在开机状态下从物理宿主机 A 迁移到物理宿主机 B。虚拟机的在线迁移过程实质是通过网络复制内存的过程。

与"在线迁移"相关的还有"在线迁移存储"，前者是热迁移虚拟机，后者是热迁移存储信息，即虚拟机在开机运行状态下从物理存储设备 A 迁移到物理存储设备 B。

热迁移的前提条件：

(1) 迁移是在一个局域网内发生的，即迁移前后的 VM 是在一个二层网络内发生，不跨三层网络。

(2) 迁移前后 VM 所操作的数据存储在共享的存储设备上。即迁移时不复制所操作的存储数据，只复制 VM 的内存到新的物理宿主机，并在不中断连接的条件下，重新配置网络链路。

(3) 虚拟机热迁移需要 CPU 兼容。Intel 和 AMD 的 CPU 之间不能热迁移。Intel Xeon 处理器的各个子型号之间也不完全兼容，建议热迁移时选完全相同系列的 CPU 型号。

热迁移时复制内存的过程包括如下两个阶段：

(1) 迭代预复制：即除了热页面(这是最频繁被修改的内存页面)外，所有内存页都被传递到新的物理宿主机。此阶段 VM 不宕机，用户访问不中断。

(2) 停止 VM 并复制：此时，挂起 VM，并以最大传递速率将热页面传递到目的节点，之后，当目的节点向旧的物理节点确认接收到整个内存时，迁移结束。此阶段可能产生 VM 宕机，宕机时间一般为数百毫秒。在 VM 宕机过程中会有用户访问的报文丢失的问题(访问瞬时中断)。

在 VMWare ESX 上实现热迁移的过程和步骤：

(1) 对 ESX 热迁移而言，必须安装有管理工具 vCenter，用 vCenter 去连接 ESX 主机，因为迁移，所需的物理宿主机至少要有两台。

(2) 必须要有外置存储或者是 iSCSI 软存储。

(3) 具体步骤就是在 vCenter 中右键单击虚拟机选择迁移。

(4) 开机(在线)的时候可单独进行虚拟机或存储迁移，关机(离线)的时候可以对虚拟机和存储一起迁移。

4.3.3 虚拟化应用举例

1. 虚拟镜像

首先区分以下几个概念：

虚拟机：通过虚拟化软件套件模拟的、具有完整硬件功能的、运行在一个隔离环境中的逻辑计算机系统。

客户操作系统：虚拟机里的操作系统。

虚拟镜像：虚拟机的存储实体，它通常是一个或多个文件，包括虚拟机的配置信息和磁盘数据，还可能包括内存数据。即前面说的映像文件。

获得最基本的虚拟镜像的流程是：① 创建虚拟机；② 安装操作系统；③ 关停虚拟机。即可在相应的安装目录下找到虚拟镜像了。

基本虚拟镜像的不足：

对于用户来说，这样的虚拟镜像有时并不能直接使用。因为用户使用虚拟化的目的是希望能够将自己的应用、服务、解决方案运行在虚拟化平台上，而基本虚拟镜像中只安装了操作系统，并没有安装客户需要使用的应用及运行应用所需的中间件等组件。

当用户拿到虚拟镜像后，还要进行复杂的中间件安装以及应用程序的部署和配置工作，加上还需要熟悉虚拟化环境等，反而有可能使用户感觉使用不便了。

2. 虚拟器件

虚拟器件(Virtual Appliance)技术能够很好地解决上述难题。

虚拟器件技术是服务器虚拟化技术和计算机器件(Appliance)技术结合的产物，有效吸收了两种技术的优点。

根据维基百科(Wikipedia)的定义，计算机器件是具有特定功能和有限的配置能力的计算设备，例如硬件防火墙、家用路由器等设备都可以看做是计算机器件。

虚拟器件则是一个包括了预安装、预配置的操作系统、中间件和应用的最小化的虚拟机。

和虚拟镜像相比，虚拟器件文件中既包含客户操作系统，也包含中间件及应用软件，用户拿到虚拟器件文件后经过简单的配置即可使用。

与计算机器件相比，虚拟器件摆脱了硬件的束缚，可以更加容易地创建和发布。

3. 虚拟器件的使用场景

虚拟器件的一个主要使用场景是软件发布。

传统的软件发布方式是软件提供商将自己的软件安装文件刻成光盘或者放在网站上，用户通过购买光盘或者下载并购买软件许可证的方法得到安装文件，然后在自己的环境中安装。

对于大型的应用软件和中间件，则还需要进行复杂的安装配置，整个过程可能耗时几个小时甚至几天。

而采用虚拟器件技术，软件提供商可以将自己的软件及对应的操作系统打包成虚拟器件，供客户下载，客户下载到虚拟器件文件后，在自己的虚拟化环境中启动虚拟器件，再进行一些简单的配置就可以使用了，这样的过程只耗时几分钟到几十分钟。

优点：通过采用虚拟器件的方式，软件发布的过程被大大简化了。

缺点：采用虚拟器件的方式发布软件需要在本地机器上先安装能运行虚拟器件的虚拟化环境(如 VMware Player)，这会带来软件运行的性能下降，比直接安装在本地操作系统上运行速度慢。

4. 虚拟器件的前景

认识到虚拟器件的好处之后，很多软件提供商都已经开始采用虚拟器件的方式来发布软件。

例如，VMware 的官方网站已经有"虚拟器件市场"(Virtual Appliance Marketplace, VAM)，如图 4.10 所示；在 Amazon EC2 环境里，虚拟器件已经用于商业目的；IBM 的内部网站上包含 IBM 主要软件产品的虚拟器件正在被大量下载和使用。

可以预见，在不远的将来，虚拟器件将成为最为普及的软件和服务的发布方式，用户不再需要花费大量的人力、物力和时间去安装、配置软件，工作效率会得到很大提高。

第 4 章 虚 拟 化

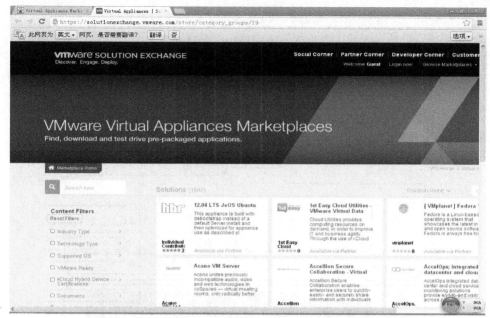

图 4.10 虚拟器件市场

4.4 服务器虚拟化主流厂商及产品

4.4.1 VMware ESX

VMware(Virtual Machine ware)公司是提供一整套虚拟化解决方案的软件公司，于 1998 年 1 月成立，目前该公司已拥有 x86 虚拟化市场的很大份额。该公司的产品目前有三个系列：Workstation、GSX 和 ESX。1999 年该公司推出业界第一个基于 x86 的完全虚拟化的虚拟机 VMware Workstation。2001 年它推出面向服务器市场的 VMware ESX Server 和 VMware GSX Server。它的产品可以在一台机器上同时运行两个或多个 Windows、Linux 等操作系统。该公司目前已被 EMC 公司收购。

VMware 最著名的产品为 ESX，属于裸金属架构，安装在裸服务器上。ESX 是在一般环境下进行分区和整合系统的虚拟化软件，同时也是一个具有高级资源管理功能的高效而灵活的虚拟化平台。ESX 并不需要操作系统的支持，带有远程 Web 管理和客户端管理功能。其虚拟机与主机和其他虚拟机完全隔离，不允许程序直接访问硬件。ESX 适用于任何系统环境的企业，为大型机级别的架构提供了前所未有的性能和操作控制。ESX 可以使大多数能在 x86 上运行的操作系统都能在虚拟机上运行，而不需要进行任何修改。目前中国很多商业银行、保险公司、电信公司以及政府部门都在使用 ESX。

VMware ESX 的虚拟化架构也是云计算的底层，如图 4.11 所示。ESX 架构主要分为两部分：用于提供管理服务的 Service Console 和虚拟化核心 VMkernel。Service Console 是一个简化版 RedHat Enterprise OS，虽然不能实现任何虚拟化功能，但是对其架构而言却是不可分割的，主要有五个方面功能：启动 VMkernel、提供各种服务接口、性能检测、认证和管理主机部分硬件。VMkernel 的核心功能通过 CPU、内存和 I/O(如磁盘和网卡等)分别实现资源的虚拟化。在 CPU 虚拟化方面，ESX 使用了两个全虚拟化技术：优先级压缩(Ring Compression)和二进制代码翻译(Binary Translation)。VMkernel 在内存虚拟化方面所采用的核心机制就是"影子页表(Shadow Page Table)"。为了更好地为 VM 服务，VMkernel 还支持一些高级 I/O 技术，如 VMFS(VM File System, 虚拟机文件系统)和 Virtual Switch(虚拟交换机)。

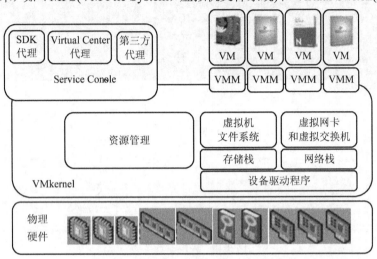

图 4.11　VMware ESX 的虚拟化架构

温馨提示：

在 VMware 中，VM Kernel 和 VMM 的区别：

VM Kernel 控制和管理硬件基层，它其中的资源管理器将底层物理资源在 VM 之间分割，为每个 VM 分配资源。

VMM 负责 CPU 虚拟化，向每个 VM 提供一个 vCPU。VMM 和 VM Kernel 一起实现虚拟化层。VMKernel 主要用于实现硬盘和网络的虚拟化。

目前 VMware 的服务器虚拟化主流产品是 VMware vSphere。 VMware vSphere 5.1 (基于 ESXi)使用经验证的 VM Kernel 来提供虚拟化功能，ESXi 是 vSphere 的一部分，主要解决计算能力的虚拟化问题。

ESXi 与早期版本 ESX 不同，它不需要使用称为"服务控制台"的 Linux 操作系统(OS)来执行本地管理任务，例如执行脚本或安装第三方代理。

由于 vSphere 5.1 中去除了这一服务控制台，大大减少了虚拟化管理程序的代码库占用空间(不到 150 MB，而不是 2 GB)，并将管理功能从服务控制台转移到远程管理工具 vCenter。

4.4.2　Citrix XenServer

思杰(Citrix)公司是一家著名的应用交付基础架构解决方案提供商，创建于 1989 年，于 2007 年收购 XenSource 公司。其虚拟化解决方案都是基于开源虚拟化平台 Xen 构建的，通过对 XenSource 和已有技术的整合，该公司提出了"交付中心"的概念，为客户提供全面的解决方案，已成为虚拟化市场的重要力量。

思杰公司的产品线包括企业级服务器虚拟化解决方案(XenServer)、虚拟桌面产品(XenDesktop)、Web 应用交付解决方案(NetScaler)、虚拟应用产品(XenApp)。其最新策略是以交付中心产品为核心，利用 XenServer、XenDesktop 及 XenApp 三大方案，侧重在传统虚拟化架构，涉及应用及桌面虚拟化，为企业开创端对端的应用传递架构。

　　思杰公司的 XenServer 是一款开源虚拟化产品，为客户提供了一个开放性架构，允许客户按照自身习惯来进行存储管理。XenServer 是基于内核的虚拟程序，它与操作平台密切结合，因此占用资源最少，能提供近于原生的性能。XenServer 充分利用 Intel VT 等平台进行硬件辅助虚拟化，提供更快速、更高效的虚拟化计算能力。由于 XenServer 采用半虚拟化的技术，操作系统要经过修改才能运行，这使它只能支持有限的开源操作系统，而无法支持更多非开源的商业操作系统(如 Windows)。但是不能否认的是，高性能的 XenServer 虚拟化技术作为 x86 虚拟化市场的新力量，给客户带来了新的选择。随着 Intel 和 AMD 两大厂商相继推出了 x86 架构下支持虚拟化技术的 CPU，XenServer 可以在这种 CPU 上实现全虚拟化，能够支持包括 Windows 在内的多种操作系统。目前有 Intel、AMD、HP、IBM、RedHat 等厂商支持。

　　Citrix XenServer 的体系架构如图 4.12 所示。XenServer 是以 Xen 技术为核心的，它包含 Hypervisor、API 和各种相关工具的软件套装。在本书中不严格区分 Xen 和 XenServer。一个 Xen 虚拟化环境部件由以下三个方面构成：

(1) Xen Hypervisor。

(2) Domain 0(包括 Domain 管理和控制工具 Xen DM&C)。

(3) Domain U(Domain U PV 客户系统和 Domain U HVM 客户系统)。

　　运行在 Xen Hypervisor 上的所有半虚拟化(Paravirtualized)虚拟机被称为 Domain U PV 客户系统，其上运行着被修改过内核的操作系统，如 Linux、Solaris、FreeBSD 等操作系统。所有的全虚拟化虚拟机被称为 Domain U HVM 客户系统，其上运行着不用修改内核的操作系统，如 Windows 等。

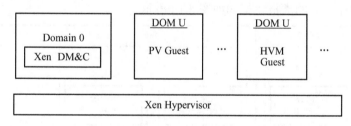

图 4.12　Citrix XenServer 的体系架构

　　Xen 的 VMM 位于操作系统和硬件之间，负责为上层的操作系统提供虚拟化的硬件资源，并对资源进行管理和分配，确保上层虚拟机相互隔离。Domain 0 内部包含了真实的设备驱动，具有很高的特权，可直接访问物理硬件，提供与硬件和管理员对话的驱动接口，可以通过用户模式下的管理工具来管理 Xen 的虚拟机环境。Domain 0 和 Domain U 之间能进行通信，但 Domain U 主要以调用 Domain 0 功能为主。Xen 采用混合模式，管理员可以利用一些 Xen 工具来创建其他虚拟机(Domain U)。

温馨提示：

Domain U(用户域)和 Domain 0(驱动域)的区别：
Domain U(用户域)不能直接访问物理硬件，需通过 Domain 0(驱动域)访问。Domain 0

内部包含了真实的设备驱动，具有很高的特权，可直接访问物理硬件，提供与硬件对话的驱动接口。Domain U 主要以调用 Domain 0 功能为主。

4.4.3 Microsoft Hyper-V

微软公司长期以来都是桌面操作系统及办公软件的重要提供商，于 2003 年收购 Connectix 公司，并于同年年底推出 Microsoft Virtual PC。2005 年微软公司推出第一款虚拟化产品——Microsoft Virtual Server 2005，于 2008 年推出基于 Windows Server 2008 的 Microsoft Hyper-V(简称为 Hyper-V)，进入服务器虚拟化市场，其推出的 Windows Server 2012 也支持 Hyper-V 虚拟化。微软公司将服务器虚拟技术融入操作系统的设计思路提高了虚拟化技术的效率并提供了更好的性能，此技术也通过 Microsoft Hyper-V Server 单独提供。微软公司为用户提供了一个端到端的产品集，实现创建、配置、部署和管理数据中心的服务器、虚拟机、存储、网络及应用程序。这些全面而强大的功能集可以通过统一的、集成的界面进行监控和操作，既降低了用户的成本，减少了复杂性，又保证了应用的灵活性和可用性。

微软公司在服务器虚拟化领域拥有两款产品，分别是 Windows Virtual Server 2005 R2 和基于 Windows Server 2008 的 Hyper-V。Hyper-V 是一个更灵活、更健壮、性能更强的虚拟化平台，能够向云端迁移。其设计目的是为用户提供效益更高的虚拟化基础设施软件，以降低使用成本、优化基础设施并提高服务器的可用性。Hyper-V 从一定程度上借鉴了 XenServer 的思路和架构，并且在微内核架构上利用了 Windows 操作系统经典的驱动模型。不同于之前推出的 Virtual Server 虚拟化平台，Hyper-V 实现虚拟化的层次是在操作系统级别，在操作系统核心直接参与虚拟硬件资源的分配和调度，所以性能更高。不过 Hyper-V 对操作系统和硬件的要求也比较高，处理器必须是支持虚拟化技术的 Intel VT 和 AMD-V，操作系统必须是 64 位的 Windows Server 2008 或其升级版。

Microsoft Hyper-V 的虚拟化架构如图 4.13 所示。

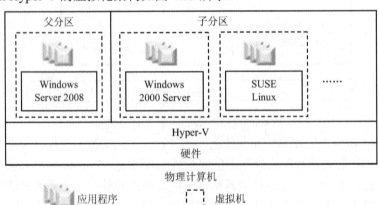

图 4.13　Microsoft Hyper-V 的虚拟化架构

在 Hyper-V 架构中，Hypervisor 直接运行于物理服务器硬件层之上，所有的虚拟分区都经过 Hypervisor 与硬件通信。图中每一个分区都代表一台虚拟机，父分区必须运行 Windows Server 2008 或其升级版，包含了管理工具和自动操作组件。每个子分区可以有自己的子操作系统，所有的操作系统都在分区中运行。Hyper-V 的微内核结构可以使多个分区访问同一个物理硬盘资源，有助于减少安全性攻击面积，也有助于保持效率。在 Hyper-V

架构中，驱动程序是安装在子操作系统中的，而不是在 Hypervisor 层，使得厂商可以使用服务器物理硬件的驱动程序。为了充分利用 Hyper-V 架构，子操作系统采用 Enlightenment(启蒙)技术记住其自身已被虚拟化，从而有效地和 Hypervisor 进行通信。

💬 温馨提示：

在 Windows 8 和 Windows 10 的专业版和企业版中支持 Hyper-V，但默认不安装，需要手动安装。Hyper-V 和 VMware Workstation 不能同时安装在一个操作系统中。第 11 章的实验 11.6、11.7、11.8 需要安装 VMware Workstation，若操作系统预先安装了 Hyper-V，会报错，它将建议删除 Hyper-V。

4.4.4 RedHat KVM

红帽(RedHat)公司是全世界最大的开源技术公司，其产品 RedHat Linux 也是应用最广的 Linux。RedHat 公司其前身为 ACC 公司，于 1995 年收购 Marc Ewing 的业务后合并成为新的 RedHat 软件公司，发布了 RedHat Linux 2.0。2008 年 9 月，RedHat 公司收购了一家名为 Qumranet 的小公司，由此获得了一个基于内核的虚拟机技术——KVM(Kernel-based Virtual Machine)。2010 年 11 月，Linux 的 6.0 版本彻底去除了 Xen 虚拟化机制，仅提供 KVM。

目前，其完全开放的虚拟化平台已经成为一个完整的虚拟化解决方案，其服务器虚拟化平台强大而全面，主要有以下三大组件：

(1) RHEV-M：RHEV(Red Hat Enterprise Virtualization)Manager 也称为 RHEV-M 管理控制台。RHEV-M 管理控制台是 RedHat 平台的核心组件，它所提供的 Web 界面管理运行在物理节点的虚拟机上。

(2) RHEV-H：RHEV 环境的另一个重要部分就是运行虚拟机的主机节点。RHEV-H 是裸机 Hypervisor，使主机维护更加轻松安全。红帽企业虚拟化服务器提供了优于裸金属的性能，支持最新的 Intel 和 AMD 的服务器芯片组，拥有在单一服务器上同时运行 400 多个企业工作负载的高虚拟机整合率。

(3) RHEV 中央储存库：RHEV 基础设施的另一个重要组件是中央储存库，它包括两个主要部分：一是数据存储域，它用来存储虚拟机镜像、模板以及快照；二是 ISO 存储域，它存储在安装虚拟机时需要使用的 ISO 文件。

KVM 是一个开源的系统虚拟化模块，自 Linux 2.6.20 之后集成在 Linux 的各个发行版本中。KVM 也是一个全虚拟化解决方案，它将 Linux 内核转换为一个使用内核模块的 Hypervisor，运行在 Linux 内核的用户空间中，因此 KVM 可以随着 Linux 标准内核的升级而获得性能提升。KVM 的虚拟化需要硬件支持，是基于硬件的完全虚拟化。KVM 虚拟化技术具有较好的灵活性，能利用不同的操作系统和硬件设备，因而降低了不同系统间维护的复杂度。KVM 支持多种操作系统，基于 x86 架构的绝大部分操作系统都可以稳定运行。KVM 属于精简虚拟化方案，本身体积很小，具有稳定的性能，系统更新便捷。KVM 两个最大的缺点是需要较新的能够支持虚拟化的 CPU 和一个用户空间的 QEMU 进程来提供 I/O 虚拟化。但是无论如何，KVM 位于内核中，对于现有解决方案来说是一个巨大的突破。

RedHat KVM 的虚拟化架构如图 4.14 所示。它的底层为能够进行虚拟化的硬件平台，其上是带有 KVM 模块的 Linux 内核，客户操作系统可支持主机操作系统所支持的应用程序。集成了 KVM 的 Linux 内核除了内核模式和用户模式以外，还有客户模式，能够处理除了 I/O 之外的很多操作。I/O 通过一个稍加修改的 QEMU 进程进行虚拟化，QEMU 是一个硬件仿真虚拟化解决方案，允许对一个完整的 PC 环境进行虚拟化。KVM 通过简单地加载内核模块，将 Linux 内核转换为一个系统管理程序。这个内核模块导出了一个名为 "/dev/kvm" 的设备，它可以启用内核的客户模式并提供了内存虚拟化。

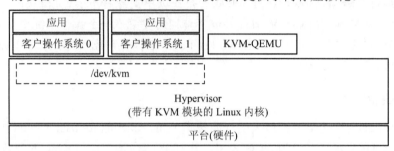

图 4.14 RedHat KVM 的虚拟化架构

温馨提示：

从前面介绍的各个主流厂商产品可以看出，"虚拟机"这个术语在不同的产品中有不同的称呼，要加以区别。在 VMware 中一般称为"虚拟机"或"虚拟服务器"，在 Xen 中称为"域(Domain)"，在 Hyper-V 中称为"分区(Partition)"，在 OpenVZ 中称为"VPS(虚拟专用服务器)"或"VE(虚拟环境)"，在 Amazon EC2 中被称为"实例"。另外，值得指出的是，在国内的产商，如阿里云，"虚拟机"被称为"云服务器"。

4.4.5 主流虚拟化产品的比较

1. 分类对比分析

主流虚拟化产品的比较如表 4.1 所示。

表 4.1 主流虚拟化产品的比较

	VMware ESX	Citrix XenServer	Microsoft Hyper-V	RedHat KVM
虚拟化方式	全虚拟化	半虚拟化、全虚拟化(硬件辅助)	半虚拟化	全虚拟化(硬件辅助)
虚拟化架构	裸金属	裸金属	裸金属(Hyper-V Server) 寄生(Windows 2008)	裸金属架构(RHEV-H) 寄生架构(Linux 内核)
操作系统支持	服务器 Windows/Linux 客户机 Windows/Linux/FreeBSD 等	Unix (包括 Linux 和 BSD) Windows(CPU 支持硬件虚拟)	64 位 Windows Server 2008 (CPU 支持硬件虚拟)	32 位/64 位 Linux 32 位 Windows
成本	收费软件	开源软件	免费软件	开源软件

2. 整体差异分析

针对 VMware ESX、Citrix XenServer、Microsoft Hyper-V 和 RedHat KVM 的一些异同点分别做整体差异分析。

1) VMware ESX 与 Microsoft Hyper-V

VMware 公司的虚拟机的市场做的最大，它有十余年的虚拟化经验和庞大的用户基础，全球共有 10 万多家用户。而微软几乎没有企业虚拟化经验，到目前为止，还没有财富 500 强的用户在生产环境中采用微软的企业虚拟化产品。

VMware ESX 已经有过运行一千多天而没有重启的记录，而由于 Windows 更新，Microsoft Hyper-V 需要每 30 天重启一次。一个 VMware Infrastructure 企业套件许可证需要 6950 美元，相对 Windows Server 2008 企业或标准的套件许可证来说，VMware 的解决方案花费更多。

就虚拟化性能而言，VMware ESX 比 Microsoft Hyper-V 胜出一筹。ESX 的全虚拟化技术是经过 VMware 的高级工程师们长达 10 年所优化的，因此在运行某些程序时，全虚拟化反而速度更优。

Microsoft Hyper-V 和 VMware ESX 都是基于硬件支持的裸金属虚拟化产品，它们最大的区别在于 Microsoft Hyper-V 采用了微内核(Micro Kernel)的结构，而 ESX Server 是一个单内核(Monolithic Kernel，有时也称为宏内核 Macro Kernel)的产品。单内核的 Hypervisor 能够提供不错的性能，但是它在安全性和兼容性上存在不足。而 Hyper-V 采用了微内核的结构，微内核体积较小，运行的效率很高。驱动程序分别跑在每一个分区里，虚拟机的 Guest OS 都能够通过 Hypervisor 直接访问硬件，每一个分区都相互独立，于是便具有更好的安全性和稳定性。

除此之外，大多数虚拟化解决方案都采用硬件模拟来解决硬件访问的兼容性问题，造成了很大的开销和性能损失。而 Microsoft Hyper-V 采用了 Enlightenment(启蒙)技术，能够对虚拟机的操作系统进行启蒙，明白自己是一个虚拟机并记住已被虚拟化，所以 Microsoft Hyper-V 可以不需要硬件模拟，而是通过 VSP/VSC(Virtualization Service Provider/Virtualization Service Client)这套组件来进行。相对于硬件模拟的方法，其访问性能有了大幅度的提高。

2) Citrix XenServer 与 RedHat KVM

Xen 是一个外部的 Hypervisor 程序，它能够控制虚拟机并为多个客户机分配资源，Xen 有自己的进程调度器、存储管理模块等，所以代码较为庞大。KVM 是 Linux 的一部分，可使用 Linux 自身的调度器和内存管理，所以相对于 Xen，其核心源码很少，因此 KVM 更小更易使用。

Xen 同时支持全虚拟化和半虚拟化，早期是基于软件模拟的半虚拟化，新版本是基于硬件的完全虚拟化。早期的产品比新版本速度快，但 Xen 修改了大量的内核源代码，是重量级的虚拟机管理器(VMM)，它的 Guest OS 必须理解 Xen 化的硬件。

KVM 的虚拟化需要硬件支持(如 Intel VT 技术或者 AMD-V 技术)，是基于硬件的完全虚拟化，目前不支持半虚拟化。KVM 借鉴了 Xen 的半虚拟化技术，虽然 KVM 是完全虚拟化的产品，但在关键的硬盘和网卡上支持半虚拟化，在很大程度上提高了性能，是轻量级虚拟化的代表。

从操作界面上看，Xen 和 KVM 都是虚拟化管理工具，差别不是很大，但不可以在同一台机器上同时安装且运行。

3) VMware ESX 与 RedHat KVM

VMware 的 Hypervisor 是独立的，如果想利用周边设备，就必须有专门针对 ESX 的驱动程序。虽然 Hypervisor 支持主要服务器厂商，但是当没有周边设备的驱动程序时 ESX 也无法利用。KVM 与 ESX 都是全虚拟化方式，而且 KVM 是 Linux 内核集成的，与 ESX 拥有相同的架构，但是 KVM 能够利用 Linux 庞大的驱动程序，而 ESX 不可以。现在有很多制造商都在积极开发支持周边设备的 Linux 驱动程序。

4) Citrix XenServer 与 Microsoft Hyper-V

Microsoft Hyper-V 和 Xen 的架构非常相似，均采用了客户操作系统使用设备驱动来管理操作系统的方法，如此相似的架构使得可以在 Microsoft Hyper-V 和 Citrix XenServer 之间实现虚拟机迁移。不同之处在于，在 Xen 中 Domain 0 是一个经过优化的 Linux 内核，而微软使用 Windows Server 2008 作为其父分区。

4.5 服务器虚拟化应用方案设计

4.5.1 需求分析

图书馆数据中心主要包括各种数字资源和应用服务，提供图书、期刊、文献、多媒体等数字资源的查找、借阅、下载服务以及图书馆主页、读者认证、借阅查询、学位论文提交等网络服务。由于各系统复杂多样，对服务器性能、操作系统、存储、数据库、备份以及安全管理等方面的需求存在差异，因此，如何有效地整合资源，提供更方便的管理，在解决不同系统之间的兼容性、保障其应用的前提下降低成本，合理地配置服务器资源就显得尤为重要。

一般图书馆数据中心服务器的拓扑结构如图 4.15 所示。其包括目录、文件、网页、数据库、应用等多种服务器。

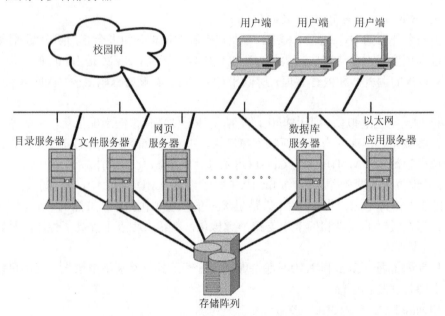

图 4.15 一般图书馆数据中心服务器的拓扑结构

但是随着高校信息化建设逐渐深入，图书馆数据中心管理的服务器越来越多，管理成本也不断攀升。在服务器的管理上主要面临以下问题：

(1) 资源利用率不高。大多数服务器的利用率只有 20%左右，却占用了大量的空间和资源。

(2) 维护管理水平低。采用独立服务器的方式部署，必须投入大量的人力、物力为每一台物理服务器进行维护，一旦服务器出现问题就会导致应用瘫痪。

(3) 数据备份困难。由于应用环境复杂，硬件平台与操作系统的不同给备份和恢复带来了困难，管理员难以对不同的系统进行统一的备份。

如何解决以上问题，有效提高服务器的利用率，加快应用程序部署的速度，提供高可靠、高可用的应用服务，是学校信息化建设主要考虑的因素。虚拟机的安装、配置和管理都比较容易，尤其是部署后的管理，更是优势显著。虚拟机能够实现迁移、更新、备份及恢复，高效地利用和分配资源，节约成本，同时也能够轻松实现高可用性集群。将虚拟化技术应用到服务器的管理中，可以整合服务器资源，有效提高服务器的利用率，使管理更容易，消除管理的混乱局面，提高高校的信息化水平，促进学校教学和科研的发展。

4.5.2 方案准备

1. 虚拟化资源规划

图书馆数据中心的资源主要分为三类：计算资源、存储资源和网络资源。计算资源是指物理服务器的计算能力，与 CPU、内存有关；存储资源是指数据中心的存储能力，与磁盘、存储系统的空间有关；网络资源是指数据中心的网关、IP 地址等资源。通过虚拟化技术，将数据中心里各种资源整合成统一的资源池。资源规划的目的是研究如何在虚拟化环境里部署由虚拟器件构成的解决方案，合理分配资源，使其高效利用。

构建虚拟化平台，首先需要确定平台运行的物理服务器。并对即将部署的服务器的硬件资源进行规划，包括 CPU、内存、磁盘空间及利用率等。确定每台虚拟机的资源需求，再计算出总共的资源需求，从而确定物理服务器的数量。

其次，要在物理服务器上合理分配虚拟机。具体包括以下几个方面：

(1) 根据各数字化应用种类的不同，为便于系统维护，将功能相同或相近的应用进行整合，适当减少虚拟服务器的数量，建立虚拟服务器集群，提升系统整体性能，避免维护系统时的互相影响。

(2) 根据各数字化应用存储空间、并发用户数和用户满足度等参数，将虚拟服务器在物理服务器上进行分配，使各物理服务器负载相当。对将来要增加的应用系统进行预测，建立冗余的虚拟应用环境，保证系统的扩展性可满足未来的需求。

(3) 将数字化应用中的数据库资源进行整合，建立独立的数据库集群虚拟机，使数据集中存储，保证数据库后台的高可用性，提高服务器的实际利用率，提升应用平台的整体性能，方便信息备份。

2. 虚拟化产品选择

虚拟化对硬件要求并不高，主要需要进行软件选择。软件选择的关键是管理工具与自动化功能，由于 VMware 支持大多数主流操作系统且具备完善的管理工具，得到 HP、IBM、DELL 等服务器硬件厂商的大力支持，并作为它们应用解决方案的重要组成部分。因此，VMware 成为本方案针对图书馆数据中心进行服务器虚拟化设计的首选。

VMware vSphere 6 是一套比较成熟的服务器虚拟化软件，它于 2015 年发布，主要由 VMware ESXi、VMware vCenter Server 和 VMware vSphere Web Client 三部分组成。

(1) VMware ESXi 是 VMware vSphere 产品套件的核心，是虚拟机管理程序。它直接构建于硬件层之上，将 CPU、内存、存储器、网络和 I/O 等资源虚拟到多个虚拟机中，每个虚拟机运行自己不同的操作系统和应用程序，虚拟机之间相对独立，拥有各自虚拟的 CPU、内存、存储器、网卡等资源。

(2) VMware vCenter Server 是一套虚拟基础架构的管理软件，它允许 IT 管理员以集中方式部署、管理和监控虚拟基础架构，并实现自动化和安全性。它像一个抽象的虚拟机池，管理存储、服务器、网络等虚拟机资源，是一个虚拟架构的共享资源池。它使整个数据中心成为一个完整的工作环境，为 IT 环境提供了管理集中化、操作自动化、资源优化和高可靠性。

(3) VMware vSphere Web Client 可以管理单台物理机或者通过连接 VMware vCenter Server 管理多台物理机及其上的虚拟机。VMware vCenter Server 提供了 VMware ESXi 主机的集中管理框架，但是 IT 管理员一般会使用 VMware vSphere Web Client 或其以前的版本 VMware vSphere Client 来管理虚拟机。它可以进行虚拟机的创建、开启、关闭、重启；调整虚拟机 CPU 及内存资源占用比例；克隆、快照、迁移和集群；性能监控等操作。

4.5.3 方案设计

本方案硬件采用 DELL PowerEdge R710(Xeon X5560×2/8GB/2×146GB)，软件采用 VMware Infrastructure 3.5。表 4.2 为某高校服务器虚拟化的资源整合方案。

表 4.2 服务器虚拟化的资源整合方案

物理服务器		虚拟服务器				应用服务
服务器型号	硬件参数	名称	CPU	内存	硬盘	
DELL PowerEdge R710	CPU：2 × 2.8 GHz 内存：8 GB 硬盘：292 GB	VM1-1	1 × 2.8 GHz	2 GB	20 GB	DNS 服务
		VM1-2	1 × 2.8 GHz	2 GB	20 GB	DHCP 服务
		VM1-3	1 × 2.8 GHz	2 GB	50 GB	FTP 服务
DELL PowerEdge R710	CPU：2 × 2.8 GHz 内存：8 GB 硬盘：292 GB	VM2-1	1 × 2.8 GHz	2 GB	50 GB	HTTP 服务
		VM2-2	2 × 2.8 GHz	4 GB	100 GB	认证管理系统
DELL PowerEdge R710	CPU：2 × 2.8 GHz 内存：8 GB 硬盘：292 GB	VM3-1	2 × 2.8 GHz	4 GB	100 GB	文献数据库
		VM3-2	1 × 2.8 GHz	2 GB	10 GB	网络流量监控
DELL PowerEdge R710	CPU：2 × 2.8 GHz 内存：8 GB 硬盘：292 GB	VM4-1	1 × 2.8 GHz	2 GB	10 GB	网络行为管理
		VM4-2	1 × 2.8 GHz	2 GB	100 GB	备份

采用虚拟化方式进行服务器整合，将四台物理服务器虚拟成多台应用服务器和数据库

服务器集群。其中 DNS、DHCP 服务器提供域名解析、IP 地址分配等底层必要服务；FTP 服务器配合数据库服务提供图书、光盘、多媒体资料下载等文件传输服务，HTTP 服务器提供图书馆主页浏览等网页服务；认证管理系统服务器提供学生注册、认证等服务；文献数据库服务器提供本地文献、书籍查找、借阅等服务；网络流量监控服务器为学生提供流量统计服务；网络行为管理服务器为教师提供限制学生浏览不良网页等服务；备份服务器提供重要数据备份服务。

依据数据集中存储的原则，本方案采用存储区域网络(Storage Area Network，SAN)集中存储方式。SAN 是计算机信息处理技术中的一种架构，它将服务器和远程的计算机存储设备连接起来，使得这些存储设备看起来就像在本地一样。将虚拟机镜像文件全部部署在 SAN 共享存储阵列中，不同服务器上的虚拟机都可以访问到该文件。当物理服务器发生故障时，可通过集群转移或者指定其他物理机重新运行该虚拟机，不必担心单点故障。

服务器虚拟化与 SAN 相结合，使得集中管理和整合储存设备资源更加容易，这是本方案的一大特色。此外，为了便于集中管理并监控虚拟机、实现自动化、简化资源配置，本方案单独配置一台服务器，用于安装 VI 3.5 套件中的 Virtual Center 软件，对四台物理机及其上的虚拟机进行统一的管理。本方案还专门创建一个用于备份的虚拟机来对重要数据进行备份，保证数据安全不丢失，也是本方案一大亮点。图 4.16 为服务器虚拟化方案的拓扑结构。

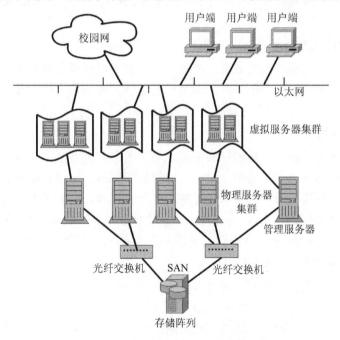

图 4.16 服务器虚拟化方案的拓扑结构

4.5.4 方案实施

1. 虚拟环境搭建

根据虚拟化架构，配置网络环境，SAN 采用光纤通道技术，通过光纤通道交换机连接存储阵列和服务器主机，建立专用于数据存储的区域网络。根据服务器虚拟化资源规划方案，搭建 VMware ESXi、Vmware vCenter Server 等虚拟环境，设置 CPU、内存、硬盘、网络等硬件参数。根据应用服务需要，安装虚拟机操作系统，如可为 DNS、DHCP 等底层应用服务器安装 Linux 操作系统，使其更稳定。

2. 应用系统搭建

创建虚拟机后，安装相应的应用软件，从而实现从虚拟化平台到软件应用的完整的虚拟化解决方案。如果应用系统平台相同，则可使用虚拟机的克隆功能快速部署出一个新的系统平台。

3. 测试与性能调整

部署完成后，要随时对虚拟环境的性能、资源的使用情况进行监控，可适当调整资源的分配，进行性能优化，保证每台虚拟机高效、可靠地运行。

4.5.5 方案效益

1. 提高了服务器的利用率

以前的服务器在安装应用系统后，剩余的资源无法再被利用。通过虚拟机技术，将剩余的资源分配给其他系统使用，充分利用服务器的硬件资源，满足不断变化的应用需求，成功避免了"一台服务器、一个操作系统、一种应用"的孤岛模式。根据经验，使用虚拟化技术，UNIX 服务器的利用率可以从 30% 提升到 90% 左右；而 Windows 服务器可以从 15% 提升到 90% 左右。

2. 降低了建设成本

虚拟化技术减少了服务器的数量，节省了大量物理机以及各种电源、电网等，降低了机房的运营成本，也使得整个服务器基础架构的总体拥有成本大幅降低，同时也节省了人力成本。

3. 提高了管理效率

以前，一旦应用系统出现问题，服务器上所有的系统都要重新备份、安装、配置和更新，工作量大，影响管理维护效率。现在，虚拟机的系统、应用程序安装，可以通过虚拟软件所提供的工具直接克隆，也可以通过物理机间接迁移，节省了大量的安装配置时间，使网络服务安装简便快捷。另外，虚拟化减少了物理服务器的数量，也就减少了相应的物理资源管理，消除了服务器散乱现象，简化了服务器部署、管理和维护工作，降低了管理成本。

4. 增加了系统的稳定性和安全性

利用虚拟机的相关管理工具，可以方便地对各虚拟机实时监控并及时调整，增强了系统的稳定性。通过动态迁移、虚拟机备份等方式，提供了一种简便的灾难恢复解决方案，并且无需局域网的支持，即可实现虚拟机的隔离和划分，对数据和服务进行可控的安全的访问，将灾难最小化。有效地保证了数据安全，同时可方便地保存应用系统配置，提高了数据备份的可靠性。

总而言之，虚拟机给图书馆数据中心服务器的维护带来了极大的便利，它能很好地解决物理服务器资源利用率低、维护困难、成本高等问题。而且虚拟机管理方便、灵活性强、技术性也不高、尤其适合学校使用。但是该技术将更多的网络服务集中到了单台服务器上，带来了更多的安全漏洞，虚拟机间的相互备份、迁移等，也会提供给病毒和恶意软件更多的可乘之机，还有可能发生服务器负载过重问题，再加上现有虚拟机软件的功能与性能会制约虚拟化应用等，都是下一步需要解决的问题。

4.6 网络虚拟化

4.6.1 传统的网络虚拟化

1. 网络虚拟化概述

在网络虚拟化中，每台虚拟机都是一台独立的服务器，通过分配一个虚拟网卡进行网络通信。不同的虚拟网卡有不同的 MAC(Media Access Control)地址，用来定义网络设备位置。虚拟机之间的信息交换通过虚拟以太交换机来实现，由主机操作系统的动态主机配置协议服务实现路由，为客户机自动分配虚拟 IP 地址，通过连接物理主机网络端口访问外网。

网络虚拟化技术也适用于企业网络核心或边缘的路由，用户可以充分利用交换机的虚拟化路由功能实现需求，而无需购买新的设备。思科总裁兼首席执行官约翰·钱伯斯曾表示："虚拟化将推动网络的增长，网络虚拟化意味着用户可以通过任何屏幕访问任何应用，而看不到网络的复杂性"。

2. 传统的网络虚拟化

传统的网络虚拟化以 VPN、VLAN 为典型代表，分述如下：

(1) VPN(Virtual Private Network，虚拟专用网)，基于公共网络，通过软硬件平台，利用隧道方式实现类似专用网传输数据的功能。其私有性表现在通过 VPN 传输的数据对于底层计算机网络而言是不可理解且不可伪造的。VPN 能够像专用网络一样，使得跨国、跨地区的公司、业务伙伴进行联系并互相交流信息，VPN 提供的数据信息传输方式可以确保所传输数据的安全性、完整性和保密性。但 VPN 基于同样的技术，限制了多种组网方式的共存。参照思科设备实现的一个通用的 VPN 的拓扑结构如图 4.17 所示。

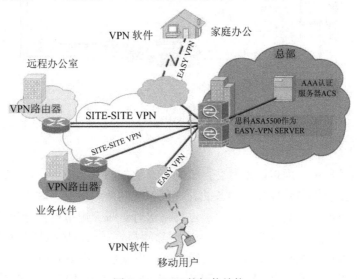

图 4.17　VPN 的拓扑结构

在未使用 VPN 之前，位于总部之外的家庭办公点的工作人员可以通过 HTTP 协议访问总部的对外的 Internet 网站和 Web 邮箱，但是却不能访问总部供内部 IP 地址人员使用的办公软件或内部数据库系统，这限制了远程家庭办公的功能。使用 VPN 之后，在通用的 Internet 网上虚拟出了专用的内部网，家庭办公、远程分中心办公、业务伙伴、出差在外的公司员工都可以像在总部的内部局域网中一样访问总部供内部 IP 地址人员使用的办公软件或内部数据库系统。

(2) VLAN(Virtual Local Area Network，虚拟局域网)，将局域网从逻辑上划分成一个个网段，使固定物理网络上的一群主机可以动态、可控地形成一个或多个虚拟局域网，从而实现虚拟工作组，为用户提供了更灵活、更便捷的组网方式。该技术可以有效地隔离广播域，同时能够增加网络的灵活性和安全性。其虚拟性主要由交换机实现，用于以太网交换或者跨多个交换机来构建安全、独立的局域网网段。

图 4.18 为 VLAN 的工作原理示意图，其基本思想是把一个物理局域网划分成多个逻辑局域网，多个逻辑局域网用不同的 VLAN 编号区分，VLAN 遵循 IEEE 802.1Q 协议。从同一台交换机的不同端口进入的数据帧，根据其所属的不同的逻辑局域网，在入口(Incoming Port)处增加 VLAN 标签(Tag)加以区分，当到达目的地时，在转发端口(Forwarding Port)根据所剥离的 VLAN 标签将数据转发到不同的逻辑局域网中，从而实现在一个物理网络中划分多个互相隔离的逻辑工作组的目的，有效地提高了网络的安全性。

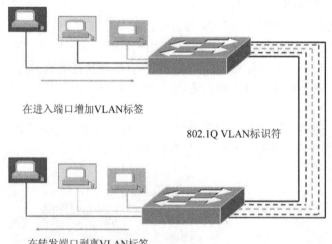

图 4.18 VLAN 的工作原理示意图

4.6.2 虚拟以太网交换机 VEB

在虚拟化服务器中，虚拟以太网交换机是一个比较特殊的设备，具有重要的作用。虚拟机是通过虚拟交换机向外界提供服务的。在虚拟化的服务器中，每个虚拟机都变成了一台独立的逻辑服务器，它们之间的通信通过网络进行。每个虚拟机被分配了一个虚拟网卡(不同的虚拟机网卡有不同 MAC 地址)。为实现虚拟机之间以及虚拟机与外部网络的通信，必须存在一个"虚拟以太网交换机"以实现报文转发功能。在 IEEE 的文档中，"虚拟以太网交换机"的正式英文名称为"Virtual Ethernet Bridge"，简称 VEB。虚拟以太交换机 VEB

有软件和硬件两种实现方式:

(1) 软件 VEB(或称为 VSwitch)是目前比较完善且产品化比较好的技术方案,其方案架构如图 4.19 所示。在一个虚拟化的服务器中,VMM 为每个虚拟机创建一个虚拟网卡,对于在 VMM 中运行的 VSwitch,每个虚拟机的虚拟网卡对应到 VSwitch 的一个逻辑端口上,服务器的物理网卡对应到 VSwitch 与外部物理交换机相连的上行逻辑端口上。

VSwitch 方案的优点是虚拟机之间报文转发性能好、节省接入层物理交换机设备、与外部网络的兼容性好;软件 VEB 的缺点是比较消耗 CPU 资源,缺乏网络流量的可视性和管理的可扩展性。

(2) 硬件 VEB 是在服务器物理网卡上实现 VEB 功能。软件 VEB 会占用 CPU 资源因而影响虚拟机的性能,使用物理网卡的硬件 VEB 就能改善这一问题。虽然改进了软件 VEB 的性能,但仍存在局限性,其方案必须要求网卡支持 SR-IOV(Single Root-I/O Virtualization) 的特性,而且缺乏主流操作系统的支持,同样也缺乏网络可视性和管理的可扩展性。

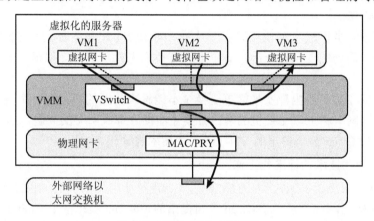

图 4.19 软件 VEB 方案架构

温馨提示:

SR-IOV 标准为一个 NIC 网卡在多个 VM 之间共享提供了一种硬件解决方法。该方法避免了采用 VMM(如 VSwitch)来解决一个 NIC 网卡在多个 VM 之间共享的问题,节约了 CPU 资源,提高了虚拟机的性能。

4.6.3 VEPA 和 VN-Tag 技术

相比 VSwitch,硬件 VEB 减少了 CPU 开销,但这种硬件方案与 VSwitch 类似,仍然不能有效解决虚拟机流量监管、网络策略实施及管理可扩展性问题。为此,人们提出了 VEPA 和 VN-Tag 技术。

1. 虚拟化数据中心对网络技术提出新需求

随着虚拟化技术的成熟和 x86 CPU 性能的发展,越来越多的数据中心开始向虚拟化转型。

随着越来越多的服务器被改造成虚拟化平台,以往十台数据库系统就需要十个以太网端口,而现在,这十个系统可能是驻留在一台物理服务器内的十个虚拟机,共享一个万兆甚至 100 Gb/s 的以太网端口和一条上联网线。

这种模式显然是不合适的，多个虚拟机收发的数据全部挤在一个出口上，单个操作系统和网络端口之间不再是一一对应的关系，从网管人员的角度来说，原来针对端口的策略都无法部署，增加了管理的复杂程度。

其次，目前的主流虚拟化平台上，都没有独立网管界面，一旦出现问题，网管人员与服务器维护人员就要陷入责任的相互推诿中。虚拟化技术推行的一大障碍就是责任界定不清晰。

既然虚拟机需要完整的数据网络服务，为什么在虚拟化软件里不加上呢？

作为 X86 平台虚拟化的领导厂商，VMWare 早已经在其 vSphere 平台内置了虚拟交换机 vSwitch。但是，正如我们前面叙述的那样，内置在虚拟化平台上的软件交换机还有很多问题没有解决。

首先，目前的 vSwitch 至多只是一个简单的二层交换机，没有 QoS、没有二层安全策略、没有流量镜像。

其次，网管人员仍然没有独立的管理界面，同一台物理服务器上不同虚拟机的流量在离开服务器网卡后仍然混杂在一起，对于上联交换机来说，多个虚拟机的流量仍然共存在一个端口上。

因此，仅仅在服务器内部实现简单交换是不能解决问题的。只有一个整合了虚拟化软件、物理服务器网卡和上联交换机的解决方案才能彻底解决所有的问题。这就是 HP 公司提出的 VEPA 和 Cisco 公司提出的 VN-Tag 两种技术的缘起。

2. 网络虚拟化技术的标准化工作

目前有两个网络虚拟化技术的标准，一个是基于 HP 公司提出的 VEPA 技术的 IEEE802.1Qbg 标准，一个是基于 Cisco 公司提出的 VN-Tag 技术的 IEEE802.1Qbh 标准。

IEEE Data Center Bridging (DCB)任务组(DCB 任务组是 IEEE 802.1 工作组的一个组成部分)制定一个新标准——802.1Qbg Edge Virtual Bridging(EVB，边缘虚拟桥接)，该标准将 VEPA(Virtual Ethernet Port Aggregator，虚拟以太网端口聚合器)作为基本实现方案。

Cisco 同 VMware 一样，也已经向 IEEE 提出一个基于 VN-Tag 的 802.1Qbh 草案，作为下一代数据中心虚拟接入的基础。

3. VEPA 技术

VEPA(Virtual Ethernet Port Aggregator)的核心思想是，将虚拟机产生的网络流量全部交由与服务器相连的物理交换机进行处理，即使同一台服务器上的虚拟机间流量，也将在物理交换机上查表处理后，再回到目的虚拟机上。VEPA 的基本架构如图 4.20 所示。

VEPA 的目标是要将虚拟机之间的交换行为从服务器内部移出到上联交换机上。

当两个处于同一服务器内的虚拟机要交换数据时，从虚拟机 VM1 出来的数据帧首先会经过服务器网卡送往上联交换机，上联交换机通过查看帧头中带的 MAC 地址(虚拟机 MAC 地址)发现目的主机在同一台物理服务器中，因此又将这个帧送回原服务器，完成寻址转发。

由 VM1 发往 VM2 或 VM3 的报文，首先被发往外部交换机，查表后，报文沿原路返回服务器。整个数据流好像一个发卡一样在上联交换机上绕了一圈，因此这个行为又称为"发卡弯"。

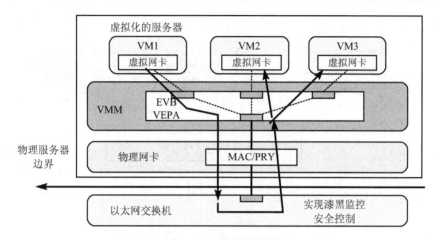

图 4.20　VEPA 的基本架构

（1）VEPA 的优点。VEPA 方式不仅借助物理交换机解决了虚拟机间流量转发，同时还实现了对虚拟机流量的监管，并且将虚拟机接入层网络纳入到传统服务器接入网络管理体系中。

（2）VEPA 的问题及其解决方案。虽然"发卡弯"实现了对虚拟机的数据转发，但这个行为违反了生成树协议的一项重要原则，即数据帧不能发往收到这个帧的端口。VEPA 的办法就是重写生成树协议，或者说在下联端口上强制进行反射数据帧的行为(Reflective Relay)。

不得不说，VEPA 的设计非常聪明，目前的交换机厂商只要把软件稍加修改，就能够快速推出支持 802.1Qbg 的网络交换机。

4. VN-Tag 技术

虚拟化平台软件如 VMWare ESX 部署之后，会模拟出一整套硬件资源，包括 CPU、硬盘、显卡以及网卡。虚拟机运行在物理服务器的内存中，通过虚拟网卡对外交换数据，实际上这个网卡并不存在， Cisco 将其定义为一个虚拟网络接口 VIF(Virtual Interface)。

VN-Tag 是由 Cisco 和 VMWare 共同提出的一项标准，其核心思想是在标准以太网帧中增加一段专用的标记——VN-Tag，用以区分不同的 VIF，从而识别特定虚拟机的流量。

思科针对 VN-Tag 推出了名为 Palo 的虚拟服务器网卡，Palo 卡为不同的虚拟机分配并打上 VN-Tag 标签，上联交换机与服务器之间虽然只有一条网线，但通过 VN-Tag 上联交换机能区分不同虚拟机上产生的流量，并在物理交换机上生成对应的虚拟接口 VEth，和虚拟机的 VIF 一一对应，好像把虚拟机的 VIF 和物理交换机的 VEth 直接对接起来，全部交换工作都在上联交换机上进行，即使是同一个物理服务器内部的不同虚拟机之间的流量交换，也是通过上联交换机转发的。VN-Tag 的基本架构如图 4.21 所示。

这样的做法虽然增加了网卡 I/O，但通过 VN-Tag，将网络的工作重新交回到网络设备。而且，考虑到万兆接入的普及，服务器的对外网络带宽不再是瓶颈。

当 VM1 与 VM3 通信时，其以太网帧结构中增加 VIF1 标签代表 VM1，并通过上联的 VN-Tag 交换机的 VEth1 虚拟端口转发到 VEth3 虚拟端口，进而转发到标签 VIF3 代表的 VM3 虚拟机。

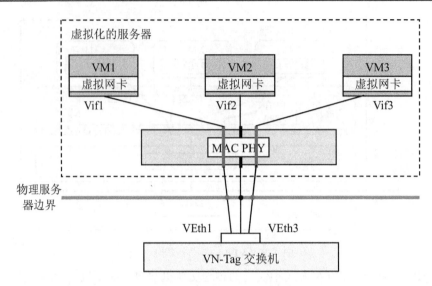

图 4.21　VN-Tag 的基本架构

由于 VIF 标签和 VEth 虚拟端口的存在，尽管 VM1 与 VM3 通信时也有数据帧原路返回的情况，但并没有违反生成树协议。

VN-Tag 方案的缺点是需要专门的网卡和专门的 VN-Tag 交换机，这增加了成本。

4.7　桌面虚拟化

4.7.1　桌面虚拟化的概念和技术

1. 桌面虚拟化的概念和优缺点

桌面虚拟化，也称虚拟桌面，是一种将个人计算机环境从物理设施上分离出来的 C/S 计算模式，所有的数据都存放在数据中心内的集中式大型存储设备中。

典型的虚拟桌面构架：后端是一个庞大的虚拟服务器集群，前端的每个用户桌面都需要一个虚拟机为他服务。

桌面虚拟化技术实质上是有效分离了用户的使用和系统的管理，其优势是用户不受时间、地点和设备的限制可以自由地访问个性化桌面及其应用，解决了应用程序和桌面操作系统之间不兼容的问题；而且统一管理、集中配置、保证了数据安全性；对终端设备要求较低，因而降低了终端设备采购、维护的成本和能源消耗费用。存在的问题是资源利用率比较低，而且每台机器需要分别管理，工作量巨大。

2. 虚拟桌面常见的工作形式

虚拟桌面常见的工作形式有：

① 集中托管：所有的程序都在服务器端上，所有的处理也都在服务器上。利用显示协议把后端服务器上的操作系统和应用软件运行的结果传送到前台的客户端上。

② 远程同步：计算机本地运行副本，即在客户端上运行一份操作系统和应用软件的镜

像，在需要的时候与网络后端的服务器远程进行同步。

3. 虚拟桌面常见的客户端类型

虚拟桌面的客户端通过网络访问后端的虚拟服务器集群，从后端的集群中获得一个虚拟桌面显示在前端的客户端显示器上。

客户端类型按复杂程度分为零客户端、瘦客户端、胖客户端三种。

(1) 零客户端虚拟桌面：支持集中托管方式，本地基本无计算能力。

(2) 瘦客户端虚拟桌面：稍复杂的零客户端虚拟桌面，增加一些视频的高清解码工作。

(3) 胖客户端虚拟桌面：通常是标准的 PC 设备。支持远程同步方式，本地有计算能力，必要时与远程数据中心服务器同步。

下面详细说明常见的瘦客户端，它包括俗称"小盒子"(如图 4.22 所示)的终端+显示器。小盒子一端通过网络连接到后台服务器，一端连接到显示器。

(a) 小盒子的前部接口

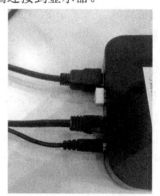
(b) 小盒子的后部接口

图 4.22 小盒子

图 4.22(a)中小盒子的前部接口包括四个 USB 接口以及耳麦插孔。USB 接口可以连接鼠标和键盘。打印机也可以接到 USB 接口，实现本地打印。

图 4.22(b)中小盒子的后部接口包括连接到后台服务器的网络接口 RJ-45、连接到前端显示器的音视频接口 HDMI、电源接口。白色的收发器插入 USB 接口，用于连接无线鼠标。

4.7.2 网络显示协议及其实例

1. 网络显示协议

下面说明虚拟桌面的核心网络技术，即网络显示协议。网络显示协议在向客户端发送信息时有以下两种模式：

(1) 服务器渲染(Host Rendering)：所有的工作都在服务器上完成，向客户端发送的仅是像素信息，客户端无需进行大量的运算，剔除复杂的 CPU 和内存设计，保持简洁的结构，但是对带宽需求较大(对应"零客户端虚拟桌面")。

(2) 客户端渲染(Client Rendering)：客户端具有一定的运算能力，承担部分计算，数据可以被压缩传输，节约带宽(对应"瘦客户端虚拟桌面或胖客户端虚拟桌面")。

2. 网络显示协议实例

(1) RDP(微软)：Remote Desktop Protocol(远程桌面协议)是 Terminal Server 的一个服务，

因为收费等原因,很少被管理员以外的人知道,发布的第一个版本跟着 NT4.0,因此也是 4.0 的版本号,后来进行加强和升级,Windows 7 和 Windows Server 2008 中已经是 RDP7.0 版本,名称也由 Terminal Server 改成了 Remote Desktop Services。在 Windows 7 SP1 补丁中进行了加强,称为 RemoteFX,支持了多显示器、3D 特效等功能,RemoteFX 中使用的是 Host Rendering 技术,对客户机硬件需求极低。使用 TCP 协议。

(2) HDX(Citrix):推出 HDX 的 Citrix 公司是第一个搅动虚拟桌面大潮,并取得成功的厂家。Citrix 的桌面虚拟化产品线为 XenDesktop,基础显示协议是 HDX(High Definition Experience 高清体验技术),一条 128 Kb/s 的链路就能满足基本的需求,使用 TCP 的 1494 端口进行服务。服务器渲染和客户端渲染可调。

(3) PCoIP(VMware):VMware 的桌面产品是 VMware View,之前 VMware 公司一直采用 RDP 协议作为显示协议,但是 RDP 满足不了需求,所以自己开发了 PCoIP 协议,并在 2009 年 VMWorld 大会上发布。PCoIP 是基于 UDP 协议的显示协议,开销较小,高层负责维护丢包等问题。

4.7.3 桌面虚拟化实例

桌面虚拟化是从不同的领域产生、发展并成熟的,Windows 远程桌面是一种应用广泛的传统的桌面虚拟化技术。

(1) 在 Windows 远程桌面(使用命令行工具 mstsc 打开)中,物理机或者虚拟机把自己发布给用户,用户通过远程链接作为一个 Windows 用户登录,得到一个桌面,如图 4.23 所示。

Windows 远程桌面使用的网络显示协议是 RDP。

(2) VMware View:该产品是 VMware 公司的虚拟化桌面产品,该产品在数据中心保留了所有用户的个性化桌面,然后通过网络为用户提供虚拟桌面。

VMware View 以统一管理的方式维护用户的虚拟桌面,简化了数据中心管理员的管理复杂度,也使应用更加自由灵活。

图 4.23 Windows 远程桌面

对于用户来讲,可以在任何有网络的地方,不受某个特定终端设备的限制,访问自己的个性化桌面。

VMware View 使用的网络显示协议是 PCoIP。

(3) Citrix XenDesktop:该产品是思杰公司的虚拟化桌面产品,提供一种端到端的桌面管理解决方案,可动态地按用户需求产生虚拟桌面,市场占有率高。

具体来讲,通过在数据中心的服务器端搭建一个 VDI(Virtual Desktop Infrastructure)虚拟桌面架构,然后用户在 XenDesktop 设置其自定义桌面,之后就可以在支持 XenDesktop 的任意一台终端设备上连接网络并随时随地地访问服务器端的个性桌面。

Citrix XenDesktop 使用的网络显示协议是 HDX。

该产品需要和 XenApp、XenServer 一起使用，用户的虚拟桌面需要运行在虚拟化平台 XenServer 上，然后通过 XenApp 向用户交付应用，最后通过 XenDesktop 呈现给用户。

通过集中化管理和交付桌面，XenDesktop 降低了用户购买软件和升级的成本，并在一定程度上杜绝了病毒的传播，保障了数据安全。

4.8 应用虚拟化

4.8.1 应用虚拟化概述

应用程序虚拟化可以在计算机上模拟出软件的使用环境，即使在计算机上没有安装相关软件，也可以在虚拟环境中正常运行软件。显然，应用程序虚拟化可以有效地降低企业内软件的部署成本，增加软件部署、管理、迁移的灵活性，对负责运维的 IT 工程师来说是非常值得重视的一项虚拟化技术。

应用虚拟化技术就是将应用程序虚拟化，通过在后端服务与终端之间增加一层虚拟层而将应用程序与底层操作系统隔离。应用运行在虚拟层，应用交付是指将应用运行的屏幕界面推送到终端上进行显示。该技术可以将传统的、海量的已经被用户接受的传统应用发布给用户，应用程序可以直接在远程服务器上运行，在用户桌面系统上显示应用程序界面和运行结果。对终端设备要求不高，客户端无需安装此应用程序，并且与客户端操作系统无关，因此节省了客户端系统的安装、维护、升级等费用和时间，也不再需要进行终端适配开发的工作，应用虚拟化技术前景很广阔。

4.8.2 应用虚拟化实例

(1) Microsoft App-V。该产品为微软公司的应用虚拟化产品，全名为 Microsoft Application Virtualization，主要由虚拟应用服务器(重量级的 App-V Management Server 或轻量级的 App-V Streaming Server)、虚拟应用客户端(App-V Client)和应用序列化器(App-V Sequencer Server)构成。虚拟应用服务器专门负责存储、管理经过序列化封装的应用程序；虚拟应用客户端负责在终端创建虚拟应用的运行环境；应用序列化器负责将常规应用序列化，生成虚拟应用。App-V 的环境无需安装，用户可以从服务端按需、实时的获得应用，因此缩短了部署应用和服务的时间。

(2) Citrix XenApp。该产品(更名前称为 Presentation Server)是思杰公司的应用虚拟化产品，是业界公认的以最低的成本通过任何设备进行网络连接，向所有用户提供 Windows 应用程序的行业标准。在数据中心能够对所有应用程序进行虚拟化、集中部署和管理，客户只需要安装客户端连接程序和浏览器，就可以联网进行 XenApp 连接获得应用。XenApp 实现了快速、可靠的应用性能，灵活的应用交付，并且通过安全的应用架构，提供安全的信息交互。

本 章 小 结

本章首先叙述了虚拟化的概念和优势。本章的重点是服务器虚拟化，包括服务器虚拟化的基本概念、分类、架构、核心技术和主要功能，以及主流的服务器虚拟化厂商的产品，并给出了一个服务器虚拟化应用方案的需求分析、方案设计和实施的完整过程。本章还叙述了其他虚拟化技术，如网络虚拟化、桌面虚拟化、应用虚拟化等。存储虚拟化将在第 7 章中讲解。

习 题 与 思 考

一、选择题

1. KVM 使用哪种虚拟化的进程来提供 I/O 虚拟化?（ ）
   A. QEMU   B. Bochs
   C. PearPC   D. 名为 "/dev/kvm" 的设备
2. VMware Workstation 属于哪种虚拟化架构?（ ）
   A. 寄生架构   B. 裸金属架构   C. 两者都是   D. 两者都不是
3. VMware ESX 属于哪种虚拟化架构?（ ）
   A. 寄生架构   B. 裸金属架构   C. 两者都是   D. 两者都不是
4. VMware ESX 属于哪种虚拟化方式?（ ）
   A. 全虚拟化   B. 半虚拟化
   C. 操作系统级虚拟化   D. 硬件仿真
5. Microsoft Hyper-V 属于哪种虚拟化方式?（ ）
   A. 全虚拟化   B. 半虚拟化
   C. 操作系统级虚拟化   D. 硬件仿真
6. 下列产品属于桌面虚拟化的有?（ ）(多选)
   A. VMware View   B. Citrix XenDesktop
   C. Microsoft App-V   D. Citrix XenApp
7. 下列产品属于应用虚拟化的有?（ ）(多选)
   A. VMware View   B. Citrix XenDesktop
   C. Microsoft App-V   D. Citrix XenApp

二、填空题

1. IBM 公司认为：虚拟化是资源的_____表示，它不受_____限制的约束。
2. 在服务器虚拟化技术中，被虚拟出来的服务器称为_____；运行在虚拟机中的操作系统被称为_____；管理虚拟机的软件称为_____。
3. 服务器虚拟化架构包括_____架构和_____架构两种。在前者的架构中，

Hypervisor 被看成一个应用软件或是服务，运行在已经安装好的操作系统上。

4. 虚拟机的迁移有三种方式，它们是_____、_____、_____。

三、列举题

1. 列举服务器虚拟化的类型。
2. 列举四种常见的服务器虚拟化主流厂商及产品。
3. 列举桌面虚拟化的三种网络显示协议。

四、简答题

1. 服务器虚拟化的核心技术有哪些？
2. 虚拟机的主要功能有哪些？
3. 列表比较 VMware ESX、Citrix XenServer、Microsoft Hyper-V、RedHat KVM 等服务器虚拟化主流厂商及产品。
4. 用图文说明 VPN 的结构。
5. 用图文说明 VLAN 的工作原理。
6. 用图文说明软件 VEB 方案的架构。
7. 用图文说明 VEPA 和 VN-Tag 的核心思想。
8. 有人把虚拟化的英文 Virtualization 改写成 V12N，其含义是什么？
9. 虚拟机热迁移的前提条件是什么？

第 5 章 Hadoop 云平台

本章要点：

- 并行计算定义
- 集群计算
- Hadoop 的基本结构
- HDFS
- MapReduce
- YARN
- HBase
- Zookeeper
- Hadoop 的程序实例运行与分析

课件

5.1 并行计算

5.1.1 并行计算概述

并行计算是相对于串行计算而言的，它的基本思路是用多个处理器同时协调来求解一个问题，即将需要求解的问题分解成若干个部分，各部分分配给一个独立的处理器来进行并行计算。并行计算可分为时间上的并行和空间上的并行。时间上的并行就是指流水线技术，而空间上的并行则是指用多个处理器并发地执行计算。

并行计算的研究得益于科学计算问题，但目前以 MapReduce 为代表的分割数据型并行计算在商业领域得到了广泛应用。并行计算的特点是将一个大的科学计算问题进行划分，分解为多个任务，再把分解后的计算任务分发给并行计算机的各个计算节点进行并发执行，其目的在于利用并发的特点来比较迅速地得到原复杂问题的解。

5.1.2 并行计算的体系结构

目前，主要的并行计算体系结构有以下四种：

(1) 对称多处理(Symmetrical Multi-processing，SMP)：它由处理单元、高速缓存、总线或交叉开关、共享内存以及 I/O 等组成。

(2) 大规模并行处理(Massively Parallel Processing，MPP)：它是并行计算机发展过程中

的主力,现在已经发展到由上万个处理机构成一个系统。

(3) 分布式共享存储多处理(Distributed Shared-memory,DSM):它较好地改善了 SMP 的可扩展能力,是目前高性能计算机的主流发展方向之一。

(4) 集群(Cluster):Linux 平台的集群系统已成为最流行的高性能计算平台,在高性能计算机中占有越来越大的比重,系统规模可从单机、少数几台联网的计算机直到包括上千个节点的大规模并行系统。它既可作为廉价的并行程序调试环境,也可设计成真正的高性能计算机。

下面介绍 SMP、MPP 和 DSM,而集群将作为单独一小节着重介绍。其分述如下:

(1) SMP。对称多处理系统内有许多紧耦合的处理器,在这样的系统中,所有的 CPU 共享全部资源,如总线、内存和 I/O 系统等,操作系统或管理数据库的复本只有一个,这种系统有一个最大的特点就是共享所有资源。SMP 的结构如图 5.1 所示,其对称性表现在系统中任何处理器均可以访问任何存储单元和 I/O 设备。

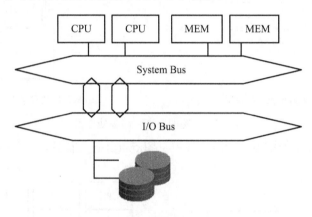

图 5.1　SMP 的结构

(2) MPP。大规模并行处理系统是由许多松耦合的处理单元组成的。需要注意的是,这里指的是处理单元而不是处理器。每个单元内的 CPU 都有自己私有的资源,如总线、内存、硬盘等。在每个单元内都有操作系统和管理数据库的实例复本。MPP 的这种结构最大的特点在于不共享资源,如图 5.2 所示。

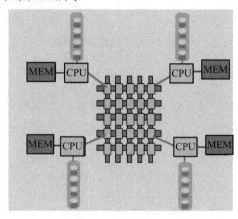

图 5.2　MPP 的结构

(3) DSM。美籍并行处理专家黄铠教授早在 1993 年就指出:"并行处理的发展趋势是用分布式共享存储结构和标准 UNIX 来构造可扩展式超级计算机。"即并行计算机发展的趋势既不是 SMP,也不是 MPP,而是两者优势互补的 DSM。

理想的共享存储多处理器如图 5.3 所示。其中,图 5.3(a)是 CPU 和存储器连接模型,其结构如图 5.3(b)所示。

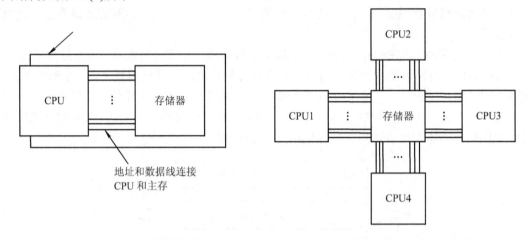

(a) CPU 和存储器连接模型　　　　　　(b) 理想的共享存储多处理器结构

图 5.3　理想的共享存储多处理器

基于总线的 DSM 如图 5.4 所示。其中,图 5.4(a)是一般多处理器结构;图 5.4(b)是带缓存的多处理器结构。

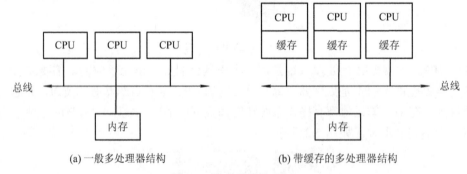

(a) 一般多处理器结构　　　　　　(b) 带缓存的多处理器结构

图 5.4　基于总线的 DSM

5.1.3　集群计算

集群的定义和特点在第一章介绍过,本节着重介绍集群的分类和工作原理。按照侧重点的不同,可以把集群分为三类:

(1) 高可用性集群。
(2) 负载均衡集群。
(3) 超级计算集群。

1. 高可用性集群

运行于两个或多个节点上,目的是在系统出现某些故障的情况下,仍能继续对外提供服务。高可用性集群的设计思想就是要最大限度地减少服务中断时间。这类集群中比较著名的有 Turbolinux Turbo HA、Heartbeat、Kimberlite 等。

高可用性集群能适用于提供动态数据的服务，是因为集群中的节点共享同一存储介质，如磁盘阵列。也就是说，在高可用性集群内，每种服务的用户数据只有一份，存储在共用存储设备上，在任一时刻只有一个节点能读/写这份数据。

温馨提示：

计算机系统的可用性定义为：MTTF/(MTTF + MTTR)×100%。

平均无故障时间(MTTF)：计算机系统平均能够正常运行多长时间，才发生一次故障。

平均维修时间(MTTR)：系统发生故障后维修和重新恢复正常运行平均花费的时间。

由此可见，计算机系统的可用性定义为系统保持正常运行时间的百分比。

计算机产业界通常用"9"的个数来划分计算机系统可用性的类型，如表 5-1 所示。比如 HP 的服务器就可以达到所谓的 5 个 9，即 99.999%的可用性。

表 5-1　计算机系统可用性的类型

可用性分类	可用水平	每年停机时间
容错可用性	99.9999	小于 1 min
极高可用性	99.999	5 min
具有故障自动恢复能力的可用性	99.99	53 min
高可用性	99.9	8.8 h
商品可用性	99	43.8h

图 5.5 是两节点高可用性集群的典型结构。

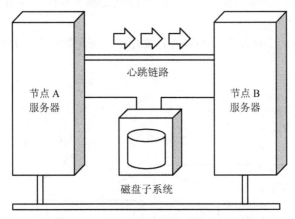

图 5.5　两节点高可用性集群的典型结构

结合图 5.5，下面分析两节点高可用集群的系统组成：

(1) 两台节点服务器。节点可以是一个单处理器(PC、工作站)或多处理器的系统(共享存储的多处理器)，拥有内存、I/O 设备和操作系统。

(2) 集群管理软件。实现集群功能需要集群管理软件，如 Turbolinux TurboHA 软件，与 MS Windows Server 集成在一起的集群软件 MSCS(Microsoft Cluster Server)，IBM 的 HACMP 软件或 HP 的 MC Service Guard 软件等。

(3) 共享存储设备。共享存储设备(如磁盘阵列等)用来存储大量的由各节点共享的数据。它通过 I/O 控制卡和相应的传输介质连接到节点。

(4) 心跳链路(Heartbeat Link)。心跳链路用来实现集群中两个节点之间的直接高速互连，并交换信息。可以通过 RS232 线缆实现，也可通过内部连接网卡以双绞线方式实现。

(5) 网络链路。网络链路用来与网络交换机相连，并进一步连接到所有的客户端设备，从而使各个客户端能够访问集群的资源。

下面分析高可用性集群工作过程。

以 Turbolinux TurboHA 软件为例，集群中有两个节点 A 和 B，设这个集群只提供 Oracle 服务，用户数据存放于共用存储设备的分区 /dev/sdb3 上。

在正常状态下，节点 A 提供 Oracle 数据库服务，分区 /dev/sdb3 被节点 A 加载在 /mnt/oracle 上。

当系统出现某种故障并被 TurboHA 软件检测到时，TurboHA 软件会将 Oracle 服务停止，并把分区/dev/sdb3 卸载。之后，节点 B 上的 TurboHA 软件将在节点 B 上加载该分区，并启动 Oracle 服务。

对于 Oracle 服务有一个虚拟的 IP 地址，当 Oracle 服务从节点 A 切换到节点 B 上时，虚拟的 IP 地址也会随之绑定到节点 B 上，因此用户仍可访问此服务。

2. 负载均衡集群

目的是提供和节点个数成正比的负载能力，这种集群很适合提供大访问量的 Web 服务。负载均衡集群往往也具有一定的高可用性特点。Turbolinux Cluster Server、Linux Virtual Server 都属于负载均衡集群。

负载均衡集群适用于提供相对静态的数据的服务，如 HTTP 服务。因为通常负载均衡集群的各节点间没有共用的存储介质，用户数据被复制成多份，存放于每一个提供该项服务的节点上。

下面以 Turbolinux Cluster Server 为例简要介绍一下负载均衡集群的工作机制，如图 5.6 所示。

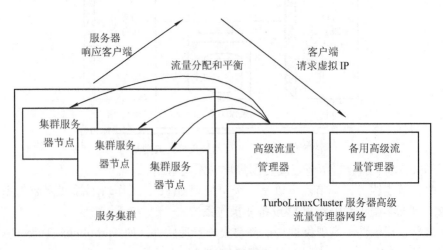

图 5.6 负载均衡集群的工作机制

在集群中有一个主控节点，称为高级流量管理器(Advanced Traffic Manager，ATM)。假设这一集群仅被用来提供一项HTTP服务，其余各节点均被设定为HTTP的服务节点。

用户对于页面的请求全部发送到ATM上，因为ATM上绑定了这项服务对外的IP地址。ATM把接受到的请求再平均发送到各服务节点上，服务节点接收到请求之后，直接把相应的Web页面发送给用户。

这样一来，假如在1 s内有1000个HTTP页面请求，而集群中有10个服务节点，则每个节点将处理100个请求。这样在外界看来，好像有一台10倍速的高速计算机在处理用户的访问。这也就是真正意义上的负载均衡。

但是ATM要处理所有1000个页面请求，它会不会成为集群处理速度的瓶颈呢？由于对于页面请求的数据量相对较少，返回页面内容的数据量相对较大，因此这种方式还是很有效率的。

ATM发生故障，也不会导致整个系统无法工作。Turbolinux Cluster Server可以设置一台或多台计算机为后备ATM节点，当主ATM节点故障时，在后备ATM中会产生出一个新的主ATM，接替它的工作。可以看出，这种负载均衡集群也具有一定的高可用性。

3. 高可用性集群和负载均衡集群两者的结合

高可用性集群对一种服务而言不具有负载均衡功能，它可以提高整个系统的可靠性，但不能增加负载的能力。

当然，高可用性集群可以运行多种服务，并将其适当分配在不同节点上，例如，节点A提供Oracle服务，同时节点B提供Sybase服务，这也可以看成是某种意义上的负载均衡，不过这只是对多种服务的分配而言的。

对于同一种服务，是不能同时获得高可用性与负载均衡能力的。对一种服务，要么只有一份数据，放在共用存储设备上，一次被一个节点访问，获得高可用性；要么把数据复制为多份，存储于每个节点的本地硬盘上，用户的请求同时发送到多个节点上，获得负载均衡能力。

4. 超级计算集群

按照计算关联程度的不同，超级计算集群又可以分为两种：一种是任务片方式，要把计算任务分成任务片，再把任务片分配给各节点，在各节点上分别计算后再把结果汇总，生成最终计算结果；另一种是并行计算方式，节点之间在计算过程中大量地交换数据，可以进行具有强耦合关系的计算。

这两种超级计算集群分别适用于不同类型的数据处理工作。有了超级计算集群软件，企业利用若干台PC机就可以完成通常只有超级计算机才能完成的计算任务。

5.1.4 并行计算的进程模型

并行计算的进程模型主要有以下的两种类型：

(1) 主从模型(Master-slave)：有一个主进程，其他为从进程。在这种模型中，主进程一般负责整个并行程序的数据控制，从进程负责对数据的处理和计算任务，当然，主进程也可以参与对数据的处理和计算。一般情况下，从进程之间不需要发生数据交换，数据的交换过程是通过主进程来完成的。

(2) 对等模型：在这种进程模型中，没有哪个进程是主进程，每个进程的地位是相同的。对等模型即参与运算的各进程地位相同，计算程序一致，只是处理的数据不同。然而，在并行实现过程中，总是要在这些进程中选择一个进行输入/输出的进程，它扮演的角色和主进程类似。

5.1.5 并行编程模型

编程模型是对底层体系结构的一种高层抽象，也是系统开发者提供给应用程序开发者的接口。当程序开发员选择一种编程模型时，必须考虑到在这种编程模型下程序的运行效率和编程代价之间的关系。

并行编程模型是并行算法和并行计算机硬件结构间的桥梁，它用并行编程接口的形式提供给程序开发员，程序开发员通过这种并行编程接口编写并行程序，从而实现并行算法。

并行编程模型比较常用的是消息传递模型(Message Passing Interface，MPI)、共享存储模型 OpenMP 以及数据并行模型 MapReduce，其分述如下：

(1) 消息传递模型：以 MPI 为代表，PVM(Parallel Virtual Machine，并行虚拟机)是消息传递模式的一个变种。

(2) 共享存储模型：以 OpenMP 为代表，主要是利用添加并行化指令到串行程序中，由编译器完成自动并行化。

(3) 数据并行模型：MapReduce 是数据并行计算模型的典范，在云计算领域被广泛采用。

可以这样打比方：

(1) 做并行计算好比是盖楼房，有了 MPI 就好比是有了砂石、水泥和钢材，可以盖最美的房子，但必须使用最原始状态的原材料，付出可观的智力劳动。

(2) 有了 OpenMP 就好比是有了预制板和各种预制件，可以非常快速地造房子，事半功倍。

(3) 有了数据并行环境，可以好比是有了包工头，很多事情就可以完全依靠它了。

也许比喻方式不是很恰当，但是三种编程模式的优劣、效率是有很大差别的，可以不夸张地说，OpenMP 比 MPI 要容易很多倍。

1. 消息传递模型 MPI

消息传递定义为用户可以显式地通过发送和接收来自其他地方的消息来实现处理器之间的数据交换。在这个模型中，每个进程都有一个唯一的地址空间，一个进程不能直接访问其他进程中的数据，必须通过消息传递才能实现。消息传递模型主要用来开发大规模和粗粒度的并行程序。MPI 主要通过扩展串行编程语言从而实现并行化，使得程序开发员可以实际操作并行处理器的底层函数与底层硬件，从而为程序开发提供了更大的方便性。

MPI 是消息传递并行程序设计的标准之一，MPI 正成为并行程序设计中的工业标准。MPI 的实现包括 MPICH、LAM、IBM MPL 等多个版本，最常用和稳定的是 MPICH，曙光天潮系列的 MPI 以 MPICH 为基础进行了定制和优化。它具有以下一些特点：

(1) 用 MPI 编写的程序既可在共享内存系统又可在分布式系统中运行。

(2) 用 MPI 编写的程序可以移植到不同系统中去，具有易用性。

(3) MPI 程序使系统特别适合粗粒度并行，传递开销小。
(4) 有很多优化的 MPI 库，如 MPICH、Intel MPI 等。
(5) 每个进程都有属于自己的局部内存。
(6) 以消息传递的方式，通过显式的接收和发送函数调用完成数据在各个局部内存间的传递。

然而，MPI 同样存在着一些不足。由于进程的唯一性和显式消息传递的特点，加上 MPI 标准繁琐，从而使得基于其开发并行程序也相当复杂。在通信上也会造成很大的开销，并且经常使用粗粒度代码来最小化延迟。

2. 共享存储模型 OpenMP

OpenMP 是共享存储模型上一个比较典型的编程模型。它基于编译制导且具有灵活性、移植性好和可扩展等优点，是共享存储系统中并行编程的一个工业标准。实际上，OpenMP 并不是一种新的编程模型，它是对基本语言(如 Fortran 99、C++、C 等)的实现。OpenMP 标准中定义了一系列的编译指令、运行库和环境变量，OpenMP 使用户在保证程序的可移植性前提下，按照标准将已有的串行化程序逐步并行化。

OpenMP 提供了对并行算法的高层的抽象描述，程序员通过在源代码中加入专用的预处理指令#pragma 来指明自己的意图，由此编译器可以自动将程序进行并行化，并在必要之处加入同步互斥以及通信。

当选择忽略这些预处理指令#pragma 或者编译器不支持 OpenMP 时，程序又可退化为通常的程序(一般为串行)，代码仍然可以正常运作，只是不能利用多线程来加速程序执行。

温馨提示：

OpenMP 支持的编程语言包括 C、C++ 和 Fortran 语言。以 Visual C++.NET 为例，要在 Visual C++ .NET 中使用 OpenMP 其实不难，只要将 Project 的 Properties 中 C/C++ 里 Language 的 OpenMP Support 开启(参数为/openmp)，就可以让 VC++ .NET 在编译时支持 OpenMP 的语法了；而在编写使用 OpenMP 的程序时，则需要先包含 #include OpenMP 的头文件 omp.h。

两种并行编程模型特征的对比如表 5.2 所示。

表 5.2 两种并行编程模型特征的对比

特 征	消息传递	共享存储
典型代表	MPI	OpenMP
适用体系结构	所有流行的并行机	SMP 和 DSM
控制流	多进程	多线程
数据存储方式	分布式	共享存储
数据分配方式	显式	隐式

从表 5.2 可以看出，消息传递模型编写的程序可移植性好，但编程难度系数大于共享存储这种编程模型，共享存储模型编写的程序只适用于 SMP 和 DSM 这两种并行机，可移植性稍微逊色于消息传递模型编写的程序，但编程简单。

消息传递并行编程能支持进程间的分布式存储模式，即各个进程只能直接访问其局部内存空间，而对其他进程的局部内存空间的访问只能通过消息传递来实现。

共享存储并行编程基于线程级细粒度并行，仅被 SMP 和 DSM 并行计算机所支持，可移植性不如消息传递并行编程。

3. 数据并行模型

从程序和算法设计人员的角度来看，并行计算又可分为数据并行和任务并行。一般来说，因为数据并行主要是将一个大任务化解成相同的各个子任务，比任务并行要容易处理。

对于数据密集型问题，可以采用分割数据的分布式计算模型，把需要进行大量计算的数据分割成小块，由网络上的多台计算机分别计算，然后把结果进行组合得出数据结论。MapReduce 是分割数据型并行计算模型的典范，在云计算领域被广泛采用。

5.2 Hadoop 概述

5.2.1 Hadoop 的由来

Hadoop 作为 Apache 开源项目的一个分布式计算平台，能够在大量廉价的机器组成的集群系统上运行分布式程序，它为应用程序提供了一个高效简单的接口，并且建立了一个具有吞吐量大、可靠性高和具有良好扩展性的分布式系统。

随着云计算的迅速发展，Hadoop 也被越来越多的个人用户和企业所采用，Hadoop 源于两个开源项目 Nutch 和 Lucene。

Lucene 是一个高性能全文检索工具包，它是利用 Java 语言开发的。Lucene 并不是一个应用程序，而是一个简单而且容易使用的 API 库。它可以很容易地植入到各种应用程序中，从而实现搜索和索引功能。

Nutch 是第一个 Web 搜索引擎，它在 Lucene 项目的基础上增加了一些与 Web 相关的功能、网络爬虫以及一些需要解析各类文档格式的插件等，它还包含一个用来存储数据的分布式文件系统。从 Nutch 8.0 开始，Nutch 将其中实现分布式文件系统以及 MapReduce 算法的代码独立分列出来，从而实现了一个新的开源项目——Hadoop。

温馨提示：

Hadoop 并不是一个缩写字，而是一个虚构的名字，Hadoop 名字的起源是 Hadoop 项目的创始人 Doug Cutting，他的孩子为他画了一幅刚吃饱饭的大象，他借用了孩子为这头棕黄色大象所起的名字，这个名字只是因为发音容易、拼写简单，除此之外没有太大的意义。于是 Hadoop 成为了 Doug Cutting 所创立的项目的名字，而这只大象便成为 Hadoop 的标签。

5.2.2 Hadoop 的特点

Hadoop 的特点有以下四个方面：

(1) 扩容能力。Hadoop 的根本特点就是存储的扩展性和计算的扩展性。从后面的"Hadoop 的应用"相关内容可以看到，Hadoop 可以扩展到数千甚至数万个节点上。

(2) 低成本。Hadoop 框架无需昂贵的服务器，普通 PC 机也可正常运行。必要时在笔记本上也可以安装。

(3) 可靠性高。Hadoop 采用的分布式文件系统和 MapReduce 的任务监控，一定程度上保证了系统的备份恢复机制和分布式处理的可靠性。

(4) 效率高。数据交互的高效性以及 MapReduce 的处理模式，可以在数据所在的节点并行处理，为海量信息的高效处理做了铺垫。

5.2.3 Hadoop 的基本结构

Hadoop 的基本结构如表 5.3 所示。其包括以下九个部分：

(1) Core(Common)：一系列分布式文件系统和通用 I/O 的组件和接口(序列化、Java RPC 和持久化数据结构)。这是整个 Hadoop 项目的核心，其他的 Hadoop 子项目都是在 Hadoop Common 的基础上发展的。

(2) Avro：Hadoop 的 RPC(Remote Procedure Call，远程过程调用)方案。是一种提供高效，跨语言 RPC 的数据序列系统，持久化数据存储。

(3) Chukwa：分布式数据收集和分析系统，Chukwa 运行 HDFS 中存储数据的收集器，它使用 MapReduce 来生成报告，是一个用来管理大型分布式系统的数据采集系统。

(4) HBase：一个分布式的列存储数据库。HBase 使用 HDFS 作为底层存储，同时支持 MapReduce 的批量式计算和点查询。它是支持结构化和非结构化数据存储的分布式数据库，是 Google 的 Bigtable 的开源实现。

(5) HDFS：它是一个高吞吐量、高容错性、高可靠性的分布式文件系统，是 Google 的文件系统 GFS 的开源实现。

(6) Hive： 提供数据摘要和查询功能的分布式数据仓库，Hive 管理 HDFS 中存储的数据，并提供基于 SQL 的查询语言用于查询数据。Hive 是数据查询的接口而不是数据本身，HBase 则用于存储数据本身，Hive 可以和 HBase 一起工作。

(7) MapReduce：大型数据的分布式处理模型。是分布式数据处理模式和执行环境，运行于大型商用机集群。它是 Google 的 MapReduce 的开源实现。

(8) Pig：它是在 MapReduce 上构建的一种高级的数据流语言，是一种数据流语言和运行环境，用于检索非常大的数据集。Pig 运行在 MapReduce 和 HDFS 的集群上。它是 Google 的 Sawzall 的开源实现。它更适用于批处理任务，而不适用于需要快速响应的任务；这个数据模型更适用于处理流式访问，而不是随机访问。

(9) ZooKeeper：用于解决分布式系统中一致性问题，它是一个分布式的，高可用性的协调服务。ZooKeeper 提供分布式锁之类的基本服务用于构建分布式应用，它是 Google 的 Chubby 的开源实现。

表 5.3 Hadoop 的基本结构

Pig	Chukwa	Hive	HBase
MapReduce	HDFS	ZooKeeper	
Core(Common)		Avro	

5.2.4 Hadoop 的应用

如今，基于 Hadoop 的应用已经渗透到各个领域，尤其在互联网领域。以下是几个大型公司在实际运营中使用 Hadoop 的示例：

(1) Hadoop 在阿里巴巴：用于商业数据处理和排序，并将 Hadoop 应用到阿里巴巴的 ISEARCH 搜索引擎和垂直商业搜索引擎。节点数：15 台机器的构成的集群；服务器配置：32G 内存，16 核 CPU，2T 硬盘容量。

(2) Hadoop 在百度：主要应用于日志分析，同时使用 Hadoop 做一些网页数据的数据挖掘工作。节点数：0～600 个节点；每周数据量：3000 TB。

(3) Hadoop 在 Facebook：主要用于内部日志的拷贝，同样用于处理数据挖掘和日志统计。硬件环境主要使用了两个集群：一个是由 1200 台节点组成的集群，每台机器 8 核，每台机器是 12T 硬盘；另一个是由 400 台节点组成的集群，包括 2500 核 CPU 和 4000T 的原始存储数据。并且由 Hadoop 基础上开发了基于 SQL 语法的项目——Hive。

(4) Hadoop 在 HULU：主要用于日志的分析和存储。节点数：由 14 台机器构成的集群(8 核 CPU，单台机器是 4 TB 硬盘)，并且开发了基于 HBase 的数据库。

(5) Hadoop 在 Twitter：主要用于存储微博数据、日志以及许多中间数据。并且开发了基于 Hadoop 构建的 Cloudera'SCDH2 系统，存储压缩后的数据文件(LZO 格式)。

(6) Hadoop 在雅虎：主要用于支持广告系统存储及网页数据搜索与分析。节点数：26000 台机器，CPU：8 核；集群机器数：6000 个节点(4×2 核 CPU，4 TB 硬盘，8 GB 内存)。

5.3 HDFS

5.3.1 HDFS 的功能

HDFS(Hadoop Distributed File System)作为 Hadoop 分布式文件系统是受到 Google 文件系统 GFS(Google File System)的启发，它是一种被设计为适合运行在通用硬件(Commodity Hardware)上的分布式文件系统，Hadoop 的 HDFS 是进行分布式计算和存储的基石。它和 Google 的分布式文件系统有着许多共同点，例如，HDFS 具有高度容错性的特点，并且适合部署在廉价的机器设备上；HDFS 具备高吞吐量的数据访问的特性，因此很适合在大规模数据集上进行数据计算和处理。

5.3.2 HDFS 的结构

HDFS 是一个典型的主从结构的体系，该分布式文件系统是完全仿照 Google 公司的 GFS 文件系统而设计的，其结构如图 5.7 所示。

由图 5.7 可知，HDFS 有三个重要角色：Namenode(名字节点)、Datanode (数据节点)和 Client(客户端)。一个 HDFS 集群由一个 Namenode 和一定数目的 Datanode 组成，Namenode 管理文件系统的元数据(Meta-data)，Datanode 存储实际的数据。Client 是仅需要获取分布式文件系统文件的应用程序。

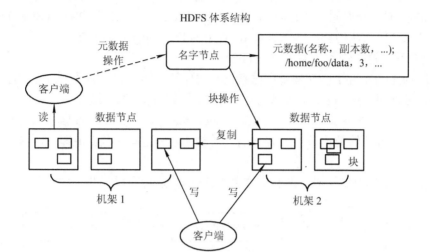

图 5.7　HDFS 的结构

Namenode 是一个主控服务器，负责管理分布式文件系统的命名空间(Name Space)、集群配置信息、存储块的复制以及客户端对文件的访问。

集群中的 Datanode 一般是一个节点一个，负责管理它所在节点上的数据存储以及客户端的访问。它存储 Block(数据块)于本地文件系统中，同时周期性的发送所有存在的 Block 的报告给 Namenode。

HDFS 暴露了文件系统的命名空间，用户能够以文件的形式在上面存储数据。从内部看，一个文件其实被分成一个或多个数据块，这些块存储在一组 Datanode 中。

Namenode 执行文件系统的命名空间操作，如打开、关闭、重命名文件或目录。它也负责确定数据块到具体 Datanode 的映射。

Datanode 负责处理文件系统客户端的读写请求。在 Namenode 的统一调度下进行数据块的创建、删除和复制。

HDFS 的 Namenode 和 Datanode 被设计成可以在普通的商用机器上运行的节点。这些机器一般运行 GNU/Linux 操作系统。HDFS 采用 Java 语言开发，因此任何支持 Java 的机器都可以部署 Namenode 或 Datanode。

5.3.3　HDFS 文件读/写操作流程

HDFS 的数据访问模式是"一次写入、多次读取"，这种模式是最高效的。一个数据集通常是由数据源生成或复制而一次性写入的，之后在此基础上进行多次读取并进行各种分析。

图 5.8 和图 5.9 分别是用户读取和写入数据的具体过程，反映了 Namenode 和 Datanode 以及客户端之间的交互关系。

1. 读取过程(步骤参考图 5.8)

(1) 客户端通过 Filesystem 对象的 Open()方法来打开希望读取的文件。Filesystem 是一个抽象类，用户在进行读/写时必须使用这个类的对象。

(2) 分布式文件系统通过 RPC 来调用名字节点(Namenode)，确定文件开头部分数据块的位置。分布式文件系统返回一个 FSDataInputstream 对象给客户端读取数据，FSDataInputstream 是一个文件系统输入流的类，继承 Java IO 包中的 DataInputstraem 类。

(3) 客户端对这个输入流调用 Read()方法。

(4) FSDataInputstream 对象随即与存储着文件开头部分的块的数据节点相连，通过在数据流中反复调用 Read()方法，数据就会从数据节点返回到客户端。

(5) 当读取到块的最后一端时，FSDataInputstream 就会关闭与数据节点间的联系。然后为下一块找到最佳的数据节点。客户端只需要读取一连串的数据流即可，这些对客户端是透明的。

(6) 当客户端读取完毕时，就会对文件系统输入数据流调用 Close()方法。

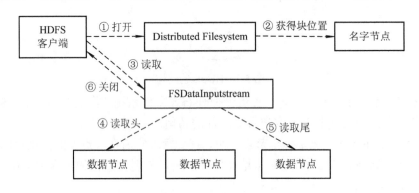

图 5.8　文件的读取过程

2. 写入过程(步骤参考图 5.9)

(1) 客户端通过 Filesystem 对象的 Create()方法来创建希望写入的文件。

(2) 分布式文件系统通过 RPC 来调用名字节点(Namenode)，并在文件系统的命名空间中创建一个新文件，这时还没有块与之相联系，如果文件创建成功，名字节点就会生产一个新的文件记录，否则就向客户端抛出一个 I/O 异常。

(3) 客户端对写入数据调用 Write()方法。

(4) FSDataOutputstream 将客户写入的数据分成一个个的包(Write Packet)，写入内部的数据队列，然后队列中的数据流依次写入到由数据节点组成的管线中。数据从第一个数据节点传到第二个节点，依次到最后一个数据节点。

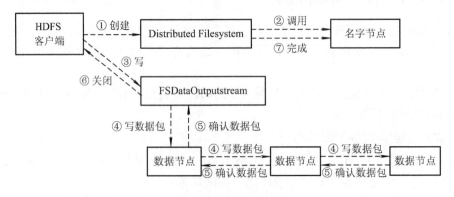

图 5.9　文件的写入过程

(5) FSDataOutputstream 有一个内部的包队列来等待数据节点发送的确认信息(Ack Packet)，一个包只有在被管线中的所有节点确认后才被转移出包队列。

(6) 当客户端完成数据的写入后，就会对数据流调用 Close()方法。

(7) 向名字节点发送写入完成的信息。

5.3.4　HDFS 如何实现可靠存储、副本管理

HDFS 在对文件存储时，首先把文件按照一定的大小分割成一个或多个数据块，数据块默认大小为 64 MB。系统把分割好的数据块存储在 Datanode 中。

Namenode 负责处理文件命名空间的文件或目录操作，如打开、关闭、重命名等操作。它同时管理每个数据块与 Datanode 之间的映射。

Datanode 负责处理来自 HDFS 客户端的读写请求，同时还要执行新建数据块、删除数据块和来自 Namenode 的数据块复制命令。

HDFS 将文件以数据块序列的方式进行存储，使得集群中的数据节点能够可靠地存储大型的文件。除了最后一个数据块，分割后的数据块大小都是相同的。

HDFS 为了实现节点故障容错，对文件的数据块实施副本存储机制。数据块的大小和副本数是可以使用配置文件来设置的。文件的副本数可以在创建文件的时候指定，也可以在以后根据具体情况来改变。

HDFS 使用 Namenode 对所有的数据块进行复制操作，同时周期性地对集群中的 Datanode 节点进行心跳信号检测，并接受其关于数据块的报告。如果 Namenode 能够收到一个 Datanode 节点的心跳信号，则说明该节点的状态良好，是能够为用户来存储数据信息的。而数据块报告的内容则显示的是存储在 Datanode 中的数据块信息。

数据块副本的存放位置直接关系到 HDFS 的稳定性和性能表现。HDFS 和其他的分布式文件系统的主要区别也就在于此。根据机架情况实现数据块副本的分配，就是为了提高文件存储的稳定性、高效性，节省集群中有限的网络带宽资源。

一般来说，Hadoop 集群是建立在处于不同机架的机器之上的。不同机架之间的节点通过交换机来进行通信。在同一机架上的节点之间进行数据传输要比处于不同的机架之上的节点之间的传输性能更优越。

在对 HDFS 配置文件进行设置时数据块的副本数量一般情况下为 3。图 5.10 给出了副本的存放策略。首先是将数据块 A 放在本地节点，在对另外两个副本存放时，为了充分考虑集群内节点的容错机制，是将第二个副本 A 存储在机架 1 上的另一个节点内，第三个副本 A 则存储到不同的机架 2 上的一个节点内。在这种模式下，既减少了同一机架内的数据流量，又提高了复制操作的效率。

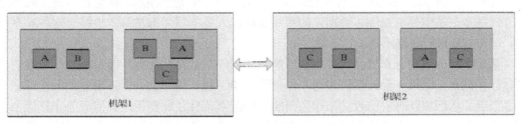

图 5.10　副本的存放策略

由于每个机架失效的概率要远远小于节点失效的概率，因此这种数据块副本存储策略有效地保证了数据存储的可靠性和高效性，又节省了客户端在进行读操作时所占用的网络带宽(数据块存储在不同的机架内)。

概括而言，数据块在复制时并不是存放在机架中，第一个 1/3 副本存储在同一个节点上，第二个 1/3 复制到同一个机架内的其他节点上，最后一个 1/3 则是存放到其他的机架上。这种方式提高了数据块的写性能，增强了整个 HDFS 的容错能力。

HDFS 在执行来自于客户端的一个读操作时，首先读取离它最近的副本。假如在同一个机架上就有这个副本，就直接读取该副本。如果一个 HDFS 集群跨越多个数据中心，那么本地数据中心的数据复制操作很明显要优先于远程数据中心的复制。

5.4 MapReduce

5.4.1 MapReduce 原理

MapReduce 是一个当前使用最为广泛的并行编程模型，它通常用于处理大规模的数据集。Hadoop 的 MapReduce 框架与 Google 的 MapReduce 编程模型基本相同，运转基础同样也是 <key，value> 对，MapReduce 基本原理是把输入看成是一组 <key，value> 对集，输出同样也是一组 <key，value> 对集或者是单个 <key，value>，这两组 <key，value> 对集的数据类型可以不同也可以相同。在利用 MapReduce 编写程序时，程序员只需要关注两个自定义函数：映射(Map)函数和简化(Reduce)函数，如表 5.4 所示。映射(Map)函数是用户自定义的，用它来处理输入的一组 <key，value> 对集，产生另一组 <key，value> 对集表示的中间结果集，MapReduce 函数库将具有相同 key 的中间 value 聚集在一起，然后将它们发送给 Reduce 进行操作。简化(Reduce)函数同样也是用户自定义的，接收中间的 key 及其相应的 value 集合，该函数汇总这些 value 的值并输出最终结果。

表 5.4 Map 和 Reduce 函数

函数	输入	输出	说明
Map	<k1, v1>	<k2, list(v2)>	将数据集解析成一批 <key，value> 对，输入 Map 函数中进行处理并输出中间结果对集 <k2, v2>
Reduce	<k2, list(v2)>	<k3, v3>	List(v2)表示属于同一个 k2 的 value

许多人认为 MapReduce 这种并行编程方式将带来一次软件危机，因为在传统上软件运行方式基本上是实行单指令单数据流的顺序执行，人类的思考习惯基本也符合这种顺序执行，却与并行编程格格不入。

基于集群的这种分布式并行编程模型能够让程序与数据同时运行在组成一个网络的诸多台计算机上，而每一台计算机都是一台普通的 PC 机。这样的并行环境的最大优点在于可以很容易地增加计算机的数量来作为新的计算节点，并由此获得呈几何级的计算能力，同时又具有非常强的容错恢复能力，一些计算节点的失效也不会影响整个计算的正常运行以及结果的正确性。Google 使用这种 MapReduce 并行编程模型进行程序的分布式并行编程，运行在 GFS(Google File System)的分布式文件系统上，为全球用户提供搜索引擎服务。

Hadoop 的 MapReduce 是 Google 的 MapReduce 编程模型的开源实现，它提供了一个简单易用的编程接口，也组建了它的分布式文件系统 HDFS。在与 Google 不同的方面上，Hadoop 是开源实现的，任何程序员在没有任何经验的情况下都可以利用这个框架来进行分布式并行编程。如果说并行编程的难度足以让那些没有并行编程经验的普通程序员望而却步的话，开源实现的 Hadoop 极大地降低了编程的门槛，通过学习 Hadoop，人们会发现基于 Hadoop 的并行编程非常简单，无须任何并行程序的开发经验，也可以轻松地开发出所需要的并行程序，并让其分布式并行地运行在数百台机器上，然后在很短时间内完成大规模数据的计算。有的人会认为自己也许不可能会拥有数百台机器这样的集群来运行并行程序，而事实上，随着"云计算"的发展，任何人都可以轻松地获得这样的超凡计算能力。

5.4.2 MapReduce 执行流程

MapReduce 这种分布式并行编程模型主要用来处理大量的数据。在利用这种模型编程时为程序员屏蔽了复杂的并行程序开发细节，它将容错机制、任务调度和节点间的通信等细节封装在一起，这样程序员只需要关心应用逻辑。图 5.11 为 MapReduce 的执行流程。

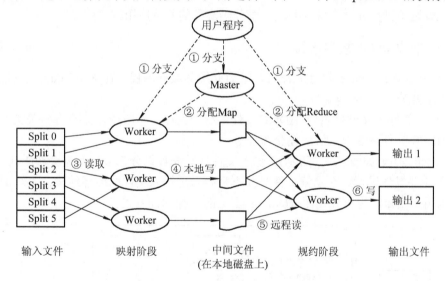

图 5.11 MapReduce 执行流程

当并行程序调用 MapReduce 函数库时，引发了以下一连串动作：

(1) 分割输入文件：位于并行程序中的 MapReduce 函数库首先将输入文件分割成 M 个块，每块的大小一般从 16 MB 到 64 MB 不等(可以通过参数自行调整)，然后在集群上的不同机器上执行程序的分配。

(2) 分配 Map 任务或者 Reduce 任务：在进程中有一个身份比较特殊的进程，它是主控程序 Master。其余都是执行 Map 任务或者 Reduce 任务的 Worker(工作机)，并且任务都是由主控程序分配的。Master 分别分配给这些 Worker M 个 Map 任务与 R 个 Reduce 任务。在程序运行中 Master 选择空闲的 Worker 节点去执行这些任务。

(3) 读取输入块：一个执行 Map 任务的 Worker 节点读取相关输入块的内容，Worker 从数据中解析出所需要的 <key, value> 对集，并把它们传送给用户自定义的 Map 函数，由 Map 函数处理这些数据对集并产生中间结果 <key, value> 对集，并暂时把它们缓冲到内存中。

(4) 本地写入中间结果：这些缓冲到内存的中间结果 <key, value> 对集将被定时地写入到本地硬盘，这些中间结果数据对集在本地硬盘的具体位置信息将被发送到 Master，然后 Master 负责把这些位置信息发送给执行 Reduce 任务的 Worker 节点。

(5) 远程读取中间结果：当 Master 节点把中间结果的位置信息发送给执行 Reduce 任务的 Worker 节点时，该 Worker 节点就通过远程调用函数从执行 Map 任务的 Worker 节点的本地硬盘中读取中间数据。当执行 Reduce 任务的 Worker 节点在本地硬盘读取了所有的中间数据后，就通过排序函数使具有相同 key 的中间 value 聚集在一起。

(6) 写入输出文件：Reduce 节点将具有相同 key 的中间 value 值进行叠加，并把结果传递给用户自定义的 Reduce 函数。Reduce 函数的结果写到最终的输出文件。

(7) 返回调用点：当所有的 Map 任务和 Reduce 任务都执行完以后，MapReduce 就直接返回到用户程序的调用点。

在执行完任务之后，MapReduce 的输出结果存放在 R 个输出文件当中。在特定情况下，不需要将 R 个输出文件合并成一个文件——经常把这 R 个文件作为另外一个 MapReduce 的输入或者运用到另外一个可以处理多个分割文件的并行应用程序中。

5.4.3 MapReduce 数据流程

在介绍完 MapReduce 执行流程后，下面介绍其数据流程。在 MapReduce 执行过程中数据流程主要分以下三个阶段：

(1) 用户将输入文件拷贝到 HDFS 文件系统中。在该阶段用户需要将相关文件用命令拷贝到 HDFS 文件系统中，然后提交该任务。

(2) Map 阶段(如图 5.12 所示)。输入文件块首先被划分为多个数据分块(Split)，以便 Map 任务能并发地进行。在划分文件时并不需要考虑输入文件的内部结构，具体的划分方式既可以用户指定，也可以使用 Hadoop 定义的几种划分方式。

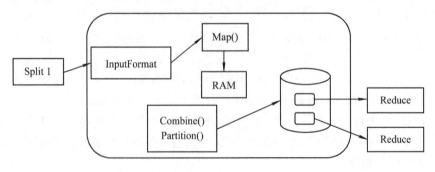

图 5.12　Map 阶段

之后每一个划分将分配到 Map 函数运行。在 Map 阶段输出了中间结果 <key, value> 对集后，它们就会缓冲到内存中。在 Reduce 之前需要执行 Combine(连接)和 Partition(分区)两个阶段。

① Combine 阶段：在 Partition 之前，需要对中间结果先做 Combine，即将中间结果中有相同 key 的 <key，value> 对集合并成一对。在这里 Combine 的过程与 Reduce 的过程效果基本相似，很多情况下不需要经过 Combine 就可以直接使用 Reduce 函数，但是 Combine 阶段是属于 Map 阶段的一部分，在执行完 Map 函数对数据处理后紧接着执行 Combine。Combine 起到的作用是能够减少中间结果中 <key，value> 对集的数目，从而节省网络带宽。

② Partition 阶段：该阶段是把 Map 任务输出的中间结果按 key 划分成 R 份(R 是预先定义的，数目等于 Reduce 任务的个数)，在按照 key 划分时通常使用 hash 函数，如 hash(key) mod R，这样保证某一定范围内的 key 是由一个 Reduce 任务来处理的，可以简化 Reduce 的过程。

(3) Reduce 阶段(如图 5.13 所示)。在 Map 阶段的工作完成以后，Reduce 阶段就开始进行了，这个阶段可以分为三个小阶段：混洗(Shuffle)、排序(Sort)和 Reduce，其分述如下：

① Shuffle 阶段：MapReduce 会根据执行过 Map 操作后输出的中间结果中的 key，使用 HTTP 协议将相同 key 的 value 集合传输到一个执行 Reduce 任务的节点上。这个传输的过程可以是同步的，也可以是不同步的，但一定是在某个节点的 Map 任务完成后就开始进行的。

② Sort 阶段：它同 Shuffle 阶段一块进行，在这个阶段中保证给定一个 key 它所有键值对是连续排列的，并将来自不同 Map 输出的中间结果具有相同 key 的 <key，value> 对集合并到一起。

③ Reduce 阶段：通过上面的 Shuffle 和 Sort 阶段后得到的 <key，listof(value)> 会输送到用户定义的 Reduce 函数中执行用户所定义的操作，执行后的最终结果通过 OutputFormat 输出到 HDFS 中。

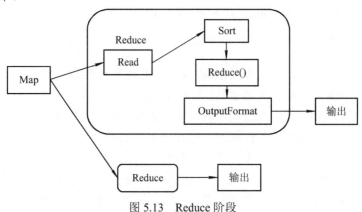

图 5.13　Reduce 阶段

5.4.4　MapReduce 的容错机制

1. Worker 节点错误

Master 节点会周期性地向 Worker 节点发送检测命令。如果持续在一定的时间内没有从工作节点收到反馈，Master 节点就认为该 Worker 节点失效。所有在该工作节点执行的 Map 任务或者 Reduce 任务的状态将重新被设置为空闲状态，这样，这些 Map 任务或者 Reduce 任务就可以重新分配到其他工作节点执行。如果已经完成的 Map 任务将被重新执行，是因为它们的输出结果存储到本地磁盘，而执行它的 Worker 节点已经失效，数据将无法进行远程调用。在 Worker 节点中已经完成的 Reduce 任务将不必重新执行，因为它们的输出结果已经被存储到全局的分布式文件系统中。MapReduce 可以有效地允许一定范围的 Worker 节点失效。例如，在一次 MapReduce 数据处理操作中，网络维护导致几十台机器在几分钟之内不能访问。这时 MapReduce 的 Master 节点就会简单地把这些不能访问的 Worker 节点上的工作再执行一次，并且继续任务调度，最后完成 MapReduce 操作。

2. Master 节点失效

分析 Master 节点失效要区分两种情况：一种是 Master 程序失效；另一种是运行 Master 程序的主控节点失效。Master 程序会周期性地设置检查点(Checkpoint)，并导出其中的数据。一旦 Master 程序失效，系统就从最近的一个检查点恢复并重新执行。另外，由于只有一个主控节点，因此如果主控节点失效了，就只能终止整个 MapReduce 程序的执行并重新开始。

5.5 YARN

5.5.1 YARN 是一个资源管理平台

作为资源管理平台，YARN 不仅能够承载 MapReduce(离线批处理计算框架)这一传统计算框架，而且能承载 Storm(实时计算框架)、Spark(内存计算框架)、MPI(并行计算框架)。

另外，作为通用资源管理和调度系统，YARN 不仅支持类似 MapReduce、Spark 的短作业，而且支持类似 Web Service、MySQL 的长服务。

💬 温馨提示：

长服务是指永不停止的应用程序(除非异常退出或用户主动关闭)，如 Web Service、MySQL 等。长服务是相对短作业而言的，短作业是指分钟、小时级别就会退出的应用程序。

更重要的是，YARN 还可以避免这些计算框架各自为战，实现各个计算框架之间的数据共享。另外，使用 YARN 可以降低运维管理成本并大大提高资源利用率。

用 YARN 集中管理多个计算框架如图 5.14 所示。不同的计算框架，如 Hadoop MapReduce、Spark、MPI 等可以分别在不同的集群上运行，即采用"一个框架一个集群"的模式，但需要多个管理员管理这些集群，增加了运维成本。而"多个框架一个集群"的模式将只需要少数管理员就可完成统一管理，降低了运维成本。

而且不同的框架其运行高峰所处的时间可能不同，若分散在不同的集群中，其资源利用率低，而集中在同一个共享的集群中，则可以提高资源利用率。图 5.14 中分散运行的 Hadoop MapReduce、Spark、MPI 框架其资源利用率最高时为 33%，而集中到一个共享集群后，其资源利用率基本持续在 100%。

当然，资源利用率总接近 100%也不好，它可能意味着集群满负荷运转，需要扩容了。但资源利用率维持在较高水平是好事。

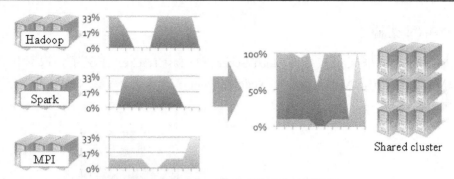

图 5.14 用 YARN 集中管理多个计算框架

MapReduce 1.0 和 MapReduce 2.0 的区别:

MapReduce 1.0 是一个独立的系统,直接运行在 Linux 之上。MapReduce 2.0 则是运行在 YARN 上的框架,并且可与多种框架一起运行在 YARN 上。

MapReduce 2.0 和 YARN 的区别:

YARN 是一个资源管理系统,负责资源管理和调度。MapReduce 只是运行在 YARN 上的一个应用程序。如果把 YARN 看做是"Android",则 MapReduce 只是一个"App"。

5.5.2 原 MapReduce 框架存在的问题

随着分布式系统集群的规模和其工作负荷的增长,原 MapReduce 框架的问题逐渐浮出水面,主要的问题集中如下:

(1) JobTracker 是 MapReduce 的集中处理点,存在单点故障。

💬 温馨提示:

Hadoop 中的 JobTracker 进程相当于前面所说的 Master 程序,TaskTracker 进程相当于前面所说的 Worker 程序。

(2) JobTracker 完成了太多的任务,造成了过多的资源消耗,当 MapReduce Job 非常多的时候,会造成很大的内存开销,潜在来说,也增加了 JobTracker fail 的风险,这也是业界普遍总结出旧的 Hadoop 的 MapReduce 只能支持 4000 节点主机的上限。

(3) 在 TaskTracker 端,以 Map 或 Reduce Task 的数目作为资源的表示过于简单,没有考虑到 CPU/内存的占用情况,如果两个大内存消耗的 Task 被调度到了一块,很容易出现内存溢出(Out Of Memory,OOM)。

(4) 在 TaskTracker 端,把资源强制划分为 Map Task Slot 和 Reduce Task Slot,如果当系统中只有 Map Task 或者只有 Reduce Task 的时候,会造成资源的浪费。

💬 温馨提示:

Slot 不是 CPU 的 Core,也不是 Memory Chip,它是一个逻辑概念,一个节点的 Slot 的数量用来表示某个节点的资源的容量或者说是能力的大小,因而 Slot 是 Hadoop 的资源单位。

(5) 在源代码层面分析时,会发现代码非常的难读,常常因为一个 class 做了太多的事情,代码量达 3000 多行,造成 class 的任务不清晰,增加 bug 修复和版本维护的难度。

5.5.3 YARN 架构

原 MapReduce 框架中核心的 JobTracker 和 TaskTracker 不见了,取而代之的是 ResourceManager(RM)、AppMaster 与 NodeManager 三个部分。YARN 架构和工作流程如图 5.15 所示。

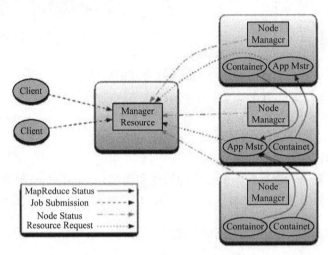

图 5.15 YARN 架构和工作流程

ResourceManager 是一个中心服务,它包括两个组件:调度器(Scheduler)和 ApplicationsManager。

调度器做的事情是调度。ResourceManager 是基于应用程序对资源的需求进行调度的;每一个应用程序需要不同类型的资源因此就需要不同的容器。资源包括内存、CPU、磁盘、网络等。可以看出,这同原有 MapReduce 固定类型的资源使用模型有显著区别,它给集群的使用带来负面的影响。资源管理器提供一个调度策略的插件,它负责将集群资源分配给多个队列和应用程序。调度插件可以基于现有的能力调度和公平调度模型。

ApplicationsManager 负责接收作业提交(Job Submission),协商第一个容器(Container)用于启动每一个 Job 所属的 AppMaster,另外监控 AppMaster 的存在情况,当 AppMaster 失效时负责提供服务重启 AppMaster 容器。

NodeManager 是每一台机器框架的代理,监控应用程序容器的资源使用情况(CPU、内存、硬盘、网络)并且向调度器(Scheduler)汇报。NodeManager 功能比较专一,就是负责 Container 状态的维护,并向 RM/Scheduler 保持心跳。

每一个应用的 AppMaster 的职责有:向调度器索要适当的资源容器,运行任务,跟踪应用程序的状态和监控它们的进程,处理任务的失败原因。AppMaster 负责一个 Job 生命周期内的所有工作。但注意每一个 Job(不是每一种)都有一个 AppMaster,它可以运行在 ResourceManager 以外的机器上。

5.5.4 YARN 工作流程

图 5.15 也展示了 YARN 的工作流程。客户端向资源管理器发送作业(Job)请求,资源管

理器接收作业后为该作业分配一个容器以运行该作业,并启动一个 AppMaster 跟踪应用程序的状态,负责一个 Job 生命周期内的所有工作。

容器要向 AppMaster 汇报应用程序的运行状态。若某个作业所需的资源较多,需要更多容器,则由 AppMaster 向资源管理器申请分配更多资源。

NodeManager 监控应用程序容器的资源使用情况(CPU、内存、硬盘、网络)并且向资源管理器汇报节点状态。

5.5.5 YARN 框架相对于旧的 MapReduce 框架的优势

YARN 框架相对于旧的 MapReduce 框架的优势有:

(1) YARN 框架设计大大减小了 JobTracker(也就是现在的 ResourceManager+AppMaster) 的资源消耗,并且让监测每一个 Job 子任务(Tasks)状态的程序分布式化了,更安全、更优美。

(2) 在旧的框架中,JobTracker 一个很大的负担就是监控 Job 下的 Tasks 的运行状况,现在,这个部分的工作就交给 AppMaster 做了,而 ResourceManager 中有一个模块称为 ApplicationsManager,它是监测 AppMaster 的运行状况,如果出问题,会将 AppMaster 在其他机器上重启。

(3) 在新的 YARN 框架中,AppMaster 是一个可变更的部分,用户可以对不同的编程模型写自己的 AppMaster,让更多类型的编程模型能够跑在 Hadoop 集群中。

(4) 资源的表示以内存为单位(在目前版本的 YARN 中,没有考虑 CPU 的占用),比之前以剩余 Slot 数目表示更合理。

(5) Container 是 YARN 为了将来进行资源隔离而提出的一个框架。这一点应该借鉴了 Mesos 的工作,目前仅仅提供 Java 虚拟机内存的隔离。Hadoop 团队的设计思路应该后续能支持更多的资源调度和控制。既然资源表示成内存量,那就没有了之前的 Map Slot/Reduce Slot 分开造成集群资源闲置的尴尬情况。

5.6 HBase

5.6.1 HBase 概述

2006 年由 PowerSet 的 Chad Walters 和 Jim Kellerman 发起 HBase,2008 年 HBase 成为 Apache Hadoop 的一个子项目。

HBase 是一个分布式的、面向列的开源数据库。HBase 是 Google Bigtable 的开源实现,类似 Google Bigtable 利用 GFS 作为其文件存储系统,HBase 利用 Hadoop HDFS 作为其文件存储系统;Google 运行 MapReduce 来处理 Bigtable 中的海量数据,HBase 同样利用 Hadoop MapReduce 来处理 HBase 中的海量数据;Google Bigtable 利用 Chubby 作为协同服务,HBase 利用 Zookeeper 作为对应。

HBase 其实就是一张很大的表,该表的属性可以根据需求动态增加,但是又没有表与表之间关联查询的需求。

5.6.2 HBase 与关系型数据库的比较

HBase 不同于一般的关系数据库，一个不同是它是一个适合于结构化和非结构化数据存储的数据库；另一个不同是 HBase 是基于列的而不是基于行的模式。

传统数据库系统已无法适应大型分布式数据存储的需要，改良的关系数据库(副本、分区等)难于安装与维护，关系模型对数据的操作使数据的存储变得复杂。

HBase 从设计理念上就为可扩展做好了充分准备，空间的扩展只需要加入存储节点；HBase 使用"表"的概念，但不同于关系数据库，不支持 SQL；它实质上是一张极大的、非常稀疏的存储在分布式文件系统上的表。

5.6.3 HBase 的数据模型

HBase 会存储一系列的行记录，行记录有三个基本类型：行键(Row Key)、时间戳(Time Stamp)和列簇(Column Family)，分述如下：

(1) 行键(Row Key)：表的主键，表中的记录按照 Row Key 排序。字符串、整数、二进制串甚至于串行化的结构都可以作为行键。表按照行键的"逐字节排序"顺序对行进行有序化处理。

(2) 时间戳(Time Stamp)：每次数据操作对应的时间戳，可以看成是数据的版本号(Version Number)。如果应用程序要避免数据版本冲突，就必须自己生成具有唯一性的时间戳。

(3) 列簇(Column Family)：表在水平方向由一个或者多个 Column Family 组成，一个 Column Family 可以由任意多个 Column 组成，即 Column Family 支持动态扩展，无需预先定义 Column 的数量以及类型，所有 Column 均以二进制格式存储，用户需要自行进行类型转换。表内数据非常"稀疏"，不同的行的列的数目完全可以大不相同。

5.6.4 HBase Shell 命令的应用

HBase 提供了一个 Shell 的终端给用户交互，提供各种表操作命令。表操作的主要命令如表 5.5 所示。

表 5.5 表操作的主要命令

命 令	描 述
create	创建表
describe	描述表
enable	表激活
disable	表取消
drop	删除表
get	读表
put	写表

以一个学生成绩表的示例来演示 HBase Shell 命令的用法，如表 5.6 所示。

表 5.6 学生成绩表(Scores 表)

name	grad	course	
		math	art
hao	5	97	87
liu	4	89	80

这里 grad 对于表来说是一个列，course 对于表来说是一个列族，这个列族由两个列组成 math 和 art。当然可以根据需要在 course 中建立更多的列，如 computer、physics 等相应的列添加入 course 列族。其应用如下：

(1) 建立一个 Scores 表，具有两个列族 grad 和 course。程序为：

hbase(main): 001:0> create 'scores', 'grad', 'course'

0 row(s) in 0.4780 seconds

(2) 查看当前 HBase 中具有的表。程序为：

hbase(main): 002:0> list

TABLE

scores

1 row(s) in 0.0270 seconds

(3) 加入一行数据，行名称为 hao，列族名为"grad"，值为 5。程序为：

hbase(main): 006:0> put 'scores', 'hao', 'grad:','5'

0 row(s) in 0.0420 seconds

(4) 给 hao 这一行的数据的列族 course 添加一列 <math,97>。程序为：

hbase(main): 007:0> put 'scores', 'hao', 'course:math', '97'

0 row(s) in 0.0270 seconds

(5) 给 hao 这一行的数据的列族 course 添加一列 <art,87>。程序为：

hbase(main): 008:0> put 'scores', 'hao', 'course:art', '87'

0 row(s) in 0.0260 seconds

(6) 加入一行数据，行名称为 liu，列族名为"grad"，值为 4。程序为：

hbase(main): 009:0> put 'scores', 'liu', 'grad:','4'

0 row(s) in 0.0260 seconds

(7) 给 liu 这一行的数据的列族 course 添加一列 <math,89>。程序为：

hbase(main): 010:0> put 'scores', 'liu', 'course:math', '89'

0 row(s) in 0.0270 seconds

(8) 给 liu 这一行的数据的列族 course 添加一列 <art, 80>。程序为：

hbase(main): 011:0> put 'scores', 'liu', 'course:art', '80'

0 row(s) in 0.0270 seconds

(9) 查看 Scores 表中 hao 的相关数据。程序为：

hbase(main): 012:0> get 'scores', 'hao'

COLUMN   CELL

course: art   timestamp=1316100110921, value=87 course: math   timestamp=1316100025944, value=97

  grad: timestamp=1316099975625, value=5

3 row(s) in 0.0480 seconds

(10) 删除 Scores 表。程序为：

 hbase(main): 024:0> disable 'scores'

 0 row(s) in 0.0330 seconds

 hbase(main): 025:0> drop 'scores'

 0 row(s) in 1.0840 seconds

值得注意的是，用 drop 命令删除表之前要先用 disable 命令禁用表。

5.7 Zookeeper

5.7.1 Zookeeper 的功能

  Zookeeper 是 Google 的 Chubby 的一个开源的实现，是高效和可靠的协同工作系统。ZooKeeper 是 Hadoop 的正式子项目，它是一个针对大型分布式系统的可靠协调系统，提供的功能包括：① 统一命名服务；② 配置管理；③ 集群管理；④ 共享锁；⑤ 队列管理。

  ZooKeeper 的目标就是封装好复杂易出错的关键服务，将简单易用的接口和性能高效、功能稳定的系统提供给用户。

  Zookeeper 作为一个分布式的服务框架，主要用来解决分布式集群中应用系统的一致性问题，它能提供基于类似于文件系统的目录节点树方式的数据存储，但是 Zookeeper 并不是用来专门存储数据的，它的作用主要是用来维护和监控存储的数据的状态变化。通过监控这些数据状态的变化，从而可以达到基于数据的集群管理。

5.7.2 Zookeeper 的数据模型

  Zookeeper 维护一个具有层次关系的数据结构，它非常类似于一个标准的文件系统，如图 5.16 所示。Zookeeper 这种数据结构有以下一些特点：

  (1) 每个子目录项(如 NameService)都被称为 znode，这个 znode 被它所在的路径唯一标识，如 Server1 这个 znode 的标识为 /NameService/Server1。

  (2) znode 可以有子目录节点，并且每个 znode 可以存储数据，注意 Ephemeral (临时的)类型的目录节点不能有子目录节点。

  (3) znode 是有版本的，每个 znode 中存储的数据可以有多个版本，也就是一个访问路径中可以存储多份数据。

  (4) znode 可以是临时节点(Ephemeral 节点)，一旦创建这个 znode 的客户端与服务器失去联系，这个 znode 也将自动删除，Zookeeper 的客户端和服务器通信采用长连接方式，每个客户端和服务器通过心跳来保持连接，这个连接状态称为 session，如果 znode 是临时节点，这个 session 失效，znode 也就删除了。

  (5) znode 的目录名可以自动编号(Sequential 节点，有序的节点)，例如，App1 已经存在，再创建的话，将会自动命名为 App2。

(6) znode 可以被监控，包括这个目录节点中存储的数据的修改，子目录节点的变化等信息都可以被监控，一旦发生变化就可以通知设置监控的客户端，这个是 Zookeeper 的核心特性，Zookeeper 的很多功能都是基于这个特性实现的。

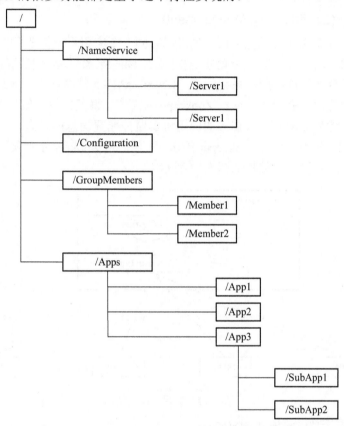

图 5.16　Zookeeper 的数据结构

5.7.3　Zookeeper 的典型应用场景

Zookeeper 从设计模式角度来看，是一个基于观察者模式设计的分布式服务管理框架，它负责存储和管理大家都关心的数据，然后接受观察者的注册，一旦这些数据的状态发生变化，Zookeeper 就将负责通知已经在 Zookeeper 上注册的那些观察者做出相应的反应。下面详细介绍这些典型的应用场景，也就是 Zookeeper 所能解决的问题。

1. 统一命名服务(Name Service)

分布式应用中，通常需要有一套完整的命名规则，既能够产生唯一的名称又便于人识别和记住，通常情况下用树形的名称结构是一个理想的选择，树形的名称结构是一个有层次的目录结构，既对人友好又不会重复。这里要提到 JNDI(Java Naming and Directory Interface，Java 命名和目录接口)，它是一组在 Java 应用中访问命名和目录服务的 API。而 Zookeeper 的 Name Service 与 JNDI 能够完成的功能是差不多的，它们都是将有层次的目录结构关联到一定资源上，但是 Zookeeper 的 Name Service 是更加广泛意义上的关联，并不需要将名称关联到特定资源上，可能只需要一个不会重复的名称，就像数据库中产生一个唯一的数字主键一样。

Name Service 是 Zookeeper 内置的功能，只要调用 Zookeeper 的 API 就能实现。例如，调用 create 接口就可以很容易地创建一个目录节点。

2. 配置管理(Configuration Management)

配置管理在分布式应用环境中很常见，例如，同一个应用系统需要多台 PC Server 运行，但是它们运行的应用系统的某些配置项是相同的，如果要修改这些相同的配置项，那么就必须同时修改每台运行这个应用系统的 PC Server，这样非常麻烦而且容易出错。

像这样的配置信息完全可以交给 Zookeeper 来管理，将配置信息保存在 Zookeeper 的某个目录节点中，然后让所有需要修改的应用机器监控配置信息的状态，一旦配置信息发生变化，每台应用机器就会收到 Zookeeper 的通知，然后从 Zookeeper 中获取新的配置信息并应用到系统中。配置管理的结构如图 5.17 所示。

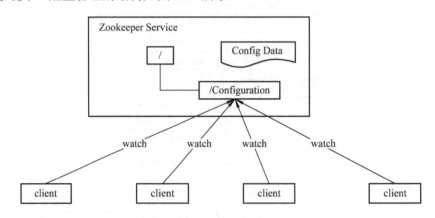

图 5.17　配置管理的结构

3. 集群管理(Group Membership)

Zookeeper 能够很容易地实现集群管理的功能，例如，有多台 Server 组成一个服务集群，那么必须要有一个"总管"知道当前集群中每台机器的服务状态，一旦有机器不能提供服务，集群中其他机器必须知道，从而做出调整重新分配服务策略。同样当增加集群的服务能力时，可能会增加一台或多台 Server，这也必须让"总管"知道。

它的实现方式是在 Zookeeper 上创建一个 Ephemeral 类型的目录节点，然后每个 Server 在它们创建的 Ephemeral 目录节点的父目录节点上调用 getChildren(String path, Boolean watch)方法并设置 watch 为 true。由于是 Ephemeral 目录节点，当创建它的 Server 失效，这个目录节点也随之被删除，因此 Children 将会变化，这时 getChildren 上的 watch 将会被调用，所以其他 Server 就知道已经有某台 Server 失效了。新增 Server 也是同样的原理。

Zookeeper 不仅能够维护当前的集群中机器的服务状态，而且能够选出一个"总管"，让这个总管来管理集群，这就是 Zookeeper 的另一个功能 Leader Election。

Zookeeper 如何实现 Leader Election，也就是选出一个 Master Server？与前面的一样，每台 Server 创建一个 Ephemeral 目录节点，不同的是，它还是一个 Sequential(有序的)目录节点，所以它是个 Ephemeral_Sequential 目录节点。之所以它是 Ephemeral_Sequential 目录

节点，是因为可以给每台 Server 编号，可以选择当前是最小编号的 Server 为 Master，假如这个最小编号的 Server 失效，由于是 Ephemeral 目录节点，失效的 Server 对应的节点也被删除，因此当前的节点列表中又出现一个最小编号的节点，就选择这个节点为当前 Master。这样就实现了动态选择 Master，避免了传统意义上的 Master 容易出现单点故障的问题。

4. 共享锁(Locks)

共享锁在同一个进程中很容易实现，但是在跨进程或者在不同 Server 之间就不好实现了。Zookeeper 却很容易实现这个功能，实现方式也是需要获得锁的 Server 创建一个 Ephemeral_Sequential 目录节点，然后调用 getChildren 方法获取当前的目录节点列表中最小的目录节点是不是就是自己创建的目录节点，如果正是自己创建的，那么它就获得了这个锁，如果不是那么它就调用 exists(String path, Boolean watch)方法并监控 Zookeeper 上目录节点列表的变化，一直到自己创建的节点是列表中最小编号的目录节点，从而获得锁。释放锁很简单，只要删除前面它自己所创建的目录节点就行了。

5. 队列管理

Zookeeper 可以处理两种类型的队列：

(1) 当一个队列的成员都聚齐时，这个队列才可用，否则一直等待所有成员到达，这种是同步队列。

(2) 队列按照 FIFO 方式进行入队和出队操作，如实现生产者和消费者模型。

5.8 Hadoop 的程序实例运行与分析

5.8.1 WordCount 实例

1. WordCount 在 Hadoop 上的运行

(1) 将 WordCount 程序用 Eclipse 编译成 WordCount.java 文件，把它制作成可执行 jar 包 javac -d . -classpath /root/hadoop-0.20.2/hadoop-0.20.2-core.jar WordCount.java 然后在 org 的同级目录上建立 manifest.mf，在其中写上 Main-Class: org.myorg.WordCount，然后保存并执行 jar -cvfm count.jar manifest.mf org/。

(2) 在本地目录建立 NewInput 文件夹，并在其中新建 NewInput01.text，NewInput02.text，NewInput03.text，NewInput04.text。编辑这四个 text 文件，分别写入：Hello Hadoop Bye Hadoop，Hello World GoodBye World，Hello Hadoop Bye Hadoop，Hello World GoodBye World。然后把这四个文件目录拷贝到 HDFS 中。程序为：

＃ hadoop fs -mkdir /usr/hadoop/NewInput

＃ hadoop fs -put /usr/tmp/NewInput01 /usr/hadoop/NewInput

＃ hadoop fs -put /usr/tmp/NewInput02 /usr/hadoop/NewInput

＃ hadoop fs -put /usr/tmp/NewInput03 /usr/hadoop/NewInput

＃ hadoop fs -put /usr/tmp/NewInput04 /usr/hadoop/NewInput

(3) 接下来就可以执行 WordCount 了。运行程序："# hadoop jar hadoop-0.20.2-

examples.jar wordcount /usr/hadoop/NewInput /usr/hadoop /NewOutput”，如图 5.18 所示。

```
/usr/hadoop/NewInput  /usr/hadoop/NewOutput
12/05/14 18:21:36 INFO input.FileInputFormat: Total input paths to process : 4
12/05/14 18:21:37 INFO mapred.JobClient: Running job: job_201205141815_0001
12/05/14 18:21:38 INFO mapred.JobClient:  map 0% reduce 0%
12/05/14 18:21:55 INFO mapred.JobClient:  map 50% reduce 0%
12/05/14 18:22:01 INFO mapred.JobClient:  map 100% reduce 0%
12/05/14 18:22:10 INFO mapred.JobClient:  map 100% reduce 100%
12/05/14 18:22:12 INFO mapred.JobClient: Job complete: job_201205141815_0001
12/05/14 18:22:12 INFO mapred.JobClient: Counters: 17
12/05/14 18:22:12 INFO mapred.JobClient:   Job Counters
12/05/14 18:22:12 INFO mapred.JobClient:     Launched reduce tasks=1
12/05/14 18:22:12 INFO mapred.JobClient:     Launched map tasks=4
12/05/14 18:22:12 INFO mapred.JobClient:     Data-local map tasks=4
12/05/14 18:22:12 INFO mapred.JobClient:   FileSystemCounters
12/05/14 18:22:12 INFO mapred.JobClient:     FILE_BYTES_READ=152
12/05/14 18:22:12 INFO mapred.JobClient:     HDFS_BYTES_READ=103
12/05/14 18:22:12 INFO mapred.JobClient:     FILE_BYTES_WRITTEN=450
12/05/14 18:22:12 INFO mapred.JobClient:     HDFS_BYTES_WRITTEN=41
12/05/14 18:22:12 INFO mapred.JobClient:   Map-Reduce Framework
12/05/14 18:22:12 INFO mapred.JobClient:     Reduce input groups=5
12/05/14 18:22:12 INFO mapred.JobClient:     Combine output records=12
12/05/14 18:22:12 INFO mapred.JobClient:     Map input records=5
12/05/14 18:22:12 INFO mapred.JobClient:     Reduce shuffle bytes=170
12/05/14 18:22:12 INFO mapred.JobClient:     Reduce output records=5
12/05/14 18:22:12 INFO mapred.JobClient:     Spilled Records=24
12/05/14 18:22:12 INFO mapred.JobClient:     Map output bytes=164
12/05/14 18:22:12 INFO mapred.JobClient:     Combine input records=16
12/05/14 18:22:12 INFO mapred.JobClient:     Map output records=16
12/05/14 18:22:12 INFO mapred.JobClient:     Reduce input records=12
```

图 5.18　运行程序

(4) 结果存放在 NewOutput 目录中。查看输出结果：“# hadoop fs -cat /usr/hadoop /NewOutput/part-r-00000”，如图 5.19 所示。

```
[root@localhost hadoop-0.20.2]# hadoop fs -ls  /usr/hadoop/NewOutput
Found 2 items
drwxr-xr-x   - root supergroup          0 2012-05-14 18:21 /usr/hadoop/NewOutput
/_logs
-rw-r--r--   3 root supergroup         41 2012-05-14 18:22 /usr/hadoop/NewOutput
/part-r-00000
[root@localhost hadoop-0.20.2]# hadoop fs -cat /usr/hadoop/NewOutput/part-r-0000
0
GoodBye 2
Hadoop  4
Hello   4
World   4
bye     2
[root@localhost hadoop-0.20.2]#
```

图 5.19　查看输出结果

2. WordCount 执行过程分析

单词计数(Word Count)是一个比较典型的例子，它很好地诠释了 MapReduce 并行编程模型的过程和特点。在下面列出了实现单词计数算法的 Map 和 Reduce 伪代码。伪代码如下：

```
Map(K, V){
  For each word w in V
  Collect(w, 1);
}
Reduce(K, V[ ]){
  int count = 0;
  For each v in V
  count += v;
  Collect(K, count);
}
```

下面结合示例对 MapReduce 的执行过程进行详细介绍：

(1) 首先对输入的文档文件进行分割，即 Split 过程，如图 5.20 所示，把输入文件分成两组，并且由系统自动完成(为方便画图，输入文件的数目设为 2，而不是 4)。

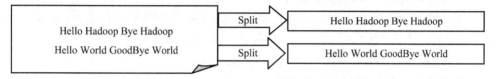

图 5.20　Split 过程

(2) 在输入文件分割完成之后，使用用户编写好的 Map 函数从而产生 <key, value> 对集。Map 过程如图 5.21 所示。

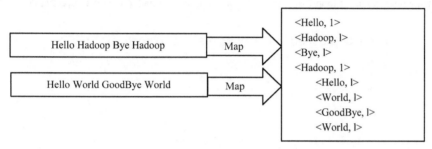

图 5.21　Map 过程

(3) Combine 和 Partition 过程如图 5.22 所示。

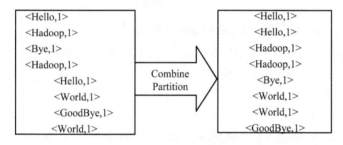

图 5.22　Combine 和 Partition 过程

(4) 在对中间输出结果进行合并排序后，再执行 Reduce 任务统计出每个单词出现的次数。Reduce 过程如图 5.23 所示。

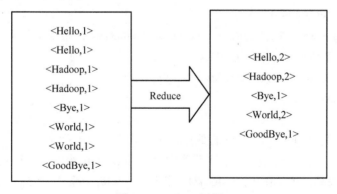

图 5.23　Reduce 过程

5.8.2 每年最高气温实例

1. Temperature 在 Hadoop 上运行

(1) 与上面的 WordCount 程序一样，将 Temperature 程序代码打包成 HadoopTest.jar 放到本地某一个目录下，如/home/hadoop/Documents/，然后执行程序：

export HADOOP_CLASSPATH=/home/hadoop/Documents/

(2) 将要分析的数据传到 HDFS 中去。程序为：

#hadoop dfs -put /home/hadoop/Documents/temperature ./temperature

(3) 开始执行 Temperature，其结果如图 5.24 所示。程序为：

hadoop jar /home/hadoop/Documents/HadoopTest.jar /user/hadoop/temperature output

```
hadoop@hadoop1:~$ hadoop dfs -cat ./output/part-r-00000
1990    44
1991    45
1992    41
1993    43
1994    41
```

图 5.24 Temperature 结果

2. 结合 Temperature 解释 MapReduce 执行过程

(1) 编写 Temperature 的 MapReduce 程序代码，一般需要实现两个函数：mapper 中的 Map 函数和 reducer 中的 Reduce 函数。

一般遵循以下格式：

- Map:(k1, v1)->list(k2,v2)

    Public interface Mapper<K1, V1, K2, V2>extends JobConfigurable,Closeable{

    　Void map(K1 key, V1 value, Outputcollector<K2, V2>output, Reporter, reporter)

    　　throws IOException

    }

- Reduce:(K2, list(v))->list(K3, V3)

    Public interface reduce<K2, V2, K3, V3>extends JobConfigurable, closeable{

    　Void reduce(K2 key, iterator(V2), values,

    　　　Outputcollector<K3, V3>output, Reporter, reporter)

    　　throws IOException

    }

(2) 以下是需要处理的一组天气的数据，其格式为：每一行字符从 0 开始，第 6 个到第 9 个字符为年，第 16 个到第 19 个字符为温度。在 Map 过程中，通过对每一行字符串的解析，得到年—最高温度的(key，value)对作为输出。Map 阶段如图 5.25 所示。

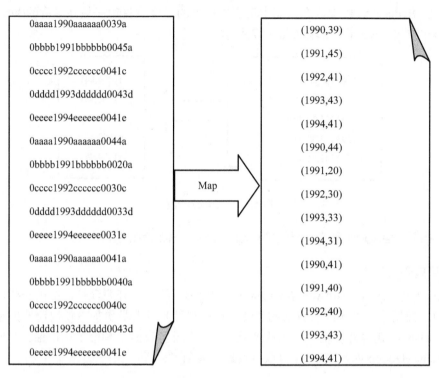

图 5.25　Map 阶段

(3) 在 Reduce 过程之前，通过 Combine 和 Partition 过程将 Map 过程中的输出，按照相同 key 的 value 值放到同一个列表中作为 Reduce 过程的输入。Combine 和 Partition 阶段如图 5.26 所示。

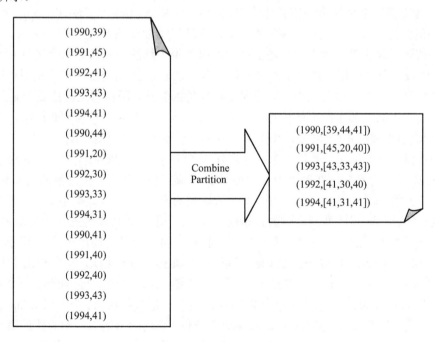

图 5.26　Combine 和 Partition 阶段

(4) 在 Reduce 过程中，在列表中选择出最高的温度，将年—最高温度的(key，value)对作为输出结果。Reduce 阶段如图 5.27 所示。

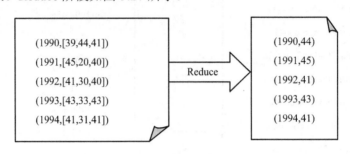

图 5.27　Reduce 阶段

5.8.3　基于 Hadoop 的数据挖掘开源平台——Mahout

1. 原理介绍

Mahout 是 Apache Software Foundation(ASF)旗下的一个开源项目，提供一些可扩展的机器学习、数据挖掘领域经典算法的实现，旨在帮助开发人员更加方便快捷地创建智能应用程序。Mahout 包含许多功能，包括聚类、分类、推荐过滤、频繁子项挖掘。此外，通过使用 Apache Hadoop 库，Mahout 可以有效地扩展到"云"中。

💬 温馨提示：

Mahout 的中文意思是"看象人"，而 Hadoop 是一头大象的名字，这反映了这两个软件包之间的关系。下载和安装 Mahout 参见网址：http://mahout.apache.org/。

Mahout 提供了常用的多种聚类算法，如 K-Means(K 均值)聚类算法、Canopy 聚类算法、模糊 K 均值聚类算法、狄利克雷聚类算法等，在这里主要介绍 K 均值聚类算法。

K 均值聚类算法是一种非常简单的基于距离的聚类算法。它认为每个 Cluster(聚类)由相似的点组成，而这种相似性由距离来衡量，不同 Cluster 之间的点应该尽量不相似，每个 Cluster 都会有一个"中心"。另外，它也是一种排他的算法，即任意点必然属于某一 Cluster 且只属于该 Cluster。基于距离的排他的划分方法：给定一个 n 个对象的数据集，它可以构建数据的 K (事先要给定)个划分，每个划分就是一个聚类，并且 K≤n。

算法流程：首先从 n 个数据对象任意选择 K 个对象作为初始聚类中心；而对于所剩下其他对象，则根据它们与这些聚类中心的相似度(距离)，分别将它们分配给与其最相似的(聚类中心所代表的)聚类；然后再计算每个所获新聚类的聚类中心(该聚类中所有对象的均值)；不断重复这一过程直到标准测度函数开始收敛为止。一般都采用均方差作为标准测度函数。K 个聚类具有的特点是：各聚类本身尽可能地相似，而各聚类之间尽可能地不同。

MapReduce 描述：K-Means Cluster 可以通过 MapReduce 实现，一共使用了两个 Map 操作、一个 Combine 操作和一个 Reduce 操作，每次迭代都用一个 Map 操作、一个 Combine 操作和一个 Reduce 操作得到并保存全局 Cluster 集合，迭代结束后，用一个 Map 操作进行聚类操作。用 MapReduce 描述是：Datanode 在 Map 阶段读出位于本地的数据集，输出每个点及其对应的 Cluster；Combine 操作对位于本地包含在相同 Cluster 中的点进行 Reduce

操作并输出，Reduce 操作得到全局 Cluster 集合并写入 HDFS。其具体过程如图 5.28 所示。

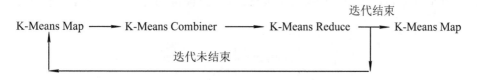

图 5.28　K-Means 的 MapReduce 实现

K-Means 最大的优点是：原理简单，实现起来也相对简单，同时执行效率和对于大数据量的可伸缩性还是较强的。然而其缺点也是很明显的，首先，它需要用户在执行聚类之前就有明确的聚类个数的设置，这一点是用户在处理大部分问题时都不太可能事先知道的，一般需要通过多次试验找出一个最优的 K 值；其次，由于算法在最开始采用随机选择初始聚类中心的方法，因此算法对噪音和孤立点的容忍能力较差。所谓噪音，就是待聚类对象中错误的数据，而孤立点是指与其他数据距离较远，相似性较低的数据。对于 K 均值聚类算法，一旦孤立点和噪音在最开始被选作聚类中心，对后面整个聚类过程将带来很大的问题。

2. 示例

在这里将 K 均值聚类算法应用到一组随机分布在二维平面的数据点上。这些数据点呈正态分布并且在平均位置上保持着恒定的标准偏差，具体如下：

(1) 聚类效果 1 如图 5.29 所示。这幅图采用的是恒定的标准偏差，数据集采用的是 500 个样本点。由图 5.29 可知，在迭代结束形成三个 Cluster 后聚类中心的选择上没有太大变化，并且在样本上三个 Cluster 都是完全的叠加。

(2) 聚类效果 2 如图 5.30 所示。这幅图也采用了恒定的标准偏差，样本采用的是 300 个数据点。形成的三个 Cluster 是相互间叠加，并且在每一次迭代聚类中心的选择过程中都是不一样的，采用的是以不用颜色表示每一次的迭代，最外面为灰色，最里面为红色。在图 5.30 中也可以看到，有些孤立点或者噪音点无法进行分类。

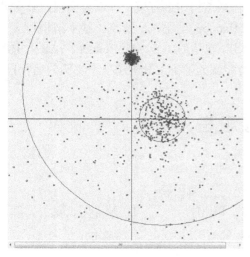
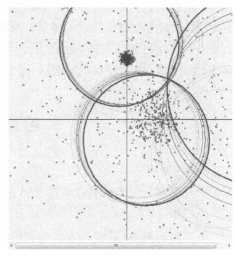

图 5.29　聚类效果 1　　　　　　　　图 5.30　聚类效果 2

(3) 聚类效果 3 如图 5.31 所示。这幅图采用的是非恒定的标准偏差，样本为 300 个数据点。从图 5.31 中可以看出，聚类效果要比之前的两幅图要明显，并且孤立点或噪音点没有那么多。

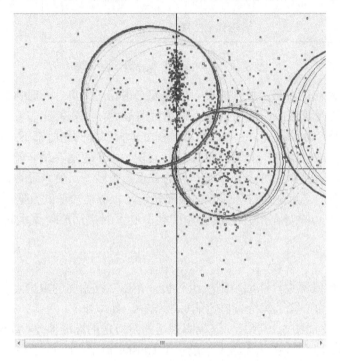

图 5.31　聚类效果 3

本 章 小 结

本章首先介绍了传统的并行计算的概念、体系结构、进程模型、编程模型，其中着重分析了集群计算的分类和原理。接着，介绍了 Hadoop 的由来、特点、基本结构和应用。之后，进一步详细介绍了 Hadoop 的几个组成部分，包括 HDFS、MapReduce、YARN、HBase 和 Zookeeper。最后，在详细说明 Hadoop 的执行步骤的基础上分析了三个实例的运行过程。

习 题 与 思 考

一、选择题

1. 并行编程模型中共享存储模型以_____为代表。

  A. OpenMP   B. MPI   C. PVM   D. MapReduce

2. 下列属于 Hadoop 的基本结构的组成部分的有_____。(多选)

  A. HDFS   B. HBase   C. Zookeeper D. Bigtable

3. 下列不属于 HDFS 的三个重要角色的是_____。
   A. Namenode   B. Datanode   C. Client   D. Master
4. 在对 HDFS 配置文件进行设置时数据块的副本数量一般情况下为_____个？
   A. 2   B. 3   C. 4   D. 5

二、填空题

1. MapReduce 是_____并行计算模型的典范，在云计算领域被广泛采用。
2. HDFS 在对文件存储时，首先把文件按照一定的大小分割成一个或多个的数据块，数据块默认大小为_____。
3. 在使用 MapReduce 编写程序时，程序员只需要关注两个自定义函数：_____函数和_____函数。

三、列举题

1. 主要的并行计算体系结构有哪四种？
2. 列举三种并行编程模型。
3. 列举 MapReduce 数据流程的三个阶段。

四、简答题

1. 计算机系统的可用性定义是什么？
2. 分析两节点高可用性集群的系统组成。
3. Hadoop 的特点有哪些？
4. HDFS 文件读取过程包括哪些步骤？
5. HDFS 文件写入过程包括哪些步骤？
6. 结合图形描述 HDFS 中副本的存放策略。
7. 结合图形分析 MapReduce 的执行流程。

五、上机思考题

1. 下载并在笔记本上安装 Hadoop，用 WordCount 实例、每年最高气温实例运行并测试其能否正常运行？
2. 下载并安装 Mahout，运行其中的 K 均值聚类算法。

第 6 章 Spark 平台

本章要点：

- 三种计算框架的含义
- Spark 的产生背景和特点
- Spark 生态系统
- RDD 的概念和举例
- Spark 程序设计实例
- Dataset 和 SparkSession 的概念和使用

课件

6.1 三种计算框架

Spark 是继 Hadoop 之后的新一代大数据分布式处理框架。它一般不独立安装，而是先安装 Hadoop 之后再安装，即 Spark 依赖于 Hadoop 软件包，所以被称为"插上翅膀的大象 (Spark on Hadoop)"，如图 6.1 所示。当不需要 Hodoop 提供的分布式环境时，Spark 也可独立安装。

图 6.1　插上翅膀的大象(Spark on Hadoop)

温馨提示：

Hadoop 是一个大象的名字，而 Spark 是火花的意思，所以图 6.1 是一个带星状火花的大象，像是给大象插上了翅膀。

第 6 章　Spark 平台

Spark 是 UC Berkeley AMP Lab 所开源的类 Hadoop MapReduce 的通用并行框架。为什么有了 Hadoop 处理大数据还需要 Spark 呢？因为 Spark 是通用型大数据处理平台，而 Hadoop 的 MapReduce 是侧重于批处理计算的专用型大数据处理平台，即 Spark 的应用范围广。另一个原因是 Spark 比 Hadoop 处理同样的问题速度更快。

根据加州大学伯克利分校(University of California，Berkeley)提出的关于数据分析的软件栈 BDAS(Berkeley Data Analytics Stack)，目前的大数据处理可以分为如下三个类型：

(1) 批处理计算。

(2) 流式计算。

(3) 交互式计算。

下面分别讲述这三种计算框架的概念、实例和适用场合。

6.1.1　批处理(Batch)计算

批处理(Batch)计算即成批处理数据，特点是吞吐量大，但处理速度较慢，实时性差。在三种计算框架中，批处理(Batch)计算实时性最低，响应时间在数分钟级到数十分钟级，有时甚至达到数小时。

批处理计算和其他两种计算模式的差别就好比火车和飞机的差别，火车一次载人多，吞吐量大，但速度较慢；飞机一次载人少，但实时性好。

批处理(Batch)计算的典型实例：MapReduce、Hive、Pig。

批处理(Batch)计算的适用场合：适合 PB 级以上海量数据的离线处理。比如 MapReduce 的输入数据必须是静态的(即离线的)，不能动态变化。

很多搜索引擎在统计过去一年或半年时间跨度内的最流行的 K 个搜索词时用到基于批处理的 MapReduce 计算框架，即批处理(Batch)计算用于历史数据分析而不是实时数据分析。

6.1.2　流式(Streaming)计算

流式(Streaming)计算即快速实时小批量地处理数据。在三种计算框架中，流式(Streaming)计算实时性最高，响应时间在数百毫秒级到数秒级。

流式(Streaming)计算的典型实例：Storm、Spark Streaming。

流式(Streaming)计算的适用场合：适合处理大量在线流式数据，并返回实时的结果。比如在电子商务网站中统计过去 1 分钟内访问最多的 5 件商品；淘宝天猫双 11(光棍节)时实时统计网站商品的总交易额；社交网络趋势追踪；网站指标统计、点击日志分析等。流式(Streaming)计算用于实时数据分析而不是历史数据分析。

6.1.3　交互式(Interactive)计算

交互式(Interactive)计算以近实时方式处理 SQL 或类 SQL 交互式数据。在三种计算框架中，交互式(Interactive)计算实时性居中，响应时间在数十秒到数分钟之间。

交互式(Interactive)计算的典型实例：Impala、Spark SQL。

交互式(Interactive)计算的适用场合：适合以请求-响应的交互方式处理大量结构化和半结构化数据。例如使用 SQL 查询结构化的数据，很容易地完成包括商业智能 BI 在内的各种复杂的数据分析算法。

6.2 Spark 产生背景

正如前面所说,之所以 UC Berkeley 推出 Spark 平台,首先是因为 MapReduce 不给力。MapReduce 框架的局限性表现在如下方面:

(1) MapReduce 仅支持 Map 和 Reduce 两种操作,而现实情况是,许多问题需要更多操作才能描述和解决。

(2) MapReduce 迭代计算效率低,不适应机器学习、图计算等需要大量迭代的计算。

(3) MapReduce 仅支持批处理计算,不适合交互式处理,如数据挖掘和数据分析。

(4) MapReduce 仅支持批处理计算,同样不适合流式处理,如点击日志分析。

(5) MapReduce 编程不够灵活。MapReduce 支持面向对象的 JAVA 编程,比消息传递模型(Message Passing Interface,MPI)、共享存储模型 OpenMP 等并行计算方式灵活、简单得多,但仍不能彻底解决并行计算编程难的问题。因此人们开始尝试使用 Scala 函数式编程语言。

UC Berkeley 推出 Spark 平台的第二个原因是现有的各种计算框架各自为战。批处理计算有专门的框架,如 MapReduce、Hive、Pig;流式计算有专门的框架,如 Storm;交互式计算有专门的框架,如 Impala。

能否有一种灵活的框架可同时进行批处理、流式计算、交互式计算等?答案是肯定的,那就是大统一系统——Spark,如图 6.2 所示,在一个统一的通用框架下,进行批处理、流式计算、交互式计算。

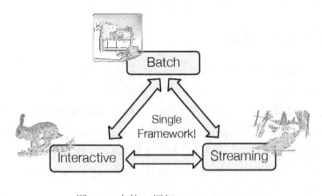

图 6.2 大统一框架——Spark

6.3 Spark 特点

Spark 的特点或优点至少有三个,包括:

(1) 高效:在批处理计算方面比 MapReduce 快 10～100 倍。

(2) 易用:Spark 使用 Scala 编程,代码简练性远超 JAVA。

(3) 与 Hadoop 集成:可以利用 Hadoop 社区强大的软件资源和人力资源,并有所扩展。

下面分别对这三个特点加以详述。

6.3.1 高效

Spark 的高效性体现在执行速度快上。当然，这是有代价的，即计算机或集群的 CPU、尤其是内存必须高配。这一点，读者通过第 11 章的 11.7 和 11.8 节的实验要求内存至少 4G 以上会有所体会。

在处理同样的问题上，如批处理问题，Spark 比 MapReduce 快 10~100 倍。为什么？因为 Spark 充分利用了内存(这也是它被称为内存计算引擎的原因)，还因为它使逻辑上的计算过程流水线化(这是它采用 DAG 图进行计算带来的好处)。DAG 图和流水线操作我们在 6.7 节详细叙述，这里先介绍内存计算。

先回顾一下 Hadoop MapReduce 的工作过程。如图 6.3 所示。MapReduce 计算时 Map 操作的结果要存放到本地磁盘，Reduce 操作的输入就来自该磁盘。当有大量多次迭代时，需要反复在不同的机器里写磁盘、读磁盘。当有用户的数据查询请求时，系统需要多次频繁地访问某个数据集所在的磁盘。另外，为了保证可靠性，一份数据要保存三份，这就涉及大量的磁盘复制和序列化工作。总之，Hadoop MapReduce 慢的原因之一是因为有大量的磁盘 I/O 操作。

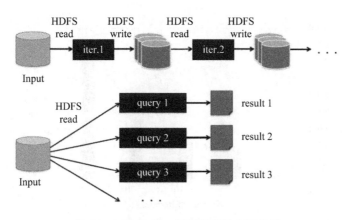

图 6.3 MapReduce 用磁盘存放中间结果

Spark 快的原因是把输入数据一次性读取到分布式内存中，以后用户的多次查询和处理都从内存中读写，如图 6.4 所示。其速度是 MapReduce 网络复制和磁盘 I/O 速度的 10 到 100 倍。

由于技术的进步，机器的内存空间越来越大，而且内存条也越来越便宜，使 Spark 这种基于内存的计算成为可能。

但当数据量很大时，内存空间若不够，Spark 有相关机制可以把热点数据(如一天读取几百次的数据)放入内存而把非热点数据(如一个月读取一次的数据)放入磁盘，这就是所谓的 MEMORY_AND_DISK 存储级别。

Spark 提供了多种存储级别(Storage Level)，如 MEMORY_ONLY(这是默认值)、MEMORY_ONLY_2、MEMORY_AND_DISK 以及 DISK_ONLY 等。MEMORY_ONLY 把数据存入内存，但存储一份；MEMORY_ONLY_2 把数据存入内存，但存储两份以便提供

冗余；MEMORY_AND_DISK 是指数据可在内存中，也可在磁盘中；DISK_ONLY 是内存不足时的无奈选择，这就与 MapReduce 一样，是存储在磁盘上了。

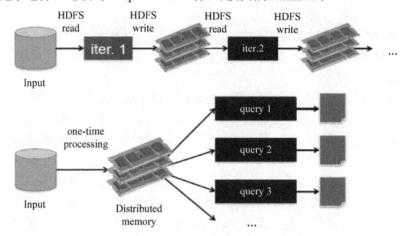

图 6.4 Spark 把数据放入内存

与 Hadoop MapReduce 相比，Spark 到底有多快？这可以参看如图 6.5 所示的一个实验结果。

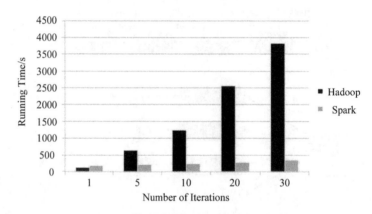

图 6.5 Hadoop 和 Spark 的迭代效率比较

当迭代次数小时，两者差距不大。当迭代次数达到 30 次时，Hadoop 的运行时间大约是 4000 s，而 Spark 的运行时间大约是 400 s，相差 10 倍左右。可见，随着迭代次数的增加，Spark 的优势越来越明显。

6.3.2 易用

Spark 的易用性体现在它提供了丰富的 API，支持 Java、Scala、Python、R 等多种语言，还体现在对于同一功能实现，Scala 代码量比 MapReduce 少 2～5 倍。

比如，对于常见的 WordCount 程序，MapReduce 的代码核心实现如下：

```
public class WordCount {
    public static class TokenizerMapper
        extends Mapper<Object, Text, Text, IntWritable>{
```

```
        private final static IntWritable one = new IntWritable(1);
        private Text word = new Text();

        public void map(Object key, Text value, Context context
                        ) throws IOException, InterruptedException {
            StringTokenizer itr = new StringTokenizer(value.toString());
            while (itr.hasMoreTokens()) {
                word.set(itr.nextToken());
                context.write(word, one);
            }
        }
    }

    public static class IntSumReducer
            extends Reducer<Text,IntWritable,Text,IntWritable> {
        private IntWritable result = new IntWritable();

        public void reduce(Text key, Iterable<IntWritable> values,
                           Context context
                           ) throws IOException, InterruptedException {
            int sum = 0;
            for (IntWritable val : values) {
                sum += val.get();
            }
            result.set(sum);
            context.write(key, result);
        }
    }
}
```

而 Scala 代码核心实现只有如下两行：

```
file = spark.textFile("hdfs://...")
file.flatMap(line => line.split("\\s+")).map(word => (word, 1)).reduceByKey(_ + _)
```

显然，后者要简练得多，也因此易用得多。

6.3.3 与 Hadoop 集成

Spark 的第三个特点就是与 Hadoop 集成。这使它可以充分利用 Hadoop 的技术基础和社区人脉基础，减少开发量。

Spark 没有自己的分布式文件系统，它可以直接读写 HDFS；Spark 也没有自己的数据库服务，它可以直接读写 HBase；Spark 也没有自己的集群管理和资源调度软件，它可以直接与 YARN 集成。

Spark 的体系结构如图 6.6 所示。它的底层是 HDFS，也支持 HBase，这体现了它与 Hadoop 的集成。另外，Spark 替代了 Hadoop 中的 MapReduce，提供了比 MapReduce 更强大的功能(但也同时支持 MapReduce 所支持的操作)，因而可以为其上层的 Spark SQL、Spark Streaming、MLlib 等组件提供服务。

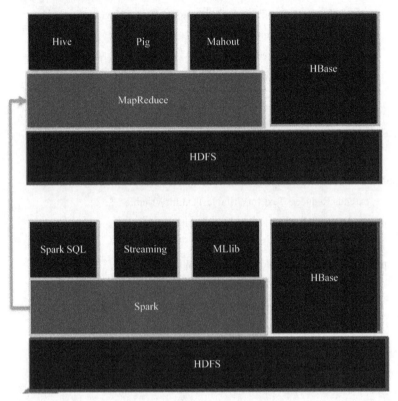

图 6.6 Spark 与 Hadoop 集成

6.4 Spark 生态系统

6.4.1 Spark 生态系统概述

Spark 不是一个软件，而是一组软件，它们形成一个相互支持、相互配合的完整生态系统。Spark 生态系统如图 6.7 所示。根据图中颜色的深浅不同，它包括如下不同种类的组件：Spark 软件集合本身、外围软件。

Spark 软件集合本身包括如下组件：
(1) Spark 程序核心 Spark Core。
(2) 交互式计算框架 Spark SQL、Shark。
(3) 流计算框架 Spark Streaming。

(4) 图计算框架 GraphX。
(5) 机器学习框架 MLBase。

Spark 外围软件包括如下组件：
(1) 资源管理和资源调度软件 Mesos、YARN。
(2) 分布式文件系统 Hadoop HDFS。
(3) 分布式数据库服务 Hadoop HBase(图中未画出)。
(4) 内存式的文件系统 Tachyon(现更名为 Alluxio)。
(5) 并行计算框架 MPI Mapreduce。

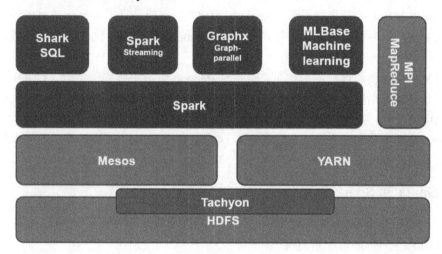

图 6.7　Spark 生态系统

6.4.2　Alluxio

定义：Alluxio(原名 Tachyon)是一种内存式的文件系统，可以认为是搭建在 HDFS 上的分布式缓存。它可以在集群里以访问内存的速度来访问存在 Alluxio 里的文件。

架构：Alluxio 是架构在最底层的分布式文件存储和上层的各种计算框架之间的一种中间件，如图 6.7 所示。具体地说，是在分布式文件存储系统如 HDFS、S3 等之上，在 Spark、MapReduce、Impala 等各种计算框架之下。

引入 Alluxio 的原因：

(1) 提高不同任务或框架间数据交换的速度。不同任务或不同计算框架间的数据共享情况在所难免，例如，Spark 的分属不同 Stage 的两个任务，或 Spark 与 MapReduce 框架的数据交互。在这种情况下，一般就需要通过磁盘来完成数据交换，而这通常是效率很低的。而引入 Alluxio 中间层后，数据交换实际上是在内存中进行的。

(2) 使 Spark 的执行引擎和存储引擎分开。Spark 作为内存计算框架，为什么还需要再加一层内存管理的文件系统？因为 Spark 其实只提供了强大的内存计算能力，但未提供存储能力。那么默认让 Spark 自己直接在内存管理数据不行吗？让 Spark 自己来管理内存会出现新的问题。在默认情况下，Spark 的任务执行和数据本身都在一个进程内。当执行出现问题时就会导致整个进程崩溃，并丢失进程内的所有数据。

而 Alluxio 这一中间层的引入，就相当于将存储引擎从 Spark 中抽离出来，从而每个任务进程只负责执行。进程的崩溃不会丢失数据，因为数据都在 Alluxio 里面了。

（3）避免数据被重复加载。不同的 Spark 任务可能会访问同样的数据，例如，两个任务都要访问 HDFS 中的某些 Block(块)。这时每个任务都要自己去磁盘加载数据到内存中。

而 Alluxio 可以只保存一份数据在内存中供加载，而且它还使用堆外内存，避免 GC(垃圾收集)开销。

6.4.3 Mesos 和 YARN

Mesos 是一个开源的资源管理系统，可以对集群中的资源做弹性管理。目前 Twitter、Apple 等公司在使用 Mesos 管理集群资源。Apple 的 Siri 的后端便是采用 Mesos 进行资源管理。

目前看来，作为资源管理和资源调度系统，Hadoop YARN 要比 Mesos 更主流，前景更广阔。

YARN 在实现资源管理的前提下，能够跟 Hadoop 生态系统完美结合。YARN 定位为大数据中的数据操作系统，能够更好地为上层各类应用程序(MapReduce/Spark)提供资源管理和调度功能。

另外，非常重要的一点是，YARN 的社区力量要比 Mesos 强大得多，它的参与人员众多，周边系统的建设非常完善。

6.4.4 Shark 和 Spark SQL

Spark SQL 是分布式 SQL 查询引擎，用于处理交互式数据流，把 SQL 命令分解成多个任务(Task)交给 Hadoop 集群处理。

自 2013 年 3 月面世以来，Spark SQL 已经成为除 Spark Core 以外最大的 Spark 组件。

在 2014 年 7 月 1 日的 Spark Summit(峰会)上，Databricks 公司宣布终止对 Shark 的开发，将重点放到 Spark SQL 上。Shark 是 Spark 早期支持的分布式 SQL 查询引擎，现在已经废弃不用了。

Spark SQL 将涵盖 Shark 的所有特性，用户可以从 Shark 0.9 进行无缝的升级。

除了接过 Shark 的接力棒，继续为 Spark 用户提供高性能的 SQL on Hadoop 解决方案之外，Spark SQL 还为 Spark 带来了通用、高效、多元一体的结构化数据处理能力。

Spark SQL 可加载和查询各种数据源，如 Hive 数据、Parquet 列式存储格式数据、JSON 格式数据、通过 JDBC 和 ODBC 等连接各种数据源。

Spark SQL 通常被称为 "Hive On Spark"，是基于 Spark 的分布式 SQL 查询引擎，它充分利用 Spark 的内存计算等优势，性能(与 Hive 相比)可提高 10~100 倍。同时保持与 Hive 的兼容性，这表现在兼容 HQL(Hive Query Language)语法、兼容 Hive 中的数据、兼容 Hive 的元数据存储(Meta Store)信息等方面。

6.4.5 Spark Streaming

Spark Streaming 是大规模流式数据处理的新贵，将流式计算分解成一系列短小的批处理作业。

Spark Streaming 类似于 Apache Storm，用于流式数据的处理。Spark Streaming 有高吞吐量和容错能力强这两个特点。Spark Streaming 在吞吐率和效率上优于 Storm。

Spark Streaming 的输入和输出如图 6.8 所示。Spark Streaming 支持的数据输入源很多，例如，HDFS、Kafka、Flume、Twitter、ZeroMQ 和简单的 TCP 套接字等。数据输入后可以用 Spark 的高度抽象原语如 map、reduce、join、window 等进行运算。而结果也能保存在很多地方，如 HDFS、数据库等。

图 6.8　Spark Streaming 的输入和输出

另外 Spark Streaming 也能和 MLlib(机器学习库)以及 GraphX 完美融合。

6.4.6　GraphX

Spark GraphX 是一个分布式图处理框架，Spark GraphX 基于 Spark 平台提供对图计算和图挖掘简洁易用的而丰富多彩的接口，极大地方便了大家对分布式图处理的需求。

社交网络中人与人之间有很多关系链，如 Twitter、Facebook、微博、微信，这些都是大数据产生的地方，都需要图计算。现在的图处理基本都是分布式的图处理，而并非单机处理。

图的分布式或者并行处理其实是把这张图拆分成很多的子图，然后我们分别对这些子图进行计算，计算的时候可以分别迭代进行分阶段的计算，即对图进行并行计算。

GraphX 使用的是一种点和边都带有属性的有向多重图，有 Table 和 Graph 两种视图，只需一份物理存储。

GraphX 提供了图存储结构以及常见的图算法，如 PageRank、图合并、图分解等。

6.4.7　MLBase 和 MLlib

MLBase 是 Spark 生态系统的一部分，专注于机器学习，包含三个组件：MLlib、MLI、ML Optimizer。

(1) MLlib 是 Spark 的机器学习库，包括分类、聚类、回归算法、决策树、推荐算法等各种机器学习的核心算法的实现。

(2) MLI 是 MLlib 的测试床，是用于特征提取和算法开发的实验性 API。

(3) MLBase 的核心是 ML Optimizer，把声明式的任务转化成复杂的学习计划，输出最优的模型和计算结果。

2014 年 4 月，Mahout 告别 MapReduce 实现，转而采用 Spark 作为底层实现基础。

MLBase 与其他机器学习系统 Mahout 的不同：

(1) MLBase 是自动化的，Mahout 需要使用者具备机器学习技能，来选择自己想要的算法和参数来做处理。

(2) MLBase 提供了不同抽象程度的接口，可以扩充 ML(机器学习)算法。

6.5 Spark 核心概念 RDD

6.5.1 Spark 的核心概念

2012 年，加州大学伯克利分校(University of California, Berkeley)的科研人员在论文 "Resilient distributed datasets: a fault-tolerant abstraction for in-memory cluster computing" 中首次提出了 Spark 的核心概念 RDD。

RDD(Resilient Distributed Datasets，弹性分布式数据集)是分布在集群中的只读对象集合，它由多个 Partition(分区)构成，可以存储在磁盘或内存中(有多种存储级别)。RDD 的官方定义如下：RDD represents an immutable, partitioned collection of elements that can be operated on in parallel。RDD 的一个关键优点是可以并行操作。

理解 RDD 可以从理解如何创建 RDD 开始。

可以由 Scala 集合创建 RDD，比如：

(1) sc.parallelize(List(1, 2, 3))   //对集合 List(1, 2, 3)进行并行化生成 RDD，默认 Partition 数量为 1

(2) sc.parallelize(1 to n, 5)))   //对集合 1 到 n(n 可以是很大的整数)进行并行化生成 RDD，指定 Partition 数量为 5

上述例子表明可以把 RDD 看做分布式数组，或以 Scala 语言的术语表示，看做分布式集合。

下面的例子表明还可以把 RDD 看做分布式文件。

6.5.2 利用本地文件或 HDFS 文件创建 RDD

除了用 Scala 集合创建 RDD 之外，还可以利用本地文件或 HDFS 文件创建 RDD。

(1) 由文本文件(TextInputFormat)创建 RDD。举例如下：

① sc.textFile("file.txt")   //将本地文本文件加载成 RDD
② sc.textFile("directory/*.txt")   //将某类文本文件加载成 RDD
③ sc.textFile("hdfs://nn:9000/path/file")   //将 HDFS 文件或目录加载成 RDD
④ sc.textFile("file:///file.txt")   //将本地文本文件加载成 RDD，用 file: ///指定本地文件

(2) 由二进制文件(SequenceFileInputFormat)创建 RDD。举例如下：

① sc.sequenceFile("file.txt")   //将本地二进制文件加载成 RDD
② sc.sequenceFile[String, Int] ("hdfs://nn:9000/path/file")   //将 HDFS 二进制文件加载成 RDD

6.5.3 对 RDD 进行操作

我们已经说过 RDD 是只读数据集，不支持修改，不考虑并发和加锁。那么如何对 RDD 进行操作呢？

有两种基本操作(operator)：Transformation(转换)和 Action(行动)，如表 6.1 所示。

表 6.1 Transformation(转换)和 Action(行动)

Transformations	$map(f:T\Rightarrow U)$	:	$RDD[T]\Rightarrow RDD[U]$
	$filter(f:T\Rightarrow Bool)$	:	$RDD[T]\Rightarrow RDD[T]$
	$flatMap(f:T\Rightarrow Seq[U])$	:	$RDD[T]\Rightarrow RDD[U]$
	$sample(fraction:Float)$	:	$RDD[T]\Rightarrow RDD[T]$ (Deterministic sampling)
	$groupByKey()$	:	$RDD[(K,V)]\Rightarrow RDD[(K,Seq[V])]$
	$reduceByKey(f:(V,V)\Rightarrow V)$	:	$RDD[(K,V)]\Rightarrow RDD[(K,V)]$
	$union()$	:	$(RDD[T],RDD[T])\Rightarrow RDD[T]$
	$join()$	:	$(RDD[(K,V)],RDD[(K,W)])\Rightarrow RDD[(K,(V,W))]$
	$cogroup()$	:	$(RDD[(K,V)],RDD[(K,W)])\Rightarrow RDD[(K,(Seq[V],Seq[W]))]$
	$crossProduct()$	:	$(RDD[T],RDD[U])\Rightarrow RDD[(T,U)]$
	$mapValues(f:V\Rightarrow W)$	:	$RDD[(K,V)]\Rightarrow RDD[(K,W)]$ (Preserves partitioning)
	$sort(c:Comparator[K])$	:	$RDD[(K,V)]\Rightarrow RDD[(K,V)]$
	$partitionBy(p:Partitioner[K])$	:	$RDD[(K,V)]\Rightarrow RDD[(K,V)]$
Actions	$count()$	:	$RDD[T]\Rightarrow Long$
	$collect()$	:	$RDD[T]\Rightarrow Seq[T]$
	$reduce(f:(T,T)\Rightarrow T)$	:	$RDD[T]\Rightarrow T$
	$lookup(k:K)$	:	$RDD[(K,V)]\Rightarrow Seq[V]$ (On hash/range partitioned RDDs)
	$save(path:String)$	:	Outputs RDD to a storage system, *e.g.*, HDFS

(1) Transformation(转换)可通过 Scala 集合或者 Hadoop 数据文件构造一个新的 RDD，它的特点是通过已有的 RDD 产生新的 RDD。即：输入是 RDD，输出还是 RDD，则为 Transformation。这从表 6.1 中可以看出来，表中的 Transformation 的操作说明，"=>" 符号之前是 RDD，"=>" 符号之后也是 RDD。

Transformation(转换)举例：map、filter、groupByKey、reduceByKey。

(2) Action(行动)通过 RDD 计算得到一个或者一组值。它的特点是输入是 RDD，输出不是 RDD，而是一个或一组值或写入存储。这从表 6.1 中也可以看出来，表中的 Action 的操作说明，"=>" 符号之前是 RDD，"=>" 符号之后不是 RDD。

Action 举例：count、collect、save。

(3) Transformation 操作和 Action 操作的重要区别：

无论执行了多少次 Transformation 操作，RDD 都不会真正执行运算(只做标记，不触发计算)，只有当 Action 操作被执行时，运算才会触发。

这也称为 Spark 的惰性执行，即一段 Spark 代码不会执行，直到遇到第一个 Action。惰性执行的好处是优化的概率提高，即看到的步骤越多，最终执行时优化的可能性就越高。

从下面两段代码执行效果的不同可以看出 Transformation 操作和 Action 操作的这一重要区别：

代码一：

```
beacons = spark.textFile("hdfs://...")
cachedBeacons = beacons.cache()
cachedBeacons.filter(_.contains("HouseOfCards"))
cachedBeacons.filter(_.contains("GameOfThrone"))
……
```

代码二：

```
beacons = spark.textFile("hdfs://...")
cachedBeacons = beacons.cache()
```

cachedBeacons.filter(_.contains("HouseOfCards")).count

cachedBeacons.filter(_.contains("GameOfThrone")).count

……

这两段代码都从 HDFS 文件中生成 RDD，然后用 cache 操作把 RDD 数据缓存到内存中，接着执行了两个 filter 操作，对缓存到内存中的 RDD 数据进行过滤，找出包含特定字符串的数据。

但第二段代码在 filter 操作之后用了 count 操作，注意到 count 是 Action 操作，所以会真正触发计算，从而得到包含特定字符串的数据个数。

(4) Operator 示例。结合图 6.9 看两类操作的实际工作过程：

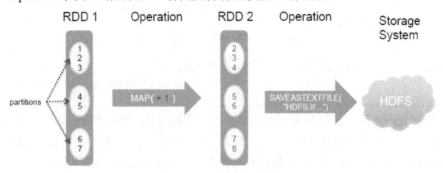

图 6.9　RDD 操作的工作过程

RDD1 包含集合 1 到 7 的整数，由三个 Partition 组成。经过第一个 map(+1)操作，生成 RDD2，其中集合的每个整数加 1，但该操作的结果并不真的生成，而是只做了标记，不在内存或磁盘生成该中间结果。因为 map 是 Transformation 操作。

RDD2 接着执行 SAVEASTEXTFILE("HDFS://…")操作，该操作是 Action 操作，因此计算被触发，把 RDD 中的加 1 后的数据保存到存储系统 HDFS 指定的文件中。

6.5.4　RDD Transformation 举例

(1) //创建 RDD，用集合创建 RDD。

　　val nums = sc.parallelize(List(1, 2, 3))

(2) // 将 RDD 传入 map 函数，求变量的平方，生成新的 RDD。

　　val squares = nums.map(x => x*x)　　　　//=> {1, 4, 9}

温馨提示：

在 Spark 中，"=>" 操作的含义可理解为把左边的变量装到右边的表达式中。

"//" 符号后面跟的是注释。为了便于区别，并使之突出出来，在 "//=>" 符号后面跟程序运行结果，其实质仍是注释。

val 表明后面跟的变量名是常量，记住：RDD 是只读的。

sc 代表 SparkContext 对象，是 Spark 程序的入口。

(3) // 对 RDD 中元素进行过滤，求模 2 结果为 0 的偶数，生成新的 RDD。

　　val even = squares.filter(_ % 2 == 0)　　　　// =>{4}

(4) // 利用 flatMap 将一个元素映射成多个，生成新的 RDD。

第 6 章　Spark 平台

```
nums.flatMap(x => 1 to x)            // => {1, 1, 2, 1, 2, 3}
```

6.5.5　RDD Action 举例

(1) //用集合创建新的 RDD。
```
val nums = sc.parallelize(List(1, 2, 3))
```
(2) //将 RDD 保存为本地数组，collect 将分布式的 RDD 返回为一个单机的数组，返回到 Driver 程序所在的机器。
```
nums.collect()                       // => Array(1, 2, 3)
```

💬 温馨提示：

Driver 程序:运行 Application 的 main()函数并创建 SparkContext。通常用 SparkContext 代表 Driver 程序。可以简单地把 Driver 程序所在的机器理解为 master 机器。

(3) //返回前 K 个元素，返回一个数组，该操作并非并行执行，而是由 Driver 程序所在机器执行的。
```
nums.take(2)                         // => Array(1, 2)
```
(4) //计算元素总数。
```
nums.count()                         // => 3
```
(5) //合并集合元素。
```
nums.reduce(_ + _)                   // => 6
```
(6) //将 RDD 写到 HDFS 中。
```
nums.saveAsTextFile("hdfs://nn:8020/output")
nums.saveAsSequenceFile("hdfs://nn:8020/output")
```

6.5.6　Key/Value 类型的 RDD

Key/Value 类型的 RDD 举例如下：
(1) //创建 Key/Value 类型的 RDD。
```
val pets = sc.parallelize(List(("cat", 1), ("dog", 1), ("cat", 2)))
```
(2) //对 Key/Value 类型的 RDD 实施 reduceByKey 操作，按不同的 Key 合并集合元素。reduceByKey 自动在 map 端进行本地 combine。
```
pets.reduceByKey(_ + _)              // => {(cat, 3), (dog, 1)}
```
(3) //对 Key/Value 类型的 RDD 实施 groupByKey 操作，按不同的 Key 对集合元素分组。
```
pets().groupByKey()                  // => {(cat, Seq(1, 2)), (dog, Seq(1))}
```
(4) //对 Key/Value 类型的 RDD 实施 sortByKey 操作，按不同的 Key 对集合元素排序。sortByKey 操作的默认参数为布尔型，可以为 true 或 false。当取 true(默认值)时，从低到高升序排列；当取 false 时，从高到低降序排列。
```
pets.sortByKey()                     // => {(cat, 1), (cat, 2), (dog, 1)}
```
(5) //创建 Key/Value 类型的 RDD 常量 visits。
```
val visits=sc.parallelize(List(
("index.html", "1.2.3.4"),
```

("about.html", "3.4.5.6"),

("index.html", "1.3.3.1")))

(6) //创建 Key/Value 类型的 RDD 常量 pagenames。

val pagenames=sc.parallelize(List(("index.html", "Home"), ("about.html", "About")))

(7) //对 Key/Value 类型的 RDD 实施 join 操作，按不同的 Key 对两个集合中的元素进行连接，这类似数据库中不同表之间的多表连接。

visits.join(pagenames)

// =>("index.html",("1.2.3.4","Home"))

// =>("index.html",("1.3.3.1", "Home"))

// =>("about.html",("3.4.5.6", "About"))

(8) //对 Key/Value 类型的 RDD 实施 cogroup 操作，将多个 RDD 中同一个 Key 对应的 Value 组合到一起。

visits.cogroup (pagenames)

// =>("index.html",(Seq("1.2.3.4", "1.3.3.1"),Seq("Home")))

// =>("about.html",(Seq ("3.4.5.6"), Seq("About")))

6.6 Spark 程序设计实例

6.6.1 实例 1：WordCount

1. 单词计数程序 WordCount 的完整代码

```
import org.apache.spark._
import SparkContext._
object WordCount {
    def main(args: Array[String]) {
        if (args.length != 3 ){
            println("usage is org.test.WordCount <master> <input> <output>")
            return
        }
        val sc = new SparkContext(args(0), "WordCount",System.getenv("SPARK_HOME"), Seq(System.getenv("SPARK_TEST_JAR")))
        val textFile = sc.textFile(args(1))
        val result = textFile.flatMap(line => line.split("\\s+")).map(word => (word, 1)).reduceByKey(_+_)
        result.saveAsTextFile(args(2))
    }
}
```

2. 程序说明和注释

第一，导入相关类，代码如下：

```
import org.apache.spark._
import SparkContext._
```
其中，_相当于*号，即导入一个包中所有的类。

第二，定义对象 WordCount 和 main 函数，代码如下：
```
object WordCount
def main(args: Array[String])
```
其中，冒号后为数据类型。

在 main 函数中，判断输入参数的个数。如果输入的参数个数不等于 3，则打印输入命令格式的提示信息，代码如下：
```
if (args.length != 3 ){
    println("usage is org.test.WordCount <master> <input> <output>")
    return
}
```
其中，参数 0 为 master 地址，参数 1 为输入数据所在目录，比如：hdfs://host:port/input/data，参数 2 为数据输出目录，如 hdfs://host:port/output/data。

第三，创建 SparkContext 对象，该对象封装了 spark 执行环境信息，依次包括 master 地址、作业名称、Spark 安装目录、作业依赖的 jar 包等信息，代码如下：
```
val sc = new SparkContext(args(0), "WordCount",System.getenv("SPARK_HOME"), Seq(System.getenv ("SPARK_ TEST_JAR")))
```

第四，用输入的文本文件创建 RDD，代码如下：
```
val textFile = sc.textFile(args(1))
```

第五，单词计数的程序主体，代码如下：
```
val result = textFile.flatMap(line => line.split("\\s+")).map(word => (word, 1)).reduceByKey(_ + _)
```
其中，split 根据给定的正则表达式的匹配拆分字符串，"\s" 表示空格、回车、换行等分隔符，"+" 表示一个或多个的意思。"\\s" 的第一个反斜线是转义字符，即用 "\\" 代表 "\"。

第六，把单词计数的结果存放到输出文件中，代码如下：
```
result.saveAsTextFile(args(2))
```

3. WordCount 程序运行过程实例

比如输入 "to be or not to be"，先分割为一个一个的单词，然后每个单词变成 Key-Value 对，Key 是单词本身，Value 是 "1"，最后按 Key 合并各个 Value，求出每个单词的总个数。其过程如图 6.10 所示。

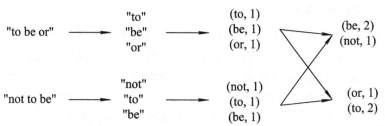

图 6.10 WordCount 程序运行过程实例

6.6.2 Spark 程序设计的基本流程

从上面的例子中可以看出，Spark 程序设计的基本流程如下：

(1) 创建 SparkContext 对象。这是 Spark 程序的入口，封装了 spark 执行环境信息。有点类似数据库编程中的建立连接操作。

(2) 创建 RDD。可从 Scala 集合或 Hadoop 数据文件上创建。

(3) 在 RDD 之上进行转换和 action。Spark 提供了多种转换和 action 函数。

(4) 返回结果。保存到 HDFS 中，或直接打印出来。

6.6.3 Spark 程序设计的 Scala 语言

Scala 语言功能强大，不是本书的主要内容。下面主要介绍 Scala 语言用函数式编程的方式处理集合、列表的几个例子：

(1) 创建列表。代码如下：

    var list = List(1, 2, 3)

其中 var 用于定义变量，val 用于定义常量。

(2) 打印输出列表中的元素。代码如下：

    list.foreach(x => println(x))   // 打印 1，2，3

    list.foreach(println)   //与上式等价，形式更简练

其中，"=>"操作的含义可理解为把左边的变量装到右边的表达式中。

(3) 对列表中的元素实施 map 操作，每个元素加 2。代码如下：

    list.map(x => x+2)   // => List(3, 4, 5)

    list.map(_+2)   //与上式等价。

此处"_"称为占位符，即对集合中的每个元素作用一次。

(4) 对列表中的元素实施 filter 操作，过滤出奇数。代码如下：

    list.filter(x => x%2 == 1)   // => List(1, 3)

    list.filter(_ % 2 == 1)   //与上式等价。

(5) 对列表中的元素实施 reduce 操作，合并所有元素。代码如下：

    list.reduce((x, y) => x + y)   // 6

    list.reduce(_ + _)   //与上式等价。

6.6.4 实例 2：用蒙特卡洛算法分布式估算 Pi

1. 蒙特卡洛算法的原理

蒙特卡洛算法针对的问题是：在广场上画一个边长为 1 m 的正方形，在正方形内部随意用粉笔画一个不规则的形状，现在要计算这个不规则图形的面积，怎么计算呢？

蒙特卡洛(Monte Carlo)算法告诉我们：均匀的向该正方形内撒 N(N 是一个很大的自然数)个黄豆，随后数数有多少个黄豆在这个不规则几何形状内部，例如，有 M 个，那么，这个奇怪形状的面积便近似于 M/N。N 越大，算出来的值便越精确。

在这里我们要假定豆子都在一个平面上，相互之间没有重叠。蒙特卡洛算法可用于近

似计算圆周率,如图 6.11 所示。

公式推导:

(1) 假设正方形边长为 d,则:正方形面积为:d*d;圆的面积为:Pi*(d/2)*(d/2)。正方形与圆两者面积之比为:4/Pi。

(2) 随机产生位于正方形内的点 n 个,假设落到圆中的有 count 个,则:Pi=4* count /n。

(3) 当 n→∞时,Pi 逼近真实值。

2. 完整程序

```
object SparkPi {
    def main(args: Array[String]) {
        val conf = new SparkConf().setAppName("Spark Pi")
        val spark = new SparkContext(conf)
        val slices = if (args.length > 0) args(0).toInt else 2
        val n = 100000 * slices
        val count = spark.parallelize(1 to n, slices).map { i =>
            val x = random * 2 - 1
            val y = random * 2 - 1
            if (x*x + y*y < 1) 1 else 0
        }.reduce(_ + _)
        println("Pi is roughly " + 4.0 * count / n)
        spark.stop()
    }
}
```

图 6.11　用蒙特卡洛算法近似计算圆周率

3. 解释和说明

首先,定义对象 SparkPi,代码如下:

```
object SparkPi
```

定义函数 main,代码如下:

```
def main(args: Array[String])
```

其次,创建 SparkConf,其中封装了 Spark 配置信息:应用程序名称。代码如下:

```
val conf = new SparkConf().setAppName("Spark Pi")
```

用 SparkConf 创建 SparkContext,其中封装了调度器等信息,代码如下:

```
val spark = new SparkContext(conf)
```

第三,分布式估算 Pi——计算。启动一定数量的 map task 进行并行处理,默认数量为 2,代码如下:

```
val slices = if (args.length > 0) args(0).toInt else 2
```

初始化 n。代码如下:

```
val n = 100000 * slices
```

计算落入圆内的点数。代码如下:

```
val count = spark.parallelize(1 to n, slices).map { i =>
```

```
        val x = random * 2 - 1
        val y = random * 2 - 1
        if (x*x + y*y < 1) 1 else 0
    }.reduce( _ + _ )
```

上述一段代码的含义是：对集合 1 到 n 中的每个元素执行 map 内含的匿名函数，该匿名函数基于以原点为圆心的坐标系，半径为 1，直径为 2，random 函数给出一个(0，1)范围内的随机数，x 和 y 是坐标(取值范围为−1 到 1)，根据圆的方程，点落在圆内则 map 的结果为 1，否则为 0。reduce 函数对 map 的结果即一系列 1 和 0 进行累加，求出落入圆内的点数。

最后，分布式估算 Pi—输出。根据公式输出 Pi 值，代码如下：

```
    println("Pi is roughly " + 4.0 * count / n)
```

程序结束。代码如下：

```
    spark.stop()
```

6.6.5 程序架构及相关概念

Spark 程序架构采用主从结构，由 Driver 所在的 master 节点和 Executor 所在的 Worker 节点组成，如图 6.12 所示。

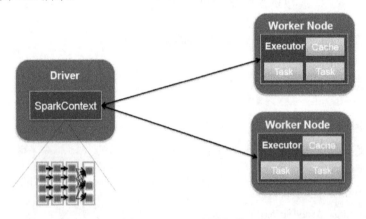

图 6.12 Spark 程序架构

一个 Driver 负责程序入口，多个 Executor 分布式执行更多个 task。一个 Executor 上可运行多个 task，一个 task 相当于一个线程，多个 Executor 共享一个 Worker Node。

由 Driver 向集群申请资源，集群分配资源，启动 Executor。Driver 将 Spark 应用程序的代码和文件传送给 Executor。Executor 上运行 task，运行完之后将结果返回给 Driver 或者写入 HDFS。

Driver 是运行 Application(应用程序)的 main()函数并创建 SparkContext。通常用 SparkContext 代表 Driver。

Spark 程序架构的几个基本概念之间的关系如图 6.13 所示。一个 Application(应用程序)由一个 Driver 程序和多个 job 构成。一个 job 由多个 stage 组成。一个 stage 由多个没有 shuffle 关系的 task 组成。task 是计算的最小单位。task 在 Executor 上分布式运行。

第 6 章 Spark 平台

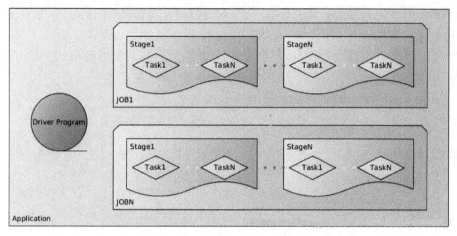

图 6.13 Spark 程序架构的几个基本概念之间的关系

Spark 程序架构的几个基本概念：

(1) job(作业)：包含多个 task 组成的并行计算，往往由 Action 催生。

(2) stage(阶段)：job 的调度单位。

(3) task(任务)：被送到某个 Executor 上的工作单元。

(4) taskset(任务集)：一组关联的、相互之间没有 shuffle 依赖关系的任务组成的任务集。

在实例 1 的 WordCount 中，task 的数目(即任务总量)由输入 HDFS 的文件划分的 block 数决定，一个 block 的大小默认为 64 MB(Hadoop 2.0 默认为 128 MB)，HDFS 的一个 block 默认为 Spark RDD 中的一个 Partition，即一个 task 处理的数据量。

同样地，在实例 2 中，Spark RDD 中的一个 Partition 就是一个 task 处理的数据量，所以语句 spark.parallelize(1 to n, slices)中 slices 变量的值为指定的 task 数，也是指定的 Partition 数。

6.6.6 体验 Spark 交互式模式 Spark-shell

Spark-shell 可以交互式运行 spark 代码，类似于 scala 交互式终端。它可用于快速体验 spark，查看程序运行结果等。

在实验 11.8 节将展示如何安装 Spark，并进入 Spark-shell 运行程序。下面是一个简短的例子，告诉大家如何使用它。

```
bin/spark-shell.sh                          //进入 Spark-shell
scala> val data = Array(1, 2, 3, 4, 5)      //产生 data
scala> val distData = sc.parallelize(data)  //将 data 处理成 RDD
scala> distData.reduce(_+_)                 //合并数组的元素
```

其中，scala>是提示符，执行 spark-shell.sh 命令将出现该提示符，它表明已经进入 Spark-shell 交互式状态，可以输入程序命令了。上面输入了三条命令，对数据元素求和。

6.6.7 提交 Spark 程序

1. spark-submit 命令概述

一种运行 Spark 程序的方法是用 spark-submit 命令。该命令不同于 spark-shell.sh 命令，它要带参数运行,不可交互,而是经过一定时间的运行后直接输出结果。一般用于运行多行的、较复杂的程序。

该命令运行的前提是将程序打包,命令运行时要指定 jar 包的路径和文件名,并指定 jar 包中的应用程序主类的名字,如 com.hulu.examples.SparkPi 类。

下面是用 spark-submit 命令运行 SparkPi 类的例子。

2. 一个完整命令的例子

完整命令如下:

```
bin/spark-submit \
    --master yarn-cluster \
    --class com.hulu.examples.SparkPi \
    --name sparkpi \
    --driver-memory 2g \
    --executor-memory 3g \
    --executor-cores 2 \
    --num-executors 2 \
    --queue spark \
    --conf spark.pi.iterators=500000 \
    --conf spark.pi.slices=10 \
    $FWDIR/target/scala-2.10/spark-example-assembly-1.0.jar
```

3. 解释和说明

在 Spark 环境中运行上述命令时应该在一行内录入完毕,但在本书中为了显示清楚,分为多行书写,每行后用\标志,表明接下一行。下面依次说明 spark-submit 命令的各个参数的含义:

master 参数指定程序运行模式,如 local、yarn-client、yarn-cluster 等。该参数必选。

class 参数指定应用程序主类。该参数必选。

name 参数指定作业名称。该参数可选。

driver-memory 参数指定 Driver 需要的内存。该参数可选,默认为 512 MB。

executor-memory 参数指定每个 Executor 需要的内存。该参数可选,默认为 1 GB。

executor-cores 参数指定每个 Executor 线程数,相当于每个 Executor 中的 task 数。该参数可选,默认为 1。

num-executors 参数指定需启动的 Executor 总数。该参数可选,默认为 2。

queue 参数指定提交应用程序给哪个 YARN 队列。该参数可选,默认为 default 队列。

conf 参数指定用户自定义配置。

最后一行指定用户应用程序所在 jar 包,必选,并且一定要放在整个 spark-submit 提交命令的最后。

spark-submit 命令的运行参数示意图如图 6.14 所示。

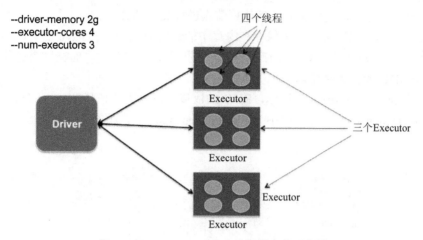

图 6.14 spark-submit 命令的运行参数示意图

6.7 进一步理解 Spark 核心概念 RDD

6.7.1 RDD 与 DAG

我们已经知道，Spark 的计算发生在 RDD 的 Action 操作，而对 Action 之前的所有 Transformation，Spark 只是记录下 RDD 生成的轨迹，而不会触发真正的计算。

Spark 内核会在需要计算发生的时刻绘制一张关于计算路径的有向无环图，即 DAG(Directed Acyclic Graph)。即 Action 算子触发之后，将以所有累积的 Transformation 算子之间的 RDD 为节点形成一个有向无环图 DAG。

举个例子，在图 6.15 中，从输入文件中逻辑上生成 A 和 C 两个 RDD，经过一系列 Transformation 操作，逻辑上生成了 F。需要注意的是，我们说的是逻辑上，因为这时候计算没有发生，Spark 内核做的事情只是记录了 RDD 的生成和依赖关系。当 F 要进行输出时，也就是 F 进行了 Action 操作，Spark 会根据 RDD 的依赖生成 DAG，并从起点开始执行真正的计算。

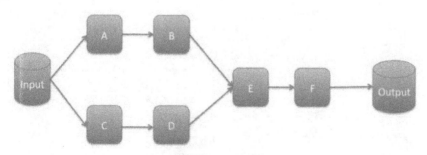

图 6.15 逻辑上的计算过程：DAG

6.7.2 划分 Stage

有了计算的 DAG 图，Spark 内核下一步的任务就是根据 DAG 图将计算划分成任务集，也就是 Stage，这样可以将任务提交到计算节点进行真正的计算。

Spark 计算的中间结果默认是保存在内存中的，Spark 在划分 Stage 的时候会充分考虑在分布式计算中可流水线计算(Pipeline)的部分来提高计算的效率，而在这个过程中，主要的依据就是 RDD 的依赖类型。

根据不同的 Transformation 操作，RDD 的依赖可以分为窄依赖(Narrow Dependency)和宽依赖(Wide Dependency，在代码中为 Shuffle Dependency)两种类型，如图 6.16 所示。

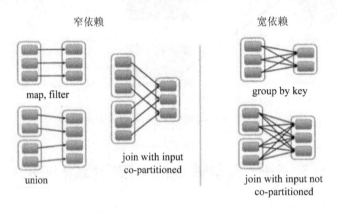

图 6.16　RDD 的宽依赖和窄依赖(RDD 内的方框代表分区 Partition)

(1) 窄依赖指的是生成的 RDD 中每个 Partition 只依赖于父 RDD(s)固定的 Partition。

(2) 宽依赖指的是生成的 RDD 的每一个 Partition 都依赖于父 RDD(s) 所有 Partition。

窄依赖典型的操作有 map、filter、union 等，宽依赖典型的操作有 groupByKey、sortByKey 等。

可以看到，宽依赖往往意味着 shuffle 操作，这也是 Spark 划分 Stage 的主要边界。对于窄依赖，Spark 会将其尽量划分在同一个 Stage 中，因为它们可以进行流水线计算，从而加快计算速度。

6.7.3　划分 Stage 举例

下面再通过图 6.17 详细解释一下 Spark 中的 Stage 划分。

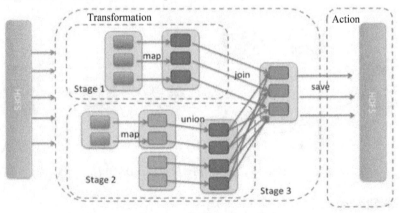

图 6.17　Spark 中的 Stage 划分

从 HDFS 中读入数据生成三个不同的 RDD，通过一系列 Transformation 操作后再将计算结果保存回 HDFS。

可以看到这幅 DAG 中只有 join 操作是一个宽依赖，Spark 内核会以此为边界将其前后划分成不同的 Stage。

同时可以注意到，在图 6.17 中的 Stage2 中，从 map 到 union 都是窄依赖，这两步操作可以形成一个流水线操作，通过 map 操作生成的 Partition 可以不用等待整个 RDD 计算结束，而是继续进行 union 操作，这样大大提高了计算的效率。

可以试着自己分析图 6.18 中的窄依赖和宽依赖，并分析其中的流水线操作。其中，A、B、C、D 等代表不同的 RDD， RDD 内的方框代表不同的分区(Partition)。

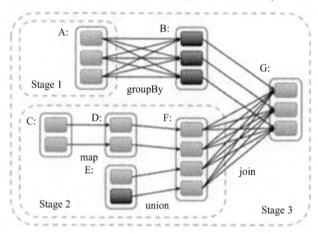

图 6.18　Spark 中的 Stage 划分的另一个例子

6.8　进一步理解 Spark 新概念

2016 年 6 月发布的 Spark 2.0 具有很多新特性，比如在编程 API 方面，Spark 2.0 对 API 进行了精简。我们主要关注两点：1) 统一 DataFrame 和 Dataset API。2) 引入新入口 SparkSession。

(1) 统一 Scala 和 Java 中 DataFrame 和 Dataset 的 API：从 Spark 2.0 开始，DataFrame 仅仅是 Dataset 的一个别名。有类型的方法(Typed Methods)(如 map、filter、groupByKey)和无类型的方法(Untyped Methods)(如 Select、groupby)目前在 Dataset 类上可用。同样，新的 Dataset 接口也在 Structured Streaming 中使用。因为编译时类型安全(Compile-time type-safety) 在 Python 和 R 中并不是语言特性，所以 Dataset 的概念并不在 Python 和 R 语言中提供相应的 API。而 DataFrame 仍然作为 Python 和 R 的主要编程抽象。

(2) SparkSession：一个新的入口，用于替代旧的 SQLContext 和 HiveContext。对于那些使用 DataFrame API 的用户，一个常见的困惑就是我们正在使用哪个 Context？现在我们可以使用 SparkSession 了，其涵括了 SQLContext 和 HiveContext，仅仅提供一个入口。需要注意的是为了向后兼容，旧的 SQLContext 和 HiveContext 目前仍然可以使用。

6.8.1 Dataset 的概念和使用

1. 概念

Dataset 是从 Spark 1.6 开始引入的一个新的抽象,当时还是处于 alpha 版本;然而在 Spark 2.0,它已经变成了稳定版了。下面是 Dataset 的官方定义:

A Dataset is a strongly typed collection of domain-specific objects that can be transformed in parallel using functional or relational operations. Each Dataset also has an untyped view called a DataFrame, which is a Dataset of Row.

Dataset 是特定领域对象中的强类型集合,它可以使用函数型或者关系型操作并行地进行转换等操作。每个 Dataset 都有一个称为 DataFrame 的无类型化的视图,这个视图是行的数据集。

上面的定义看起来和 RDD 的定义类似,RDD 也是可以并行化的操作。Dataset 和 RDD 主要的区别是:Dataset 是特定领域的对象集合;然而 RDD 是任何对象的集合。Dataset 的 API 总是强类型的;而且可以利用这些模式进行优化,然而 RDD 却不行。

Dataset 的定义中还提到了 DataFrame。

在 Spark 1.0 中,DataFrame 是一个以命名列方式组织的分布式数据集,等同于关系型数据库中的一个表,也相当于 R/Python 中的 DataFrames(但是进行了更多的优化)。DataFrames 可以由结构化数据文件转换而来,也可以从 Hive 中的表得来,还可以转换自外部数据库或现有的 RDD。

在 Spark 2.0 中,DataFrame 的含义做了一些变化。DataFrame 是特殊的 Dataset,是 Dataset 的无类型化的视图,可以把 DataFrame 理解为仅仅是 Dataset 的一个别名,在 Java 和 Scala 语言中两者统一起来了。DataFrame 在编译时不会对模式进行检测。

在未来版本的 Spark 中,Dataset 将会替代 RDD 成为开发编程使用的 API(注意,RDD 并不是会被取消,而是会作为底层的 API 提供给用户使用)。

上面简单地介绍了 Dataset 相关的定义,下面来看看如何以编程的角度来使用它。

2. Dataset WordCount 实例

为了简单起见,将介绍如何使用 Dataset 编写 WordCount 计算程序。

第一步,创建 SparkSession。正如在 6.8.2 节中提到的,在这里将使用 SparkSession 作为程序的入口,并使用它来创建出 Dataset:

```
val SparkSession =
SparkSession.builder. master("local").appName("example").getOrCreate()
```

第二步,读取数据并将它转换成 Dataset。可以使用 read.text API 来读取数据,正如 RDD 版提供的 textFile,as[String]可以为 Dataset 提供相关的模式,如下:

```
import SparkSession.implicits._
val Data = SparkSession.read.text("src/main/resources/data.txt").as[String]
```

上面 Data 对象的类型是 Dataset[String],我们需要引入 SparkSession.implicits._ 包。

第三步,分割单词并且对单词进行分组。Dataset 提供的 API 和 RDD 提供的非常类似,所以我们也可以在 Dataset 对象上使用 map、groupByKey 相关的 API,如下:

```
val words = data.flatMap(value => value.split("\\s+"))
val groupedWords = words.groupByKey(_.toLowerCase)
```

有的读者可能注意到，与 RDD 不同，这里并没有创建出一个 Key-Value 键值对，因为 Dataset 是工作在行级别的抽象，每个值将被看成是带有多列的行数据，而且每个列(在这里是所输入文件中的单词)都可以看成是 group 的 Key，正如关系型数据库的 group 操作。所以这里自动按每个单词的不同组合到一起了。

第四步，计数。一旦有了分组好的数据，可以使用 count 方法对每个单词进行计数，正如在 RDD 上使用 reduceByKey：

```
val counts = groupedWords.count()
```

第五步，打印结果。正如 RDD 一样，上面的操作都是惰性执行的，所以需要调用 action 操作来触发上面的计算。在 Dataset API 中，show 函数就是 action 操作，它会输出前 20 个结果；如果需要全部的结果，可以使用 collect 操作：

```
counts.show()
```

3. Dataset WordCount 完整的代码

```
import org.apache.spark.sql.SparkSession
object DatasetWordCount {
  def main(args: Array[String]) {
    val SparkSession = SparkSession.builder.
      master("local")
      .appName("example")
      .getOrCreate()

    import SparkSession.implicits._
    val data = SparkSession.read.text("src/main/resources/data.txt").as[String]

    val words = data.flatMap(value => value.split("\\s+"))
    val groupedWords = words.groupByKey(_.toLowerCase)
    val counts = groupedWords.count()
    counts.show()
  }
}
```

6.8.2 SparkSession 的概念和使用

1. SparkSession 的概念

在 Spark 的早期版本，SparkContext 是进入 Spark 的入口。RDD 是 Spark 中重要的 API，然而它的创建和操作得使用 SparkContext 提供的 API；对于 RDD 之外的其他东西，需要使用其他的 Context。例如对于流处理来说，得使用 StreamingContext；对于 SQL 处理得使用 SQLContext；而对于 Hive 操作得使用 HiveContext。然而 Dataset 和 Dataframe 提供的 API

逐渐成为新的标准 API，需要一个新入口来构建它们，所以在 Spark 2.0 中引入了一个新的入口(Entry Point)：SparkSession。

SparkSession 实质上是 SQLContext 和 HiveContext 的组合(未来可能还会加上 StreamingContext)，所以在 SQLContext 和 HiveContext 上可用的 API 在 SparkSession 上同样是可以使用的。Spark 的设计是向后兼容的，所有 SQLContext 和 HiveContext 相关的 API 在 Spark 2.0 还是可以使用的。

值得注意的是，SparkSession 内部封装了 SparkContext，所以计算实际上是由 SparkContext 完成的。

下面将讨论如何创建和使用 SparkSession。

2. 创建 SparkSession

SparkSession 的设计遵循了工厂设计模式(Factory Design Pattern)，下面代码片段介绍如何创建 SparkSession。

  val Sparksession =
  SparkSession.builder. master("local") .appName("spark session example") .getOrCreate()

上面代码类似于创建一个 SparkContext，master 设置为 local，然后创建了一个 SQLContext 封装它。如果要创建 HiveContext，可以使用下面的方法来创建 SparkSession，以使得它支持 Hive：

  val SparkSession =
  SparkSession.builder. master("local")
  .appName("spark session example") .enableHiveSupport() .getOrCreate()

其中，enableHiveSupport 函数的调用使得 SparkSession 支持 Hive，类似于 HiveContext。如果 SparkContext 存在，那么 SparkSession 将会重用它；但是如果 SparkContext 不存在，则创建它。在 build 上设置的参数将会自动地传递到 Spark 和 Hadoop 中。

3. 使用 SparkSession 读取数据

创建完 SparkSession 之后，就可以使用它来读取数据，下面代码片段是使用 SparkSession 来从 csv 文件中读取数据：

  val df = SparkSession.read.option("header","true"). csv("src/main/resources/sales.csv")

上面代码非常像使用 SQLContext 来读取数据，现在可以使用 SparkSession 来替代之前使用 SQLContext 编写的代码。

4. 完整的代码片段

下面是完整的代码片段：

```
import org.apache.spark.sql.SparkSession
  object SparkSessionExample {
    def main(args: Array[String]) {
      val SparkSession = SparkSession.builder.
        master("local")
        .appName("spark session example")
        .getOrCreate()
```

```
        val df = SparkSession.read.option("header","true").csv("src/main/resources/sales.csv")
        df.show()
    }
}
```

本章小结

为了分析 Spark 的产生背景，本章阐述了云计算和大数据的三种计算框架。列举了 Spark 的几个重要特点并分析了其生态系统。本章的重点是 Spark 的核心概念 RDD，分析了 RDD 的创建、RDD 的操作(包括 Transformation 和 Action)以及 RDD 与 DAG 的关系、根据 RDD 划分 Stage 等内容。在实践方面，本章举例说明了 Spark 程序设计的基本流程，以及运行 Spark 程序的两种方式。最后，本章介绍了 Spark 新概念，包括 Dataset 和 SparkSession 的概念和使用。

习题与思考

一、选择题

1. MapReduce 属于下面哪种计算框架_____。
   A. 批处理(Batch)计算　　　　　　　B. 流式(Streaming)计算
   C. 交互式(Interactive)计算　　　　　D. 以上都不是
2. 流式(Streaming)计算包括如下哪些实例_____。(多选)
   A. Hive　　　　B. Pig　　　　C. Storm　　　　D. Spark Streaming
3. 交互式(Interactive)计算包括如下哪些实例_____。(多选)
   A. Impala　　　B. Pig　　　　C. Storm　　　　D. Spark SQL
4. Spark 中 task 的数目，即任务总量由_____决定。(多选)
   A. 为 64 MB 的数据量分配一个 task
   B. 为 128 MB 的数据量分配一个 task
   C. task 的数目由输入 HDFS 的文件划分 block 数决定
   D. task 的数目默认由 Spark RDD 中的 Partition 数决定
5. 语句 spark.parallelize(1 to n, slices)中 slices 变量的值的含义是_____。(多选)
   A. 为指定的 task 数　　　　　　　　B. 是指定的 Partition 数
   C. 以上都是　　　　　　　　　　　　D. 以上都不是

二、填空题

1. Alluxio 是一种内存式的文件系统，可以认为是搭建在 HDFS 上的_____。
2. Spark 的易用性体现在它提供了丰富的 API，支持 Java、_____、Python、_____等多种语言。
3. MLBase 是 Spark 生态系统的一部分，专注于机器学习，包含三个组件：_____、_____、ML Optimizer。

4. 窄依赖指的是生成的 RDD 中每个 Partition 只依赖于父 RDD(s) _____ Partition。宽依赖指的是生成的 RDD 的每一个 Partition 都依赖于父 RDD(s)_____ Partition。

三、列举题

1. 列举五个 RDD Transformation。
2. 列举五个 RDD Action。

四、简答题

1. 说明批处理(Batch)计算的含义和适用场合。
2. 说明流式(Streaming)计算的含义和适用场合。
3. 说明交互式(Interactive)计算的含义和适用场合。
4. Spark 的特点有哪些？
5. Spark 生态系统包含哪些组件？
6. 什么是 RDD？什么是 Dataset？
7. 划分 Stage 的原则是什么？
8. 说明 SparkSession 的概念。
9. 引入 Alluxio 的原因有哪些？

五、分析题

分析图 6.18 中分别有哪些窄依赖和宽依赖？并分析其中的流水线操作是如何加快计算速度的？

六、程序题

1. 回答下面 RDD transformation 的运算结果：
   (1) val nums = sc.parallelize(List(1, 2, 3))
   (2) val squares = nums.map(x => x*x)   //结果是：_____
   (3) val even = squares.filter(_ % 2 == 0)   //结果是：_____
   (4) nums.flatMap(x => 1 to x)   //结果是：_____

2. 回答下面 RDD Action 的运算结果：
   (1) val nums = sc.parallelize(List(1, 2, 3))
   (2) nums.collect()   //结果是：_____
   (3) nums.take(2)   //结果是：_____
   (4) nums.count()   //结果是：_____
   (5) nums.reduce(_ + _) //结果是：_____

第 7 章 云 存 储

本章要点:
- 云存储的概念
- 存储结构
- 存储设备
- 存储接口
- NoSQL 数据库
- 存储虚拟化

课件

7.1 云存储概述

7.1.1 云存储的概念

云存储是在云计算(Cloud Computing)概念上延伸和发展出来的一个新的概念。云计算是分布式计算(Distributed Computing)、并行计算(Parallel Computing)和网格计算(Grid Computing)的发展,是透过网络将庞大的计算处理程序自动分拆成无数个较小的子程序,再交由多部服务器所组成的庞大系统,经计算分析之后将处理结果回传给用户。通过云计算技术,网络服务提供者可以在数秒之内,处理数以千万甚至亿计的信息,达到和"超级计算机"同样强大的网络服务。

云存储的概念与云计算类似,它是指通过集群应用、网格技术或分布式文件系统等功能,将网络中大量各种不同类型的存储设备通过应用软件集合起来协同工作,共同对外提供数据存储和业务访问功能的一个系统。云存储的示意图如图 7.1 所示。

云存储是近几年新发展的在线存储服务,它以互联网为基础。用户依靠网络可以从云存储服务提供商获得企业级的服务和接近无穷的存储空间。用户不需要考虑数据的存储位置、可靠性、存储容量、可用性、存储设备类型、安全性等相关的底层细节技术,只需要按照服务提供商的收费标准向提供商付费即可。

以现在典型的云存储服务系统来说,云存储系统通过一系列控制访问技术和资源管理技术将互联网上庞大的存储资源组织成可以被用户进行透明访问的资源池。

云存储有三个体现其核心竞争力的基本特征,分别是易于管理、分布于网络和易于扩展。通过这种更加简单和规模化的存储服务,可以大大降低用户的存储成本。

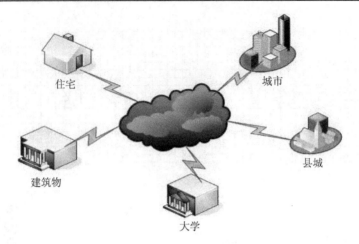

图 7.1 云存储的示意图

7.1.2 云存储的结构模型

云存储的结构模型如图 7.2 所示。

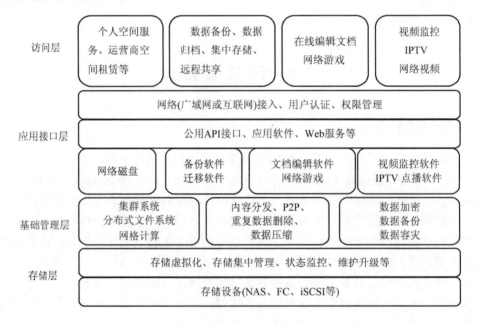

图 7.2 云存储的结构模型

1. 存储层

存储层是云存储最基础的部分。存储设备可以是光纤通道(Fiber Channel,FC)存储设备,可以是 NAS 和 iSCSI 等 IP 存储设备,也可以是 SCSI 或 SAS 等 DAS 存储设备。云存储中的存储设备往往数量庞大且分布在不同地域,彼此之间通过广域网、互联网或者光纤通道网络连接在一起。

存储设备之上是一个统一存储设备管理系统,可以实现存储设备的逻辑虚拟化管理、多链路冗余管理以及硬件设备的状态监控和故障维护。

2. 基础管理层

基础管理层是云存储最核心的部分，也是云存储中最难以实现的部分。基础管理层通过集群系统、分布式文件系统和网格计算等技术，实现云存储中多个存储设备之间的协同工作，使多个存储设备可以对外提供同一种服务，并提供更大、更强及更好的数据访问性能。

CDN 内容分发网络(Content Distribution Network，CDN)、数据加密技术保证云存储中的数据不会被未授权的用户所访问。同时，通过各种数据备份和容灾技术与措施可以保证云存储中的数据不会丢失，保证云存储自身的安全和稳定。

3. 应用接口层

应用接口层是云存储最灵活多变的部分。不同的云存储运营单位可以根据实际业务类型，开发不同的应用服务接口，提供不同的应用服务。如视频监控应用平台、IPTV 和视频点播应用平台、网络硬盘应用平台、远程数据备份应用平台等。

4. 访问层

任何一个授权用户都可以通过标准的公用应用接口来登录云存储系统，享受云存储服务。云存储运营单位不同，云存储所提供的访问类型和访问手段也不同。

7.1.3 云存储国内外发展现状

1. 国内发展状况

从目前的形势来看，云计算规模尚小，但发展迅速。许多专家认为，云存储、云计算会成为改变 IT 架构的革命性技术。未来的计算、存储服务，会像"自来水龙头"、"电源插座"一样方便，有专门的企业和人员进行维护，而不必由客户花费庞大的成本进行维护。这是技术进步、社会分工发展的必然结果。这种观念正在被越来越多的人接受。

未来的中国云存储市场，主要还是要从安全性、便携性及数据访问等角度进行发展。当前云存储厂商正在将各类搜索、应用技术和云存储相结合，以便能够向企业提供一系列的数据服务。

目前国内已经存在酷盘、115 网盘、金山快盘、QQ 网盘、华为网盘、迅雷网盘、百度云盘等云存储产品。中国云存储主要服务产品功能参数的对比如表 7.1 所示。云盘的使用已经像邮箱一样广泛且免费。目前国内用户数最多的是百度云盘。

表 7.1 中国云存储主要服务产品功能参数的对比

产品	发布时间	免费容量	扩充容量方式	上传文件大小限制	跨平台/设备
酷盘	2011.03	5 GB	可以通过参加活动来扩容，免费	不限	支持电脑网页和客户端；支持 iPhone、Android、Symbian 手机客户端下载
115 网盘	2009.05	150 GB	等级越高容量越大，免费	小于 1 GB	支持电脑网页和客户端；支持 iPhone、iPad 客户端下载；支持 Android 手机客户端下载

续表

产品	发布时间	免费容量	扩充容量方式	上传文件大小限制	跨平台/设备
百度云盘	2012.03	2 TB	开通会员或完成任务可以扩容	小于 10 GB	支持电脑网页和客户端；支持 iPhone、iPad 客户端下载；支持 Android 手机客户端下载
360云盘	2012.03	36 GB	通过简单任务和抽奖可以扩容	小于 5 GB	支持电脑网页和客户端；支持 iPhone、iPad 客户端下载；支持 Android 手机客户端下载
腾讯微云	2012.07	10 TB	完成任务来扩容	小于 32 GB	支持电脑客户端；支持 Android、iPhone 手机客户端下载
天翼云盘	2012	15 GB	签到无限扩容	小于 2 GB	支持电脑客户端；支持 Android、iPhone 手机客户端下载

2. 国外发展状况

目前，很多企业都有自己的云存储产品，而国外比较出名的产品有 Apple iCloud、Google Drive、Amazon Cloud Drive、Dropbox 和 Microsoft OneDrive(原名为 Microsoft SkyDrive)等。国外五大云存储服务器的综合比较如表 7.2 所示。

表 7.2 国外五大云存储服务器的综合比较

比较项目	Google Drive	Amazon Cloud Drive	Apple iCloud	Dropbox	Microsoft OneDrive	选择建议
免费存储空间	15 GB	5 GB	5 GB	2GB	7 GB	Google Drive
文件支持类型	任何	任何	任何	任何	100 MB 以下	均可
支持设备	所有	支持 Flash 的设备	PC、Mac、iOS 设备	所有	PC、Mac、Windows Phone 7	Google Drive、Dropbox
音乐服务	只有音乐库，无音乐商店	1500 万首歌曲可选	1800 万首歌曲可选	不支持	不支持	Apple iCloud
易用性	累赘并且缓慢	速度慢但勉强接受	轻而易举	天才	速度慢但精致好用	Apple iCloud、Dropbox
离线支持	有时支持	不支持	支持	支持	不支持	Apple iCloud、Dropbox
可用性	任何地方(除了 Music Beta)	任何地方(除了 Cloud Player 播放器)	任何地方(除了 iTunes Match)	任何地方	任何地方	Dropbox、Microsoft OneDrive

7.1.4 云存储相比传统存储的优势

与传统存储相比,云存储具备以下几个方面的显著优势:

(1) 存储容量的弹性扩展。传统存储设备最大容量有限,当达到一定扩展能力就很难再扩展,同时存储性能、安全性、可靠性和经济性都大大降低。云存储能够通过集群很容易获得 PB 级存储容量,存储扩展没有限制,可随时随地在线增加存储节点来满足存储容量需求。

(2) 高并发读写性能。传统存储设备的并发读写性能容易受到 NAS 机头、CPU 或控制器的能力限制,而云存储系统采用控制与数据分离的架构,脱离了单台设备的能力束缚,整个系统的性能主要受网络吞吐能力的限制。云存储技术可将存储节点的带宽聚合,随着存储节点的增加可以实现带宽的线性增长,理论上带宽是无限的。同时在云存储系统中数据文件是拆分成数据块按条带化存储在多台物理存储节点上的,能够最快速的并发访问数据。另外云存储中数据存储是采用多副本策略存储的,可以实现热点数据的负载均衡访问。

(3) 可维护性。云存储系统采用数据冗余存储机制,硬盘或存储节点损坏时,其余节点可自动重组,数据不丢失,系统运行不受影响。这一点大大提升了海量存储节点的可维护性。传统的存储设备,通常用 RAID 方式进行冗余备份,当有硬盘损坏时,RAID 重构时间通常要十几个小时。云存储采用分布式文件系统,数据的存储和备份不再依赖单台设备的能力,有硬盘坏掉时,恢复受损的数据只需要十几分钟的时间,维护人员只需要定期检查硬盘的损坏情况,并更换新硬盘即可,维护非常简单。

(4) 安全性、可靠性。传统存储设备提供的是一个透明的存储空间,原始数据直接存在存储设备上,数据可以直接访问和使用,不具有信息安全和私密性。云存储中的数据传输是加密的,首先用户并不知道数据存在哪个物理硬盘上,而且数据在存储设备上是按文件块存储的无法直接进行访问。用户存储的数据只有自己有权限进行访问和管理,系统管理员也无法读取。

(5) 资源共享性。传统存储设备一般是以单一形式工作,无法做到多台设备之间的容量和带宽聚合。而云存储集群文件系统,不受限于硬件存储节点的数量,可灵活地进行统一管理和共享。云存储可以把一个存储池共享给多个用户进行访问。云存储提供全局统一命名空间,提供标准的文件访问接口,支持主流的文件传输协议,同时支持 API 接口可与应用程序实现更完美的结合,实现最佳访问效率。

(6) 总拥有成本(TCO)低。云存储系统采用高性价比的以太网络和大量存储节点构成,比传统的中高端存储设备具有更好的性价比优势。云存储扩容相对比较灵活,可根据业务随时随地进行弹性扩展,用户不需要在前期一次性购入,需要时可在线进行性能和容量的扩展,从而能够保护用户的前期投资。更重要的是,云存储通过前面提到的可维护性,可以在管理维护上大大节省用户的总拥有成本(TCO)。

温馨提示:

为什么现在有那么多公司提供免费的云盘给大家用?如果云存储的成本高,可能有这个现象吗?

7.2 存储结构

根据用户的不同需要，目前云存储能提供多种可选的数据存储解决方案，其中包括：
(1) 存储区域网络(SAN)：针对那些要求优化交易处理性能的业务和技术应用。
(2) 网络附加存储(NAS)：针对专用文件共享和协作。
(3) 直接连接存储(DAS)：最简单也是最早发展起来的存储方式。

7.2.1 DAS(直接连接存储)

直接连接存储(Direct Attached Storage，DAS)是指将存储设备通过SCSI(小型计算机系统接口)等接口直接连接到计算机上。

DAS是连接大容量存储设备到服务器和LAN的最常用的方法。在该连接方式中，一组磁盘直接附加到服务器。DAS的优缺点及适用范围如下：

- 优点：实现简单，低成本，实时性强。
- 缺点：不易扩充。
- 适用范围：中小型企业或分支机构的存储系统。对大型企业所需的大量数据存储需求而言，其优点将完全丧失，带来总体拥有成本(TCO)高、管理复杂、不便扩展等问题。

DAS的部署方式如图7.3所示。在部署时，服务器通过SCSI接口直接与磁盘阵列相连。当然，可以有两个服务器通过各自的SCSI接口分别访问同一台磁盘阵列，但要访问8或10台服务器，用DAS方式就难了，这体现了其不易扩充的缺点。

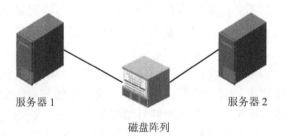

图7.3 DAS的部署方式

7.2.2 NAS(网络附加存储)

网络附加存储(Network Attached Storage，NAS)即将存储设备通过标准的网络拓扑结构(如以太网)，连接到一群计算机上。

在NAS方式下，存储设备直接连接到LAN，存储数据流在LAN上流动，它使用成熟的TCP/IP技术，可以实现几百公里甚至更远距离的数据存储。

对NAS的投资仅限于一台NAS设备。NAS设备本质上是经过优化设计的专用文件服务器。NAS的优缺点及适用范围如下：

- 优点：部署非常简单，低成本，与TCP/IP网络集成；可实现不同操作系统的文件级共享。
- 缺点：备份过程中的带宽消耗大；难以在应用层上进行扩展；安全性较差。
- 适用范围：NAS是部门级的存储方法，它的重点在于帮助工作组和部门级机构解决迅速增加存储容量的需求。

NAS的部署方式非常简单，只需与传统的IP交换机连接即可。NAS设备的物理位置可以放置在LAN中的任何地方，如图7.4所示。

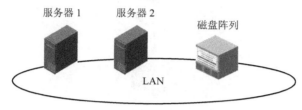

图7.4 NAS的部署方式

7.2.3 SAN(存储区域网络)

存储区域网络(Storage Area Network，SAN)是连接发起者(Initiators，如主机设备、服务器等)到目的地(Target，如各种存储设备)的专用网络，并在不加重企业LAN的负担的情况下传输存储数据流。

SAN一般通过光纤通道协议而不是通过标准的TCP/IP网络协议连接到一群计算机上。

SAN的结构提供了多主机连接，因此允许任何服务器连接到任何存储阵列，这样不管数据置放在哪里，服务器都可直接存取所需的数据。

SAN可以实现几百千米甚至更远距离的数据存储。

SAN的优缺点及适用范围如下：
- 优点：实时性强，高可靠性、高可用性和高可扩展性，可以通过划分分区(LUN)实现多操作系统数据共享。
- 缺点：实现较复杂，高成本，不能实现不同操作系统的文件级共享。
- 适用范围：企业级的存储系统。对大型企业和数据中心所需的大量数据存储需求而言，其优点将充分展示，性价比也将提高。

高性能的光纤通道交换机(FC Switch)和光纤通道网络协议是SAN的关键。SAN的部署方式如图7.5所示。从图中可以看出，多台服务器可以通过FC Switch与一个或多个磁盘阵列相连，由于有多端口FC Switch的互联互通作用，可以实现服务器数量或磁盘阵列数量的任意扩展，这体现了其具有DAS方式所缺乏的高可扩展性。从图7.5中可以看出，通常一个SAN系统主要由以下几部分组成：

(1) FC卡(又称为主机总线适配器，即Host Bus Adapter)。FC卡安装在需连接到SAN的服务器上。
(2) 光纤通道交换机(FC Switch)，或者是光纤通道集线器(FC Hub)。
(3) 存储系统(如磁盘阵列系统和磁带库系统)。
(4) 存储管理软件。

实际上在图7.5中，服务器并不仅仅通过FC Switch与磁盘阵列相连(第二网、FC网、存储网)，它还同时通过 IP Switch 与客户端的机器相连(第一网、IP 网、业务网)。

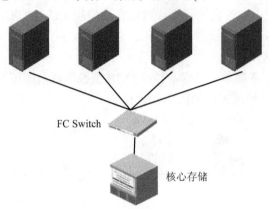

图 7.5　SAN 的部署方式

与 NAS 不同的是，在 SAN 中，发起者和目的地之间有专用的数据链路，而不是与传统业务数据流共享网络带宽，这提高了用户访问存储数据及相关业务的效率。SAN 解决方案是从基本的业务网络功能中剥离出存储功能，因此，进行数据备份时就无需考虑备份操作对网络总体性能的影响。

相反，对 NAS 而言，存储数据流与业务数据流使用同一 IP 网络，因此，NAS 会增加网络拥塞，NAS 性能也严重受制于网络传输数据能力。例如，利用 NAS 在进行备份的过程中有带宽消耗问题。与将备份数据流从 LAN 中转移出去的存储区域网(SAN)不同，NAS 仍使用网络进行备份和恢复。NAS 相当于将备份事务由并行 SCSI 连接转移到了网络上。对 NAS 而言，LAN 除了必须处理正常的最终用户的业务传输流外，还必须处理包括备份操作的存储磁盘请求。

当然，NAS 也有优势。它区别于 SAN 的显著特点是 NAS 设备支持多计算机平台下的"文件级共享"。不同操作系统下的用户可以通过统一的网络支持协议(如网络文件系统 NFS 和 CIFS)进入相同的文档，这避免了同样内容的用户文档需要存储成不同的文件格式以便供不同的操作系统访问的问题，以沟通 Windows 和 UNIX 等不同的操作系统。NAS 的这一特点是目前存储区域网 SAN 尚不具备的功能。SAN 只能支持不同操作系统的用户访问同一磁盘阵列中的不同数据分区，而不能实现多操作系统对同一文件的读/写。

7.2.4　集群存储

以集群存储为代表的分布式存储是实现云存储的重要手段。云存储成本低、易扩容且性能高，与集群存储固有的优点是分不开的。

1. 引入集群存储的意义

由于用户数量众多，存储系统需要存储的文件将呈指数级增长态势，这就要求存储系统的容量扩展能够跟得上数据量的增长，做到无限扩容，同时在扩展过程中最好还要做到简便易行，不能影响到数据中心的整体运行，如果容量的扩展需要复杂的操作，甚至停机，这无疑会极大地降低数据中心的运营效率。

云时代的存储系统需要的不仅仅是容量的提升，对于性能的要求同样迫切，与以往只面向有限的用户不同,在云时代,存储系统将面向更为广阔的用户群体,用户数量级的增加使得存储系统也必须在吞吐性能上有飞速的提升,只有这样才能对请求做出快速的反应,这就要求存储系统能够随着容量的增加而拥有线性增长的吞吐性能,这显然是传统的存储架构无法达到的目标。

传统的存储系统由于没有采用分布式的文件系统,无法将所有访问压力平均分配到多个存储节点,因而在存储系统与计算系统之间存在着明显的传输瓶颈,由此而带来单点故障等多种后续问题,而集群存储正是解决这些问题,满足新时代要求的一剂良药。

2. 集群存储的含义及优点

集群存储是指:由若干个"通用存储设备"组成的用于存储的集群,组成集群存储的每个存储系统的性能和容量均可通过"集群"的方式得以叠加和扩展。

集群存储是有别于传统的 SAN 和 NAS 的一种新的存储架构。传统的 SAN 与 NAS 分别提供的是数据块与文件两个不同级别的存储架构,而集群存储是主要面向文件级别的存储集群系统。因此,也常常被称为集群 NAS。

SAN 系统具有很高的性能,但是构建和维护起来很复杂。由于数据块和网络需求的原因,SAN 系统也很难扩容。NAS 系统的构建和维护虽然比较简单,但由于其聚合设备(又称为 NAS 头)是其架构上的瓶颈,造成其性能很有限。集群存储集中了 SAN 和 NAS 的优点,且具备它们不具有的优点。

集群存储的主要优点是易于扩容,并且随着存储系统的扩容,性能也随之提升。

集群存储扩展起来非常方便,像搭积木一样进行存储的扩展。特别是对于那些对数据增长趋势较难预测的用户,可以先购买一部分存储,当有需求的时候,随时添加,而不会影响现有存储的使用。

3. 集群存储的实现

集群存储采用的操作系统可以多种多样,但目前的趋势是 Unix 领域集群市场日渐萎缩,而 Linux 集群的性价比适合目前所有的集群应用。Windows 集群系统主要应用于小型系统。

集群存储的实现方案有很多,下面着重给出两种方案:

(1) **集群存储方案一**:带 InfiniBand 网络,如图 7.6 所示。这是一种基于存储服务器的解决方案。所谓存储服务器,可以把它视为一种配有多硬盘的服务器。一台多用途的服务器通常拥有五块以下的内部磁盘,但一台存储服务器至少会拥有 6 块内部磁盘,大多时候会达到 12 块到 24 块内部磁盘。

基于存储服务器的解决方案的优点是可以充分利用服务器的本地存储,而无需购买外在的存储设备如磁盘阵列等。

该方案中包括两个集群:应用服务器集群和存储服务器集群。应用服务器集群承担计算任务,完成用户的具体应用。存储服务器

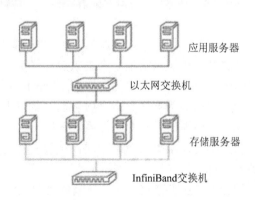

图 7.6 带 InfiniBand 网络的集群存储方案

集群承担存储任务，完成用户数据的存放、管理工作。存储服务器集群通过以太网交换机与承担应用与计算任务的应用服务器集群相互连接。

为了保持存储服务器所存储的数据的同步，在方案中，存储服务器需要通过 InfiniBand 网络相互连接。由于采用了 InfiniBand 网络，其方案的造价偏高。

(2) 集群存储方案二：带元数据服务器，如图 7.7 所示。该方案没有 InfiniBand 网络这一层。它通过类似 HDFS 的分布式文件系统协议技术，配合通用的工业标准服务器，构建了集群存储的解决方案。该方案之所以不需要额外的 InfiniBand 网络解决数据同步的问题，是在于它采用了独特的方案设计。它通过元数据服务器(Meta-data Server，MDS)集群来管理文件目录树组织、属性维护、文件操作日志记录、授权访问等文件系统的元数据，并通过两个元数据服务器消除了元数据服务器可能存在的瓶颈。

在图 7.7 中，该方案被分为三个集群，分别是：计算节点集群、元数据服务器集群和智能存储服务器集群。

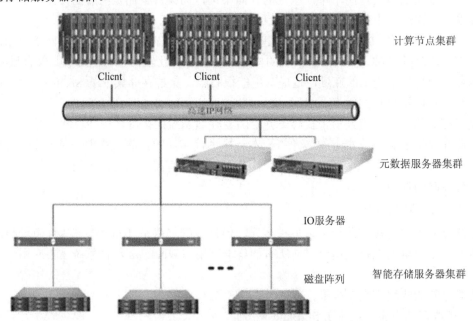

图 7.7 带元数据服务器的集群存储方案

计算节点集群系统是一个由大量计算节点组成、运行数据处理软件的计算集群。它类似 HDFS 系统中的文件访问客户端(Client)，用于发起文件访问的请求。

元数据服务器集群由多个服务器并行管理文件系统的元数据，管理整个存储系统的命名空间，对外提供单一的文件系统映像。它类似 HDFS 系统中的名字节点(Namenode)，用于提供整个文件系统的命名空间，接收文件访问的请求，并把请求转发给后台的智能存储服务器集群。

智能存储服务器集群由 I/O 服务器和 SAS 磁盘阵列柜构成，提供相应的存储资源，提供并发的数据访问。它也可以由一组存储服务器实现，而无需单独的磁盘阵列。它类似 HDFS 系统中的数据节点(Datanode)，用于存储实际的数据，并具体处理文件访问的读写请求。

7.3 存储设备

7.3.1 存储设备概述

在网络系统存储备份设备中,应用最广泛的有:
(1) 磁盘阵列。
(2) 磁带库。
(3) 光盘塔或光盘库。

磁带库是网络存储备份设备的元老。磁带库因磁带可以不断更换,其存储备份容量仅取决于所换磁带的多少,这就是说磁带库的存储容量是无限的。另外,磁带还可以作为一种半永久可更换的存储备份介质,在异地存储中可以选择更加安全可靠的保存环境。因而在大中型数据库系统中应用十分广泛。总之,磁带库是一种安全、可靠、易用和成本低廉的网络存储备份设备。

磁盘阵列的最大特点是数据存取速度特别快。其主要功能是可提高网络数据的可用性及存储容量,并可将数据有选择性地分布在多个磁盘上,从而提高系统的数据吞吐率。另外,磁盘阵列还能够免除单块硬盘故障所带来的灾难后果。通过把多个较小容量的硬盘连在智能控制器上,可增加存储容量。显然,磁盘阵列是一种高效、快速、易用的网络存储备份设备。

光盘塔或光盘库不仅容量大、速度高、价格低,而且信息容量可以随着承载信息的光盘数量的增加而增加。由于光盘基本上是只读媒介,一方面它是一种永久信息备份载体;另一方面它又限制了用户对光盘塔或光盘库中过时信息数据的修改与补充。

以上这些存储设备的应用环境分别如下:
(1) 磁带库多用于网络系统中的海量数据的定期备份。
(2) 磁盘阵列主要用于网络系统中的海量数据的即时存取。
(3) 光盘塔或光盘库主要用于网络系统中的海量数据的只读访问。

7.3.2 磁盘阵列(RAID)

磁盘阵列(Redundant Array of Inexpensive Disks,RAID)意为"廉价磁盘冗余阵列",是指将多个类型、容量、接口,甚至品牌一致的专用硬磁盘或普通硬磁盘连成一个阵列,使其能以某种快速、准确和安全的方式来读/写磁盘数据,从而达到提高数据读取速度和安全性的一种手段。

磁盘阵列读/写方式的基本要求是:在尽可能提高磁盘数据读/写速度的前提下,必须确保在一张或多张磁盘失效时,阵列能够有效地防止数据丢失。磁盘阵列硬件由以下三个部分组成:
(1) 由多个硬磁盘组成的磁盘组。
(2) 存储控制器。存储控制器的作用完全可以使得整个磁盘组就像一片磁碟那样成为读/写速度快、存储容量大、性能稳定可靠的虚拟磁盘。目前存储控制器的发展趋势是提供智能存储功能和大容量缓冲区(Cache)，并在存储控制器中运行磁盘镜像软件、磁盘快照软件、磁盘通道管理软件等。

(3) 接口控制器。在主机和磁盘组之间提供的接口控制器可为主机提供无缝透明的磁盘操作功能。

从实现方法而言，磁盘阵列是通过 RAID 技术实现的。

廉价磁盘冗余阵列是通过将多个磁盘与数据条带化方法相结合，以提高数据可用率的一种结构。RAID 的基本思想是将多只小的、廉价的驱动器进行有机组合，使其性能提高，存储容量增加。另外，对计算机而言，该磁盘阵列等效为一只逻辑存储器或驱动器。

基本的磁盘阵列可分为 RAID 级别 0 到 RAID 级别 6，通常称为 RAID 0、RAID 1、RAID 2、RAID 3、RAID 4、RAID 5、RAID 6。每一个 RAID 级别都有自己的优点和缺点。

RAID 0、RAID 1 和 RAID 5 是常用到的，现给出它们的工作示意图，分别如图 7.8～图 7.10 所示。

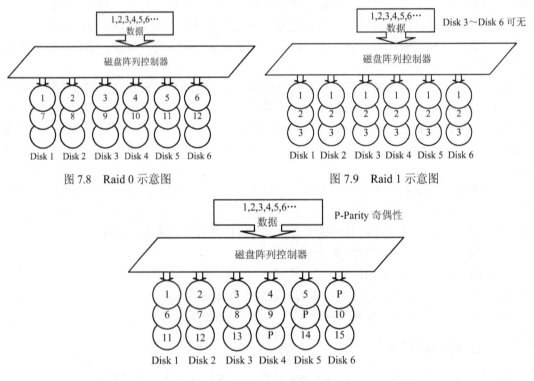

图 7.8　Raid 0 示意图　　　　　图 7.9　Raid 1 示意图

图 7.10　Raid 5 示意图

以上图中"磁盘阵列控制器"和"Disk 1～Disk 6"之间的"箭头"可以理解为硬盘接口，常见的有 IDE、SCSI 或 FC 接口；"数据"和"磁盘阵列控制器"之间的"箭头"可以理解为磁盘阵列柜的接口，一般为 SCSI 或 FC 接口。下面分述几种常见的 RAID 级别：

(1) RAID 0：又称为数据条带化(Striping)。RAID 0 并不是真正的 RAID 结构，没有数据冗余。RAID 0 采用条带化技术使多个磁盘形成一个大容量的逻辑盘，连续地分布数据到多个磁盘上。这样，磁盘阵列控制器不像以前那样一次只读/写一个硬盘，而可以同时并行地读/写多个磁盘，因此具有很高的数据传输率。但 RAID 0 在提高性能的同时，并没有提供数据可靠性，如果一个磁盘失效，将影响整个数据。RAID 0 适用于需要高性能的应用，而不适用于需要数据高可用性的关键应用。

(2) RAID 1：又称为数据镜像。RAID 1 实现数据的完全冗余，在一对分离的磁盘上产生互为备份的数据。形成 RAID 1 至少需要两块硬盘。图中 Disk 2～Disk 6 中存储的内容与 Disk 1 的完全一样；可以看成是 Disk1 的备份。实际应用中 Disk 3～Disk 6 不是必须的。RAID 1 可以提高读的性能，当原始数据繁忙时，可直接从镜像拷贝中读取数据。RAID 1 是磁盘阵列中费用最高的，但提供了最高的数据可用性。当一个磁盘失效，系统可以自动地交换到镜像磁盘上，而不需要重组失效的数据。

(3) RAID 3：RAID 3 使用单块磁盘存放奇偶校验信息，称为奇偶盘。如果一块磁盘失效，奇偶盘及其他数据盘可以重新产生数据。如果奇偶盘失效，则不影响数据使用。RAID 3 对于大量的连续数据可提供很好的传输率，但对于随机数据，奇偶盘会成为写操作的瓶颈。

(4) RAID 5：RAID 5 没有单独指定的奇偶盘，而是交叉地存取数据及奇偶校验信息于所有磁盘上。在 RAID 5 上，读/写指针可同时对阵列设备进行操作，提供了更高的数据流量。RAID 5 更适合于小数据块、可随机读/写的数据。在 RAID 5 中有"写损失"，即每一次写操作，将产生四个实际的读/写操作，其中两次读旧的数据及奇偶信息，两次写新的数据及奇偶信息。形成 RAID 5 至少需要三块硬盘。

总体来说，RAID 有以下的一些特点：

(1) 功耗小，传输速率高。在 RAID 中，可以让很多磁盘驱动器同时传输数据，而这些磁盘驱动器在逻辑上又是一个磁盘驱动器，因此，使用 RAID 可以达到单个的磁盘驱动器若干倍的速率。

(2) 可以提供容错功能，提高了可靠度，当然这是以冗余为代价的。这是 RAID 获得广泛应用的重要原因之一。

(3) RAID 是获得大容量存储器的价廉物美、简单易行的好方法。这是 RAID 获得广泛应用的又一重要原因。

(4) 通常 RAID 由硬盘阵列柜实现，其价格往往是较贵的。

常见的几种 RAID 级别的比较如表 7.3 所示。

表 7.3 RAID 级别的比较

RAID 级别	RAID 0	RAID 1	RAID 3	RAID 5
名称	条带	镜像	专用校验条带	分散校验条带
允许故障	否	是	是	是
冗余类型	无	副本	校验	校验
热备用操作	不可	可以	可以	可以
硬盘数量	一个(含)以上	两个	三个(含)以上	三个(含)以上
可用容量	最大	最小	中间	中间
减少容量	无	50%	一个磁盘	一个磁盘
读性能	高(由硬盘的数量决定)	中间	高	高
随机写性能	最高	中间	最低	低
连续写性能	最高	中间	低	最低
典型应用	无故障的迅速读写	允许故障的小文件、随机数据写入	允许故障的大文件、连续数据传输	允许故障的小文件、随机数据传输

主要有三个因素可影响用户对 RAID 级别的选择：可用性(数据冗余)、性能和成本，分述如下：

(1) 如果不需要可用性，那么 RAID 0 将带来最佳性能。

(2) 如果可用性和性能很重要而价格并不重要，那么选择 RAID 1。

(3) 如果价格、可用性和性能同样重要，那么选择 RAID 3、RAID 5(视数据传输类型和磁盘驱动器数目而定)。

7.4 存储接口

数据存储的 I/O 接口主要有以下类型：

(1) SCSI 接口。

(2) iSCSI 接口。

(3) FC 接口。

(4) InfiniBand 接口。

(5) Myrinet 接口。

磁盘阵列在相关接口控制器的操作下，主机对磁盘阵列操作的重要特点是设备无关性，即通过相关接口控制器后，主机可以兼容于不同的磁盘阵列。

7.4.1 SCSI 接口

SCSI(Small Computer System Interface)即小型计算机系统接口，它是由美国国家标准协会所制订的用来连接周边装置的接口，在工作站、服务器上常作为硬盘及其他存储装置的接口。

SCSI 是一种连接主机和外围设备的接口，支持包括磁盘驱动器、磁带机、光驱、扫描仪在内的多种设备。它由 SCSI 控制器进行数据操作，SCSI 控制器相当于一块小型 CPU，它有自己的命令集和缓存。在 SCSI 总线中，SCSI 控制器也是一个设备，即：

实际最大可连接设备数目 = 理论最大支持设备数目 − 1

SCSI 设备的电气接口规范有以下三种：

(1) 单端(Single Ended，SE)：许多旧式 SCSI 设备都是单端设备，它们限制 SCSI 总线的长度为 6 m(需要注意的是，此距离包括设备内部电缆的距离)。

(2) 低压差分(Low Voltage Differential，LVD)：SCSI 总线和设备可借助它来延长传输的距离，在 12 m 以内都能保持正常传输率。与 SE 兼容，如果在 LVD 总线内有一个设备设置成单端，整个总线也会切换成单端。

(3) 高压差分(High Voltage Differential，HVD)：在 LVD 没有出现之前，它也称为差分(Differential)。其传输线缆的最大长度为 25 m，缺点是与单端设备不兼容。

表 7.4 是 SCSI 同业公会(SCSI Trade Association，STA)对 SCSI 的标准分类及性能比较。下面分别进行介绍：

(1) SCSI-1：其最大传输速率为 5 MB/s。通常用于扫描仪。

(2) Fast SCSI(快 SCSI)：其又称为 Fast Narrow SCSI(窄快 SCSI)，使用双倍的频率。最大传输速率为 10 MB/s。目前有 CD-R、CD-ROM 在使用。

(3) Fast Wide SCSI(宽快 SCSI)：16 位的通道宽度，传输速率为 20 MB/s，最大设备支持数为 16 个。在磁带驱动器等设备上使用。有时把 Fast SCSI 和 Fast Wide SCSI 也称为 SCSI-2。

表 7.4 SCSI 同业公会对 SCSI 的标准分类及性能比较

STA 术语	最大总线速度/(MB/s)	总线宽度/位	最大总线长度/m			最大可连接设备数目
			SE	LVD	HVD	
SCSI-1	5	8	6	—	25	8
Fast SCSI	10	8	3	—	25	8
Fast Wide SCSI	20	16	3	—	25	16
Ultra SCSI	20	8	1.5	—	25	8
	20	8	3	—	—	4
Wide Ultra SCSI	40	16	—	—	25	16
	40	16	1.5	—	—	8
	40	16	3	—	—	4
Ultra 2 SCSI	40	8	—	12	25	8
Wide Ultra 2 SCSI	80	16	—	12	25	16
Ultra 3 SCSI 或 Ultra 160 SCSI	160	16	—	12	—	16
Ultra 320 SCSI	320	16	—	12	—	16
Ultra 640 SCSI	640	16	—	12	—	16

温馨提示：

Wide SCSI 是指依靠第二条数据电缆或 68 针数据线来增加总线的性能，数据位宽为 16 bits，与 Narrow SCSI(8 位数据宽度)相比，性能提升两倍。

(4) Ultra SCSI(超 SCSI)：又称为 Ultra Narrow SCSI(窄超 SCSI)，8 位的通道宽度，传输速率为 20 MB/s，最大设备支持数为 8 个，可在磁带驱动器等设备上使用。

(5) Ultra Wide SCSI(宽超 SCSI)：16 位的通道宽度，传输速率为 40 MB/s。

(6) Ultra 2 SCSI：又称为 Narrow Ultra 2 SCSI，8 位的通道宽度，传输速率为 40 MB/s，最大设备支持数为 8 个。

(7) Wide Ultra 2 SCSI：16 位的通道宽度，传输速率为 80 MB/s，最大设备支持数为

16个。

(8) Ultra 3 SCSI：又称为 Ultra 160 SCSI，16 位的通道宽度，支持最高数据传输率为 160 MB/s，最大设备支持数为 16 个。

从 Ultra 3 SCSI 开始 SE、HVD 接口都不再被支持，只支持 LVD 接口；而且从 Ultra3 SCSI 开始，只支持宽接口通道，不支持 8 位的窄接口通道。

(9) Ultra 320 SCSI：16 位的通道宽度，最高数据传输率为 320 MB/s。

(10) Ultra 640 SCSI：最高数据传输率为 640 MB/s。

7.4.2 FC 接口

光纤通道是高性能的连接协议，用于服务器和海量存储子网络、外设之间的连接。它通过光纤集线器、光纤交换机和点对点连接进行双向、串行数据通信。对于需要有效地在服务器和存储介质之间传输大量资料而言，光纤通道提供远程连接和高速带宽。光纤通道技术是用于存储区域网、集群计算机和其他数据密集计算设施的理想技术。

1. FC 协议分层结构

FC 是一种分层结构，每个层次定义为一个功能级，但是所分的层不能直接映射到 OSI 模型的层上。FC 协议分层结构如表 7.5 所示。FC 的层次化功能集包括 FC-0 到 FC-4 共五层结构。FC 协议的五层定义为：物理层、传输协议层、网络层(帧协议)、公共服务以及高层协议(Up Layer Protocol，ULP)接口。

表 7.5　FC 协议分层结构

FC-4	高层协议接口(SCSI、IP、ATM、HIPPI 等)
FC-3	公共服务(条带化、搜索组、多播、广播)
FC-2	网络层(帧定位、帧头内容、使用规则以及流量控制)
FC-1	传输协议层 ANSI X3T11
FC-0	物理层(如物理接口等)

FC-0 是物理层标准。FC-0 定义了连接的物理端口特性，包括介质和连接器(驱动器、接收机、发送机等)的物理特性、电气特性、光特性、传输速率以及其他的一些连接端口特性。与其名称所暗示的不同，其物理介质并不只有光纤，还有双绞线和同轴电缆。

FC-1 是传输协议标准。FC-1 根据 ANSI X3 T11 标准，规定了 8B/10B 的编码方式和传输协议，包括串行编码、解码规则、特殊字符和错误控制。传输编码必须是直流平衡以满足接收单元的电气要求。8B/10B 码在现实中的应用是稳定和简单的。

FC-2 定义了帧协议，包括帧定位、帧头内容、使用规则以及流量控制等。光纤通道数据帧长度可变，可扩展地址。帧协议用于传输数据的光纤通道数据帧长度最多达到 2 K 字节，因此非常适用于大容量数据的传输。帧头内容包括控制信息、源地址、目的地址、传输序列标识和交换设备等。

FC-3 提供高级特性的公共服务，即端口间的结构协议和流动控制，它定义了以下三种服务：

(1) 条带化(Striping)：条带化的目的是为了利用多个端口在多个连接上并行传输，这样I/O 传输带宽能扩展到相应的倍数，实现负载均衡。

(2) 搜索组(Hunt Group)：搜索组用于多个端口去响应一个相同名字地址的情况，它通过降低"占线"的端口的概率来提高效率。

(3) 组播(Multicast)：组播或称为多播用于将一个信息传递到多个目的地址。

FC-4(ULP 映射)是光纤通道标准中定义的最高等级，它固定了光纤通道的底层与高层协议(ULP)之间的映射关系以及与现行标准的应用接口，这里的现行标准包括现有的所有通道标准和网络协议，如 SCSI 接口和 IP、ATM(异步传输模式)等。

2. 10G FC 协议

在 FC 协议的基础上传输 SCSI 数据流实现远程存储业务是 SAN 结构的重要实现方式之一。主要体现在以下两个方面：

(1) 在速度的扩展性方面，FC 提供了多种选择，从 25 MB/s、50 MB/s、100 MB/s 到 200 MB/s(其名义比特速度是 2.125 Gb/s，超过千兆以太网的速度)。另外，1200 MB/s 的 FC 物理层传输标准也已经制定，其名义比特速度是 10.53 Gb/s，又称为 10 G FC。

(2) 在地理距离的扩展性方面，不同的介质，如双绞线或光纤，提供的扩展性不同。例如，在光纤通道物理层中定义的 200 MB/s 速率的物理层接口的操作距离从数米到 10 千米不等。根据美国夏威夷大学实验室的测试，在适当加以控制的条件下，光纤通道在单模光纤上通信的距离是大约为 40 km。虽然 10 G FC 在速率的扩展性方面提高很多，但是其在单模光纤上的最大地理扩展性仍规定为 10 km。

3. 16G FC 协议

光纤通道支持的速率和编码如表 7.6 所示。16G 光纤通道(16G FC)标准加倍提高了光纤通道物理接口的速度，线速达到 14.025 Gb/s。与 10GFC 一样，它显著改善了前几代光纤通道技术，如 64b/66b 编码的使用。

表 7.6 光纤通道支持的速率和编码

FC 名称	吞吐量(MB/s)	线速(Gb/s)	编码
1GFC	100	1.0625	8b/10b
2GFC	200	2.215	8b/10b
4GFC	400	4.25	8b/10b
8GFC	800	8.5	8b/10b
10GFC	1200	10.53	64b/66b
16GFC	1600	14.025	64b/66b

64b/66b 编码是万兆以太网 PCS(Physical Coding Sublayer，物理编码子层)的关键部分，是 IEEE 推荐的 10G 通信的标准编码方式。其优点是编码开销小：8b/10b 编码的开销约为 20%，而 64b/66b 编码的开销约为 3%。

以前产品的速度设计均使用 8b/10b 编码机制，这意味着每十个通过传输电缆的位，只有八个位是数据，而另外两个位则用来确保数据的正确性，所以只有 80%的位是有效数据。对于 16GFC，设计者们将编码机制更改为一种更有效的 64b/66b 机制，这意味着每 66 个通过传输电缆的位，有 64 个位是数据，而另外两个位则用来确保数据的正确性，所以有 97%

的位是有效数据。这样就大大降低了位的浪费,并保证了连贯性。

16G FC 在单模光纤下最大传输距离是 120 km 或更长。因此,16G FC 的一种使用环境是数据中心之间,存储阵列之间或云之间的链接。在数据中心整合期间,如果遇到灾难恢复和设备变化,用户常常需要在存储阵列之间迁移数 TB 甚至数 PB 的数据。传输大数据块的时间通常是受设备之间的链路速度限制的,而不是处理器或控制器限制了吞吐量。

16G FC 的另一种使用环境是用于虚拟桌面。VDI 的使用在企业中呈增长趋势,虚拟桌面可以发送到各种设备上。VDI 具有集中管理的优势,数据中心的应用程序和硬件升级更加容易,但如果大量的用户同时登录到他们的虚拟桌面,VDI 将需要大量的带宽,如果带宽不足将会导致启动时间变长,16G FC 在这个时候就能派上用场了。

4. 光纤通道的拓扑结构

光纤通道支持多种拓扑结构(如表 7.7 所示),主要有以下三种:

(1) 点对点(Links)方式:典型应用是一台主机与一台磁盘阵列透过光纤通道连接,实际上属于 DAS 互联方式。

(2) 光纤通道仲裁环(Fiber Channel Arbitrated Loop,FCAL):在 FCAL 中的装置可为主机或存储设备。

(3) 光纤网络:采用光纤通道交换式结构(Fiber Channel SWitch Fabric,FCSW)实现,在主机和存储装置之间透过智能型的光纤通道交换机连接,使用交换式结构需使用存储网络的管理软件。

表 7.7 光纤通道支持的拓扑结构

拓扑	说 明	优 缺 点
点对点(Links)	两个设备直接相连	成本低,性能较高。 有限拓扑(仅允许有两台设备)
光纤通道仲裁环(FCAL)	通过一个或多个光纤通道网络集线器可以连接多达 127 个设备。环路可以是专用的或公用的。专用环路不与光纤网络相连。公用环路与光纤网络相连	比点对点协议支持更多设备。 限制了组合数据的传输速率,不考虑 10G FC 时最高只能达到 100 MB/s
光纤网络(FCSW)	与以太网类似,通过一系列光纤通道交换机最多可支持 1600 万台设备的互连	支持多个设备且不会降低性能。 每个端口成本较高

5. 光纤通道交换机

光纤通道交换机根据端口密度与适用范围基本上可以分为两大类:

(1) FC Switch(FC 交换机):主要是指 8 口和 16 口的光纤通道交换机,适合于中小规模的存储区域网建设,具有价格较低、使用简单的特点。主要的竞争厂商有 Brocade、Vixel、Gadzoox 和 Qlogic。

(2) FC Director(FC 导向器级存储交换机):通常是指不少于 64 个端口的光纤通道交换机,适合于建设大规模的存储区域网,通常都应用于极为关键的领域。FC Director 具有更高的可靠性,通常是全冗余的结构,且可以在线进行软件升级。McData、Brocade 和 Inrange 等公司是 FC Director 领域的有力竞争者。

6. FC 协议的优点和缺点

FC 协议具有以下一些优点：

(1) 既具有单通道的特点，又具有网络的特点，它是把设备连接到网络结构上的一种高速通道。而这种网络结构描述了连接两套设备的单条电缆以及连接许多设备的交换机网状结构。

(2) 光纤通道的优点是速度快，它可以给计算机设备提供接近于设备处理速度的吞吐量。

(3) 协议无关性，它有很好的通用性，是一种通用传输机制。其适用范围广，可提供多性价比的系统，从小系统到超大型系统，支持现存的多种指令集，如 IP、SCSI 等。

采用 FC 协议组建 SAN 有以下一些缺点：

(1) 不同厂商的设备的互操作性很难解决。

(2) 在进行超过 10 km 的远距离扩展方面尚不成熟。

(3) 实现成本相对较高。

7.4.3 iSCSI 接口

iSCSI 使用标准以太网交换机和路由器从服务器迁移数据到存储设备。iSCSI 使用 IP 和以太网结构来扩展对 SAN 存储的访问，并把 SAN 连接扩展到任何距离。该技术的基础是用于传输存储流的 SCSI 命令和用户网络的 TCP/IP 协议。

1. iSCSI 协议

iSCSI 协议在 TCP/IP 协议中的位置，本质上是一种应用层协议，其层次结构如图 7.11 所示。使用 iSCSI 协议进行通信时，有效载荷数据被相应的 iSCSI 协议头部所封装。然后，封装好的数据依次被添上 TCP 头部、IP 头部和以太网头部，最后交付给以太网的物理层链路进行传输。

应用层	HTTP	SMTP	FTP	iSCSI
传输层	TCP			UDP
网络层	IP			
接口层	以太网和 iSCSI HBA 卡			

图 7.11 iSCSI 协议的层次结构

iSCSI 协议建立在存储和网络方面这两个最广泛使用的协议基础上。在存储方面，iSCSI 使用 SCSI 命令集，在整个存储配置中使用核心存储命令；在网络方面，iSCSI 使用 IP 和以太网，后者是绝大部分企业网络(局域网)的基础设施，而且在城域网和广域网领域也正迅猛增长。

iSCSI 存储设备的不同之处在于它们通过 iSCSI HBA(主机总线适配器)被访问。该 HBA 卡是 SCSI HBA 卡和网卡的结合。当服务器需要把数据存入存储设备时，服务器转发数据到 iSCSI HBA 卡，在此它变成标准的 SCSI 数据。该数据接着被封装到 IP 包并通过以太网发送出去。一旦它到达该 iSCSI 存储设备，IP 包信息就被剥离了，数据被迁移到该存储设备的内部 SCSI 控制器，后者接着把它转发给了磁盘。iSCSI 的一个优势是它完全透明。服务器软件只把它看成是 SCSI 控制器，而网络只把它看成是 IP 数据流。

2. 借助万兆以太网实现 iSCSI

iSCSI 协议主要定位于千兆和万兆以太网连接，并通过路由器或发展中的以太网 MAN(城域网)连接到因特网。网络应用需要吉比特(Gigabit)级别的吞吐量而存储应用需要太比特(Terabit)级别的事务交易处理，现有的千兆网络(吉比特网络)将难以满足要求，但是万兆以太网将能维持这些应用所需要的低延迟和高性能需求。万兆以太网有能力提供存储和网络应用的统一的解决方案。

从速度的扩展性而言，iSCSI 协议下的数据传输速率借助万兆以太网可以扩展到 10 Gb/s。其速度可以满足 SAN 存储网络的传输特性要求。从距离的扩展性而言，iSCSI 利用 IP 网络的优势可以扩展十分远(如 3000 km)的距离，与万兆以太网结合则可以在保证 10 Gb/s 传输速率的前提下扩展 40 km 或更远。

3. iSCSI SAN 的优点和缺点

iSCSI SAN 具有以下一些优点：

(1) 基于熟悉的网络技术和管理，减少培训和员工成本。
(2) 经过证明的传输结构，增加了可靠性。
(3) 从千兆以太网迁移到万兆以太网，使用简单的性能升级保护投资。
(4) 在长距离上的可扩展性，使远程数据复制和灾难恢复成为可能。
(5) 将以太网带入存储领域，降低了总体成本。

采用 IP 协议组建 SAN 有以下一些缺点：

(1) 当采用 iSCSI 协议时，网络协议开销相对较大。因为在 IP 包内封装 SCSI 命令增加了控制开销。毕竟，除了在网络上传输 SCSI 命令之外还需要传输所有 IP 包头部、TCP 包头部、校验和等信息。在光纤通道 SAN 网络上控制开销小得多，而在直接 SCSI 连接方式上没有此类控制开销。因此 iSCSI 存储数据读写的效率比 FC SAN 低。

(2) 存储管理软件并非与网络管理软件完全兼容。尽管网络管理软件可以与 iSCSI 一起工作，但是这并不意味着能够在不求助于专用软件的情况下管理 iSCSI 设备，而且各个公司可以开发自己的设备级别的软件而不与其他公司的产品协同工作。

(3) iSCSI 协议存在安全性问题。SCSI 命令是不安全的，因为它在最初设计时的考虑是让 SCSI 命令运行在嵌入单一计算机的内部电缆中。而现在人们在内部网络甚至在因特网上传输 SCSI 存储数据流，任何可以访问该网络的用户都能读取该 SCSI 数据流。因此最好采用加密的方法来保护数据。

因此，比较 FC SAN 和 IP SAN 两种技术，结论是：FC SAN 方式在距离中等的企业级存储网络中是一种较成熟的应用，而当需要把企业级 SAN 孤岛远程互联起来时，则需要基于 IP 的 SAN 技术。

7.4.4 InfiniBand 接口

InfiniBand 协议主要包括以下一些特点：

(1) 高带宽：现有产品的带宽 4×SDR 10 Gb/s、12×SDR 30 Gb/s、4×DDR 20 Gb/s、

12×DDR 60 Gb/s、4×QDR 40 Gb/s、12×QDR 120 Gb/s。

(2) 低时延：交换机延时为 140 ns、应用程序延时为 3 μs、新的网卡技术将使应用程序延时降低到 1 μs 水平。

(3) 系统扩展性好：可轻松实现完全无拥塞的数万端设备的 InfiniBand 网络。

其中，带宽中的数据倍率如下：

① SDR(Single Data Rate)：单倍数据速率，只利用时钟信号的上沿传输数据，如同步动态随机存储器(Synchronous Dynamic RAM，SDRAM)等。

② DDR(Double Data Rate)：双倍数据速率，利用时钟信号的上沿和下沿传输数据，如 DDR-SDRAM 等。

③ QDR(Quad Data Rate)：四倍数据倍率，在 DDR 的基础上，拥有独立的写接口和读接口，如 QDR-SDRAM 等。

InfiniBand 标准支持远程直接内存访问(Remote Direct Memory Access，RDMA)，使得在使用 InfiniBand 构筑服务器、存储器网络时，其比万兆以太网及光纤通信(Fibre Channel)具有更高的性能、效率和更好的灵活性。

InfiniBand 发展的初衷是把服务器中的总线网络化。因此 InfiniBand 除了具有很强的网络性能以外还直接继承了总线的高带宽和低时延。在总线技术中采用的 DMA(Direct Memory Access)技术在 InfiniBand 中以 RDMA(Remote Direct Memory Access)的形式得到了继承。这也使 InfiniBand 在与 CPU、内存及存储设备的交流方面明显地优于万兆以太网及光纤通道(Fibre Channel)。

由于部分高性能计算应用对网络延时敏感，东南大学云计算平台数据中心利用 40 G QDR InfiniBand 作为数据传输网络，提供高带宽低延时的网络服务。

基于铜缆和光纤，InfiniBand 物理层支持单线(1X)、4 线(4X)、8 线(8X)和 12 线(12X)数据包传输。InfiniBand 标准支持单倍速(SDR)、双倍速(DDR)、四倍速(QDR)、十四倍速(FDR)和增强倍速(EDR)数据传输速率，使 InfiniBand 能够传输更大的数据量。InfiniBand 传输速率规格如表 7.8 所示。由于 InfiniBand DDR/QDR 提供了极大地改善了性能，所以它特别适合传输大数据文件的应用，如分布式数据库和数据挖掘应用。

表 7.8 InfiniBand 传输速率规格

通道数	信号对	SDR (Gb/s)	DDR (Gb/s)	QDR (Gb/s)	FDR (Gb/s)	EDR (Gb/s)
1x	2	2.5	5	10	14	26
4x	8	10	20	40	56	104
8x	16	20	40	80	112	208
12x	24	30	60	120	168	312

7.4.5 Myrinet 接口

Myrinet 提供两个系列的组件：Myrinet 2000 和 Myrinet 10 G。

对于集群系统来说，Myrinet 2000 是千兆网络很好的替代品，速率达 2 Gb/s。Myrinet 10G 在性能和价格上相对于 10 G 以太网来说有很大的优势，在物理层与 10 G 以太网可互操作，互操作的方面包括线缆、连接器、距离、信令等。

7.4.6 FCoE 接口

FCoE 的含义：FCoE (Fibre Channel over Ethernet，以太网光纤通道)技术标准可以将光纤通道映射到以太网，可以将光纤通道信息插入以太网信息包内，从而让服务器-SAN 存储设备的光纤通道请求和数据可以通过以太网连接来传输，而无需专门的光纤通道结构，从而可以在以太网上传输 SAN 数据。

FCoE 允许在一根通信线缆上传输 LAN 和 FC SAN 数据。

1. CNA 卡

在部署了 FC SAN 存储的数据中心内，传统的服务器背板上都配置了两种网卡：一种是连接 FC SAN 的 HBA 卡；另一种是传输以太网数据的 NIC(Network Interface Card)卡。FCoE 的目标是使用一块万兆网卡取代这两种卡，同时传输 FC SAN 存储和 LAN 以太数据，具备处理两种帧结构的能力，其内部构成区别于传统的两种卡，因此有了一个新的名字 CNA(Converged Network Adapter，融合网卡)。

常见的 CNA 卡有 Brocade 1010(单端口)和 1020(双端口)等 FCoE CNA 卡。

2. FCoE 组网

一种常见的 FCoE 组网的网络拓扑图如图 7.12 所示。FCoE 服务器和 FCoE 存储设备可以由 FCoE 接入层交换机互连。值得注意的是，这些 FCoE 服务器和 FCoE 存储设备都配置有 CNA 卡。

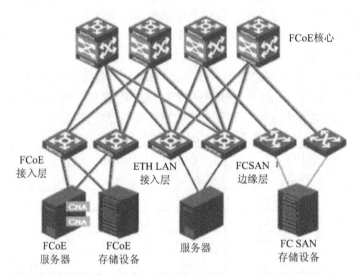

图 7.12 FCoE 组网的网络拓扑图

为了实现与其他协议类型的服务器或存储设备互连，在图 7.12 中引入了 FCoE 核心层交换机。FCoE 核心层交换机连接到以太网 LAN 交换机，进而与普通的以太网服务器互连；FCoE 核心层交换机连接到 FC SAN 交换机，进而与普通的 FC SAN 存储设备互连。当然，FCoE 核心层交换机还与 FCoE 接入层交换机互连，从而连接了 FCoE 服务器和 FCoE 存储设备。

3. 三个阶段部署 FCoE

下面叙述从普通的 LAN、SAN 网络迁移到 FCoE 网络的三个步骤：

(1) 未实施 FCoE 前的数据中心网络架构如图 7.13 所示。最初网络拓扑是普通的 LAN、SAN 网络。服务器既连接到 LAN 中，又连接到 SAN 中。在 LAN 中，服务器通过以太网卡连接到以太网交换机，进而连接到以太网核心交换机，最后接入存储设备和普通的 PC 客户端。在 SAN 中，服务器通过 FC 卡连接到 FC 交换机，进而连接到 FC Director，最后也接入存储设备。

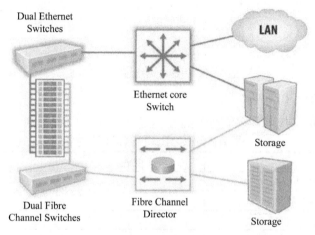

图 7.13　未实施 FCoE 前的数据中心网络架构

(2) 边缘网络交换机转移到 FCoE 后的网络架构如图 7.14 所示。在该阶段，服务器无需以太网卡和 FC 卡，而是只需一块 CNA 卡。该 CNA 卡连接到 FCoE 接入层交换机，并进而分别连接到以太网核心交换机和 FC Director，最后连接到存储设备。

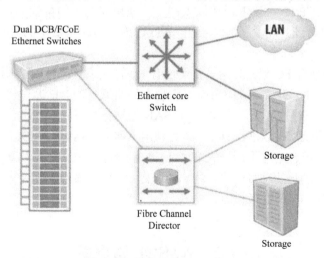

图 7.14　边缘网络交换机转移到 FCoE 后的网络架构

(3) 将核心网络过渡到 FCoE，如图 7.15 所示。在该阶段，不仅边缘网络采用 CNA 卡和 FCoE 接入层交换机，而且核心网络也升级到 FCoE 核心交换机，以太网核心交换机和 FC Director 都被取代。FCoE 核心交换机直接连接到存储设备，把服务器和存储设备、客户端 PC 等全部互连起来。

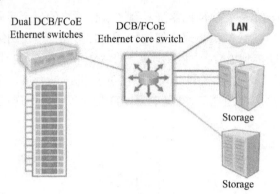

图 7.15 将核心网络过渡到 FCoE

4. FCoE 和 iSCSI 的对比

FCoE 和 iSCSI 的对比如表 7.9 所示。

表 7.9 FCoE 和 iSCSI 的对比

功　　能	FCoE	iSCSI
无需 IP 路由	√	×
与现有 FC 架构兼容	√	×
复用现有 FC 管理工具	√	×
与以太网实现网络融合	√	√
可使用千兆以太网	×	√

从表 7.9 中可以看出以下三点：

(1) FCoE 无需 IP 路由而 iSCSI 则建立在 IP 协议之上。FCoE 直接工作在以太网上；而 iSCSI 则通过 TCP/IP 协议工作在以太网上，在协议栈中的位置高，可能产生的时延大(IP 网络产生秒级时延是常见的)，缺乏可靠性，因此对时延敏感的 SAN 网络而言是十分糟糕的。

(2) FCoE 与现有 FC 架构兼容，复用现有 FC 管理工具；而 iSCSI 则与 FC 不兼容。在已经大规模部署了 FC SAN 的环境中，升级现有网络选择 FCoE 更有利。因为 FCoE 与原有 FC SAN 技术可无缝对接，能沿用原来 FC SAN 的操作系统、管理平台。

(3) FCoE 使用万兆以太网，而 iSCSI 可使用千兆以太网。这使 iSCSI 的成本较低。iSCSI 与 FC SAN 的适用场合略有不同：iSCSI 性价比高，部署快速。因此对某些可靠性要求不高，但变动频繁且成本敏感的项目而言，是一种选择。在已经大规模部署了 FC SAN 的环境中，升级现有网络选择 FCoE 更有利。

7.5 NoSQL 数据库

7.5.1 数据库的分类和 NoSQL 简介

常见的数据库按其对 SQL 语言的支持程度的不同可分为三类，如表 7.10 所示。

第 7 章　云　存　储

表 7.10　数据库的分类

查询类型	基于软件的例子	基于服务的例子
SQL	LAMP/MySQL Windows/SQL Oracle、DB2	Amazon RDS Microsoft SQL Azure Zoho CloudSQL
PseudoSQL		Amazon SDB Google GQL Microsoft Azure Storage
NoSQL	Hypertable HBase MongoDB CouchDB	

1. SQL 数据库

SQL 数据库按照是否支持云服务又分为两类：自管理 SQL、SQL 作为服务。

自管理 SQL 不支持云服务，它是独立的软件，可自行安装在本地的服务器上，用户可完全管理和支配该类数据库。自管理 SQL(SQL 作为软件)的例子包括 LAMP/MySQL、Windows/SQL、Oracle、DB2 等。

SQL 作为服务的数据库以云服务的形式存在，安装在公有云的数据中心，用户可自主使用，但没有完全的支配权限，一般是按需付费。SQL 作为服务的数据库的例子包括 Amazon RDS (Relational Database Service)、Microsoft SQL Azure、Zoho CloudSQL 等。

温馨提示：

Zoho 成立于 1996 年，致力于在线办公的研究，是全球第一大在线软件提供商，由印度人 Sridhar Vembu 创立。Zoho 提供了丰富且深度整合的 SaaS 应用，帮助企业和组织快速直接享用云计算技术带来的价值，获取收益。从 Office 到邮箱，从 CRM 到商业智能，在 Zoho 云计算中随时随地自由享用。

2. PseudoSQL(伪 SQL)数据库

PseudoSQL 数据库既与 SQL 数据库类似，又不严格遵守 SQL 标准，具体说明如下：

类似之处：信息是表格式的。

不同之处：没有模式，不支持连接(JOIN)、外键、触发器、存储过程。

所谓"无模式"，即同类的两个实体未必具有相同的属性，即便具有相同的属性，也未必使用相同的数值类型。

伪 SQL 的例子包括：Amazon SDB(Simple DB)、Google GQL (Google AppEngine 的查询语言)数据库(即 Google AppEngine DataStore)、Microsoft Azure Storage 等。

3. NoSQL 数据库

NoSQL(Not only SQL)，即为反 SQL 运动，它是指非关系型的数据库。随着互联网 Web 2.0

网站的兴起，传统的关系数据库在应付 Web 2.0 网站，特别是超大规模和高并发的 SNS(Social Networking Services, 社会性网络服务)类型的 Web 2.0 纯动态网站已经显得力不从心，暴露了很多难以克服的问题，而非关系型的数据库由于其本身的特点而得到了迅速发展。NoSQL 的拥护者们提倡运用非关系型的数据存储，相对于目前铺天盖地的关系型数据库运用，这一概念无疑是一种全新的思维。

NoSQL 数据库不仅没有模式，不支持连接(Join)、外键、触发器、存储过程，而且信息不是表格式的，其数据结构一般为键-值对、文档或图。

常见的 NoSQL 数据库有 Hypertable、HBase、MongoDB、CouchDB 等。

7.5.2 关系数据库的问题和 NoSQL 的出现

首先，关系数据库无法应付以下的"三高"需求：

(1) 无法应付对数据库的高并发读/写的需求(High Performance)。Web 2.0 网站要根据用户个性化信息来实时生成动态页面和提供动态信息，所以基本上无法使用动态页面静态化技术，因此数据库并发负载非常高，往往要达到每秒上万次读/写请求。关系数据库应付上万次 SQL 查询勉强可以，但是应付上万次 SQL 写数据请求，硬盘 I/O 就已经无法承受了。其实对于普通的 BBS 网站，往往也存在对高并发写请求的需求。

(2) 无法应付对海量数据的高效率存储和访问的需求(Huge Storage)。对于大型的 SNS 网站，每天用户产生海量的用户动态。以国外的 Friendfeed 为例，一个月就达到了 2.5 亿条用户动态。对于关系数据库来说，在一张 2.5 亿条记录的表中进行 SQL 查询，效率是极其低下乃至不可忍受的。又例如，大型 Web 网站的用户登录系统以及腾讯、盛大的动辄数亿计的账号，关系数据库也很难应付。

(3) 无法应付对数据库的高可扩展性和高可用性的需求(High Scalability & High Availability)。在基于 Web 的架构当中，数据库是最难进行横向扩展的，当一个应用系统的用户量和访问量与日俱增的时候，用户的数据库却没有办法像 Web Server 和 App Server 那样简单地通过添加更多的硬件和服务节点来扩展性能和负载能力。对于很多需要提供 24 h 不间断服务的网站来说，对数据库系统进行升级和扩展是非常痛苦的事情，往往需要停机维护和数据迁移，为什么数据库不能通过不断的添加服务器节点来实现扩展呢？

在以上提到的"三高"需求面前，关系数据库遇到了难以克服的障碍，而对于 Web 2.0 网站来说，关系数据库的很多主要特性却往往无用武之地，列举如下：

(1) 数据库事务一致性需求：很多 Web 实时系统并不要求严格的数据库事务，对读一致性的要求很低，有些场合对写一致性要求也不高。因此数据库事务管理成了数据库高负载下一个沉重的负担。

(2) 数据库的写实时性和读实时性需求：对关系数据库来说，插入一条数据之后立刻查询，是肯定可以读出这条数据的，但是对于很多 Web 应用来说，并不要求这么高的实时性。

(3) 对复杂的 SQL 查询，特别是多表关联查询的需求：任何大数据量的 Web 系统，都非常忌讳多个大表的关联查询和复杂的数据分析类型的 SQL 报表查询，特别是 SNS 类型的网站。从需求以及产品设计角度，就应避免这种情况的产生。往往更多的只是单表的主键查询以及单表的简单条件分页查询，SQL 的功能被极大地弱化了。

NoSQL 是非关系型数据存储的广义定义。它打破了长久以来关系型数据库与 ACID(原子性(Atomicity)、一致性(Consistency)、隔离性(Isolation)、持久性(Durability))理论大一统的局面。NoSQL 数据存储不需要固定的表结构，通常也不存在连接操作。NoSQL 在大数据存取上具备关系型数据库无法比拟的性能优势，它在 2009 年初得到了广泛认同。

NoSQL 与关系型数据库设计理念的比较：

关系型数据库中的表都是存储一些格式化的数据结构，每个元组字段的组成都一样，即使不是每个元组都需要所有的字段，但数据库仍会为每个元组分配所有的字段，这样的结构可以便于表与表之间进行连接等操作，但从另一个角度来说它也是关系型数据库性能瓶颈的一个因素。

而非关系型数据库以键-值对存储，它的结构不固定，每一个元组可以有不一样的字段，每个元组可以根据需要增加一些自己的键-值对，这样就不会局限于固定的结构，可以减少一些时间和空间的开销。

7.5.3 NoSQL 的特点

NoSQL 的特点如下：

(1) NoSQL 可以处理超大量的数据。

(2) NoSQL 运行在便宜的 PC 服务器集群上。PC 集群扩充起来非常方便并且成本很低，避免了"Sharding(分片)"操作的复杂性和成本。Sharding 是一项将一个大数据库按照一定规则拆分成多个小数据库的技术。

(3) NoSQL 击碎了其性能瓶颈。NoSQL 的支持者认为通过 NoSQL 的架构可以省去将 Web 或 Java 应用和数据转换成 SQL 友好格式的时间，执行速度变得更快。SQL 并非适用于所有的程序代码。对于那些繁重的重复操作的数据，SQL 值得花钱；但是当数据库结构非常简单时，SQL 可能没有太大用处。

(4) 没有过多的操作。虽然 NoSQL 的支持者也承认关系数据库提供了无可比拟的功能集合，而且在数据完整性上也绝对稳定，但他们同时也表示，企业的具体需求可能没有那么多。

(5) 缺乏供应商提供的正式支持。因为 NoSQL 项目大多都是开源的，所以它们缺乏供应商提供的正式支持。这一点它们与大多数开源项目一样，不得不从社区中寻求支持。

7.5.4 NoSQL 的实例

1. Membase

Membase 是 NoSQL 家族的一个新的重量级的成员。Membase 是开源项目，源代码采用了 Apache 2.0 的使用许可。该项目托管在 GitHub.Source tarballs 上，目前可以下载 Beta 版本的 Linux 二进制包。该产品主要是由 North Scale 的 Memcached 核心团队成员开发完成，其中还包括 Zynga 和 NHN 这两个主要贡献者的工程师，这两个组织都是很大的在线游戏和社区网络空间的供应商。

Membase 容易安装、操作，可以从单节点方便地扩展到集群，而且为 Memcached(有线协议的兼容性)实现了即插即用功能，在应用方面为开发者和经营者提供了一个比较低的门槛。作为缓存解决方案，Memcached 已经在不同类型的领域(特别是大容量的 Web 应用)有了广泛的使用，其中 Memcached 的部分基础代码被直接应用到了 Membase 服务器的前端。

通过兼容多种编程语言和框架，Membase 具备了很好的复用性。在安装和配置方面，Membase 提供了有效的图形化界面和编程接口，包括可配置的告警信息。Membase 的目标是提供对外的线性扩展能力，包括为了增加集群容量，可以针对统一的节点进行复制。另外，对存储的数据进行再分配仍然是必要的。

2. MongoDB

MongoDB 是一个介于关系数据库和非关系数据库之间的产品，它是非关系数据库当中功能最丰富、最像关系数据库的。它支持的数据结构非常松散，是类似 JavaScript 对象表示法(JavaScript Object Notation，JSON)的二进制 JSON(Binary JSON, BSON)格式，因此可以存储比较复杂的数据类型。

MongoDB 的最大的特点是它支持的查询语言非常强大，其语法有点类似于面向对象的查询语言，几乎可以实现类似关系数据库单表查询的绝大部分功能，而且还支持对数据建立索引。它的特点是高性能、易部署、易使用，存储数据非常方便。

3. Apache Cassandra

Apache Cassandra 是一套开源分布式键-值对存储系统。它最初由 Facebook 开发，用于储存特别大的数据，Facebook 目前在使用此系统。Cassandra 的主要特点就是它不是一个数据库，而是由一堆数据库节点共同构成的一个分布式网络服务，对 Cassandra 的一个写操作会被复制到其他节点上去；对 Cassandra 的一个读操作也会被路由到某个节点上面去读取。对于一个 Cassandra 集群来说，扩展性能是比较简单的事情，只在集群里面添加节点就可以了。

除了上述三个例子，Google 的 Bigtable 与 Amazon 的 Dynamo 是非常成功的商业 NoSQL 的实现。一些开源的 NoSQL 体系，如 Apache 的 HBase，也得到了广泛认同。

7.5.5 NoSQL 的常见数据结构

NoSQL 的常见数据结构有以下三种：① 键-值对；② 文档；③ 图。常见的 NoSQL 数据库的比较如表 7.11 所示。

表 7.11 NoSQL 数据库的比较

NoSQL	数据结构	适 用 场 景
Cassandra	键-值对	大数据量、密集写、高扩展性
CouchDB	文档(Document)	小数据量、数据复制、Web 前端
MongoDB	文档(Document)	快速读取、支持查询、索引，可替换 SQL
Neo4j	图	大量复杂、互连接、低结构化的数据(图)

下面分别加以说明并举例：

(1) 键-值对存储。最简单的 NoSQL 数据结构是键-值对存储。它不适合那些需要 ACID(原子性、一致性、隔离性、持久性)属性的交易。对于即席查询、聚合操作和复杂的分析处理，键-值对存储的大多数实现只提供一些有限的内置支持，要获得全部功能需要通过编程实现。

实例：MemcacheDB。

复杂的键-值对存储也称为表格存储(Tabular Store)，它要比简单的键-值对存储更复杂，因为它要在一个键中保存多个属性。但它不支持 SQL 数据库的一些功能，例如它不支持基于非过程化和声明式查询语言的查询模型。

实例：Google 的 Bigtable、Hypertable、HBase、Amazon 的 Dynamo(S3 建立在 Dynamo 之上)、Facebook 的 Cassandra。

(2) 文档数据库。文档数据库支持半结构化的存储，其格式一般为 XML、YAML、JSON 或 BSON 等。

云中的文档数据库的最有名的例子是 MongoDB 和 CouchDB。它们都是免费的开源的面向文档的数据库，存储半结构化数据(MongoDB 文件存储格式为 BSON，CouchDB 文件存储格式为 JSON)。MongoDB 用 C++编写，而 CouchDB 用 Erlang 编写，Erlang 是一种适合并发分布式系统的函数式编程语言。

CouchDB 和 MongoDB 使用 B-tree 索引来存储文档 ID 和事务的序列号，它能确保 ACID(原子性、一致性、隔离性、持久性)属性和数据的一致性，还能提供生成版本历史的功能。

BSON 存储形式是指存储在集合(相当于表)中的文档(相当于记录)，被存储为键-值对的形式。键用于唯一标识一个文档，为字符串类型，而值则可以是各种复杂的文件类型。一个文档(Document)的 BSON 表示如下：

{
 title:"MongoDB",
 last_editor:"192.168.1.122",
 last_modified:new Date("27/06/2016"),
 body:"MongoDB introduction",
 categories:["Database","NoSQL","BSON"],
 reviewed:false
}

这是一个简单的 BSON 结构体，其中每一个 element 都是由键-值对组成的。这里的一个 Document 也可以理解成关系数据库中的一条记录(Record)，只是这里的 Document 的变化更丰富一些。

(3) 图数据库。图数据库与传统数据库不同，它不仅描述对象及其属性，而且会描述对象之间现已存在的关联。图更适合解决如社交网络、语义本体和导航系统等问题。

实例：Neo4j、Google 的 Pregel。

7.6　云存储上传和下载文件的设计

7.6.1　概要设计

系统设计的原则遵循易用性、可靠性、可扩展性、低成本等原则。系统的总体功能架构如图 7.16 所示。依据系统的总体功能架构设计，系统被分成分布式文件系统与数据库层、业务逻辑层和表示层。每一层都实现相对比较独立的功能，然后通过层间的接口进行通信。系统的体系结构如图 7.17 所示。

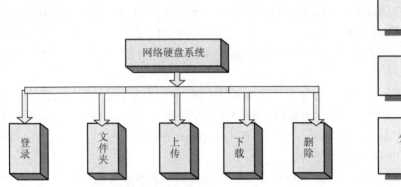

图 7.16　系统的总体功能架构　　　　　　图 7.17　系统的体系结构

分布式文件系统与数据库层用 HDFS 和 MySQL 数据库管理和存放文件数据；业务逻辑层负责具体的业务逻辑处理，如向数据库发送指令、处理应用的数据请求等，主要由 Web 服务器实现；表示层主要由 HTML 和 JSP 文件构成，提供与用户进行交互的界面，对用户输入信息的正确性进行验证，用户通过该层可以浏览文件目录等。

开发环境：
- 硬件环境：至少需要主频 1 Gb/s 以上中央处理器，2 GB 及以上内存。
- 软件环境：Eclipse、Hadoop、Tomcat 服务器、Linux 操作系统、MySQL 数据库。

运行环境：
- 服务器端：至少需要主频 2 Gb/s 以上中央处理器，2 GB 及以上内存。
- 客户端：主频 1 Gb/s 以上中央处理器，512 MB 及以上内存。

7.6.2　MySQL 数据库设计

数据库脚本如下：

```
CREATE TABLE LOGIN_USER
(USER_ID   INT(11) NOT NULL   PRIMARY KEY,
LOGIN_NAME varchar(100),
PASSWORD varchar(100),
DELETED INT(11)   DEFAULT 0,
LAST_LOGIN TIMESTAMP);
COMMENT   ON   TABLE   LOGIN_USER   IS   "登录信息表";
COMMENT   ON   COLUMN   LOGIN_USER. USER_ID   IS "ID";
COMMENT   ON   COLUMN   LOGIN_USER. LOGIN_NAME   IS "用户名";
COMMENT   ON   COLUMN   LOGIN_USER. PASSWORD   IS "密码";
COMMENT   ON   COLUMN   LOGIN_USER. LAST_LOGIN   IS "上次登录时间";
```

数据库表结构如表 7.12 所示。

表 7.12 数据库表结构

字段描述	字段名	数据类型	默认值	是否主键	允许空
ID	USER_ID	INT(11)		是	否
用户名	LOGIN_NAME	varchar(100)		否	否
密码	PASSWORD	varchar(100)		否	否
标识符	DELETED	INT(11)	0	否	否
上次登录时间	LAST_LOGIN	TIMESTAMP		否	否

7.6.3 详细设计

整个系统主要由五个功能模块构成：登录、文件夹、上传、下载和删除，分述如下：

(1) 登录：用户进入登录界面，输入用户名和密码，系统通过表单把用户输入的用户名和密码递交给服务器端，服务器端对用户名密码进行验证。如果正确，则浏览器向用户返回系统首页；如果错误，则浏览器向用户返回登录界面。登录模块设计流程图如图 7.18 所示。

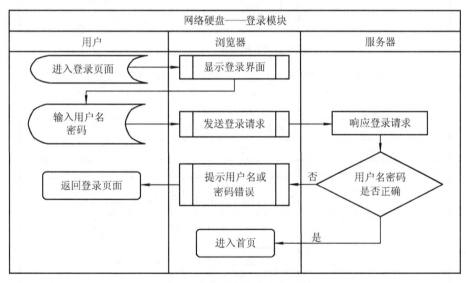

图 7.18 登录模块设计流程图

(2) 文件夹：用户进入网络硬盘的首页，可以浏览文件夹里的内容，文件夹列出了用户已上传文件的文件名，用户可以对已上传文件进行下载或删除操作。文件夹模块设计流程图如图 7.19 所示。

(3) 上传：用户点击页面中的"上传文件"按钮，之后浏览器向用户弹出对话框，用户选择要上传的文件，点击"上传"按钮，即可在文件夹中看到刚刚上传的文件。上传模块设计流程图如图 7.20 所示。

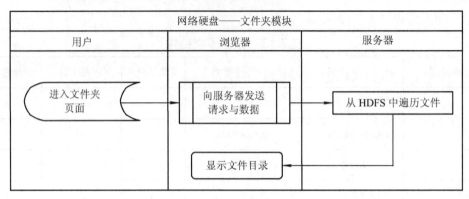

图 7.19　文件夹模块设计流程图

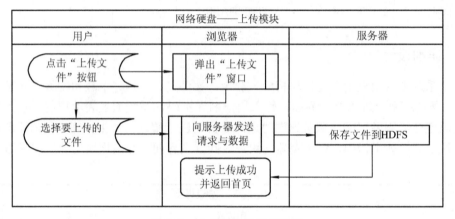

图 7.20　上传模块设计流程图

（4）下载：用户点击对应文件的"下载"按钮，即可把网络硬盘中的文件下载到本地。下载模块设计流程图如图 7.21 所示。

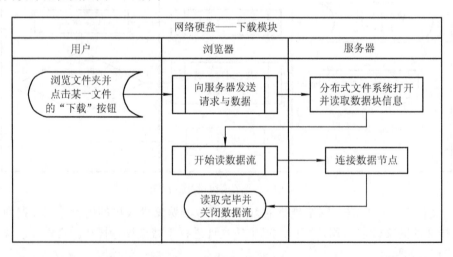

图 7.21　下载模块设计流程图

（5）删除：用户点击"删除"按钮，即可从网络硬盘中删除文件。删除模块设计流程图如图 7.22 所示。

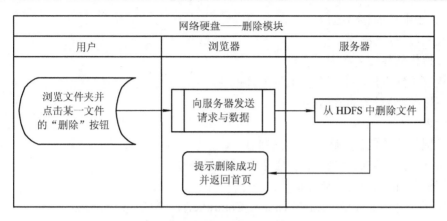

图 7.22　删除模块设计流程图

7.7　存储虚拟化

7.7.1　存储虚拟化的概念与分类

什么是存储虚拟化？它是指在物理存储系统和服务器之间增加一个虚拟层来管理和控制所有存储并对服务器提供存储服务。服务器不直接与存储硬件打交道，存储硬件的增减、调换、分拆、合并对服务器层完全透明。存储虚拟化的定义如图 7.23 所示。其优点包括：

(1) 隐藏了复杂程度。
(2) 允许将现有的功能集成使用。
(3) 摆脱了物理容量的局限。

根据存储虚拟化的不同实现方式，可以把它分成以下三类，如图 7.24 所示。

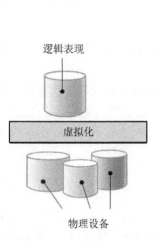

图 7.23　存储虚拟化的定义

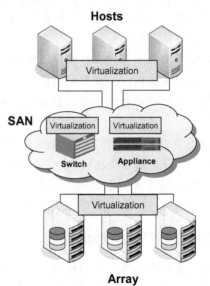

图 7.24　存储虚拟化的不同实现方式

(1) 基于主机的存储虚拟化。
- 代表厂商：Veritas。
- 虚拟化软件安装在应用主机上。
- 从连接到主机的不同存储上划分虚拟卷。

(2) 基于存储设备的存储虚拟化。
- 代表厂商：HDS。
- 虚拟化软件包含在磁盘阵列控制器上。
- 从连接到该磁盘阵列的存储上划分虚拟卷。

(3) 基于存储网络的存储虚拟化。
- 代表厂商：IBM SVC(SAN Volume Controller)、EMC、FalconStor。
- 虚拟引擎在一个专用的集成设备上或光纤交换机上。
- 从连接到 SAN 的存储上划分虚拟卷。

其中基于 SAN 网络的虚拟化产品占主流，占虚拟化存储的 60%。

7.7.2 服务器级别的存储虚拟化

服务器级别的存储虚拟化也称为基于主机的存储虚拟化。如果仅仅需要单个主机服务器(或单个集群)访问多个磁盘阵列，可以使用基于主机的存储虚拟化技术，如图 7.25 所示。虚拟化的工作通过特定的软件在主机服务器上完成，经过虚拟化的存储空间可以跨越多个异构的磁盘阵列。

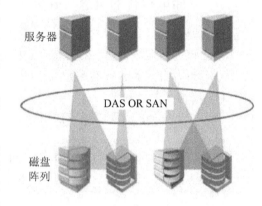

图 7.25　基于主机的存储虚拟化技术

基于主机的存储虚拟化通常由主机操作系统下的逻辑卷管理软件来实现，其最大的优点是久经考验的稳定性，以及对异构存储系统的开放性。它与文件系统共同存在于主机上，便于二者的紧密结合以实现有效的存储容量管理。卷和文件系统可以在不停机的情况下动态扩展或缩小。

基于主机的虚拟存储技术主要通过管理软件实现存储虚拟化的控制和管理。其优缺点详述如下：
- 优点：这种存储方案已经十分成熟，其最大的优势在于它的稳定性以及对不同存储系统的开放性，而且不需要添加任何硬件，因此虚拟化方法最容易实现，其设备成本最低。
- 缺点：控制软件需占用主机的处理时间，使其实际性能有所降低；而且以单个服务器为中心，需要对每一台分别进行人工配置和管理，管理开销高昂。

7.7.3 存储设备级别的存储虚拟化

存储设备级别的存储虚拟化也称为基于存储设备的虚拟化。当有多个主机服务器需要访问同一个磁盘阵列时，可以采用基于存储设备的虚拟化技术，如图 7.26 所示。此时虚拟化的工作是在阵列控制器上完成，将一个阵列上的存储容量划分为多个存储空间(LUN)，供不同的主机系统访问。

智能的阵列控制器提供数据块级别的整合，同时还提供一些附加的功能，如 LUN Masking、缓存、即时快照、数据复制等。配合使用不同的存储系统，这种基于存储设备的虚拟化模式可以实现性能的优化。

由于这种虚拟化不依赖于某个特定主机，能够支持异构的主机系统。但是对于每个存储子系统而言，它又是个专用私有的方案，不能够跨越各个存储设备之间的限制，无法打破设备之间的不兼容性。其优缺点详述如下：

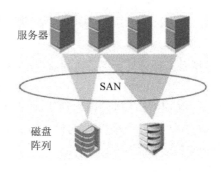

图 7.26　基于存储设备的虚拟化技术

- 优点：基于存储设备的虚拟存储技术，可以实现对服务器完全透明。用户无需在服务器上安装任何代理程序，同时它位于存储系统的后端，避免了网络负担的增加。从存储设备厂商的角度出发，存储设备是实施虚拟化的最佳位置，厂商可以根据设备的实际情况，为存储设备增加各种虚拟化能力。
- 缺点：只是各个存储设备厂商针对自身设备有专有方案，这种设备很难兼容，限制了该虚拟化方法的应用范围。

7.7.4　存储网络级别的存储虚拟化

存储网络级别的存储虚拟化也称为基于存储网络的虚拟化。基于主机的存储虚拟化和基于存储设备的虚拟化都是一对多的访问模式，而在现实的应用环境中，很多情况下是需要多对多的访问模式的，也就是说，多个主机服务器需要访问多个异构存储设备，目的是为了优化资源利用率——多个用户使用相同的资源或者多个资源对多个进程提供服务等。在这种情形下，存储虚拟化的工作就一定要在存储网络上完成了。这也是构造公共存储服务设施的前提条件。基于存储网络的虚拟化技术如图 7.27 所示。

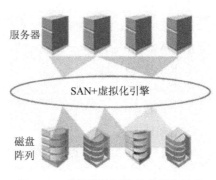

图 7.27　基于存储网络的虚拟化技术

而以上描述的基于主机的存储虚拟化和基于存储设备的虚拟化技术的优点都可以在存储网络的虚拟化上同时体现，它支持数据中心级的存储管理以及异构的主机系统和存储系统。

基于存储网络的虚拟化技术，是在网络设备上实现存储虚拟化的功能，它主要是在 SAN 互联设备上实现虚拟存储。

- 优点：不需要在主机上安装任何代理程序，也支持各种物理存储资源的整合。
- 缺点：它需要的仅仅是网络设备具有足够的处理能力，因而网络设备有可能成为这类虚拟化技术的瓶颈。

本章小结

本章首先概述了云存储的结构模型和国内外发展现状，然后详细分析了 SAN、NAS、DAS 以及集群存储等存储结构；磁盘阵列等存储设备；SCSI、FC、iSCSI、InfiniBand、Myrinet、FCoE 等存储接口，并从 NoSQL 数据库的角度分析了云存储的新技术。本章还给出了云存储上传和下载文件的设计方案。最后，讲述了存储虚拟化的概念及三种不同种类的存储虚拟化实现方式。

习题与思考

一、选择题

1. 下列哪种 RAID 级别并不是真正的 RAID 结构，没有数据冗余。（　　）
   A. RAID 0　　　　　　　　B. RAID 1
   C. RAID 3　　　　　　　　D. RAID 5
2. 下列哪种 RAID 级别又称为数据镜像。（　　）
   A. RAID 0　　　　　　　　B. RAID 1
   C. RAID 3　　　　　　　　D. RAID 5
3. 下列哪种 RAID 级别有单独指定的奇偶盘。（　　）
   A. RAID 0　　　　　　　　B. RAID 1
   C. RAID 3　　　　　　　　D. RAID 5
4. 下列哪种 RAID 级别交叉地存取数据及奇偶校验信息于所有磁盘上。（　　）
   A. RAID 0　　　　　　　　B. RAID 1
   C. RAID 3　　　　　　　　D. RAID 5
5. 形成 RAID 5 至少需要几块硬盘？（　　）
   A. 1 块　　　　　　　　　B. 2 块
   C. 3 块　　　　　　　　　D. 3 块以上
6. 形成 RAID 1 至少需要几块硬盘？（　　）
   A. 1 块　　　　　　　　　B. 2 块
   C. 3 块　　　　　　　　　D. 3 块以上
7. Wide SCSI 的数据位宽为_____，Narrow SCSI 的数据位宽为_____。
   A. 8 bit　　　　　　　　　B. 16 bit
   C. 32 bit　　　　　　　　D. 64 bit

二、填空题

1. 根据应用环境不同，磁带库更多的是用于网络系统中的海量数据的_____，磁盘阵列则主要用于网络系统中的海量数据的_____，光盘塔或光盘库主要用于网络系统中的海量数据的_____。

2. SCSI 设备的电气接口规范有_____、_____、_____三种。

3. iSCSI 协议在 TCP/IP 协议中的位置，本质上是一种_____协议。

4. 根据存储虚拟化的不同实现方式，可以把它分成_____、_____、_____三类。

三、列举题

1. 云存储的结构模型包含哪四个组成部分？
2. 列举国内的三种网络硬盘。
3. 一个 SAN 系统主要由哪几部分组成？
4. 数据存储的 I/O 接口主要有哪些类型？至少列举五个。
5. 至少列举三个 NoSQL 数据库实例。

四、简答题

1. 主要的数据存储解决方案有哪些？它们的优缺点分别是什么？分析它们的应用场合。
2. NAS 和 SAN 在文件级共享和数据备份方面的优缺点分别是什么？试加以比较。
3. 比较 DAS、NAS、SAN 等三种数据存储结构的部署方式。
4. 相比 NoSQL 数据库，关系数据库暴露的问题有哪些？
5. 基于主机的虚拟存储技术的优缺点分别是什么？
6. 基于存储设备的虚拟化技术的优缺点分别是什么？
7. 基于存储网络的虚拟化技术的优缺点分别是什么？
8. 云存储相比传统存储有什么优势？
9. 给出集群存储的两种实现方案。
10. 带元数据服务器的集群存储实现方案和 HDFS 分布式文件系统的组成方案有何异同？
11. 列表比较 FC 的各级别速率和编码。
12. 列表比较 InfiniBand 的各级别速率。

第8章 云安全

本章要点:

- 云安全的定义
- 云安全与传统网络安全的差别
- 云安全技术

课件

8.1 云安全概述

8.1.1 云安全的定义

云安全(Cloud Security)计划是网络时代信息安全的最新体现,它融合了并行处理、网格计算、未知病毒行为判断等新兴技术和概念。

云安全这个名词最初是由传统的防病毒厂商所提出来的,其主要思路是将用户和厂商安全中心平台通过互联网紧密相连,组成一个庞大的对病毒、木马、恶意软件进行监测、查杀的"安全云"。

从完整意义上说,"云安全"应该包括两个方面的含义:一是"云上的安全",即云计算自身的安全,如云计算应用系统及服务安全、云计算用户信息安全等,涉及的技术包括数据加密、灾难备份和恢复、可信计算、云支付等;二是云计算技术在网络信息安全领域的具体应用,即通过采用云计算技术来提升网络信息安全系统的服务效能,如基于云计算的防病毒技术、挂马检测技术等。为便于区分,一般将前者定义为云计算应用安全,简称云安全;将后者定义为安全云计算,简称安全云。但是,在某些场合下,云安全既包括云计算应用安全,也包括安全云,或者根据上下文判断其不同的含义。

云安全是云计算技术的重要分支,已经在反病毒领域中获得了广泛应用,发挥了良好的作用。它在病毒与反病毒软件的技术竞争中为反病毒软件夺得了先机。云安全通过网状的大量客户端对网络中软件行为的异常进行监测,获取互联网中的木马、恶意程序的最新信息,并把这些信息推送到服务端进行自动分析和处理,再将对病毒和木马的解决方案分发到每一个客户端。由此,整个互联网变成了一个超级大的杀毒软件,这就是云安全计划的宏伟目标。

云安全是继云计算、云存储之后出现的"云"技术的重要应用。最早提出"云安全"这一概念的是趋势科技。2008年5月,趋势科技在美国正式推出了"云安全"技术。"云安全"的概念在早期曾经引起过不小争议，现在已经被普遍接受。值得一提的是，中国网络安全企业在"云安全"技术的应用上走到了世界前列。

8.1.2 云安全与传统网络安全的差别

云计算安全与传统信息安全技术并无本质区别，但其安全威胁更多、安全风险更高。例如，云计算自身的虚拟化、无边界、流动性等特征，使其面临较多的新的安全威胁。同时，云计算应用导致信息资源、用户数据、用户应用的高度集中，带来的安全隐患与风险也较传统应用高出许多。

在安全云方面，如杀毒软件，则与传统安全技术有较大的区别。未来杀毒软件将无法有效地处理日益增多的恶意程序。互联网的主要威胁正在由计算机病毒转向恶意程序及木马。在这样的情况下，采用的特征库判别法显然已经过时。在应用安全云技术后，识别和查杀病毒不再仅仅依靠本地硬盘中的病毒库，而是依靠庞大的网络服务，实时进行采集、分析以及处理。整个互联网就是一个巨大的"杀毒软件"，参与者越多，每个参与者就越安全，整个互联网就会更安全。

安全云架构的最大特点就是在于将原来的杀毒变为防毒。用户只要安装了某一款接入"云端"的杀毒软件，在上网时，杀毒软件厂商的服务器端会根据已预存的海量病毒库来判断哪些网页行为是恶意的，甚至是木马程序，并自动清除。这样，就可以使用户终端变得很轻松，不用每天升级，也不必再担心杀毒软件占用内存和带宽。

与传统杀毒模式相比，安全云架构的另外一大优势还在于其病毒样本的效率。安全云技术通过动态地对被访问信息的安全等级进行评估，建立各种信誉库，相当于把病毒特征码储存在"云端"，在恶意信息侵入用户计算机之前，就直接将其隔离。

8.1.3 云安全发展现状

2009年4月21日，在美国加利福尼亚州旧金山召开的2009年RSA大会(又称为美国信息安全大会)上，云安全联盟(Cloud Security Alliance，CSA)正式宣告成立，成员包括国际领先的电信运营商、IT和网络设备厂商、网络安全厂商、云计算提供商等。云安全联盟成立的目的是为了提供云计算环境下的最佳云安全方案。云安全联盟自成立之日起发布的云安全指南，成为云计算领域令人瞩目的安全研究成果。

2009年4月22日，云安全联盟在RSA大会上发布了《云计算关键领域安全指南V1.0》。该指南描述了采用云计算技术的机构应当关注的问题，目的是为安全从业人员与云服务提供商建立积极、安全的关系，提供一个可供参考的发展蓝图。该指南的大部分内容也与云服务提供商有关，可以帮助他们改善云服务的质量与安全。

2009年12月17日，云安全联盟发布了新版的《云计算关键领域安全指南V2.1》，标志着云计算和安全业界对于云计算及其安全保护的认识升级。

2010年3月1日，云安全联盟在2010年RSA大会上发布了《云计算面临的严重威胁V1.0》研究报告。云安全联盟也提出了一些应对策略，尽可能地降低用户损失。

奇虎公司从2006年前就一直在尝试采用云计算方式运营360安全平台，360安全卫士在短短数年的时间里，迅速成为安全领域用户量第一、口碑最好的防木马安全软件，其根本的秘诀就在于采用了基于云计算技术的云安全构架。2009年9月，信息安全厂商瑞星公司宣布成立"云安全网站联盟"(http://union.rising.com.cn)。网站在加入该联盟后，一旦其服务器被黑客攻击而植入木马病毒，瑞星会立刻通知网站管理员，帮助网管实时监控其网站的安全状况，去除黑客植入的恶意代码、木马病毒等。瑞星副总裁卢青表示：该联盟的成立将帮助国内近百万个网站管理员应对日益猖獗的黑客挂马攻击，从'网页挂马'的源头上阻止木马病毒的传播。"

8.2 云安全技术

8.2.1 灾难备份和恢复

1. 灾难的定义

在这里，"灾难"的定义需要被重新定义，它是指由于IT基础设施的中断所导致的公司流程的非计划性的中断。这个定义包含了网络和信息系统、硬件和软件模块以及数据本身。

对于和IT基础设施相关的业务中断来说，由数据丢失所造成的后果是最具破坏性的，不管数据的丢失是因为无意或有意的删除，存储数据的介质损坏，或者是由于任何一种人为或自然的因素，数据都是基础设施各部件中最难存放的，因此由于数据丢失导致的业务中断也是最难克服的。

除了数据丢失以外，用来传输、处理和表示数据的IT基础设施损坏也能造成业务流程的中断。很多因素也会导致基础设施部件的损坏，包括可能引起密钥系统、网络、硬件和软件损坏的事件，如火灾、洪水、停电或者交通设施的中断。

基础设施的中断可能会在公司引起较大的混乱，但是如果提前定制计划和准备措施，实施恢复或者持续性规划，就可以显著降低这些损坏事件所造成的后果。

温馨提示：

以上的描述或者让人觉得灾难必须是大的灾害，如恐怖性爆炸、地震甚至战争。灾难会使人联想起"9.11"事件中世贸大楼冒烟的数据中心，而不会使人想起某个小公司办公室硬盘的无意被擦除。不管在什么情况下，只要是造成了正常业务流程的非计划性中断，这个事件就可称为灾难。灾难是相对的，与所处的环境无关。

2. 灾难恢复的原则

依据技术先进性、可扩充性、高可靠性、业务连续性、成熟性、可管理性等原则来进行灾难恢复系统建设，分别介绍如下：

(1) 先进性原则：所采用技术不仅要满足灾难恢复系统的建设，也要顺应未来的发展方向。

(2) 可扩充性原则：保护已有建设和投资，确保新功能、新业务能在原有的系统平台上运行。

(3) 高可靠性原则：保证系统具有自动负载均衡能力和性能调节能力。

(4) 业务连续性原则：保证当发生灾难时，灾难恢复系统能顺利接管生产系统。

(5) 成熟性原则：应尽量选择经过大量运用、成熟可靠的技术和产品来实现灾难恢复系统。

(6) 可管理性原则：为确保灾难恢复系统的可用性，应对其进行实时监控和管理。

3. 灾难恢复的技术

根据不同的灾难恢复系统的需求和恢复攻略，有各种灾难恢复技术，这里仅涉及主机失效保护、数据复制、数据备份与恢复等主要技术。

1) 主机失效保护技术

主机失效保护技术主要包括主机集群技术、负载均衡技术及主机切换技术，分别介绍如下：

(1) 主机集群技术：通过心跳线方式监听业务系统主机的运行状态，一旦发现生产主机故障，自动切换到灾难恢复系统主机上。这类技术一般包括两类：一是基于共享存储的本地主机集群技术，主要适用于本地两台主机共享磁盘阵列的情况，其工作方式有双机主备方式、双机双工方式和并行工作方式三种；二是远程主机集群技术，适用于远程两台主机的切换，其无法做到共享存储，必须通过存储技术实现生产系统和灾难恢复系统数据的一致性。

(2) 负载均衡技术：要求两台或多台主机处于活跃状态，即主机同时工作，均衡负载。当一台主机出现故障时，其上的负载将自动加载到其他主机上。这种方式的切换时间短，不需要重启应用，但要求部署负载均衡设备，并且要求生产系统和灾难恢复系统双活跃。

(3) 主机切换技术：通过灾难恢复和恢复预案，进行生产系统和灾难恢复主机的切换。这种方式的切换可以通过手动切换，也可以通过编写脚本实现自动切换。其特点是每台主机需配置两个IP地址：一个是生产地址；另一个是管理地址。其中，生产地址是主机对外服务的地址，管理地址用于数据复制。两端主机的生产地址必须一致，以保证平滑切换。平时，灾难恢复系统主机只启动管理地址，生产地址不启动，以防止与生产系统发生地址冲突。当灾难发生时，先断开数据复制链路，再通过预先制定的切换预案实现主机的切换。

2) 数据复制技术

数据复制技术主要包括异地保存技术、异地备份技术及远程复制技术，分别介绍如下：

(1) 异地保存技术：将数据在本地备份到磁盘上，通过人工方式递送到异地保存。在灾难恢复时，需要从备份磁盘中重新安装操作系统、应用系统、业务数据。这种方式最简单，成本低，但恢复时间长。

(2) 异地备份技术：通过专业的数据备份软件，结合相应的硬件和存储设备，对数据备份进行集中管理，自动实现备份、文件归档、数据分级存储以及灾难恢复等。

(3) 远程复制技术：这是目前比较流行的技术，通过生产端与灾难恢复端的网络，实现两端数据的一致性。

3) 数据备份与恢复技术

数据备份与恢复是指把数据从一个位置向另一个位置复制的过程，通常是从服务器或磁盘阵列上将数据复制到磁带库中，如图 8.1 所示。数据备份和 RAID 容错都有当数据出错时恢复数据的功能，但两者是不同的概念。为了提高数据的安全性，重要数据还需要进行异地备份，以防止因为自然灾害等原因造成数据丢失。

图 8.1 数据备份与恢复

数据备份与恢复技术主要包括 LAN Free、Server Free、Serverless 及虚拟磁带库技术，分别介绍如下。

(1) LAN Free：它是指数据不经过局域网直接进行备份。用户只需将磁带机或磁带库等备份设备连接到 SAN 中，各服务器就可把需要备份的数据直接发送到共享的备份设备上，不必再经过局域网连接。由于从服务器到共享存储设备的大量数据传输是通过 SAN 网络进行的，因此局域网只承担各服务器之间的通信(而不是数据传输)任务。

(2) Server Free：它是指数据不经过服务器直接进行备份。备份客户端没有安装在应用服务器上，但需要在应用服务器上安装代理客户端。主控服务器和介质服务器在同一台机器上，磁带库连接在后端 SAN 存储网络上。在数据备份时，主控服务器发送备份信息到应用服务器，应用服务器上的代理客户端在收到备份请求后，把存储介质上生成的快照或镜像分离出来，备份服务器将分离出来的数据备份到磁带库上，这样的数据备份对在线应用没有任何影响。

(3) Serverless：备份客户端没有安装在应用服务器上，在应用服务器上安装代理客户端。主控服务器和介质服务器在同一台机器上，磁带库连接在后端 SAN 存储网络上。在数据备份时，主控服务器发送备份信息到应用服务器，应用服务器上的代理客户端在收到备份请求后，首先向 SAN 交换机发出拷贝的命令，然后由交换机内部的监控机制，按拷贝命令的要求将数据从磁盘阵列直接送入磁带库。

(4) 虚拟磁带库(Virtual Tape Library，VTL)：它在本质上是磁盘阵列硬件设备，但是其在软件功能上却模拟磁带备份的形式。因此，对于存储管理员来说，虚拟磁带库就是一个磁带库，管理它如同管理一个物理磁带库一样。它可以很好地应用现有的、高效的备份软件，以求在纠错、备份等方面达到便捷。这是性能最好的一种复制技术，可支持接近磁盘阵列极限速度的备份和恢复速度，数据安全性等同于普通磁盘库，兼容主流的主机设备和操作系统，与现有磁带库应用方式一致，不用更改现有存储应用软件的管理策略，但是其缺点是比较昂贵。

4. 灾难恢复业务系统分类

将灾难恢复业务系统进行分类，目的在于可以针对不同类型的业务系统，采用不同的灾难恢复策略来建设灾难恢复系统。按照信息系统处理的业务类型、数据存储方式、处理方式、实时性要求、单位时间内处理的业务量、与其相连的客户端和系统个数等条件，可以将业务系统划分为关键业务系统、重要业务系统和一般业务系统，分别介绍如下：

(1) 关键业务系统：业务数据集中存放，所连客户端及系统较多，对保证整个企业的正常运转至关重要。一旦业务中断，将会严重地影响公司提供的服务正常运作，尤其是在特殊时期(如月末、年末、业务量高峰期)，中断造成的影响更大，如 ERP 系统等。

(2) 重要业务系统：业务中断对整个企业的正常、有效运转产生较严重的影响，如协同办公系统等。

(3) 一般业务系统：业务中断将不会立刻对整个企业的正常运转产生严重影响，一旦业务中断可以容忍在数天或数周内恢复，如门户网站系统等。

5. 灾难恢复策略

不同的业务类型建议使用不同的灾难恢复指标来形成系统所必需的灾难恢复策略。例如，关键业务系统在 1 h 内恢复；重要业务系统在 4 h 内恢复；一般业务系统在 24 h 内恢复。要达到以上指标可以对不同类型的业务系统应用不同的技术。灾难恢复技术应用举例(仅做参考)如表 8.1 所示。该表中的"√"表示此项被选中。

表 8.1 灾难恢复技术应用举例

技术分类		关键系统	重要系统	一般系统
主机失效	主机集群			√
	负载均衡		√	
	主机切换	√		
数据复制技术	异地保存			√
	异地备份		√	
	远程复制	√		
数据备份及恢复技术	LAN Free			√
	Server Free		√	
	Serverless		√	
	虚拟磁带库	√		

6. 灾难恢复系统的增值应用

在现实中，灾难的发生属于小概率事件。当灾难未发生时，可以考虑充分利用灾难恢复系统的计算资源，以保护投资。增值应用分为以下两个方面。

(1) 数据资源的利用：通过数据复制手段保证了生产系统与灾难恢复系统数据的一致性，可将这些数据用于测试、开发及培训等。

(2) 处理能力的利用：可以在灾难恢复系统上运行数据仓库和数据挖掘应用系统。而且，当大数据量查询业务发生时，亦可将灾难恢复系统作为查询的负载分担系统使用，以降低生产系统的压力，并提高查询效率。

8.2.2 可信计算

1. 可信计算的定义

可信计算为解决计算机的安全问题带来了新的希望。然而，在中文计算机语境中，"可信"却有着不同的定义，在中文文献中使用最多的有以下几种：

(1) 可信计算组织(Trusted Computing Group, TCG)用实体行为的预期性来定义"可信"：如果一个实体的行为是以预期的方式符合预期的目标，则该实体是可信的。

(2) 国际标准化组织/国际电工委员会(International Organization for Standardization /International Electrotechnical Commission，ISO/IEC)1540 标准定义"可信"为：参与计算的

组件，其操作或运行过程在任意的条件下是可预测的，并能够抵御病毒和物理干扰。

我国著名的信息安全专家沈昌祥院士对上述定义进行了综合和扩展，他认为"可信"要做到一个实体在实现给定目标时，其行为总是与预期的结果一样，强调行为结果的可预测性和可控性。

其他的一些解释还有："可信"是指计算机系统所提供的服务可以被证明是可信赖的；如果一个系统按照预期的设计和策略运行，则这个系统是可信的；当第二个实体符合第一个实体的期望行为时，第一个实体可假设第二个实体是可信的；可信≈安全+可靠，可信计算机系统是能够提供系统的可靠性、可用性、信息和行为安全性的计算机系统。

"可信"是一个很复杂的概念，而且各个不同领域的研究者对此也有不同的定义。这一概念长期存在于人类社会学中，但是计算机科学领域对"可信"的研究才刚刚起步，并且大多借鉴了心理学、社会学和经济学等科学研究领域的成果。不同领域的研究者在研究上各有侧重点，有些强调"可信"的形式化描述，有些强调"可信"的特征研究，有些强调"可信"在实际系统中的应用研究，这就造就了对"可信"定义的多样化。

2. 可信计算的现状与挑战

可信计算的目的是通过软件和硬件相结合的方式使计算具有某些特性，并利用这些特性来弥补仅依靠传统安全防范方式的不足，从而更好地解决计算机安全面临的挑战和问题。无论从理念上还是从实效上来说可信计算平台都有创新，但可信计算并不绝对安全，不能解决所有的安全问题，可信计算只是提供了一种加强系统安全的方式，能够结合传统的安全技术来增强系统的安全性。但是，"没有绝对的安全"这一规律并不会因为可信计算平台的普及而失效。可信平台只是提供了一个支点，至于是否能够使之发挥作用还要依赖实际的实施者。

20世纪80年代中期，美国国防部国家计算机安全中心代表国防部为适应军事计算机的保密需要，在20世纪70年代的理论研究成果——"计算机保密模型"的基础上，制定并出版了《可信计算机安全评价标准(TCSEC)》。在TCSEC中，"可信计算机"和"可信计算基"(Trusted Computing Base，TCB)的概念第一次被提出来，而TCB被称为是系统安全的基础。1987年7月，该中心又针对网络、系统和数据提出了三个解释性文件，即可信网络解释(Trusted Network Interpretation，TNI)、计算机安全子系统解释(Computer Security Subsystem Interpretation，CSSI)和可信数据库解释(Trusted Database Interpretation，TDI)，从而形成了安全系统体系结构的最早原则。

目前，可信计算已经成为信息安全领域的一大热点，主要体现在几个方面：首先，可信计算已经成为最近几年许多国际学术会议的重要议题；其次，可信计算已经取得了许多实际的研究成果，并得到一定的实际应用。更为重要的是，中国国家自然科学基金组织支持的一个重大研究计划——可信软件重大研究计划已经开始实施，这一切都表明可信计算技术已经成为信息安全领域的一个新的热点。

在国际上目前TCG推动了一系列的规范，例如，PC的规范、可信服务器的规范、可信密码模块(Trusted Cryptography Module，TCM)的规范以及可信存储的规范等。目前国内外的学术机构和业界针对可信计算的研究内容相当广泛，包括以下几个方面：

(1) 可信程序开发工具和可信程序开发方法的研究。许多软件开发人员在开发软件系统时往往只注重软件功能的实现而忽略了代码本身的安全性，他们希望通过安全功能模块来实现系统的安全,这是不够的。必须从编程的开始阶段就考虑软件的安全性。通过研究可信程序开发工具和可信程序开发方法,可以帮助软件开发人员在开发系统的过程中提高系统的安全性,进一步减少系统在使用时被恶意攻击的可能。

(2) 构件的信任属性的建模、分析和预测。基于构件的软件开发技术已经逐渐成为主流的软件开发技术,未来的软件将是由各种构件组装而成的,而不是从零开始进行开发的。在使用构件组装一个系统软件时,可信的构件是实现可信系统软件的前提。如何描述构件的信任属性是关键所在,只有确定了构件的信任属性的描述方法,才能对它进行分析和评估。

(3) 容错与容侵系统研究。计算机技术已经被广泛应用到社会生活的各个层面和领域,容错成为衡量计算机系统性能的一项重要技术指标,如何从硬件和软件上提供系统容错性特别是分布式系统的容错性,是需要认真关注的问题。目前的计算机系统不可避免地存在安全隐患,要消除这些隐患几乎是不可能的。因此需要研究容侵系统,使得系统即使受到存在的隐患的攻击仍能运行关键的操作步骤。

(4) 大规模、高复杂度网络环境下的安全分布式计算。由于 Internet 能够把全球的计算机资源联结起来,分布式计算已经逐渐成为主流计算模式。网格计算、公用计算、对等计算、Web 服务等这些概念对我们来说已不再陌生。传统的安全技术已经不能适应安全分布式计算的要求,必须研究在分布式环境下的认证、授权以及审计等安全技术,为分布式计算提供一个安全的环境。

(5) 无线网络的安全研究。无线网络的迅速发展和广泛应用使得它也面临着安全威胁,无线网络的特点决定了对它的攻击方式与有线网络有所不同,因此必须研究新的专门用于无线网络的安全技术。下一代网络将是有线网络和无线网络的结合体,研究有线网络和无线网络的安全技术,为下一代网络的安全技术研究奠定基础是非常有意义的。

(6) 有效的信任管理。现有的安全技术,无论是密码算法和协议,还是更高层次的安全模型和策略,都隐含与信任相关的关系,它们预先假定了某种信任前提或者其目的是为了获得或创建某种信任关系。信任管理是一种为了确定用于决策的信任关系而通过搜集、分析和编码相关证据以进行决策评价的行为,它实际上是一种决策支持技术。在开放的网络环境(如 Internet)中,各系统之间相互独立,但只有建立相互信任关系,系统之间才能实现有效的交互,因此通过信任管理来对系统信任关系进行决策就成为了亟待解决的基础性问题。

可信计算现在面临的一些问题和挑战,主要集中在以下五个方面:

(1) 可信计算的技术超前,理论研究滞后。那么多产品和技术规范都制定了,可是大家公认的可信计算的理论模型和软化的可信动态度量模型没有,需要进一步开展理论研究。

(2) 技术方面,还有一些关键技术需要研究和解决。

(3) 缺少可信操作系统、可信数据库、可信网络以及可信应用的互相配套。

(4) 缺少安全机制和可靠机制的配合。

(5) 目前可信计算的应用还不够广泛。

8.2.3 云支付

云支付(Cloud Pay)是基于虚拟货币体系的在线支付整体解决方案,包括账户托管、渠道集成、流程控制、对账结算、安全保障等服务。此处以支付宝为例分析其流程和安全性。

电子商务通常是指在全球各地广泛的商业贸易活动中,在因特网开放的网络环境下,基于浏览器/服务器应用方式，买卖双方不谋面地进行各种商贸活动，实现消费者的网上购物、商户之间的网上交易和在线电子支付以及各种商务活动、交易活动、金融活动和相关的综合服务活动的一种新型的商业运营模式。

随着互联网和信息技术的普及，网络日益平民化、大众化，人们的消费观念发生了巨大的转变，电子商务开始走入平常百姓家。电子商务作为网络时代一种新的生产力，正在以一种前所未有的速度改变着人们的生活方式。以支付宝为代表的第三方支付平台应运而生，它们的出现消除了人们对网络支付安全的顾虑，并进一步促进了我国电子商务的发展。

1. 第三方支付平台

第三方支付是指具备一定实力和信誉保障的独立机构，采用与各大银行签约的方式，提供与银行支付结算系统有接口的交易支持平台的网络支付模式。

在第三方支付模式中，买方选购商品后，使用第三方支付平台提供的账户进行货款支付，并由第三方通知卖家货款到账，要求发货，买方收到货物，并检查商品进行确认后，就可以通知第三方付款给卖家，第三方再将款项转至卖家的账户上。

目前国内外主要的第三方支付平台有"支付宝"、"安付通"、"PayPal"、"易支付"等。其突出特点表现在：提供成本优势，提供竞争优势，提供创新优势，提高交易安全性。

采用第三方支付，可以约束买卖双方的交易行为，保证在交易过程中资金流和物流的正常双向流动，增加网上交易的可信度，同时还为商家开展各种电子商务交易等提供了技术支持和其他增值服务。

国内最大的独立第三方支付平台——支付宝(中国)网络技术有限公司于2010年3月15日宣布，其用户数已经突破3亿，晋升为全球最大的第三方支付企业。2013年初，支付宝注册用户数突破8亿。支付宝是一种促进网上安全交易的支付手段。支付宝与国内提供网上支付服务的银行深入合作，共同保障网络购物安全。支付宝独创的担保交易模式解决了买卖双方在支付环节中互不信任的问题。

2. 支付宝的运营模式

2003年10月阿里巴巴创办的支付宝网站首先在淘宝网推出，并很快成为会员网上交易的通用方式。2004年，支付宝实现独立经营，从其母公司独立出来成立了支付宝公司。在短短几年内，支付宝以其独特的优势吸引越来越多的互联网商家，支付宝用户覆盖了整个个人与个人之间的电子商务(Customer to Customer，C2C)、商家对顾客的电子商务(Business to Customer，B2C)及企业对企业的电子商务(Business to Business，B2B)领域。据统计，中国第三方电子支付市场交易额总规模在2007年第二季度已达到171.34亿元。支付宝以53.29%的市场份额排名第一，占据第三方支付市场的"半壁江山"。

支付宝的运营模式性质是作为第三方支付中介的模式。它作为我国第三方支付平台的代表，其功能简单地说就是为网上交易的双方提供"代收代付的中介服务"和"第三方担保"，实质是以支付宝为信用中介，在买家确认收到货物前，由支付宝替买卖双方暂时保管货款的一种增值服务。

3. 支付宝流程及安全性分析

使用支付宝的具体流程如图8.2所示。

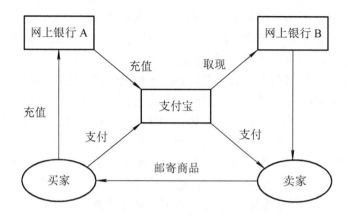

图 8.2 使用支付宝的具体流程

由于计算机系统与互联网存在着这样或那样的漏洞，因此，在利益的驱使下，一些不法分子就可能利用计算机操作系统与互联网的漏洞，对支付过程进行控制，并盗取用户的密码、银行账号等信息。使用被植入木马的浏览器上网，就有可能遭到通过在网站悬挂木马的不法分子的攻击。一旦攻击得手，大量的计算机就会沦为不法分子盈利的来源，他们可以批量地出售已得到的用户银行账号、密码等私人秘密信息，从中获得高额利润。因此，对用户造成的损失不容小觑。

为了防止个人信息遭到非法利用，最基础且最简单的做法是采用双密码制度，即账户的登录密码与支付密码相分离。用户在登录支付宝账户时使用一组密码，而使用支付宝进行网上支付时采用另一组密码，从而提升支付权在账户管理中的权限，这样可以防止登录密码无意被泄露而导致的经济损失。但是，密码也存在着过于简单或者固定几个密码没有改变的情况。可能通过列举法或者利用使用者的生日、重要纪念日等猜测密码，从而失去了密码应有的保密作用。另外，密码的传输过程有可能被不法分子截取。于是，如何保证密码传输的安全可靠是接下来应当考虑的问题。

为了保证数据传输的安全性，如密码传输的安全性，传统而广泛采用的做法是运用 SSL 安全协议对网页进行加密。SSL 安全协议由 Netscape 公司设计开发，是保证通信安全的国际电子支付安全标准协议，也是国际上最早的一种电子商务安全协议。SSL 安全协议主要提供三个方面的服务：① 用户和服务器合法性认证；② 加密被传输的数据；③ 保护数据的完整性。而 SSL 安全协议存在的主要问题是此协议有利于商家，很难保证用户资源的安全性。

为了提升密码输入的安全保证，支付宝额外使用 Internet Explorer ActiveX 控件，安装该安全控件之后，能从系统驱动底层的角度记录用户从键盘输入的密码，并予以监控，防止密码被他人截取。并且只有用户安装该控件后，密码输入框才处于可输入状态，否则密码无法输入。这样，即使出现了系统漏洞，不法分子也无法截取密码。因为在浏览器没有安装控件的状态下，用户无法输入密码，窃取密码的源头被断绝了，密码的截取也就无从谈起。这样看来，ActiveX 控件能较好地保证用户账户安全。但 ActiveX 控件并非完美的，它有时会出现无法安装或者需要反复安装等兼容性问题。

此外，为了进一步提高账户资金的安全性，支付宝还提供数字证书以维护用户资金安全。因为保证账户资金的安全可能不仅仅是使用 SSL 安全协议与支付控件就能够满足用户的安全需求的。数字证书也称为 CA 证书或电子密匙证书,利用它可以在互联网上识别不同用户和加密传输数据,系统通过对数字证书识别就可以精确地区分不同的用户,并能根据用户身份给予相应的网络资源的访问权限。

支付宝数字证书采用两种方式加以保存:一种是保存于用户的计算机的硬盘中;另一种则是采用银行 USB key 形式保存。后一种方式支持如中国工商银行、中国建设银行等的 U 盾,在安全性上,这种存储方式更为安全,因为普通 U 盘可以即插即用,数据仅凭密码就能被导入与导出,而 USB key 需要特定的驱动与软件才能被计算机读取相应数据,从而能保证支付过程的安全。它在很大程度上加大了不法分子的破解数字证书的难度,为账户安全性又加上了一重保险。数字证书可以把普通的六位数密码变成 2^{1024} 的形式进行传输。它的作用类似于发动汽车的钥匙。此外,数字证书提供数字签名功能,可防止信息在传输过程中被篡改。

综上所述,数字证书集保密性、保证数据完整性功能、身份鉴定功能和确保信息不被否认性功能于一体。在用户已经申请获得数字证书的情况下,即使不法分子使用了如"网银大盗"、"灰鸽子"等木马程序获取了用户的账户密码,但是在没有数字证书参与支付过程的情况下,该支付就无法成功完成。数字证书这一支付要件在很大程度上捍卫了用户资金的安全性。

虽然如此,由于使用者的疏忽而忘记导出数字证书,从而导致支付宝账户在系统重装之后或临时在他人计算机上无法使用的情况也不少见。而且,数字证书并非必选项,而是可选项,没有被要求强制安装,有可能给不法分子以可乘之机。

8.2.4 应用方案和设计实例

1. 设计目标

结合支付宝的支付流程设计保证支付安全的云安全服务器的功能和体系构架。需要指出的是,在设计过程中加入了两个云安全服务器为支付宝用户提供安全保障:一个在调用支付宝的过程中;另一个在调用网上银行的过程中。云安全服务器在这里起到过滤器的作用,即能够保证支付宝在线交易的透明性、安全性。

2. 设计原则

应用方案的设计原则如下:

(1) 安全性和可靠性。安全性和可靠性是第一位的。尤其对于支付宝更是不言而喻。

(2) 必要性和先进性。在支付宝中,云安全服务器就和前面讲述的 SSL、Internet Explorer ActiveX 一样,是必需的组件。云安全服务器与云端相连,对于病毒的更新非常敏感。

(3) 操作的简易性。本方案中添加的两个云安全服务器并不会让支付宝用户的支付操作变得复杂。因为这是云安全服务器内部的分析和响应,对用户没有任何的影响。

3. 主要的功能模块设计与描述

本方案主要的功能模块包括商户 Client、云安全服务器和商户 Server。商户 Client 是商户为用户提供的客户端,帮助用户使用支付宝进行在线支付功能;云安全服务器为支付宝提供保障用户安全、便捷支付的底层安全支付服务;商户 Server 是与商户 Client 进行交互的服务端系统。

1) 支付宝总体的支付流程

支付宝的支付流程是一个加入云安全服务器的安全操作流程，当用户在使用支付宝对自己选中的商品进行付款时，商户 Client 会调用支付宝接口，这时就自动连接到云安全服务器端口。云安全服务器会进行内部处理，在确认没有不安全因素之后会把支付信息弹回给用户。用户在确认支付信息后再次返回云安全服务器来完成支付过程。其支付流程如下：

(1) 买家进行支付，过程分为以下两种：

① 支付宝余额不足以支付商品金额时，经用户同意后进行支付宝充值，转入用户选定的网上银行界面进行充值。在跳转过程中，会再次连接到云安全服务端口，云安全服务器会进行内部处理，确认无不安全因素之后继续充值服务，充值成功后按支付宝余额足以支付商品金额继续进行。

② 支付宝余额足以支付商品金额时，支付宝直接进行支付，并发送支付成功通知给商户 Server，并由云安全服务器向用户显示交易成功并向商户 Client 返回交易结果信息。

(2) 卖家确认已付款并发货。卖家接到系统通知，确认买家已经付款后，向买家发货，一般通过快递或者邮政 EMS 物流渠道。

(3) 买家确认收货。买家在收到商品后，确认没有问题，即可向淘宝网确认收货。整个交易过程就完成了。

2) 云安全服务的总体构架

云安全服务的总体构架如图 8.3 所示。通过对云计算的理解，我们知道在云计算的作用下，云安全系统所能处理的安全威胁从传统的病毒，扩展到恶意程序、木马等。整个网络参与到病毒查杀的工作中。支付宝作为第三方交易平台，它所面临的安全威胁也不只是病毒那样单一，因此支付宝的安全系统运用云安全服务。

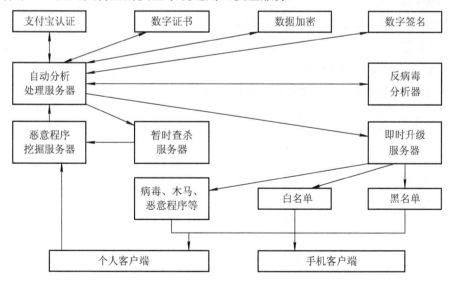

图 8.3 云安全服务的总体构架

结合云安全技术形成的支付宝安全产品、支付宝认证、数字证书、数据加密、数字签名等组成一个把关系统，它在支付宝交易过程中，实时监控。整个过程是循环的互相作用的，自动分析处理服务器与反病毒分析器联合工作，进行初级的查杀工作，即把处理对象作为单纯的病毒。自动分析处理服务器先将可能会是恶意程序的对象放入暂时查杀服务器中，经处理后，再送入恶意程序挖掘服务器来分析和判断是否为恶意程序，如此循环操作。自动分析处理服务器与即时升级服务器联合工作，直接将安全威胁进行分析和判断。所谓升级操作，就是将安全威胁进行分类，反馈给用户。不管用户其使用的是个人客户端还是手机客户端，在收到反馈信息后，安全威胁都将被送入恶意程序挖掘服务器，这里的服务器其实是一个集中分析区域，即对可能的恶意程序进行分析处理。这样，处在云安全服务链上的每个端，不管是客户端还是服务器都能相互作用。云计算下的资源共享，参与者处在每个节点中，通过互联网这个巨大的"杀毒软件"实时监控所受到的安全威胁，任何一个节点一旦出现问题，即时会被发现，解决后的结果也能发送回每个节点，参与者越多越安全。即云安全系统链中是相互作用的过程，在这里也得到了体现。

本 章 小 结

本章首先概述了云安全的概念及其两重含义，分析了云安全与传统网络信息安全的区别，描述了云安全的发展现状。然后分别阐述了灾难备份和恢复、可信计算、云支付等云安全技术，并给出了结合支付宝的支付流程的云安全服务的应用方案。

习 题 与 思 考

一、列举题

1. 数据备份与恢复技术主要包括哪四种？

二、简答题

1. 云安全包括哪两个方面的含义？
2. 云安全与传统网络安全的差别在哪些方面？

第9章 云标准

本章要点：

- 云计算标准化的意义
- 云计算标准化的现状
- 云计算标准化组织

课件

9.1 云计算标准化的意义

为什么要建立云计算的标准？从云计算面临的挑战可以说明引入标准的必要性。下面从四个方面说明云计算面临的挑战，分析云计算标准化的意义：

(1) 统一的技术标准。各厂商在开发各自产品和服务过程中各自为政，这为将来不同服务之间的互联互通带来严峻挑战。

(2) 统一的服务标准。如何对不同服务提供商所提供的云服务进行统一的计量计费，如何定义和评价服务质量，如何对服务进行统一地部署以及在出现网络故障、服务器故障、软件异常等情况下如何保障服务的可用性和连续性。这些是用户十分关注的问题，但目前还没有统一的标准。

(3) 安全问题。云安全包括数据的安全性、隐私问题、身份鉴别等方面。与传统的应用不同，云计算下的数据保存在"云端"，这对数据的访问控制、存储备份、传输安全和审计都带来了极大的挑战。在身份鉴别方面还需要解决"跨云"的身份鉴别问题。

(4) 能效管理问题。构建大型的计算中心和数据中心不可避免地存在能耗高的问题。如何有效地降低能耗，构建绿色计算中心和数据中心成为服务提供商亟待解决的问题之一。

因此，标准化是云计算建设的基础性工作，是云计算系统实现互联互通、服务共享、安全可靠、绿色高效的前提。但是，大力推进标准化并非得到所有专家的赞同。IBM大中华区云计算中心项目总监朱近之认为："云计算是一种开放的资源，更是一个开放的平台"。目前来看，过早建立标准反而会阻碍云计算的发展，云计算标准的形成可能更多地要依靠技术和市场发展的推动。现在是各路厂商各自努力向前冲的时候，制定统一标准的大环境还不成熟，当产业发展到某一阶段后，标准的制定就能水到渠成。

9.2　云计算标准化的现状

目前，业界对于云计算的标准化尚未达成一致，各主流厂家对云计算标准化都有自己的思路与行动。Google 一直敦促建立云计算行业标准，以解决云之间的互操作性和安全问题；IBM 支持云计算坚持开放标准的观点，并牵头发起了"开放云宣言"；微软的观点则是云计算仍在发展，目前讨论具体的技术标准还为时过早。

从现有云计算标准化组织主要研究内容的分布看，云计算标准组织繁多，不少组织的研究方向之间都有交集，其中已有不少组织通过联盟合作伙伴的形式达成了一定的互通。从目前标准化内容的分布看，虚拟化技术、云存储、云安全、云计算模型、云服务、云互操作性等是当前云计算标准研究的热点。从根本上看，这些标准化方向有一个统一的目的，就是为云计算建立一个标准，以促进不同厂商之间的互通性。综合来看，云计算标准化初步呈现以下一些发展趋势：

(1) 继承与发展现有技术和标准：云计算是现有 IT 技术的再发展，应该尽量继承和使用现有技术和标准，没有必要从上到下制定一整套全新的标准。

(2) 重点发展 IaaS 标准：从云计算标准化领域看，以 IaaS 的标准化需求最强，PaaS 次之，而 SaaS 则与具体应用领域相关。

(3) 互通和互操作性是重点领域：未来，云计算的三大模式 IaaS、PaaS、SaaS 的各个层面都将出现多家提供商，因此互通性无疑是云计算标准化工作开展的共同目标。

(4) 开放、合作、共赢：各个标准化组织之间的沟通和协作越来越密切，云计算标准化领域的每一个具体内容将由多个标准化组织共同完成。

(5) 产业链齐参与：云计算产业链的各个环节都将积极地为云计算标准的发展作出贡献。

9.3　云计算标准化组织

9.3.1　美国国家标准与技术研究院

美国国家标准与技术研究院(National Institute of Standards and Technology，NIST)直属于美国商务部，从事物理、生物和工程方面的基础和应用研究以及测量技术和测试方法方面的研究，提供标准、标准参考数据及有关服务，在国际上享有很高的声誉。

NIST 成立于 1901 年，原名为美国国家标准局(NBS)，1988 年 8 月，经美国总统批准更名为美国国家标准与技术研究院(NIST)。NIST 下设四个研究所：国家计量研究所、国家工程研究所、材料科学和工程研究所、计算机科学技术研究所。以下是 NIST 在云计算标准方面的重要工作与进展：

(1) NIST 公布云计算定义。2011 年 1 月，NIST 公布了其对云计算的定义：云计算是一种模式，能以泛在的、便利的、按需的方式通过网络访问可配置的计算资源(如网络、服务器、存储器、应用和服务),这些资源可实现快速地部署与发布,并且只需要极少的管理成本或服务提供商的干预。云计算模式具有按需自助服务、宽带网络访问、资源集中、快速伸缩性、可计量的服务五项基本特征;软件即服务(SaaS)、平台即服务(PaaS)、基础设施即服务(IaaS)三种服务模式;私有云、团体云、公共云、混合云四种部署模式。目前很多文章、报刊或书籍都以 NIST 对云计算定义作为标准定义。

(2) NIST 发布公共云计算安全与隐私指南。2011 年 1 月,NIST 发布了"公共云计算安全与隐私指南",其概述了公共云计算面临的安全与隐私挑战,并针对机构在为公共云计算环境外购数据、应用和基础设施时应予考虑的事项提出了相关建议。

(3) NIST 发布完全虚拟化技术安全指南。2011 年 1 月,NIST 发布了最终版的"完全虚拟化技术安全指南",它描述了与面向服务器和桌面虚拟化的完全虚拟化技术相关的安全问题,并为解决这些问题提出了相关建议。

(4) NIST 发布云计算大纲与建议。2011 年 5 月,NIST 发布了"云计算大纲与建议",其审视了 NIST 的云计算定义;描述了云计算的优势与问题;概述了云计算技术的主要类别以及为机构如何应对云计算带来的机遇与风险提供了指导与建议。

(5) NIST 发布云计算标准路线图。2011 年 7 月,NIST 发布了云计算标准路线图,调研了目前与云计算的安全、可移植性、互操作性标准/模式/研究/用例有关的标准布局,并在此基础上确定了云计算的现有标准、标准方面的差距、标准工作方面的优先领域等。

(6) NIST 发布第一版的云计算参考架构。2011 年 9 月,NIST 发布了第一版的云计算参考架构,将 NIST 的云计算定义扩展至对云模型的逻辑描述,从而将云计算的定义工作向前推进了一步。

9.3.2 开放云计算联盟

开放云计算联盟(Open Cloud Consortium,OCC)成立于 2008 年年中,成员包括美国的伊利诺伊大学、西北大学、约翰霍普金斯大学、芝加哥大学和加州电信及信息科技学院(Calit2)。思科是第一家公开加入开放云计算联盟的大型 IT 厂商。

开放云计算联盟重要的基础设施是开放云计算试验台,试验台由位于芝加哥的两个机架、马里兰州巴尔的摩市的约翰霍普金斯大学的一个机架和加州拉霍亚市的 Calit2 的一个机架组成,这些机架以万兆以太网相连。

开放标准能允许所有云计算互通彼此吗?这是开放云计算联盟目前正在研究的一个问题,其目的是设法改善分布在不同地理位置的数据中心的云存储和云计算的性能,并推广开放的架构,让由不同组织运营的云计算能够在一起无缝地工作。

开放云计算联盟旨在支持为云计算开发开源软件,并为不同类型的支持云计算的软件制定标准和接口,让它们能够进行互操作。

9.3.3 分布式管理任务组

分布式管理任务组(Distributed Management Task Force,DMTF),目标是联合整个 IT 行业协同起来开发、验证和推广系统管理标准,帮助全世界范围内简化管理,降低 IT 管理成本,目前主机操作系统及硬件级的管理接口规范都来自 DMTF 标准,所以该组织是极具影响力的团体。

DMTF 组织到 2010 年 8 月底为止共有来自 43 个国家的 160 个公司和组织成员，4000 个积极参加者，董事会成员有 Dell、HP、IBM、Cisco、Intel、AMD、Oracle、Microsoft、EMC、CA、Citrix、VMware、HITACHI、Fujitsu、Broadcom 这 15 家公司。

2011 年 8 月 30 日，分布式管理任务组(Distributed Management Task Force，DMTF)开发了以下两项云计算标准：

(1) 开放虚拟化格式(Open Virtualization Format，OVF)。

(2) 服务器管理命令行协议(Server Management Command Line Protocol，SMCLP)规范。

以上这两个标准被国际标准化组织(ISO)和国际电工委员会(IEC)的联合技术委员会采纳为国际标准。对于 IT 管理人员而言，这两个标准有助于大幅提高效率和节省成本。

9.3.4 企业云买方理事会

2009 年 12 月，包括微软、IBM、思科、惠普等在内的多家公司成立了"企业云买方理事会(Enterprise Cloud Buyers Council)"，消除妨碍企业使用云计算服务的障碍。

企业云买方理事会最初的成员包括提供和使用云计算服务的公司，其中包括微软、IBM、惠普、思科、AT&T、英国电信、EMC、德意志银行、阿尔卡特朗讯、Amdocs、冠群、诺基亚西门子通信、意大利电信和澳洲电信。行业组织分布式管理任务组和 IT 服务管理论坛也是该组织成员。

企业云买方理事会将研发基于标准的解决方案，其中包括虚拟、管理和控制层，使企业能方便地将项目由一个厂商的服务迁移到另外一家厂商。

另外，安全和可靠性也是企业担心的问题。企业云买方理事会将研究这些问题，并制定最好的解决方案。企业云买方理事会还将解决与云计算性能和延迟相关的问题。

9.3.5 云安全联盟

云安全联盟 CSA(Cloud Security Alliance)是在 2009 年成立的一个非盈利性组织。云安全联盟致力于在云计算环境下提供最佳的安全方案。

2009 年 12 月 17 日，云安全联盟发布了新版的《云安全指南》，它代表着云计算和安全业界对于云计算及其安全保护的认识的一次升级。

在 2010 年 3 月，相关中文版《云安全指南》V2.1 发布。另外开展的云安全威胁、云安全控制矩阵、云安全度量等研究项目在业界得到积极地参与和支持。

2011 年 4 月，CSA 还宣布与国际标准化组织(ISO)及国际电工委员会(IEC)一起合作进行云安全标准的开发。2011 年 11 月 14 日，CSA 发布《云安全指南》V3.0。2013 年 2 月 25 日，CSA 发布文档描述了 2013 年云计算的九大威胁。排在前三位的是数据泄露、数据丢失、账户或服务流量劫持。

CSA 的宗旨是：提供用户和供应商对云计算必要的安全需求和保证证书的同样认识水平；促进对云计算安全最佳实践的独立研究；发起正确使用云计算和云安全解决方案的宣传和教育计划；创建有关云安全保证的问题和方针的明细表。

9.3.6 《云开放宣言》

2009 年 3 月，由 IBM 牵头的《云开放宣言》(Open Cloud Manifesto)正式签署。《云开

放宣言》既不是行业标准的声明,也不是限制实体行为的合同,而只是一个简单的原则性声明,当前几乎所有的"云计算"厂商均已签署。思科、EMC、Sun、VMware 等公司都签署了这一宣言。

签署《云开放宣言》的企业包括:IBM、Sun、VMWare、AT&T、Telefonica、Cisco、EMC、SAP、AMD、Elastra、rPath、Juniper、Red Hat、Hyperic、Akamai、Novell、Sogeti、Rackspace、RightScale、GoGrid、Aptana、CastIron、EngineYard、Eclipse、Soasta、F5、LongJump、NC State、Enomaly、Nirvanix、OMG、Computer Science、Boomi、Reservoir、Appistry、Heroku。而有着"云计算四巨头"之称的亚马逊、微软、谷歌和 Salesforce 均未签署《云开放宣言》。

9.3.7 存储网络工业协会

存储网络工业协会(Storage Network Industry Association,SNIA)是一家非盈利的行业组织,致力于推动开放式存储网络解决方案的市场。SNIA 是成立时间比较早的存储厂家中立的行业协会组织,其宗旨是领导全世界范围的存储行业开发、推广标准、技术和培训服务,增强组织的信息管理能力。

SNIA 拥有 420 多家来自世界各地的公司成员以及 7100 多位个人成员,遍及整个存储行业。它的成员包括不同的厂商和用户,有投票权的核心成员有 Dell、IBM、NetApp、EMC、Intel、Oracle、Fujitsu、Juniper、QLogic、HP、LSI、Symantec、HITACHI、Microsoft、VMware、Huawei-Symantec 等十余家,从成员的组成可以看出,核心成员来自核心的存储厂商,所以 SNIA 就是存储行业的领导组织。在全球范围 SNIA 已经拥有七家分支机构。其中,SNIA-CHINA 是其全球范围内的第三家地域性分支机构。

针对云计算的迅速发展,SNIA 成立了云计算工作组,并在 2010 年 4 月正式发布了 CDMI (Cloud Data Management Interface)1.0,它的目的是推广存储即服务的云规范,统一云存储的接口,实现面向资源的数据存储访问,扩充不同协议和物理介质。

2011 年 4 月,SNIA 表示 CDMI 正被越来越多的云路线图及相关研究方向所引用,引用的机构则包括了国际电信联盟(ITU)、欧洲信息化基础设施实施标准及可互操作性行动(SIENA)和美国国家标准与技术研究院(NIST)等。

9.3.8 欧洲电信标准协会

欧洲电信标准协会(European Telecommunications Standards Institute,ETSI)是由欧共体委员会于 1988 年批准建立的一个非盈利性的电信标准化组织,总部设在法国南部的尼斯。ETSI 的标准化领域主要是电信业,并涉及与其他组织合作的信息及广播技术领域。

ETSI 共有来自 52 个国家的 773 名成员,涉及电信行政管理机构、国家标准化组织、网络运营商、设备制造商、业务提供者、用户以及研究机构等。

ETSI 的网格技术委员会正在更新其工作范围,以包括云计算这一新出现的商业趋势,重点关注电信及 IT 相关的基础设施即服务(IaaS)。

9.3.9 开放网格论坛

开放网格论坛(Open Grid Forum,OGF)是全球网格论坛(GGF)与企业网格联合会(EGA)

合并后的产物。这两个组织在 2006 年 2 月份宣布计划将双方的标准统一起来并在 6 月份正式合并成开放网格论坛。2006 年 9 月 11 日，开放网格论坛正式运作。

OGF 是由来自 40 个国家的 400 多个用户、开发者和厂商的社区组织组成的，目的是引导网络计算的标准和规范。它包括 Microsoft、Sun、Oracle、Fujitsu、HITACHI、IBM、Intel、HP、AT&T、eBay 等用户。

OGF 提出了开放的云计算接口标准(Open Cloud Computing Interface，OCCI)1.0，该标准的目的是建立基础设施即服务(IaaS)的云接口标准解决方案，实现基础设施云的远程管理，开发不同工具以支持部署、配置、自动扩展、监控和定义云计算及其存储和网络服务。

9.3.10 开放云计算工作组

开放云计算工作组(Open Group Cloud Work Group)是 Open Group 中的一个组织。Open Group 是厂商中立、技术中立的联合会，其目的是在开放标准和全球互操作性的基础上，实现企业内部和企业之间的无边界的集成信息流，同时，建立消费者和云计算提供商之间的共识。共识内容包括云计算在内的 IT 技术，如何安全、可靠地实现不同规模的企业运营，减少企业运营的成本，增大商业可扩展性和敏捷性，消除云产品和服务对用户的"锁定"。Open Group 的白金会员有 Capgemini、HP、IBM、Kingdee(金蝶)、Oracle、SAP 等，其他成员包括不同的云计算提供商和终端用户。该组织网址是"http://www.opengroup.org/"，其成员大多是 ERP 和顾问咨询公司。最近也推出了一系列关于云计算商业应用场景、云计算的参考架构、云计算的投资回报计算方法等优秀的白皮书，这些都是各公司高级管理人员运营企业的很好的参考资料。开放云计算工作组(Open Group Cloud Work Group)旨在帮助用户和云计算提供商学习该如何安全使用云计算技术。

9.3.11 云计算互操作论坛

2008 年成立的云计算互操作论坛(Cloud Computing Interoperability Forum，CCIF)是开放、厂商中立的非盈利技术社区组织，其目标是建立全球的云团体和生态系统。

CCIF 提出了统一云接口(Unified Cloud Interface，UCI)，把不同云的 API 统一成标准接口实现互操作；CCIF 还提出了资源描述框架(Resource Description Framework，RDF)，定义资源的语义、分类和实体方法。

CCIF 的赞助商有 Cisco、Intel、IBM、SUN、Appistry、RSA 等 14 家公司。CCIF 的创始人 Reuven Cohen 正在尽一切努力挽救这个从 2010 年起就已经名存实亡的组织。他表示，尽管该组织已停止活动多年，但其邮件列表仍然拥有 1300 位成员。

9.3.12 电信管理论坛

电信管理论坛(TM Forum)是一个非盈利性组织，其很多成员都来自传统的电信运营商和设备商，目前也发起了云服务策略。TM 论坛设立了"云计算与新型服务计划"，包括以下的工作组：

(1) 基于软件的服务管理方案(Software Enabled Services Management Solution)。
(2) IPsPhere 框架：为快速的服务交付提供了一个商业层，包括对 IP 服务的高级支持。
(3) B2B 产品交易(B2B Product Trading)。
(4) 云计费(Cloud Billing)。
(5) 云计算服务水平协议管理(Cloud SLA Management)。
(6) 云安全与风险(Cloud Security & Risk)。
(7) 云计算业务流程框架(Cloud Business Process Framework)。
(8) 服务提供商领导委员会云计算需求(Service Provider Leadership Council Cloud Requirements)。

9.3.13 ISO/IEC

2009 年 5 月，ISO/IEC-JTC1(国际电工委员会第一联合技术委员会)的软件与系统工程分技术委员会(SC7)成立了云计算 IT 治理研究组(WGIA)，负责分析和研究市场对于 IT 管理中云计算标准的需求，提出 JTC1/SC7 内的云计算标准和目标。

2009 年 10 月，ISO/IEC-JTC1 的分布式应用平台与服务技术委员会(SC38)成立了 SG1，即云计算研究组(SGCC)。其主要职责是：研究云计算的分类、术语和应用价值，评估云计算标准化状态；起草与云计算市场、业务、用户需求和需要解决问题的标准，与相关云计算标准化组织或团体开展联络和协作；召开会议，听取和收集关于云计算标准化的需求；为 SC38 提供活动建议和报告。

9.3.14 IEEE

2011 年 4 月 4 日，美国电气和电子工程师协会(IEEE)宣布成立 P2301 和 P2302 两个工作组，致力于开发云计算标准，分述如下：

(1) P2301 工作组提供正在研究的云计算标准的关键领域(应用、便携性、管理和操作接口、文件格式、操作规程)的配置文件；研究云迁移和云管理的标准化；帮助用户采购、开发、建设和使用基于标准的云计算产品和服务，使其有通用性和便携性，实现行业的互操作性。

(2) P2302 工作组定义实现云到云可靠的互操作性和集成性所需要的拓扑结构、协议、性能和管理。该工作组在保持对用户应用透明的前提下，帮助云产品和服务商之间建立可扩展经济体。P2302 工作组采用支持云商业模式不断演进的动态架构，是一种促进经济增长和提高竞争力的理想平台。

9.3.15 ITU-T

2010 年 8 月，国际电信联盟远程通信标准化组织 (ITU-T) 成立云计算焦点组 (FG CLOUD)。它的主要职责有以下几个方面：

(1) 确定推进电信/ICT(Information Communication Technology，信息通信技术)领域云计算支撑技术发展所需要的标准优先级以及标准开发过程中潜在的影响因素。

(2) 研究 ITU-T 框架内固定和移动网络未来研究项目对云计算的要求。

(3) 分析互操作和标准化中受益的组件。

(4) 与 ITU-T 其他标准化组织协作，共同应对电信/ICT 领域云计算支撑技术的新属性和挑战。

(5) 分析云计算属性、功能和特征变化，以确定电信领域云计算支撑技术的标准制定。

本 章 小 结

本章首先分析了云计算标准化的意义，接着描述了云计算标准化的现状。最后，分别介绍了当前主要的云计算标准化组织研究的进展。

习题与思考

一、选择题

1. 下列云计算标准化组织侧重云安全标准化的是_____，侧重存储标准化的是_____，侧重管理标准化的是_____，侧重网格计算的是_____。

  A．分布式管理任务组   B．云安全联盟

  C．开放云计算联盟   D．网络存储工业协会

  E．开放网格论坛

2. 从云计算标准化领域看，以_____的标准化需求最强。

  A．IaaS   B．PaaS

  C．SaaS   D．以上都不是

二、填空题

标准化是云计算建设的基础性工作，是云计算系统实现_____、服务共享、_____、绿色高效的前提。

三、列举题

至少列举三个云计算标准化组织。

四、简答题

1. 为什么要建立云计算的标准？

2. 云计算标准化呈现什么样的发展趋势？

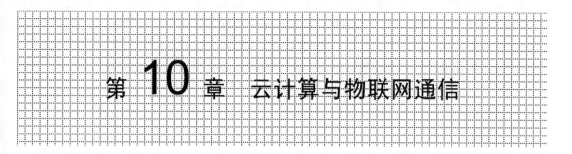

第 10 章 云计算与物联网通信

本章要点：

- 物联网三层体系结构
- ZigBee 技术
- 蓝牙技术
- 超宽带技术
- 60 GHz 通信技术
- 无线 LAN 通信技术
- WiMAX 技术
- 移动通信网

课件

10.1 物联网三层体系结构

目前，物联网的体系结构大致被公认为有三个层次：底层是用来感知数据的感知层；第二层是数据传输的网络层；最上面一层则是内容的应用层，如图 10.1 所示。

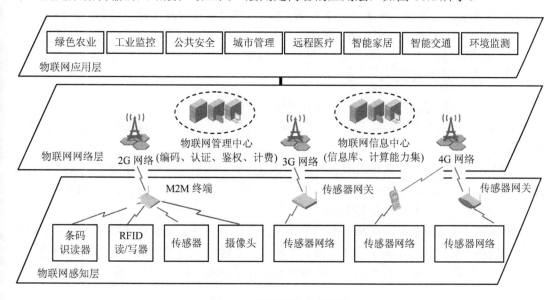

图 10.1 物联网的体系结构

感知层的功能是识别物体和采集信息。其功能包括二维码标签和识读器、RFID 标签和读/写器、摄像头、GPS、M2M(Machine to Machine)终端、无线传感器网络等。感知层是实现物联网全面感知的核心能力，也是物联网中的关键技术、标准化、产业化等方面亟待突破的部分。感知层目前待解决的关键问题在于如何具备更精确、更全面的感知能力，并解决低功耗、小型化和低成本的问题。

网络层的功能是信息传递和处理。其功能包括移动通信与互联网的融合网络、物联网管理中心和物联网信息中心等。网络层将感知层获取的信息进行传递和处理，类似于人体结构中的神经中枢和大脑。代表网络层的广泛覆盖的移动通信网络是实现物联网的基础设施，是物联网三层中标准化程度最高、产业化能力最强、最成熟的部分。网络层目前待解决的关键问题在于为物联网应用特征进行优化和改进，形成协同感知的网络。

应用层是物联网与行业专业技术的深度融合，与行业需求结合，实现行业智能化，这类似于人类的社会分工，最终构成人类社会。它包括的范围广泛，如绿色农业、工业监控、公共安全、城市管理、远程医疗、智能家居、智能交通、环境监测等。应用层提供丰富的基于物联网的应用，是物联网发展的根本目标。应用层目前待解决的关键问题在于行业融合、信息资源的开发利用、低成本高质量的解决方案、信息安全的保障以及有效的商业模式的开发。

云计算可以被认为是应用层的支撑技术。云计算由于具有强大的处理能力、存储能力、带宽和极高的性价比，可以有效地用于物联网应用和业务，也是应用层能提供众多服务的基础。同时，物联网也将成为云计算最大的用户，促使云计算取得更大的商业成功。

温馨提示：

有关物联网的内容可参见以下书籍：
[1] 王志良，王粉花. 物联网工程概论. 北京：机械工业出版社，2011.
[2] 王志良，石志国. 物联网工程导论. 西安：西安电子科技大学出版社，2011.
[3] 石志国，王志良，丁大伟. 物联网技术与应用. 北京：清华大学出版社，2012.

10.1.1 感知层关键技术

物联网在传统网络的基础上，从原有网络用户终端向"下"延伸和扩展，扩大通信的对象范围，即通信不仅仅局限于人与人之间的通信，还扩展到人与现实世界的各种物体之间的通信。

物联网感知层解决的就是人类和物理世界的数据获取问题。感知层处于三层架构的最底层，是物联网发展和应用的基础，具有物联网全面感知的核心能力。作为物联网最基本的一层，感知层具有十分重要的作用。

感知层一般包括数据采集和数据短距离传输两部分。此处的短距离传输技术，尤指像蓝牙、ZigBee 这类传输距离小于 100 m、速率低于 1 Mb/s 的中低速无线短距离传输技术。

感知层所需要的关键技术包括传感器技术、射频识别技术、无线传感器网络、M2M 技术等。

1. 传感器技术

计算机类似于人的大脑，而仅有大脑而没有感知外界信息的"五官"显然是不够的，计算机也还需要它们的"五官"——传感器。

传感器的功能首先是能感受到被检测的信息，其次还包括传输、处理、存储、显示、记录、控制等其他功能。

传感器分类的依据很多，比较常用的是按被检测到的物理量分类、按工作原理分类、按输出信号的性质分类这三种。另外，按是否具有信息处理功能来分类也变得重要起来，如自身不具有信息处理能力的传感器称为一般传感器，它需要计算机进行信息处理。而智能传感器其自身就具有信息处理能力。

传感器是摄取信息的关键器件，它是物联网中不可缺少的信息采集手段，也是采用微电子技术改造传统产业的重要方法。

2. RFID 技术

RFID 是射频识别(Radio Frequency Identification)的英文缩写，它是 20 世纪 90 年代开始兴起的一种自动识别技术，其利用射频信号通过空间电磁耦合实现无接触信息传递并通过所传递的信息实现物体识别。

在对物联网的构想中，RFID 标签中存储着规范而具有互用性的信息，通过有线或无线的方式把它们自动采集到中央信息系统，实现对物品(商品)的识别，进而通过开放式的计算机网络实现信息交换和共享，实现对物品的"透明"管理。以下是 RFID 系统的组成：

(1) 电子标签(Tag)：由芯片和标签天线或线圈组成，通过电感耦合或电磁反射原理与读/写器进行通信。电子标签芯片有数据存储区，用于存储待识别物品的标识信息。

(2) 读/写器(Reader)：读取(在提供读/写功能的卡片中还可以写入)标签信息的设备。读/写器是将约定格式的待识别物品的标识信息写入电子标签的存储区中(写入功能)或者在读/写器的阅读范围内以无接触的方式将电子标签内保存的信息读取出来(读出功能)。

(3) 天线(Antenna)：用于发射和接收射频信号。它往往内置在电子标签和读/写器中，也可以通过同轴电缆与读/写器天线接口相连。

RFID 技术的工作原理是：电子标签进入读/写器产生的磁场后，读/写器发出射频信号；凭借感应电流所获得的能量发送出存储在芯片中的产品信息(无源标签或被动标签)或者主动发送某一频率的信号(有源标签或主动标签)；读/写器读取信息并解码后，送至中央信息系统进行有关数据处理。

3. 无线传感器网络

无线传感器网络(Wireless Sensor Network，WSN)由部署在检测区域内大量的廉价卫星传感器节点组成，通过无线通信方式形成一个多跳的自组织的网络系统。它的目的是协助性地感知、采集和处理网络覆盖区域中对象的信息，并发送给观察者。

无线传感器网络的基本功能是将一系列空间分散的传感器单元通过自组织的无线网络进行连接，从而将各自采集的数据通过无线网络进行传输汇总，以实现对空间分散范围内的物理或环境状况的协作监控，并根据这些信息进行相应地分析和处理。

无线传感器网络相比传统网络有以下一些特点：

(1) 节点数目更为庞大(上千甚至上万)，节点分布更为密集。

(2) 由于环境影响和存在能量耗尽问题，节点更容易出现故障。
(3) 环境干扰和节点故障易造成网络拓扑结构的变化。
(4) 通常情况下，大多数传感器节点是固定不动的。
(5) 传感器节点具有的能量、处理能力、存储能力和通信能力等都十分有限。
(6) 不同于传统无线网络的高服务质量和高效的带宽的利用，节能是其设计的首要考虑因素。

在无线传感器网络应用中，根据采集和发送数据的方式，可将其分为两类：时间驱动型传感器网络和事件驱动型传感器网络。前者，节点周期性采集并发送数据给汇聚节点，数据传输率是固定的；后者，只有当节点探测到目标事件后，才会以较高的速率发送数据，通常情况只需发送网络管理和状态信息，因为数据量较少，所以数据的采集和发送通常不可预测。由于事件的随机性和突发性，因此在没有事件的大部分时间里，网络处于空闲状态，一旦事件到来，数据流量迅速增加且可能在局部区域形成热点，造成信道拥堵。

4. M2M 技术

M2M 根据不同场景代表 Machine-to-Machine(机器对机器)、Man-to-Machine(人对机器)、Machine-to-Man(机器对人)、Mobile-to-Machine(移动网络对机器)、Machine-to-Mobile(机器对移动网络)等。M2M 是现阶段物联网普遍的感知形式，是实现物联网的第一步。

M2M 技术将多种不同类型的通信技术有机地结合在一起，将数据从一台终端传送到另一台终端，也就是机器与机器的"对话"。它的目标就是使所有机器设备都具备联网和通信能力，其核心理念就是网络一切(Network Everything)。

10.1.2 网络层关键技术

网络层主要承担着数据传输的功能。在物联网中，要求网络层能够把感知层感知到的数据无障碍、高可靠性、高安全性地进行传送，它解决的是感知层所获得的数据在一定范围内，尤其是远距离的传输问题。

网络层的关键技术包括 Internet、移动通信网等。有时候，无线传感器网络也可以被看成是跨感知层和网络层的关键技术之一。

1. Internet

物联网也被认为是 Internet 的进一步延伸。Internet 将作为物联网主要的传输网络之一，它将使物联网无所不在、无处不在地深入社会每个角落。

2. 移动通信网

移动通信网由无线接入网、核心网和骨干网三部分组成。无线接入网主要为移动终端提供接入网络服务，核心网和骨干网主要为各种业务提供交换和传输服务。

移动通信网为人与人之间、人与网络之间、物与物之间的通信提供服务。在移动通信网中，当前比较热门的接入技术有 3G、4G 等。

10.1.3 应用层关键技术

应用层功能是对感知和传输来的信息进行分析和处理，做出正确的控制和决策，实现智能化的管理、应用和服务。这一层解决的是信息处理和人机界面的问题。

1. 云计算

云计算(Cloud Computing)是分布式计算(Distributed Computing)、并行计算(Parallel Computing)和网格计算(Grid Computing)的发展，也可以说是这些计算机科学概念的商业实现。

用户可以在多种场合，利用各类终端，通过互联网接入云计算平台来共享资源。

2. 人工智能

人工智能(Artificial Intelligence)是探索研究使各种机器模拟人的某些思维过程和智能行为(如学习、推理、思考、规划等)，使人类的智能得以物化与延伸的一门学科。

在物联网中，人工智能技术主要负责分析物品所承载的信息内容，从而实现计算机自动处理。

3. 数据挖掘

数据挖掘(Data Mining)是从大量的、不完全的、有噪声的、模糊的及随机的实际应用数据中，挖掘出隐含的、未知的、对决策有潜在价值的数据的过程。

在物联网中，数据挖掘只是一个代表性概念，它是一些能够实现物联网"智能化"、"智慧化"的分析技术和应用的统称。

4. 中间件

中间件是为了实现每个小的应用环境或系统的标准化以及它们之间的通信，在后台应用软件和读写器之间设置的一个通用的平台和接口。

物联网中间件的主要作用在于将实体对象转换为信息环境下的虚拟对象，因此数据处理是中间件最重要的功能。

10.2 物联网通信概述

本书 10.3 节到 10.6 节着重讲解主流的无线个域网(Wireless Personal Area Network，WPAN)技术。10.7 节到 10.9 节主要说明无线广域网(Wireless Wide Area Network，WWAN)、无线城域网(Wireless Metropolitan Area Network，WMAN)、无线局域网(Wireless Local Area Network，WLAN)的技术。由于 WWAN、WMAN、WLAN 的地理覆盖范围比 WPAN 广，因此称为中长距离物联网通信。而 WPAN 技术称为短距离物联网通信。

在本章中，WWAN 以移动通信网(2G、3G、4G)为主介绍，WMAN 以 IEEE 802.16 (WiMAX) 为主介绍，WLAN 以 IEEE 802.11 及其衍生标准为代表的一系列技术加以介绍。

下面着重分析 WPAN 技术。我们先看一个通过 WPAN 技术实现短距离物联网通信的例子。

美国福特汽车公司正在研制一种监测驾驶员心脏状况的座椅。福特公司认为，如今 65 岁以上的驾车人越来越多，因此这种座椅将广受欢迎。

椅背上将安装六个通过短距离物联网通信互联的小型传感器，能够监测驾驶员的心率，如果监测到任何问题，汽车就会向驾驶员发出警告，甚至自动停车，相关信息会通过驾驶员的手机发送到医疗中心。

统计数据显示，到 2025 年，欧洲 23% 的人口将在 65 岁以上，到 2050 年这一比例将达到30%。未来几十年,有心脏病风险的驾驶员数量将大大增加。

WPAN是一种采用无线连接的个人局域网。它被用在诸如电话、计算机、附属设备以及小范围(WPAN的工作范围一般在10 m以内)内的数字助理设备之间的通信。支持无线个人局域网的技术包括:蓝牙、ZigBee、超宽带(UWB)、60 GHz、IrDA(Infrared Data Association,红外数据组织)、HomeRF等,其中蓝牙技术在WPAN中使用的最广泛。每一项技术只有被用于特定的用途、应用程序或领域才能发挥最佳的作用。此外,虽然在某些方面,有些技术被认为是在WPAN空间中相互竞争的,但是它们之间常常又是互补的。

2002年,IEEE 802.15工作组成立,专门从事WPAN标准化工作。它的任务是开发一套适用于短程无线通信的标准(10 m左右)。IEEE 802.15工作组是对WPAN做出定义说明的机构。目前,IEEE 802.15 WPAN共拥有以下四个工作组:

(1) 任务组TG1:制定IEEE 802.15.1标准,即蓝牙WPAN标准。

(2) 任务组TG2:制定IEEE 802.15.2标准,研究IEEE 802.15.1与IEEE 802.11的共存问题(为所有工作在2.4 GHz频带上的无线应用建立一个标准)。

(3) 任务组TG3:制定IEEE 802.15.3标准,高数据率WPAN工作组,适用于高质量要求的多媒体应用领域。高频率的IEEE 802.15.3a(TG3a,也被称为超宽带或UWB)、高频率的IEEE 802.15.3c(TG3c,也被称为60 GHz)支持用于多媒体的介于20 Mb/s和1 Gb/s之间的数据传输速度。

(4) 任务组TG4:制定IEEE 802.15.4标准,满足低功耗、低成本的无线网络要求,制定低数据率的WPAN(LR-WPAN, Low Rate-WPAN)标准。因与传感器网络有许多相似之处,被认为是传感器的通信标准(ZigBee协议的底层标准)。TG4 ZigBee针对低电压和低成本家庭控制方案提供20 Kb/s或250 Kb/s的数据传输速度。

无线个域网WPAN是为了实现活动半径小、业务类型丰富、面向特定群体、无线无缝的连接而提出的新兴无线通信网络技术。WPAN能够有效地解决"最后的几米电缆"的问题,进而将无线联网进行到底。

在理想情况下,当任意两个配有WPAN的设备接近(在对方的数米范围内)时或在中央服务器的几千米内,它们就可以沟通,就像连接电缆一样通信。WPAN的另一个重要特点是每个设备对其他设备能选择性地锁定,防止不必要的干扰或未经授权的信息访问。

WPAN是一种与无线广域网(Wireless Wide Area Network,WWAN)、无线城域网(Wireless Metropolitan Area Network,WMAN)、无线局域网(Wireless Local Area Network,WLAN)并列但覆盖范围相对较小的无线网络。在网络构成上,WPAN位于整个网络链的末端,用于实现同一地点终端与终端间的连接,如连接手机和蓝牙耳机等。WPAN所覆盖的半径范围一般在10 m以内,必须运行于许可的无线频段。WPAN设备具有价格便宜、体积小、易操作和功耗低等优点。

本节开始的例子其实也显示了WPAN与无线广域网(此处是通过手机接入的移动通信网)互联的情况。

无线个人通信实现在任何地点、在任何时候、与任何人进行通信并获得信息。这与物联网"无处不在"的概念正相契合。因此随着无线通信技术的发展,物联网的普及之路将变得更加清晰。

移动通信网络实现全局端到端物联网通信,而短距离无线通信主要关注建立局部范围内临时性的物联网通信。

什么是短距离无线通信？一般来讲，短距离无线通信的主要特点为：

(1) 通信距离短，覆盖距离一般在(10～200) m。

(2) 无线发射器的发射功率较低，发射功率一般小于 100 mW。

(3) 工作频率多为免付费、免申请的全球通用的工业、科学、医学(Industrial，Scientific and Medical，ISM)频段。

短距离无线通信从数据速率角度可分为高速短距离无线通信和低速短距离无线通信两类：

(1) 高速：最高数据速率高于 100 Mb/s，通信距离小于 10 m。典型技术有高速 UWB 和 60 GHz 通信(简称 60 GHz)。

(2) 低速：最低数据速率低于 1 Mb/s，通信距离低于 100 m。典型技术有 ZigBee、低速 UWB 和蓝牙。

下面是常见的短距离无线通信的速率等级：

(1) ZigBee：250 kb/s。

(2) Bluetooth：1 Mb/s。

(3) UWB：500 Mb/s。

(4) 60 GHz：1000 Mb/s。

常见的短距离无线通信的速率等级和通信距离如图 10.2 所示。

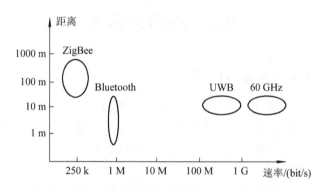

图 10.2　常见的短距离无线通信的速率等级和通信距离

常见的两种短距离无线通信的应用场合：

(1) ZigBee 和蓝牙技术可以用来实现智能家居。

(2) UWB 和 60 GHz 通信技术可以在 10 m 的范围内传输无压缩的高清视频数据。

值得指出的是，不要混淆短距离无线通信与近场通信的概念。

近场通信(Near Field Communication，NFC)又称为近距离无线通信，是一种短距离的高频无线通信技术，允许电子设备之间进行非接触式点对点数据传输(在 10 cm 以内)交换数据。

NFC 技术由免接触式射频识别(RFID)演变而来，并向下兼容 RFID，最早由 SONY 和 Philips 公司各自开发成功，主要用于手机等手持设备中提供 M2M 的通信。

由于近场通信距离短，因此具有天然的安全性，因此，NFC 技术被认为在手机支付等领域具有很大的应用前景。

与传统的短距通信相比，NFC 技术具有天然的安全性以及建立连接的快速性，具体的对比如表 10.1 所示。

表 10.1　NFC 技术与常见无线传输技术的对比

比较项目	NFC	蓝牙	红外
网络类型	点对点	单点对多点	点对点
使用距离	≤0.1 m(主动—被动模式) ≈0.2 m(主动—主动模式)	≤10 m	≤1 m
速度	106 kb/s、212 kb/s 或 424 kb/s，规划速率可达 868 kb/s、721 kb/s 或 115 kb/s	2.1 Mb/s	1.0 Mb/s
建立时间	< 0.1 s	6 s	0.5 s
安全性	具备，硬件实现	具备，软件实现	不具备，使用 IRFM 时除外
通信模式	主动—主动或 主动—被动	主动—主动	主动—主动
成本	低	中	低

对 NFC 技术而言，在主动—被动模式下，即通信一端为带电源的主动设备(如笔记本、一体机、手机等)，而另一端为无源的被动设备，如银行卡、门禁卡等智能卡，其通信距离小于 10 cm。在主动—主动模式下，即通信两端都为带电源的主动设备，其通信距离也仅为 20 cm。

10.3　ZigBee 技术

10.3.1　ZigBee 技术的来源与优势

ZigBee 技术的名字来源于蜂群使用的赖以生存和发展的通信方式。这一名称来源于蜜蜂的"8"字舞，蜜蜂(Bee)靠飞翔和"嗡嗡(Zig)"地抖动翅膀的"舞蹈"来与同伴传递花粉所在方位信息，也就是说蜜蜂依靠这样的方式构成了群体中的通信网络。ZigBee 技术在中国被译为"紫蜂"技术。

ZigBee 技术是基于 IEEE 802.15.4 标准研制开发的。IEEE 802.15.4 标准仅仅定义了物理层和 MAC 层(低两层协议)，并不足以保证不同的设备之间可以对话，于是便有了 ZigBee 协议(高两层协议：网络层和应用层)。

2002 年 ZigBee 联盟成立；ZigBee 协议在 2003 年正式问世；2004 年 ZigBee V1.0 诞生；2006 年 ZigBee 2006 被推出，比较完善；2007 年底 ZigBee PRO 被推出。

2015 年 ZigBee 联盟发布 ZigBee 3.0 版标准，强化低延迟与低功耗优势，并加入 IP 支持能力，能大幅简化家中各种装置互连设计的复杂度，同时实现让用户以 IP 网路进行远端操控，因而成为打造智能家庭的理想技术。

ZigBee 技术具有以下一些优势：

(1) 低功耗。ZigBee 技术主要通过降低传输的数据量、降低收发信机的忙闲比及数据传输的频率、降低帧开销以及实行严格的功率管理机制来降低设备的功耗。

在低耗电待机模式下，两节 5 号干电池可支持一个节点工作 6~24 个月，甚至更长。这是 ZigBee 技术的突出优势。相比较而言，蓝牙能工作数周、Wi-Fi 可工作数小时。

(2) 工作可靠。ZigBee 的 MAC(Media Access Control，介质访问控制)层采用了载波侦听多址访问/冲突避免(CSMA/CA，Carrier Sense Multiple Access/Collision Avoidance)的信道接入方式和完全握手协议。MAC 层采用了回复确认的数据传输机制，提高了可靠性。

温馨提示：

以太网 MAC 层采用载波侦听多址访问/冲突探测协议(CSMA/CD，Carrier Sense Multiple Access/Collision Detect)。由于无线产品的适配器不易检测信道是否存在冲突，因此 IEEE 802.11 全新定义了一种新的协议，即载波侦听多址访问/冲突避免 CSMA/CA，IEEE 802.15.4 也采用了该协议。

(3) 成本低。通过大幅简化协议(不到蓝牙的 1/10)，降低了对通信控制器的要求。主机芯片成本低，其他终端成本低。每块芯片的价格大约为 2 美元，蓝牙一般为 4~6 美元，而且 ZigBee 免协议专利费。

(4) 网络容量大。由一个主节点管理若干子节点，最多一个主节点可管理 254 个子节点。同时主节点还可由上一层网络节点管理，每个 ZigBee 网络最多可支持 65 000 个节点。相比较而言，对蓝牙来说，每个网络仅支持 8 个节点。

(5) 有效范围大。设备之间直接通信范围一般介于(10~100) m 之间，在增加 RF 发射功率后，亦可增加到(1~3) km。这里指的是相邻节点间的距离。ZigBee 网络可多级拓展，如果通过路由和节点间通信的接力，传输距离将可以更远。

温馨提示：

RF 是 Radio Frequency(射频)的缩写，表示可以辐射到空间的电磁频率，频率范围为 300 kHz ~ 30 GHz。

(6) 时延短。对时延敏感的应用做了优化。ZigBee 的响应速度较快，一般从睡眠转入工作状态只需 15 ms，节点连接进入网络只需 30 ms，进一步节省了电能。相比较而言，蓝牙需要(3~10) s、Wi-Fi 需要 3 s。

(7) 优良的拓扑能力。ZigBee 具有组成星形、网状和簇树形网络结构的能力，它还具有无线网络自愈能力。

(8) 安全性较好。ZigBee 提供了数据完整性检查和鉴权能力，加密算法采用通用的 AES-128。ZigBee 提供了三级安全模式，包括：
① 无安全设定。
② 使用访问控制列表(ACL)防止非法获取数据。
③ 采用高级加密标准(AES 128)的对称密码。

(9) 工作频段灵活。ZigBee 使用的频段分别为 2.4 GHz(全球)、868 MHz(欧洲)及 915 MHz(美国)，均为免执照 ISM 频段(Unlicensed ISM Band)。

10.3.2 ZigBee 技术的协议架构

1. ZigBee 技术的网络组成和网络拓扑

利用 ZigBee 技术组成的无线个人局域网(Wireless Personal Area Network，WPAN)是一

种低速率的无线个人区域网(LR-WPAN，Low Rate-WPAN)。LR-WPAN 网络结构简单、成本低廉，具有有限的功率和灵活的吞吐量。在一个 LR-WPAN 网络中，可同时存在以下两种不同类型的设备：

(1) 全功能设备(Full Function Device，FFD)。

(2) 精简功能设备(Reduced Function Device，RFD)。

IEEE 802.15.4 无线网络协议中定义了两种设备类型：全功能设备(FFD)和精简功能设备(RFD)。FFD 可以执行 IEEE 802.15.4 标准中的所有功能，并且可以在网络中扮演任何角色，反过来讲，RFD 就有功能限制。例如，FFD 能与网络中的任何设备通信(一个 FFD 可以同时和多个 RFD 或多个其他的 FFD 通信)，而 RFD 就只能和 FFD 通信。RFD 设备的用途是为了做一些简单功能的应用，如做个开关之类的。而其功耗与内存大小都比 FFD 要小很多。

在 ZigBee 网络中，节点分为三种角色：协调器(Coordinator)、路由器(Router)和终端节点(End-device)。其中，ZigBee 协调器为协调节点，每个 ZigBee 网络有且只能有一个，其主要作用是初始化网络。它是三种设备中最复杂的，存储容量大、计算能力最强。主要用于发送网络信标、建立一个网络、管理网络节点、存储网络节点信息、寻找一对节点间的路由信息并且不断地接收信息。一旦网络建立完成，这个协调器的作用就像路由节点一样。

ZigBee 路由器为路由节点，它的作用是提供路由信息，能够将消息转发到其他设备。通常，路由器在全部时间下处在活动状态，因此为主供电。但是在簇树形拓扑结构中，允许路由器操作周期运行，因此这个情况下允许路由器电池供电。

ZigBee 终端节点(RFD 设备为终端节点)没有路由功能，完成的是整个网络的终端任务。一个终端设备对于维护这个网络没有具体的责任，由于它可以自己选择睡眠和唤醒，因此它能作为电池供电节点。

RFD 只能扮演终端节点的角色。FFD 可以扮演任何一个角色，即 FFD 通常有三种状态：① 作为一个主协调器；② 作为一个普通协调器(路由器)；③ 作为一个终端设备。

ZigBee 技术支持三种拓扑结构，如图 10.3 所示。其包括星形(Star)、网状(Mesh)和簇树形(Cluster Tree)结构。网状和簇树形拓扑结构也称为对等的网络拓扑结构。

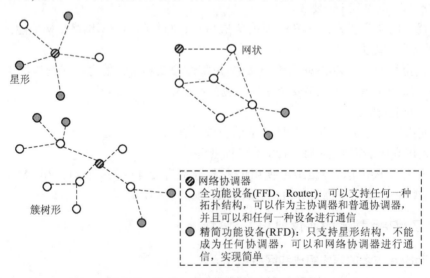

图 10.3　ZigBee 技术支持的三种拓扑结构

在星形拓扑结构中，整个网络由一个网络协调器来控制，网络构成包括一个网络协调器和多个终端设备(理论上最多有 65 536 个)，ZigBee 技术的星形拓扑网络不支持 ZigBee 路由器。整个网络中的网络协调器是被称为 PAN(个域网)主协调器的中央控制器。ZigBee 技术的星形拓扑结构通常在家庭自动化、PC 外围设备、玩具、游戏以及个人健康检查等方面得到应用。

在网状和簇树形拓扑结构中，ZigBee 协调器负责启动网络以及选择关键的网络参数，支持 ZigBee 路由器，并且每一个设备都可以与在无线通信范围内的其他任何设备进行通信，即支持路由信息从任何源设备转发到任何目的设备。

在对等的网络拓扑结构中，同样也存在一个 PAN 主协调器，但该网络不同于星形拓扑网络结构，在该网络中的任何一个设备只要是在它的通信范围内，就可以和其他设备进行通信。对等拓扑网络结构能够构成较为复杂的网络结构，例如，网状拓扑网络结构，这种对等拓扑网络结构在工业监测和控制、无线传感器网络、供应物资跟踪、农业智能化以及安全监控等方面都有广泛的应用。一个对等网络的路由协议可以是基于 Ad hoc 网络('它是指没有预先计划或按层次较低的计划由一些网络设备组建在一起的临时网络。)技术的，也可以是自组织式的和自恢复的，并且，在网络中各个设备之间发送消息时，可通过多个中间设备中继的方式进行传输，即通常称为多跳的传输方式，以增大网络的覆盖范围。其中，组网的路由协议在 ZigBee 的网络层中没有给出，这样为用户的使用提供了更为灵活的组网方式。

簇树形拓扑结构是对等网络拓扑结构的一种应用形式，在对等拓扑网络结构中的设备可以为全功能设备，也可以为精简功能设备。而在簇树中的大部分设备为 FFD，RFD 只能作为树枝末尾处的叶节点上，这主要是由于 RFD 一次只能连接一个 FFD。任何一个 FFD 都可以作为主协调器，并且，为其他设备或主设备提供同步服务。在整个 PAN 中，只要该设备相对于 PAN 中其他设备具有更多计算资源，如具有更快的计算能力、更大的存储空间以及更多的供电能力等，这样的设备都可以成为该 PAN 的主协调器，通常称该设备为 PAN 主协调器。

在建立一个 PAN 时，首先，PAN 主协调器将其自身设置成一个簇标识符(CID)为 0 的簇头(CLH)，选择一个没有使用的 PAN 标识符，并向邻近的其他设备以广播的形式发送信标帧，从而形成第一簇网络。然后，接收到信标帧的候选设备可以在簇头中请求加入该网络，如果 PAN 主协调器允许该设备加入，那么主协调器会将该设备作为子节点加到它的邻近列表中，同时，请求加入的设备将 PAN 主协调器作为它的父节点加到邻近列表中，成为该网络中的一个从设备；同样，其他所有候选设备都按照同样的方式，可请求加入到该网络中，作为网络的从设备。如果原始的候选设备不能加入到该网络中，那么它将寻找其他的父节点。

在簇树形网络中，最简单的网络结构是只有一个簇的网络，但是多数网络结构由多个相邻的网络构成。一旦当第一簇网络满足预定的应用或网络需求时，PAN 主协调器将会指定一个从设备为另一簇网络的簇头，使得该从设备成为另一个 PAN 的主协调器，随后其他的从设备将逐个加入，并形成一个多簇网络。

多簇网络结构的优点在于可以增加网络的覆盖范围，而随之产生的缺点是会增加传输信息的延迟时间。星形连接的优点是传输信息的延迟时间短，其缺点是网络的覆盖范围少。

星形拓扑网络是一种常用且适用于长期运行使用操作的网络；网状拓扑网络是一种高可靠性监测网络；簇树形拓扑网络是星形和网状拓扑网络的混合型拓扑网络，结合了上述两种拓扑网络的优点。我们可以根据实际应用需要来选择合适的网络结构。

2. ZigBee 技术的协议架构

ZigBee 技术的协议架构是在 IEEE 802.15.4 标准的基础上建立的，IEEE 802.15.4 标准定义了 ZigBee 协议架构的 MAC(Media Access Control，介质访问控制)层和物理层。ZigBee 设备应该包括 IEEE 802.15.4 标准(该标准定义了 RF 射频以及与相邻设备之间的通信)的物理层、MAC 层以及 ZigBee 上层协议(即网络层、应用层和安全服务提供层)。

ZigBee 技术的协议架构如图 10.4 所示。其采用了 IEEE 802.15.4 标准制定的物理层和 MAC 层作为 ZigBee 技术的物理层和 MAC 层。

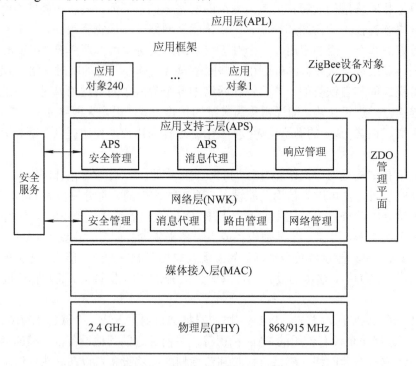

图 10.4　ZigBee 技术的协议架构

10.3.3　ZigBee 技术在物联网中的应用

ZigBee 技术应用领域主要包括：

(1) 家庭和楼宇网络：空调系统的温度控制、照明的自动控制、窗帘的自动控制、煤气计量控制、家用电器的远程控制等。

(2) 工业控制：各种监控器、传感器的自动化控制。

(3) 商业：智慧型标签等。

(4) 公共场所：烟雾探测器等。

(5) 农业控制：收集各种土壤信息和气候信息。

(6) 医疗：老人与行动不便者的紧急呼叫器和医疗传感器等。

1. 家庭自动化

ZigBee 技术在家庭自动化中的应用如图 10.5 所示。通过对电视、空调、电话机、电饭煲等装载 ZigBee 模块，用户可以通过家庭网关与电信网结合，远程对其进行无线控制，在下班前远程控制家中的空调调节室温到设定温度，电饭煲开始煮饭；也可以在家中对其无线控制，例如电话铃响起或拿起电话准备打电话时，电视机自动静音。

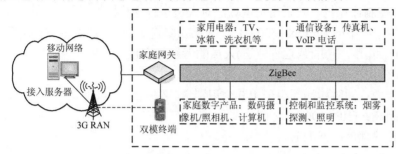

图 10.5　ZigBee 技术在家庭自动化中的应用

2. 无线定位

ZigBee 网络在隧道工程、工地人员定位、安全监控、地表位移监测、地表沉降、应力应变监测、地质超前预报等方面体现了强大的物联网技术创新能力。

2010 年，赫立讯(Helicomm)科技(北京)有限公司历时八年自主研发的 ZigBee 无线定位系统，已成功应用在北京地铁 4 号线大兴线隧道工程项目中。

在北京地铁 4 号线大兴线隧道工程项目的"地铁隧道工程安全预警系统"中共有安全基站 21 个和 50 张 ZigBee 人员识别卡，负责工地人员定位、安全监控、地表位移检测、地表沉降等功能，为工程和人员提供安全保障。ZigBee 技术在无线定位中的应用如图 10.6 所示。

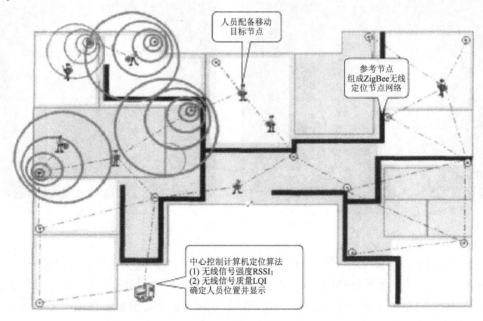

图 10.6　ZigBee 技术在无线定位中的应用

从图 10.6 可以看出，无线定位系统由以下三个部分组成：

(1) 移动目标节点。它配备在人员身上，装有 ZigBee 模块，是既有身份识别又有感测功能的移动装备。

(2) 由参考节点(基站)构成的 ZigBee 无线定位节点网络。无线定位节点网络中的参考节点接收目标节点信息，以无线方式或辅助其他方式发送到中心控制器(计算机)进行处理。

(3) 中心控制计算机。其采用定位算法对人员进行定位。

无线定位系统中的 IP-Link 5500M 系列基站(参考节点)与 IP-Link 5100 系列识别卡(移动目标节点)一起用于矿井(或地铁隧道)人员的考勤与定位。

基站(如图 10.7 所示)主要技术指标如下：

- 考勤能力：同时检测不少于 100 个识别卡。
- 通信距离：(10～100) m 之间可调。
- 数据传输速度：250 kb/s。
- 使用频段：2.4 GHz。
- 发射功率：0 dBm(1 mW)。
- 接收灵敏度：(−87～−92) dBm。

IP-Link 5100 系列识别卡(如图 10.8 所示)是应用于短距离无线实时追踪定位的通信产品。其特色如下：

- 工业标准 RS-232/RS-485、USB 接口及低功耗设计。
- 符合 IEEE 802.15.4 标准，非专属系统。
- 支持基于 ZigBee 网络的星形、网状和簇树形等弹性化拓扑设计。
- 完善的应用软件可以容易设定 ZigBee 网络的相关参数，使网络建置简单化。
- 最大支持 65 535 个节点。

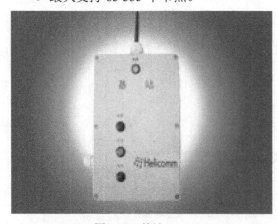

图 10.7　基站

图 10.8　识别卡

3. 远程抄表

基于 ZigBee 技术的远程抄表系统结合了 WPAN 和移动通信网，如图 10.9 所示。对 ZigBee 网络而言，采用网状网络结构，保证数据传输的可靠性。每幢单元楼设置一个 ZigBee 远端节点，一个小区设置一个 ZigBee 中心节点。ZigBee 中心节点数据通过 GPRS/CDMA 上传到集抄中心。

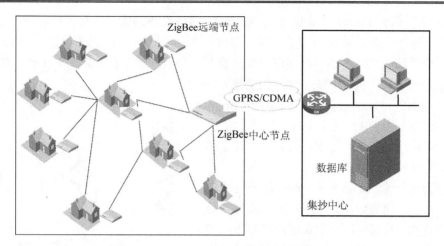

图 10.9 基于 ZigBee 技术的远程抄表系统

图 10.10 是基于 ZigBee 技术的无线三表远程抄表系统的单元楼的结构框图。

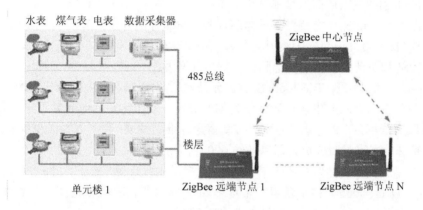

图 10.10 基于 ZigBee 技术的无线三表远程抄表系统的单元楼的结构框图

图 10.10 中，每楼层的水、电、煤气三表通过 RS-485 总线连接数据采集器，再连接到 ZigBee 远端节点。每栋单元楼设置一个 ZigBee 远端节点，负责数据收发或作为路由器，ZigBee 远端节点上传到 ZigBee 中心节点。

10.4 蓝牙(Bluetooth)技术

10.4.1 蓝牙技术的来源与特点

爱立信、IBM、Intel、Nokia 和东芝五家公司于 1998 年 5 月联合成立了蓝牙(Bluetooth)特别兴趣小组(Special Interest Group，SIG)，并制定了短距离无线通信技术标准——蓝牙技术。

蓝牙这个名称来自于 10 世纪的一位丹麦国王 Harald Blatand，Blatand 在英文中的意思可以被解释为 Bluetooth(蓝牙)，因为这位国王喜欢吃蓝梅，牙龈每天都是蓝色的，因此他称为蓝牙国王(名为 Harald Bluetooth)。蓝牙国王将现在的挪威、瑞典和丹麦统一起来,他口齿伶俐,善于交际,就如同这项技术,将被定义为允许不同工业领域之间的协调工作,保持着各个系统领域之间的良好交流,如计算机、手机和汽车行业之间的工作。因此用蓝牙给该项技术命名,包含有统一起来的意思。

蓝牙标志的设计:它取自 Harald Bluetooth 名字中的"H"和"B"两个字母,用古北欧字母来表示,将这两者结合起来,就成为了蓝牙的 Logo(如图 10.11 所示)。

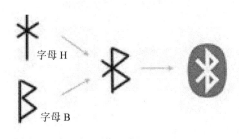

图 10.11 蓝牙的 Logo

所谓蓝牙技术,实际上是一种短距离无线技术。蓝牙技术利用短距离、低成本的无线连接替代了电缆连接,从而为现存的数据网络和小型的外围设备提供了统一的连接。如通过蓝牙耳机无线连接蓝牙手机拨打和接听电话。

Bluetooth SIG 五家厂商的早期分工如下:

(1) 芯片霸主 Intel 公司负责半导体芯片和传输软件的开发。

(2) Nokia 和爱立信负责无线射频和移动电话软件的开发。

(3) IBM 和东芝负责笔记本电脑接口规格的开发。

2006 年 10 月 13 日,Bluetooth SIG(蓝牙技术联盟)宣布联想公司取代 IBM 在该组织中的创始成员位置,并立即生效。通过成为创始成员,联想将与其他业界领导厂商一样拥有蓝牙技术联盟董事会中的一席,并积极推动蓝牙标准的发展。除了创始成员以外,Bluetooth SIG 还包括 200 多家联盟成员公司以及约 6000 家应用成员企业。

2001 年蓝牙技术联盟发布的蓝牙 1.1 版正式列入 IEEE 标准,蓝牙 1.1 即为 IEEE 802.15.1。

2004 年 11 月 9 日蓝牙技术联盟发布蓝牙 2.0 + EDR 版,蓝牙 2.0 将传输率提升至 2 Mb/s、3 Mb/s,远大于 1.x 版的 1 Mb/s(实际约为 723.2 kb/s)。

2009 年 4 月 21 日蓝牙技术联盟发布蓝牙 3.0+HS 版。蓝牙 3.0 的数据传输率提高到了大约 24 Mb/s(即可在需要的时候调用 802.11 Wi-Fi 用于实现高速数据传输),是蓝牙 2.0 的八倍。

2010 年 7 月,蓝牙技术联盟宣布正式采纳蓝牙 4.0 核心规范,并启动对应的认证计划。蓝牙 4.0 的标志性特色是 2009 年底宣布的低功耗蓝牙无线技术规范。蓝牙 4.0 最重要的特性是省电,其极低的运行和待机功耗可以使一粒纽扣电池连续工作数年之久。此外,其低成本和跨厂商互操作性、3 ms 低延迟、100 m 以上超长距离、AES-128 加密等诸多特色,可以用于计步器、心律监视器、智能仪表、传感器物联网等众多领域,大大扩展了蓝牙技术的应用范围。蓝牙 4.0 依旧向下兼容,包含经典蓝牙技术规范和最高速度 24 Mb/s 的蓝牙高速技术规范。

现在蓝牙 4.0 已经走向了商用,在苹果的 New iPad 和 iPhone 4S 上都已应用了蓝牙 4.0 技术。

2014 年 12 月初,蓝牙技术联盟公布了蓝牙 4.2 标准,不但速度提升 2.5 倍达到 60 Mb/s,而且隐私性更高,还可以支持 IPv6 网络,让每个节点有自己的地址。

在 2015 年 6 月的 Computex2015 台北电脑展上出现了蓝牙 5.0 的预研产品,其最大特点是加入了室内定位功能,结合 Wi-Fi 可以实现精度小于 1 m 的室内定位。

蓝牙技术的主要特点如下:

(1) 拓扑结构。蓝牙技术支持点对点或点对多点的话音、数据业务,采用一种灵活的无基站的组网方式。具体而言,其拓扑结构分为以下三种:

① 点对点模式:两个蓝牙设备直接通信。

② Piconet(微微网)模式:共享相同信道。八个蓝牙设备可在小型网络内通信。首先提出通信要求的设备称为主设备(Master),被动进行通信的设备称为从设备(Slave)。主设备的时钟和跳频序列用于同步其他设备。一个 Master 最多可以同时与七个 Slave 进行通信。一个 Master 和一个以上的 Slave 构成的网络称为主从网络(Piconet)。多个蓝牙设备组成的微微网如图 10.12 所示。

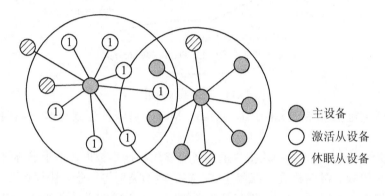

图 10.12 多个蓝牙设备组成的微微网

③ Scatternet(散射网)模式:若两个以上的 Piconet 之间存在着设备间的通信则构成了 Scatternet。多个微微网组成的散射网如图 10.13 所示。多达 256 个 Piconet 可连接成更大的网络(散射网)。标准只定义了 Scatternet 的概念,并没有给出构造 Scatternet 的机制。

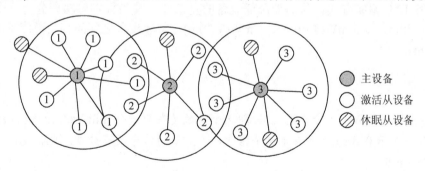

图 10.13 多个微微网组成的散射网

(2) 系统组成。蓝牙系统一般由天线单元、蓝牙模块和蓝牙软件(协议栈和应用)等三个功能模块组成,如图 10.14 所示。

① 天线单元体积小巧,属于微带天线。空中接口是建立在天线电平为 0 dBm 基础上的,遵从 FCC(美国联邦通信委员会)有关 0 dBm 电平的 ISM 频段的标准。当采用扩频技术时,其发射功率可增加到 100 mW。频谱扩展功能是通过起始频率为 2.402 GHz、终止频率为 2.480 GHz、间隔为 1 MHz 的 79 个跳频频点来实现的。其最大的跳频速率为 1600 跳/秒。

系统设计通信距离为 10 cm～10 m，如增大发射功率，其距离可长达 100 m。

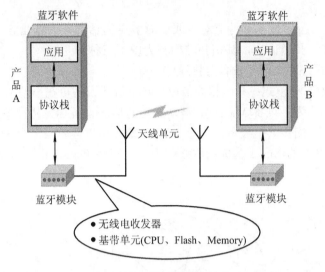

图 10.14　蓝牙系统的组成

② 蓝牙模块包括基带单元(CPU、Flash、Memory)以及无线电收发器(射频传输/接收器)。

③ 蓝牙软件(协议和应用)模块提供的服务有发送和接收数据、请求名称、链路地址查询、建立连接、鉴权、链路模式协商和建立、决定帧的类型等。蓝牙协议标准包括 Core 规范和 Profiles 规范两大部分。Core 规范是蓝牙的核心，主要定义蓝牙的技术细节；Profiles 规范定义了在蓝牙的各种应用中的协议栈组成，并定义了相应的实现协议栈。

(3) 射频特性。蓝牙设备的工作频段选在全球通用的 2.4 GHz 的 ISM(工业、科学、医学)频段。其频道为 23 个或 79 个，频道间隔均为 1 MHz，采用时分双工方式。蓝牙的无线发射机采用 FM 调制方式，从而能降低设备的复杂性。其最大发射功率分为三个等级：100 mW(20 dBm)、2.5 mW(4 dBm)、1 mW(0 dBm)，蓝牙设备之间的有效通信距离大约为(10～100) m。

温馨提示：

dBm 是 dB-milliWatt（分贝毫瓦），即这个读数是在与一个 milliWatt 做比较而得出的。在仪器中如果显示 0 dBm，即表示这个信号与 1 mW 的信号没有分别。也就是说，这个信号的强度为 1 mW。

dBm 是一个考征功率绝对值的量，计算公式为：$10 \lg P$（功率值/1 mW）。

(1) 如果发射功率 P 为 1 mW，折算为 dBm 后为 0 dBm。

(2) 对于 40 W 的功率，按 dBm 单位进行折算后的值应为

　　$10 \lg(40\ W/1\ mW) = 10 \lg(40000) = 10 \lg 4 + 10 \lg 10 + 10 \lg 1000 = 46\ dBm$

(4) 跳频技术。跳频(Frequency Hopping Spread Spectrum，FHSS)是指在接收或发送一分组数据后，即跳至另一频点。与直序扩频技术(Direct Sequence Spread Spectrum，DSSS)完全不同，它是另外一种意义上的扩频。跳频技术是目前国内及国际上比较成熟的一种技

术。主要用于军用通信，它可以有效地避开干扰，发挥通信效能。

温馨提示：

扩频的基本方法有直接序列(DS)、跳频(FH)、跳时(TH)和线性调频(Chirp)等四种，目前人们所熟知的手机标准 CDMA 就是直接序列扩频技术的一个应用。而跳频、跳时等技术则主要应用于军事领域，以避免己方通信信号被敌方截获或者干扰。

(5) TDMA 结构。蓝牙的数据传输率为 1 Mb/s，采用数据包的形式按时隙传送，每个时隙为 0.625 μs。蓝牙系统支持实时的同步定向连接和非实时的异步不定向连接，分别为 SCO(Synchronous Connection Oriented)链路和 ACL(Asynchronous Connectionless Link)链路。前者主要传送话音等实时性强的信息，后者则以数据为主。

(6) 软件的层次结构。底层 Core 规范为各类应用所通用，高层 Profiles 规范则视具体应用而有所不同。

(7) 纠错技术。蓝牙系统的纠错机制分为前向纠错编码(FEC)和包重发(ARQ)，支持 1/3 率(3 位重复编码)和 2/3 率(汉明码)FEC 编码。

(8) 编码安全。蓝牙技术在物理层、链路层、业务层三个层次上提供安全措施，充分保证通信的保密性。

蓝牙规范公布的主要技术指标和系统参数如表 10.2 所示。

表 10.2 蓝牙规范公布的主要技术指标和系统参数

指标类型	系 统 参 数
工作频段	ISM 频段，(2.402～2.480) GHz
双工方式	全双工，TDD 时分双工
业务类型	支持电路交换和分组交换业务
数据速率	1 Mb/s
异步信道速率	(分组交换)非对称连接为 723.2 kb/s、57.6 kb/s，对称连接为 432.6 kb/s，2.0＋EDR 规范支持更高的速率
同步信道速率	(电路交换)64 kb/s，2.0＋EDR 规范支持更高的速率
功率	美国 FCC 要求小于 0 dBm(1 mW)，其他国家可扩展为 100 mW
跳频频率	79 个频点/兆赫兹
跳频速率	1600 跳/秒
工作模式	Park(暂停)/Hold(保持)/Sniff(呼吸)
数据连接方式	面向连接业务(SCO)和无连接业务(ACL)
纠错方式	1/3 FEC、2/3 FEC、ARQ 等
信道加密	采用 0 位、40 位和 60 位密钥
发射距离	一般可达 10 cm～10 m，增加功率的情况下可达 100 m

10.4.2 蓝牙技术的应用及产品

蓝牙技术联盟定义了几种基本的应用模型，主要包括文件传输、Internet 网桥、局域网接入、同步、三合一电话(Three-in-one Phone)和终端耳机等。

温馨提示：

三合一电话是指一部手机在不同的应用环境下，能作为不同的功能实体：既可以作为普通的蜂窝移动电话；也可以作为有固定电话网中的无绳电话；还可以作为无电话费用的内部通话设备。

在实际生活中，蓝牙技术的应用也是十分广泛的，涉及居家、工作、娱乐等方面。全球大约有 80% 以上的手机都使用了蓝牙技术，其中将近 100% 的智能手机都已经使用了蓝牙技术。

1. 使用蓝牙在手机之间点对点通信

可以使用蓝牙在手机之间传输图片等文件。手机中的蓝牙功能通常在默认状态是不启动的，使用前需要先启动蓝牙，然后搜索其他蓝牙设备，若对方的手机启动了蓝牙，就可以看到对方手机的图标和设定的手机名称。

选中手机中的蓝牙图标，点击"连接"菜单，两者之间开始通信，需要输入密码(或称为 PIN 码)，在两个手机中都输入默认的"000000"(可选其他字母数字串，但两个手机中的密码应一致)，建立连接，这时图标之间出现一条断续的连接线，表明蓝牙连接建立。就可以收发文件了。

收发文件：选中要发送的图片，选择"发送通过"菜单，选择通过蓝牙发送，会显示发送进程条，对方手机屏幕显示"有文件需要接收，是否确认"要选择确认，同意接收文件即可。

不过需要注意的是，不要总是保持启动蓝牙的状态，避免接收有病毒的文件，损害手机。

2. 蓝牙打印机

一个人临时在某个办公室使用笔记本电脑，可以用办公室内支持蓝牙技术的打印机打印，不需要登录网络，也不必在设备上安装软件。

打印机和笔记本电脑通过电子方式识别对方并立即开始交换信息。

3. 蓝牙产品

市面上的蓝牙产品主要包括蓝牙耳机、蓝牙适配器、车载蓝牙多媒体系统、车载蓝牙电话、蓝牙键盘和鼠标、蓝牙网关、蓝牙无线条码扫描枪等。我们可以利用蓝牙技术来连接其他的无线设备、下载照片、进行多人游戏，甚至可以进行自动存/取款、订票。

这为我们的生活带来极大的便利，使得物与物联网的概念成为现实。

10.5 超宽带(UWB)技术

10.5.1 超宽带的定义

1. 传统的无线传输技术的缺点和超宽带技术的优势

传统的无线传输技术一般都是带宽受限的，系统带宽通常在 20 MHz 以下，可用频谱资源有限和信道的多径衰落特征是限制传输速率的主要瓶颈。因此，超宽带(Ultra Wide Band，UWB)技术应运而生。其显著的优势是：

(1) 采用 500 MHz 至几个吉赫兹的带宽进行高速数据传输。
(2) 在 10 m 距离内提供高达 100 Mb/s 以上，甚至 1 Gb/s 的传输速率。
(3) 同时与现有窄带无线系统很好地共存。

2. 超宽带技术的发展

超宽带技术的发展有以下几个阶段：

(1) 20 世纪 60 年代，出现了主要用于军事目的的高功率雷达和保密通信，当时称为"脉冲无线电"技术。
(2) 1989 年，美国国防部提出"超宽带"这一术语。
(3) 2002 年 2 月，FCC(美国联邦通信委员会)批准将该技术应用于民用系统，并划分了免授权使用频段。

3. 超宽带信号

美国国防部定义：若一个信号在 20 dB 处的绝对带宽大于 1.5 GHz 或相对带宽大于 25%，则这个信号就是超宽带信号。

FCC 规定 UWB 信号为绝对带宽大于 500 MHz 或相对带宽大于 20% 的无线电信号。这里涉及两个概念，即绝对带宽(Absolute Bandwidth)和相对带宽(Fractional Bandwidth)。信号带宽是指信号的能量或功率的主要部分集中的频率范围。

绝对带宽是指信号功率谱最大值两侧某滚降点对应的上截止频率与下截止频率之差，如图 10.15 所示。

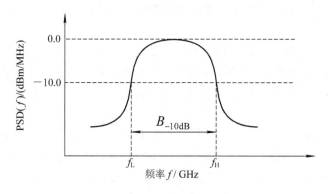

图 10.15 绝对带宽的定义(PSD 为信号功率谱密度)

在实际应用中，绝对带宽有 -3 dB 绝对带宽、-10 dB 绝对带宽和 -20 dB 绝对带宽等不同选择。绝对带宽为

$$B_{-10\text{dB}} = f_H - f_L \tag{10-1}$$

🌸 温馨提示：

在物理学中，信号通常是波的形式，如电磁波、随机振动或者声波。当波的频谱密度

乘以一个适当的系数后将得到每单位频率波携带的功率，这被称为信号的功率谱密度(Power Spectral Density，PSD)或者谱功率分布(Spectral Power Distribution，SPD)。功率谱密度的单位通常用每赫兹的瓦特数(W/Hz)表示，或者使用波长而不是频率，即每纳米的瓦特数(W/nm)来表示。dBm 与瓦特数有一一对应关系，所以功率谱密度的单位也可以用每赫兹的 dBm 数(dBm/Hz)表示。

相对带宽是指绝对带宽与中心频率之比。由于超宽带系统经常采用无正弦载波调制的窄脉冲信号承载信息，中心频率并非通常意义上的载波频率，而是上、下截止频率的均值。因此，中心频率为：$(f_H+f_L)/2$。

例如，以-10 dB 绝对带宽计算的相对带宽为

$$B_{\text{Fractional}} = \frac{B_{-10\,\text{dB}}}{(f_H+f_L)/2} = \frac{2(f_H-f_L)}{f_H+f_L} \tag{10-2}$$

温馨提示：

概念比较：从频域来看，超宽带(UWB)有别于传统的窄带和宽带，它的频带更宽。窄带是指相对带宽(信号带宽与中心频率之比)小于 1%；相对带宽在 1%～20% 之间的被称为宽带；相对带宽大于 20%，而且绝对带宽大于 500 MHz 的信号被称为超宽带。

10.5.2 超宽带技术的特点与应用

根据 FCC Part15 规定，可以看出 UWB 通信系统具有以下特征：

(1) 超宽带信号的带宽：UWB 系统可使用的免授权频段为(3.1～10.6) GHz，共 7.5 GHz 的带宽。

(2) 极低的发射功率谱密度：为保证现有系统(如 GPS 系统、移动蜂窝系统等)不被 UWB 系统干扰，FCC 规定 UWB 系统的辐射信号最高功率谱密度必须低于美国放射噪音的规定值 -41.3 dBm/MHz。这相当于对于其他通信系统而言，UWB 信号所产生的干扰仅相当于一个宽带白噪声。

基于以上两个特征，进一步具体分析 UWB 通信系统的技术特点如下：

(1) 传输速率高。UWB 系统使用高达 500 MHz～7.5 GHz 的带宽，根据香农信道容量公式，即使发射功率很低，也可以在短距离上实现高达几百兆至 1 Gb/s 的传输速率。香农公式为

$$C = B\,\text{lb}\left(1+\frac{S}{N}\right) \tag{10-3}$$

式中，C 是最大信息传输速率(b/s 或 bit/s)；B 是信号带宽(Hz)；S 是信号功率(W)；N 是噪声功率(W)。

温馨提示：

在计算机网络中，带宽通常指最大信息传输速率(信道容量)，因此我们常有以太网的

带宽是 100 Mb/s、1000 Mb/s 等说法。其实，在通信领域，带宽是频率范围，其单位是赫兹。两者之所以混用，正是因为香农公式给出了在一定信噪比下最大信息传输速率与信号带宽之间成正比的对应关系。

(2) 通信距离短。随着传输距离的增加，高频信号衰落更快，这导致 UWB 信号产生了严重的失真。研究表明：

① 当收发信机之间距离小于 10 m 时，UWB 系统的信道容量高于传统的窄带系统。

② 当收发信机之间距离超过 12 m 时，UWB 系统在信道容量上的优势将不复存在。

(3) 系统共存性好，通信保密度高。从香农公式中还可以推论出：在信道容量 C 不变的情况下，带宽 B 和信噪比 S/N 是可以互换的。也就是说，从理论上完全有可能在恶劣环境(噪声和干扰导致极低的信噪比)时，采用提高信号带宽 B 的方法来维持或提高通信的性能，甚至于可以使信号的功率低于噪声基底。

简言之，就是可以用扩频方法以宽带传输信息来换取信噪比上的好处，这就是扩频通信的基本思想和理论依据。

UWB 系统具有极低的功率谱密度(上限仅为 -41.3 dBm/MHz)，信号谱密度低至背景噪声电平以下，UWB 信号对同频带内工作的窄带系统的干扰可以看成是宽带白噪声，因此与传统的窄带系统有着良好的共存性。这对于提高无线频谱资源的利用率，缓解日益紧张的无线频谱资源大有好处。所以说，UWB 系统具有很强的隐蔽性，不易被截获，保密性高。

(4) 定位精度极高，抗多径能力强。UWB 系统脉冲宽度一般在亚纳秒级，一般在 $(0.20 \sim 1.5)$ ns 之间。具有很强的穿透力、高精度测距和定位能力。

UWB 系统抗多径能力强。由于 UWB 技术采用持续时间极短的窄脉冲，经多径反射的延时信号与直达信号在时间上可以分离(不会造成多径分量交叠)，接收机通过分集可以获得很强的抗多径衰落能力，同时在进行测距、定位、跟踪时也能达到更高的精度。

(5) 体积小、功耗低。传统的 UWB 技术无需正弦载波，收发信机不需要复杂的载频调制解调电路和滤波器等。因此，可以大大降低系统复杂度，减小收发信机体积和功耗，系统结构实现简单，适合于便携型无线应用。

在高速通信时，系统的耗电量仅为几百微瓦至几十毫瓦。民用 UWB 设备功率一般是传统移动电话所需功率的 1/100 左右，是蓝牙设备所需功率 1/20 左右。

由于 UWB 系统利用了一个相当宽的带宽，就好像使用了整个频谱，并且它能够与其他的应用共存，因此 UWB 技术可以应用在很多领域，如无线个域网、智能交通系统、无线传感器网络、射频标识、成像应用。UWB 技术的应用范围包括但不限于以下几种：

(1) UWB 技术在个域网中的应用。UWB 技术可以在限定的范围内(如 4 m)以很高的数据速率(如 480 Mb/s)、很低的功率(如 200 μW)传输信息，这比蓝牙好很多。蓝牙的数据速率是 1 Mb/s，功率是 1 mW。UWB 技术能够提供快速的无线外设访问来传输照片、文件、视频。因此 UWB 技术特别适用于个域网。

通过 UWB 技术，可以在家里和办公室里方便地以无线的方式将视频摄像机中的内容下载到 PC 中进行编辑，然后送到 TV 中浏览，轻松地以无线的方式实现个人数字助理(PDA)、手机与 PC 数据同步、装载游戏和音频/视频文件到 PDA、音频文件在 MP3 播放器与多媒体 PC 之间传送等。

(2) UWB技术在智能交通信息中的应用。利用UWB技术的定位和搜索能力,可以制造防撞和防障碍物的雷达。装载了这种雷达的汽车会非常容易驾驶。当汽车的前方、后方、旁边有障碍物时,该雷达会提醒司机。在停车的时候,这种基于UWB技术的雷达是司机强有力的助手。

利用UWB技术还可以建立智能交通管理系统,这种系统由若干个站台装置和一些车载装置组成无线通信网,两种装置之间通过UWB技术进行通信完成各种功能。例如,实现不停车的自动收费、汽车方的随时定位测量、道路信息和行驶建议的随时获取、站台方对移动汽车的定位搜索和速度测量等。

(3) 传感器联网。利用UWB技术低成本、低功耗的特点,可以将UWB技术用于无线传感器网络。在大多数的应用中,传感器被用在特定的局域场所。传感器通过无线的方式而不是有线的方式传输数据将特别方便。作为无线传感器网络的通信技术,它必须是低成本的;同时它应该是低功耗的,以免频繁地更换电池。UWB技术是无线传感器网络通信技术的合适候选者。

(4) 成像应用。由于UWB技术具有好的穿透墙、楼层的能力,因此其可以应用于成像系统。利用UWB技术,可以制造穿墙雷达、穿地雷达。穿墙雷达可以用在战场上和警察的防暴行动中,定位墙后和角落的敌人;地面穿透雷达可以用来探测矿产,在地震或其他灾难后搜寻幸存者。基于UWB技术的成像系统也可以用于避免使用X射线的医学系统。

10.5.3 超宽带技术的两大技术标准

在2002年FCC规定了UWB通信的频谱使用范围和功率限制后,全球各大消费电子类公司及其研究人员从传统窄带无线通信的角度出发,提出了有别于无载波脉冲方案的载波调制超宽带方案。

UWB系统的完整架构如图10.16所示。最下层为物理层和MAC层,在其上为汇聚层,汇聚层的上面就是应用层的无线USB、无线1394和其他的应用环境。应用层的基础是PAL协议适应层(Protocol Adaption Layer)。而下面提到的MB-OFDM(Multiband-OFDM)和DS-CDMA(Direct Sequence-CDMA)均属于物理层和MAC层的技术方案。

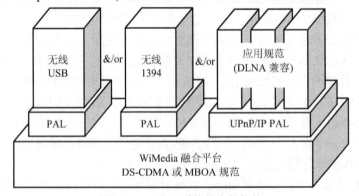

图10.16 UWB系统的完整架构

图10.16中的MBOA是多频带OFDM联盟的缩写(Multiband OFDM Alliance),DS-UWB组建的联盟是UWB论坛(UWB Forum)。

计算机接口IEEE 1394,俗称火线接口,主要用于视频的采集,在INTEL高端主板与数码摄像机(DV)上可见。IEEE 1394 是由苹果公司领导的开发联盟开发的一种高速度传送接口,数据传输率一般为 800 Mb/s。火线(Fire Wire)是苹果公司的商标。索尼公司的产品的这种接口被称为 iLink。

IEEE 1394 的原来设计,是以其高速传输率,容许用户在电脑上直接透过 IEEE 1394 接口来编辑电子影像档案,以节省硬盘空间。在未有 IEEE 1394 以前,编辑电子影像必须利用特殊硬件,把影片下载到硬盘上进行编辑。但随着硬盘价格越来越低,加上 USB 2.0 开发便宜,速度也不太慢,从而取代了 IEEE 1394,成为了外接电脑硬盘及其他周边装置的最常用的接口。

数字生活网络联盟(Digital Living Network Alliance,DLNA)由索尼、英特尔、微软等公司发起成立,旨在解决包括个人 PC、消费电器、移动设备在内的无线网络和有线网络的互联互通,使得数字媒体和内容服务的无限制的共享和增长成为可能,目前成员公司已达 280 多家。DLNA 并不是创造技术,而是形成一种解决的方案,一种大家可以遵守的规范。所以,其选择的各种技术和协议都是目前所应用很广泛的技术和协议。

UPnP 的全称是 Universal Plug and Play(通用即插即用)。UPnP 规范是基于 TCP/IP 协议和针对设备彼此间通信而制定的新的 Internet 协议。实际上,UPnP 可以和任何网络媒体技术(有线或无线)协同使用。举例来说,这包括:五类以太网电缆、Wi-Fi 或 802.11b 无线网络、IEEE 1394("火线")、电话线网络或电源线网络。当这些设备与 PC 相连时,用户即可充分利用各种具有创新性的服务和应用程序。

UPnP 并不是周边设备即插即用模型的简单扩展。在设计上,它支持零设置、网络连接过程"不可见"和自动查找众多供应商提供的多如繁星的设备的类型。换言之,一个 UPnP 设备能够自动跟一个网络连接上、并自动获得一个 IP 地址、传送出自己的权能并获悉其他已经连接上的设备及其权能。最后,此设备能自动顺利地切断网络连接,并且不会引起意想不到的问题。

2003 年,在 IEEE 802.15.3a 工作组征集提案时,Intel、TI 和 XtremeSpectrum 分别提出了多频带(Multiband)、正交频分复用(Orthogonal Frequency Division Multiplexing,OFDM)和直接序列码分多址(DS-CDMA)三种方案,后来多频带方案与正交频分复用方案融合,从而形成了多频带 OFDM(MB-OFDM)和 DS-CDMA 两大方案。下面分别对这两种方案进行介绍。

1. MB-OFDM 和 DS-CDMA 方案技术特征

MB-OFDM 的核心是把频段分成多个 528 MHz 的子频带,每个子频带采用 TFI-OFDM(时频交织-正交频分复用)方式,数据在每个子带上传输。传统意义上的 UWB 系统使用的是周期不足 1 ns 的脉冲,而 MB-OFDM 通过多个子带来实现带宽的动态分配,增加了符号的时间。长符号时间的好处是抗 ISI(符号间干扰)能力较强。但是这种性能的提高是以收发设备的复杂性为代价的。另外,由于 OFDM 技术能使微弱信号具有近乎完美的能量捕获,因此它的通信距离也会较远。

DS-CDMA 最早是由 XtremeSpectrum 公司提出的。它采用低频段(3.1 GHz~5.15 GHz)、高频段(5.825 GHz~10.6 GHz)和双频带(3.1 GHz~5.15 GHz 和 5.825 GHz~10.6 GHz)三种操作方式。低频段方式提供(28.5~400) Mb/s 的传输速率,高频段方式提供(57~800) Mb/s 的传输速率。DS-CDMA 在每个超过 1 GHz 的频带内用极短时间脉冲传输数据,采用 24 个

码片的 DSSS(直接序列扩频)实现编码增益，纠错方式采用 RS 码和卷积码。

表 10.3 给出了 MB-OFDM 和 DS-CDMA 两种方案的主要技术参数。

表 10.3　MB-OFDM 和 DS-CDMA 两种方案的主要技术参数

技术参数	MB-OFDM	DS-CDMA
频带数量	10	2
频带带宽	每个子频带 528 MHz	(1.268～2.736) GHz
频率范围	1 组：(3.168～4.752) GHz 2 组：(4.752～6.336) GHz 3 组：(6.336～7.920) GHz 4 组：(7.920～9.504) GHz 5 组：(9.504～10.560) GHz	(3.1～5.15) GHz (5.825～10.6) GHz
调制方式	TFI-OFDM、QPSK	BPSK、QPSK、DS-SS
纠错编码	卷积码	RS 码、卷积码
复用方式	TFI	CDMA

2. UWB 标准化现状

从以上两种技术方案提出之日起，IEEE 802.15.3a 工作组中就一直不能达成一致。从技术上来讲，MB-OFDM 和 DS-CDMA 是无法彼此妥协的，DS-UWB 曾提出一个通用信令模式，希望与 MB-OFDM 兼容，但被 MB-OFDM 拒绝。经过三年没有结果的争辩竞争，IEEE 802.15.3a 工作组宣布放弃对 UWB 标准的制定，工作组随即解散。

IEEE 802.15.3a 工作组解散后，MB-OFDM 的支持者 WiMedia(Wireless Multimedia，无线多媒体)论坛转而取道 ECMA/ISO 想要激活标准。2005 年 12 月，WiMedia 与 ECMA International(欧洲计算机制造商协会)合作制定并通过了 ECMA 368/369 标准。ECMA 368/369 标准基于 MB-OFDM 技术，支持的速率高达 480 Mb/s 以上。上述标准于 2007 年通过 ISO 认证，正式成为第一个 UWB 的国际标准。

ECMA-368 协议规定了用于高速短距离无线网络的 UWB 系统的物理层与 MAC 层的特性，使用频段为(3.1～10.6) GHz，最高速率可以达到 480 Mb/s。

在 UWB 相关应用方面，MB-OFDM 已被 USB-IF(USB 开发者论坛)采纳为无线 USB 的技术；同时，2007 年 3 月，Bluetooth SIG(Bluetooth Special Interest Group，蓝牙特别兴趣小组)宣布将结合 MB-OFDM 技术和现有蓝牙技术，从而实现新的高速传输应用。相比之下，DS-CDMA 的发展就略逊一筹，为了抢占庞大的 USB 市场，2007 年 1 月，UWB Forum 成立了 Cable-Free USB Initiative，开发其自有的无线 USB 规范。

在尚未明朗的无线 1394 领域，就两大联盟的参与者来看，UWB Forum 中有索尼公司的参与，而索尼公司在家电等相关产品中有相当程度的影响力，所以在无线 1394 的发展上，UWB Forum 的实力仍不可小视。

10.5.4　超宽带技术与其他无线通信技术的比较

UWB 信号在发射时将微弱的无线电脉冲信号分散在宽阔的频带中，输出功率甚至低于普通设备产生的噪声。接收时将信号能量还原出来，在解扩过程中产生扩频增益。因此，与 IEEE 802.11a、IEEE 802.11b 和蓝牙相比，在同等码速条件下，UWB 信号具有更强的抗干扰性。表 10.4 给出了 UWB 技术与其他无线通信技术的比较。

表 10.4　UWB 技术与其他无线通信技术的比较

比较项目	IEEE 802.11a	Bluetooth	UWB
工作频率	2.4 GHz	(2.402～2.48)GHz	(3.1～10.6)GHz
传输速率	54 Mb/s	小于 1 Mb/s	大于 480 Mb/s
通信距离	(10～100)m	10 m	小于 10 m
发射功率	1 W 以上	(1～100)mW	1 mW 以下
空间容量	80(Kb/s)/m²	30(Kb/s)/m²	1000(Kb/s)/m²
应用范围	无线局域网	计算机等家庭和办公室设备	近距离多媒体设备
终端类型	笔记本、台式电脑、掌上电脑、因特网网关	笔记本、移动电话、掌上电脑、移动设备	无线电视、DVD、高速因特网网关
价格	较高	较低	较低

10.6　60 GHz 通信技术

10.6.1　60 GHz 通信技术的特点

继千兆和万兆以太网之后，市场上还没有相应的高速无线通信网络。目前普遍采用的兆级(Mb/s)无线网络(如 Wi-Fi 等)已经无法满足迅猛增长的千兆级应用需求，况且，低频频谱日益拥挤并行将耗尽。为此，美国、日本、韩国等国家开辟了 60 GHz 毫米波频段，并将其视为 Gb/s 无线通信的首选。

近年来 60 GHz 毫米波通信研究活跃并取得快速进展，我国在"十二五"期间推进了毫米波通信实用化。2010 年我国通过了 863 重大专项，于 2011 年 1 月到 2013 年 12 月支持"毫米波与太赫兹无线通信技术开发"。2011 年清华大学支持了自主科研项目"60 GHz 毫米波天基信息传输系统关键技术研究"。

60 GHz 通信技术产生背景：从理论上看，要进一步提升系统容量，增加带宽势在必行。但是 10 GHz 以下无线频谱分配拥挤不堪的现状已完全排除了这种可能，因此，要实现超高速无线数据传输还需开辟新的频谱资源。

各国和地区的 60 GHz 频段：各国和地区在 60 GHz 频段附近划分出免许可连续频谱作为一般用途，如图 10.17 所示。北美和韩国开放了(57～64) GHz；欧洲和日本开放了(59～66) GHz；澳大利亚开放了(59.4～62.9) GHz；中国目前也开放了(59～64) GHz 的频段。

由图 10.17 可以看出，在各国和地区开放的频谱中，大约有 5 GHz 的重合，这非常有利于开发世界范围内适用的技术和产品。

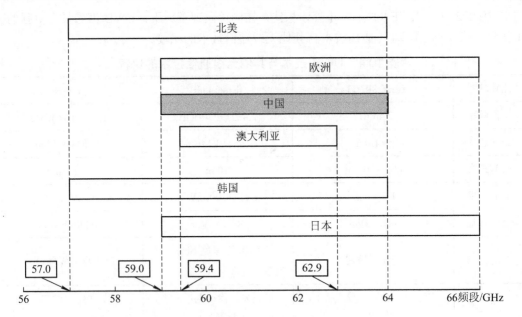

图 10.17　各国和地区对 60 GHz 频谱的划分

下面介绍 60 GHz 通信的技术特点。

1. 60 GHz 信号(属于毫米波)传播特性

温馨提示：

毫米波是指波长为(1～10)mm 的电磁波，相应频率为(30～300)GHz 的电磁波，又称为极高频。毫米波向上为红外、可见光和紫外，向下为波长为 10 cm 到 1 cm 的超高频(频率为 3 GHz～30 GHz 的厘米波段)。

(1) 60 GHz 毫米波有明显的带宽和传输速率优势。60 GHz 频段频谱资源丰富，可用带宽达(7～9) GHz，每个信道达 2160 MHz，简单调制即可提供(4～6) Gb/s 传输速率。相比之下，802.11n 所有可用信道的总带宽约为 660 MHz，最大理论传输速率是 300 Mb/s。60 GHz 毫米波使 Gb/s 无线通信成为可能，其传输速率甚至超过了 USB3.0、SATA3.0 等很多有线传输方式的下一代标准的速度。

(2) 极大的路径损耗。对于传输损耗，包括自由空间传输损耗和附加损耗。自由空间传输损耗与频率平方成比例，因此，60 GHz 频段较目前频段(如 2.4 GHz、5 GHz 等)有上百倍到几百倍衰减。

(3) 氧气吸收损耗高。在毫米波频段，大气中的氧气、水蒸气等附加损耗也开始起作用了，尤其是 60 GHz 毫米波与气体分子的机械谐振频率相吻合，处于氧吸收峰值附近，氧吸收损耗达 15 dB/km。

(4) 绕射能力差，穿透性差。

表 10.5 对比了各种材料(障碍物)对毫米波和低频电磁波的穿透损耗。此外，测量显示 PC 显示器之类的物体对 60 GHz 信号的衰减在 40 dB 以上。

表 10.5　障碍物的穿透损耗

物　质	60 GHz	2.5 GHz
石膏板(普通干墙)	2.4 dB/cm	2.1 dB/cm
白板	5.0 dB/cm	0.3 dB/cm
玻璃	11.3 dB/cm	20.0 dB/cm
网眼玻璃	31.9 dB/cm	24.1 dB/cm

2. 60 GHz 通信技术的特点

(1) 定向发射和接收：首先，定向发射和接收能显著减小信号多径时延扩展；其次，定向发射意味着干扰区域的减小，同时毫米波的高衰减特性也缩短了信号的干扰距离，不同链路之间的干扰大为降低。

温馨提示：

天线对空间不同方向具有不同的辐射或接收能力，而根据方向性的不同，天线有全向和定向两种。

全向天线：在水平面上，辐射与接收无最大方向的天线称为全向天线。全向天线由于无方向性，所以多用在点对多点通信的中心台。例如，想要在相邻的两幢楼之间建立无线连接，就可以选择这类天线。

定向天线：有一个或多个辐射与接收能力最大方向的天线称为定向天线。定向天线能量集中，增益相对全向天线要高，适合于远距离点对点通信，同时由于具有方向性，抗干扰能力比较强。例如，在一个小区里，当需要横跨几幢楼建立无线连接时，就可以选择这类天线。

优点：60 GHz 通信技术在通信的安全性和抗干扰性方面存在天然的优势。

缺点：定向发射和接收可能出现因收发设备初始天线方向没有对准而产生的"听不见(Deafness)"现象。

(2) 多跳中继：为了扩大 60 GHz 网络覆盖范围并保持足够高的强健性(Robustness)，可以借助中继利用协同或多跳等方式来进行组网。

有实验表明四跳 60 GHz 系统已可实现与 WLAN 相同的覆盖范围，并保持每秒数吉比特的超高速率。

(3) 空间复用：定向链路之间的低干扰特性意味着允许多条同频通信链路在同一空间内共存，从而有效提升网络容量。

(4) 单载波调制与 OFDM：在 60 GHz 物理层技术方案的选择上，目前有单载波调制和 OFDM 两大备选技术。可以根据不同的应用和场景结合使用。

单载波调制实现成本低，可用于速率在 2 Gb/s 以下的低端应用。

10.6.2　60 GHz 标准化进程

目前主要的 60 GHz 标准化组织有以下五个：

(1) 工业界联盟：① WirelessHD；② WiGig。
(2) 标准化组织：① ECMA；② IEEE 802.15.3c(TG3c)；③ IEEE 802.11ad(TGad)。

1. WirelessHD

2006年10月，由LG、松下、NEC、三星、索尼以及东芝公司组成WirelessHD小组，旨在对60 GHz通信技术进行规范，此项技术能在客厅(以电视为中心，10 m范围连接规范)中以高达4 Gb/s的速度传送未经压缩的高清视频数据。

2010年1月，WirelessHD 1.0规范扩大到对便携式和个人计算设备的支持，数据速率提高到(10～28) Gb/s。WirelessHD 1.0规范作为一种工作模式被IEEE 802.15.3c标准所接纳。

2. WiGig

2009年5月，Intel、微软、戴尔、三星、LG、松下等成立无线千兆比特联盟(Wireless Gigabit Alliance, WiGig)，是一种更快的短距离无线通信技术，可用于在家中快速传输大型文件，其目标不仅是连接电视机，还包括手机、摄像机和个人电脑。

2009年12月，宣布完成了WiGig v1.0的制定，支持高达7 Gb/s的数据传输速率，比802.11n的最高传输速率快十倍以上。

WiGig的重要特点：向后兼容IEEE 802.11标准。WiGig联盟表示将与新一代Wi-Fi规格IEEE 802.11ad结盟。

WiGig兼容于Wi-Fi标准，具有以下六个重要特征：

(1) 支持最高7 Gb/s的数据传送速率，是Wi-Fi标准的十倍。

(2) 设计初衷不仅是为支持低功耗的移动设备(如手机)，并且也支持高性能设备(如台式机)，所以它天生具有高级的电源管理技术。

(3) 设计基于IEEE 802.11标准(Wi-Fi技术使用的标准)，并且支持2.4 GHz、5 GHz和60 GHz三个频段。WiGig的结构如图10.18所示。

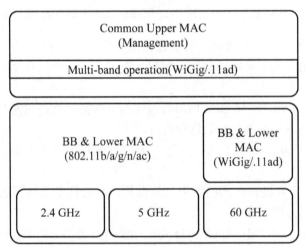

图10.18 WiGig的结构

(4) 支持波束成形，提高信号强度，有效传送距离达10 m。

(5) 支持AES加密。

(6) 为HDMI、DisplayPort、USB和PCI-E(PCI-Express)提供高性能的无线实现。

人们一般认为WiGig是一个非常优秀的无线通信技术，它将是下一代的Wi-Fi技术，主要原因如下：

(1) WiGig 兼容于 Wi-Fi 设备。现有的 Wi-Fi 设备能够使用，并且移动运营商现有 Wi-Fi 设备的升级换代可以循序渐进地进行，能够缓解移动运营商的资金压力。

(2) WiGig 支持 HDMI、DisplayPort、PCI-E 和 USB 设备的无线传送。对于移动互联的整个大趋势，对于不同移动设备之间的互联互通，WiGig 将起积极的作用。

(3) 有着广泛的公司支持。

(4) WiGig 的高速度和高带宽。它是现有 Wi-Fi 标准的十倍。在数据匮乏的今天，高速度和高带宽是用户体验的重要组成部分。

虽然 WiGig 被标榜为下一代 Wi-Fi 技术，但是它也有强有力的竞争对手，那就是 WirelessHD。

3. ECMA

2008 年 12 月，ECMA(欧洲计算机制造商协会)公布了 60 GHz 通信标准 ECMA-387。它可支持 1.728 G 符号/秒的符号速率。在未使用信道绑定的情况下，数据速率高达 6.350 Gb/s。将相邻的两个或三个频段绑定，可以获得更高的数据速率。

4. IEEE 802.15.3c(TG3c)

2005 年 3 月 IEEE 设立了 IEEE 802.15.3c 小组，其主要目的是进行 60 GHz 无线个域网(WPAN)的物理层和 MAC 层的标准化工作。

2009 年 10 月 TG3c 小组宣布已通过 IEEE 802.15.3c-2009 标准，可提供最高数据速率超过 5 Gb/s。

其中，WirelessHD 1.0 规范作为一种工作模式被 IEEE 802.15.3c 标准所接纳。

5. IEEE 802.11ad(TGad)

IEEE 802.11 小组于 2009 年 1 月启动 IEEE 802.11ad 标准制定工作,目标是制定 60 GHz 频段的 WLAN 技术规范。

TGad 是从审议现行高速 WLAN IEEE 802.11n 后续标准的工作组的 VHT(Very High Throughput, 极高吞吐量)派生出来的工作组之一。

WiGig 联盟表示将与新兴的新一代 Wi-Fi 规格 IEEE 802.11ad 结盟。

10.6.3 60 GHz 组网中的非视距传输

60 GHz 毫米波衍射能力不强，采用定向天线后，无线信号的能量具有高度的方向性，通信信号基本是直线传输。另外，60 GHz 毫米波穿透力较弱，穿透一般办公室的常见障碍，如普通墙体等衰减都在几分贝到几十分贝。因此，60 GHz 毫米波只能视距传输。

如何实现非视距传输是 60 GHz 毫米波应用于无线个域网(WPAN)和无线局域网(WLAN)的关键技术。60 GHz 组网中的非视距传输如图 10.19 所示。

一般地，在无线网络中，需要通过路由，使 60 GHz 毫米波能够灵活地绕过障碍，实现网络连接。例如，当两点之间存在障碍物，但这两点都能和第三点实现视距连接，这时可以通过第三点路由从而保证这两点之间的网络通信，如图 10.19(a)所示。

动态路由将需要网络的拓扑信息和基本的节点位置信息，现有的基于图论思想的无线传感网络定位等技术成果可以借鉴。对于室内环境，通过调整毫米波在墙体、移动物体上的反射角度，也可以间接联网，如图 10.19(b)所示。

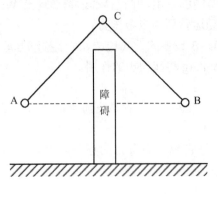
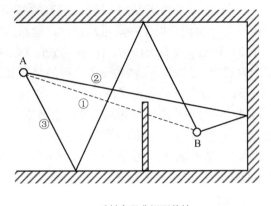

(a) 路由实现非视距传输　　　　　　　　(b) 反射实现非视距传输

图 10.19　60 GHz 组网中的非视距传输

10.7　无线 LAN 通信技术

10.7.1　无线 LAN 通信技术的标准

无线局域网(WLAN)通信技术的标准主要包括以 IEEE 802.11 及其衍生标准为代表的一系列技术，如 IEEE 802.11b、IEEE 802.11a、IEEE 802.11g、IEEE 802.11n 等。

温馨提示：

凡使用 IEEE 802.11 标准及其衍生标准协议的局域网又称为 Wi-Fi（Wireless-Fidelity，无线保真度）。因此，Wi-Fi 几乎成为了无线局域网 WLAN 的同义词。

1. IEEE 802.11

IEEE 802.11 标准于 1997 年 6 月公布，是第一代无线局域网标准。

IEEE 802.11 工作在 2.4 GHz 开放频段，支持 1 Mb/s 和 2 Mb/s 的数据传输速率。

IEEE 802.11 定义了物理层(PHY)和媒体访问控制(MAC)层规范，允许无线局域网及无线设备制造商建立互操作网络设备。

标准中物理层定义了数据传输的信号特征和调制方式。

2. IEEE 802.11b

1999 年 9 月通过的 IEEE 802.11b 工作在(2.4～2.483) GHz 频段。

IEEE 802.11b 数据速率可以为 11 Mb/s、5.5 Mb/s、2 Mb/s、1 Mb/s 或更低，根据噪音状况自动调整。当工作站之间距离过长或干扰太大、信噪比低于某个门限时，传输速率能够从 11 Mb/s 自动降到 5.5 Mb/s 或者根据直接序列扩频技术调整到 2 Mb/s 和 1 Mb/s。

IEEE 802.11b 使用带有防数据丢失特性的载波检测多址连接(CSMA/CA，载波侦听多址访问/冲突避免)作为路径共享协议，物理层调制方式为补码键控(Complementary Code

Keying，CCK)的 DSSS(直接序列扩频)。

3. IEEE 802.11a

与 IEEE 802.11b 相比，IEEE 802.11a 在整个覆盖范围内提供了更高的速度，其速率高达 54 Mb/s。

IEEE 802.11a 工作在 5 GHz 频段，与 IEEE 802.11b 一样，它在 MAC 层采用 CSMA/CA 协议，在物理层采用正交频分复用(OFDM)代替 IEEE 802.11b 的 DSSS 来传输数据。

4. IEEE 802.11g

为了解决 IEEE 802.11a 与 IEEE 802.11b 的产品因为频段与物理层的调制方式不同而无法互通的问题，IEEE 又在 2001 年 11 月批准了新的 IEEE 802.11g 标准。

IEEE 802.11g 既适应传统的 IEEE 802.11b 标准，在 2.4 GHz 频率下提供 11 Mb/s 的传输速率；也符合 IEEE 802.11a 标准，在 5 GHz 频率下提供 54 Mb/s 的传输速率。

IEEE 802.11g 中规定的调制方式包括 IEEE 802.11a 中采用的 OFDM 与 IEEE 802.11b 中采用的 CCK。通过规定两种调制方式，既达到了用 2.4 GHz 频段实现 IEEE 802.11a 54 Mb/s 的数据传送速度，也确保了与 IEEE 802.11b 产品的兼容。

5. IEEE 802.11n 和其他标准简介

IEEE 802.11n 提供了更高传输速率(300 Mb/s)，支持多输入和多输出技术(Multi-Input Multi-Output，MIMO)。

前面在 10.6 节提到过，IEEE 802.11ad 标准使用了未获授权的 60 GHz 频段来建立快速的短距离网络，峰值速率可达 7 Gb/s。但在 60 GHz 下进行数据传输存在两个主要缺陷：其一是短波的穿墙能力欠佳；其二是氧分子会吸收 60 GHz 下的电磁能。

这也解释了为什么目前市面上的少数 60 GHz 产品都需要在非常短的距离下、或者是同一房间当中进行工作。

一个拟议中的标准是 IEEE 802.11ah，该标准正好和上面这种标准相反，它运行于未获授权的 900 MHz 频段，信号穿墙完全不是问题，但带宽则很有限，只有 100 Kb/s-40 Mb/s。这种标准的受众之一可能是家庭和商业建筑当中的传感器和探头，它也因此被看成是 Z-Wave 和 ZigBee 等物联网协议的竞争者之一。

6. IEEE 802.11ac

IEEE 802.11ac 是 IEEE 802.11n 的继承者，工作在 5.8GHz。最终理论传输速度将由 802.11n 最高的 300 Mb/s 跃升至 1 Gb/s。当然，实际传输率可能在 300 Mb/s～400 Mb/s 之间，接近目前 802.11n 实际传输率的三倍(目前 802.11n 无线路由器的实际传输率为 75 Mb/s～150 Mb/s 之间)，完全足以在一条信道上同时传输多路压缩视频流。

目前出售的四天线或更多天线的无线路由器都至少包含有三个 802.11n 2.4 GHz 天线以及一个 802.11ac 5 GHz 天线，信息传输速率大增。

7. IEEE 802.11ax

从第一台支持 802.11a 无线路由器问世到现在，无线 LAN 标准更新了三次：802.11g、802.11n 以及最新的 802.11ac。现在，一个崭新的 Wi-Fi 无线网络协议预计于 2019 年诞生，它的名字是 IEEE 802.11ax。

它与 802.11ac 一样，工作在 5 GHz 频段，不同之处在于 802.11ax 使用了 MU-MIMO(Multi-User Multiple-Input Multiple-Output)技术，将信号在时域、频域、空域等多个维度上分成四个不同的"信号通道"，每一个"信号通道"能单独与一台设备进行通信，看起来就像是把一条高速公路分成了四个不同的车道，通信效率成倍提高。

802.11ax 标准的首要目标是将无线网络客户端速度提升四倍。华为是 802.11ax 标准的积极推动者，据说在华为通信实验室内部，802.11ax 早已实现 2 Gb/s 的实际数据传输速度（注意：不是理论值！），而华为宣称最大速度可达 10.53 Gb/s。

Wi-Fi 无线网络远远不是速度快就好用这么简单，因为它还涉及传输距离问题和设备之间互相干扰的问题。在实际使用中往往会发现，距离稍远，隔上一堵墙壁或者同一个 Wi-Fi 网络内连入的用户数量增多，都会让无线网络速度慢如蜗牛。802.11ax 有什么办法解决这些问题？

很遗憾，采用 5 GHz 频段的 802.11ax 在传输距离方面天生就不如 2.4 GHz 信号，它的理论传输距离只有 2.4 GHz 信号的一半多一些。至于网络拥堵问题，MU-MIMO 会是一个不错的解决方案，有了它，路由器能在同一个时间内和更多设备通信，能很大程度上避免网络拥挤。

另外，作为 802.11ax 之前的过渡方案，802.11ac 将从 2015 年、2016 年开始进入第二个生命周期，即 802.11ac 2.0 标准。802.11ac 2.0 标志性的改变就是引入 MU-MIMO 技术改善网络拥堵，1.0 版的 802.11ac 最多只支持三个空间流，而在 2.0 版标准中，这个数字将被提升为八个。例如，D-Link AC5300 DIR-895L/R 路由器，六天线设计，支持 MU-MIMO 和 802.11ac 2.0 标准。

已发布的主要的 WLAN 标准的比较如表 10.6 所示。

表 10.6 已发布的主要的 WLAN 标准的比较

协议	发布日期	标准频宽	实际速度(标准)	实际速度(最大)	范围(室内)	范围(室外)
Legacy	1997	(2.4～2.5) GHz	1 Mb/s	2 Mb/s	—	—
IEEE 802.11a	1999	(5.15～5.35) GHz、(5.47～5.725) GHz、(5.725～5.875) GHz	25 Mb/s	54 Mb/s	约为 30 m	约为 45 m
IEEE 802.11b	1999	(2.4～2.5) GHz	6.5 Mb/s	11 Mb/s	约为 30 m	约为 100 m
IEEE 802.11g	2003	2.4 GHz 或 5 GHz	25 Mb/s	54 Mb/s	约为 30 m	约为 100 m
IEEE 802.11n	2009	2.4 GHz 或 5 GHz	200 Mb/s	300 Mb/s	约为 50 m	约为 300 m
IEEE 802.11p	2009	(5.86～5.925) GHz	3 Mb/s	27 Mb/s	约为 300 m	约为 1000 m
IEEE 802.11ac	2013	5 GHz	200 Mb/s	866.7 Mb/s	35 m	-
IEEE 802.11ad	2012	60 GHz	-	6.75 Gb/s	10 m	10 m

Wi-Fi 与移动通信、蓝牙、ZigBee 的比较如表 10.7 所示。

第10章 云计算与物联网通信

表10.7 Wi-Fi与移动通信、蓝牙、ZigBee的比较

比较项目	GPRS/GSM/CDMA	Wi-Fi 802.11b	蓝牙 802.15.1	ZigBee 802.15.4
应用重点	语音、数据	Web、E-mail、图像	电缆替代品	监测、控制
电池寿命/天	1～7	0.5～5	1～7	100~1000+
网络大小	1	32	7	255/65 000
带宽/(Kb/s)	64～128+	11 000+	720	20～250
传输距离/m	1000+	1～100	1～10+	1～100+
成功原因	覆盖面大、质量高	速度快、灵活	价格便宜、方便	可靠、低功耗、价格便宜

8. Wi-Fi Direct(Wi-Fi直连)简介

2010年10月，Wi-Fi Alliance(Wi-Fi联盟)发布Wi-Fi Direct白皮书。Wi-Fi Direct标准是指允许无线网络中的设备无需通过无线路由器即可相互直接连接。与蓝牙技术类似，这种标准允许无线设备以点对点的形式相互连接，而且在传输速度与传输距离方面则比蓝牙有大幅提升。

Wi-Fi Direct标准将会支持所有的Wi-Fi设备，从IEEE 802标准的11a/b/g到11n，不同标准的Wi-Fi设备之间也可以相互直接连接。

利用这种技术，手机、相机、打印机、PC与游戏设备将能够相互直接连接，以迅速而轻松地传输内容、共享应用。

在手机-手机的应用中，Wi-Fi直连相当于用比蓝牙高的速率在手机之间传输图片和文件。在PC-PC的应用中，Wi-Fi直连相当于无线版的飞鸽传书。

苹果早在iPad 2和iPhone 4S上就支持Wi-Fi直连，Android 4.0也支持Wi-Fi直连，目前Windows 8也开始支持Wi-Fi直连。

10.7.2 无线LAN通信技术的应用和组网

1. 典型的无线路由器

一个典型的无线路由器(内置ADSL)如图10.20(a)所示。该产品的接口如下：

(1) Line接口。内置ADSL2+ Modem。最高下行速度可达24 Mb/s。

(2) 内置IEEE 802.11g 54 M无线功能。它兼容传输速率为11 Mb/s的802.11b的无线设备。

(3) Ethernet接口。内置一个10/100 Mb/s 网卡接口，可连接交换机，满足多户共享宽带的要求。

(4) USB接口。内置一个USB的网卡接口，即便用户的计算机没有网卡，也可上网。

(5) Phone接口。内置语音网关，可直接连接电话机，省去了外接语音分离器的麻烦。

温馨提示：

ADSL 是 DSL(数字用户环路)家族中最常用、最成熟的技术，它是 Asymmetrical Digital Subscriber Loop(非对称数字用户环路)的英文缩写。ADSL 是运行在原有普通电话线上的一种高速宽带技术。所谓非对称，主要体现在上行速率(最高为 2 Mb/s)和下行速率(最高为 8 Mb/s)的非对称。

2002 年 7 月，ITU 公布了 ADSL 的两个新标准(G.992.3 和 G.992.4)，即 ADSL2。2003 年 3 月，在第一代 ADSL 标准的基础上，ITU 制定了 G.992.5，也就是 ADSL2 plus(ADSL2＋)。在下行方面，ADSL2＋在 5000ft 的距离上达到了 24 Mb/s 的速率，是 ADSL 下行 8 Mb/s 的三倍。并且 ADSL2＋和 ADSL2 也保证了向下兼容。

另一种常见的无线路由器(外置 ADSL)一般都有一个 RJ-45 口为 WAN 口，也就是 UPLink 到外部网络的接口，其余 2~4 个 RJ-45 口为 LAN 口，用来连接普通局域网，内部有一个网络交换机芯片，专门处理 LAN 接口之间的信息交换，如图 10.20(b)所示。

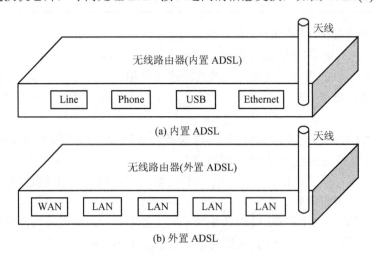

图 10.20　典型的无线路由器

2. 无线 LAN 接入 Internet 组网

无线路由器(内置 ADSL)接入 Internet 的组网如图 10.21(a)所示。Line 接口通过电话线接入 Internet；内置的 IEEE 802.11g 54 M 无线功能可以连接有 WLAN 功能的手机或笔记本电脑；Ethernet 接口通过外接的小型交换机连接 PC；Phone 接口直接连接电话机。

无线路由器(外置 ADSL)接入 Internet 的组网如图 10.21(b)所示。无线路由器(不内置 ADSL)可以通过 WAN 口与 ADSL Modem(家庭网关，ADSL 用户端设备)或 CABLE Modem 直接相连，继而接入 Internet；无线路由器(外置 ADSL)也可以通过交换机/集线器、宽带路由器等局域网方式接入 Internet。显然，无线路由器(外置 ADSL)的优点是可以灵活选择接入 Internet 的方式，不一定总是用 ADSL 接入。

目前无线路由器产品支持的主流协议标准为 IEEE 802.11g 和 IEEE 802.11n，并且向下兼容 IEEE 802.11b。IEEE 802.11b 与 IEEE 802.11g 标准是可以兼容的，它们最大的区别就是支持的传输速率不同，前者只能支持到 11 Mb/s，而后者可以支持 54 Mb/s。

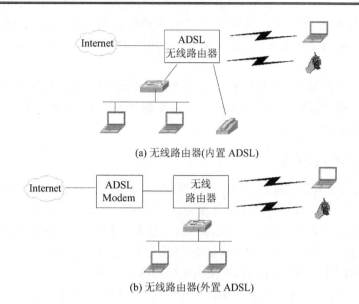

图 10.21 无线 LAN 接入 Internet

而后推出的 IEEE 802.11g+标准可以支持 108 Mb/s 的无线传输速率，传输速度可以基本与有线网络持平。主流的 IEEE 802.11n 标准可以支持 150 Mb/s 和 300 Mb/s 的无线传输速率，得到了广泛应用。

3. 在手机上启动 WLAN

用手机点开 WLAN 图标，启动 WLAN 并搜索周围环境中的 WLAN 访问点(Access Point，AP)，出现一个或多个 AP 图标，选择一个信号最强的，点击"添加"菜单进行配置，配置时只需要输入密码(需要知道密码)，配置完之后点击"连接"，出现提示框，表明连接成功，手机界面的图标之间增加了一条连接线，表明连接成功。然后就可以上网了。

与直接用 3G 或 GPRS 上网的方式不同，在手机上启动 WLAN 的上网方式通常是免费的。

10.8 无线 MAN 通信技术

10.8.1 WiMAX 的概念和特点

IEEE 802.16 是宽带无线 MAN 标准。IEEE 802.16 是为用户站点和核心网络(如公共电话网和 Internet)间提供通信路径而定义的无线服务。

无线 MAN 技术也称为 WiMAX(Worldwide Interoperability for Microwave Access，全球微波接入的互操作性)技术。这种无线宽带访问标准解决了城域网中"最后一英里"问题，而 DSL、光缆及其他宽带访问方法的解决方案要么行不通，要么成本太高。

WiMAX 是一项新兴的宽带无线接入技术，能提供面向互联网的高速连接，数据传输距离最远可达 50 km。其具有 QoS 保障、传输速率高、业务丰富多样等优点。

WiMAX 技术起点较高，采用了代表未来通信技术发展方向的 OFDM/OFDMA、AAS(Adaptive Antenna System，自适应天线系统)和 MIMO(Multiple-input Multiple-output)等先进技术。

随着技术标准的发展，WiMAX 逐步实现宽带业务的移动化(由不支持切换变成支持切换)，而 3G 则实现移动业务的宽带化，两种网络的融合程度越来越高。2007 年 10 月，WiMAX 成功获得 ITU 的批准，跻身 3G 标准之列。

10.8.2 WiMAX 的演进

1999 年，IEEE 802 局域网(LAN)/城域网(MAN)成立了 IEEE 802.16 工作组来专门研究宽带无线接入标准。一些世界知名通信企业联合发起了全球微波接入互操作性论坛，在全球范围内推广 IEEE 802.16 标准，从此 WiMAX 技术成为了 IEEE 802.16 技术的代名词。

2004 年 6 月通过的 IEEE 802.16d 标准(又称为 IEEE 802.16-2004 或 Fix WiMAX，目前仍被广泛使用)属于固定宽带无线接入空中接口标准。物理层定义了两种双工方式：TDD 和 FDD。MAC 层分为了三个子层：业务汇聚子层(CS)、公共部分子层(CPS)和安全子层(SS)。

2005 年 12 月通过的 IEEE 802.16e 标准(又称为 IEEE 802.16-2005 或 Mobile WiMAX，目前仍被广泛使用)是一项针对 IEEE 802.16d 标准的修正案，此项修正案增加了移动机制。IEEE 802.16e 标准属于移动宽带无线接入空中接口标准，支持终端移动性的接入方案，由不支持切换变成支持切换。协议栈模型和 IEEE 802.16d 标准相同，支持不同数量子载波的 OFDMA，增强安全性。

2011 年 4 月，IEEE 批准 IEEE 802.16m 标准成为下一代 WiMAX 标准。IEEE 802.16m 标准也被称为 Wireless MAN-Advanced 或者 WiMAX 2，是继 IEEE 802.16e 标准后的第二代移动 WiMAX 国际标准。IEEE 802.16m 标准可支持超过 300 Mb/s 的下行速率。IEEE 802.16m 与 LTE 一起，被认为是准 4G 标准。WiMAX 的演进过程如表 10.8 所示。

表 10.8 WiMAX 的演进过程

比较项目	IEEE 802.16	IEEE 802.16a	IEEE 802.16-2004	IEEE 802.16e-2005
使用频段	(10～66) GHz	< 11 GHz	(2～11) GHz,(10～66) GHz	<6 GHz
信道条件	视距	非视距	视距+非视距	非视距
固定/移动性	固定	固定	固定	移动+漫游
调制方式	QPSK、16QAM 和 64QAM	256 OFDM (BPSK/QPSK/ 16QAM/64QAM)	256 OFDM (BPSK/QPSK/ 16QAM/64QAM) 2048 OFDMA	256 OFDM (BPSK/QPSK/ 16QAM/64QAM) 128/512/1024/2048 OFDMA
信道带宽	25/28 MHz	(1.25～20) MHz	(1.25～20) MHz	(1.25～20) MHz
传输速率 (最佳信噪比)	(32～134) Mb/s (载波带宽 28 MHz)	75 Mb/s (载波带宽 20 MHz)	75 Mb/s (载波带宽 20 MHz)	15 Mb/s (载波带宽 5 MHz)
额定小区半径	<5 km	(5～10) km	(5～15) km	(1～5) km

10.8.3 WiMAX 系统的结构

WiMAX 系统的结构如图 10.22 所示。其包括核心网络、基站(BS)、用户基站(SS)、接力站(RS)、用户终端设备(TE)和网管系统，分述如下：

(1) 核心网络：WiMAX 系统连接的核心网络通常为传统交换网或因特网。WiMAX 系统提供核心网络与基站间的连接接口，但并不包括核心网络。

(2) 基站(BS)：基站提供用户基站与核心网络间的连接，通常采用扇形/定向天线或全向天线，可提供灵活的子信道部署与配置功能，并根据用户群体状况不断升级扩展网络。

(3) 用户基站(SS)：属于基站的一种，提供基站与用户终端设备间的中继连接，通常采用固定天线，并被安装在屋顶上。基站与用户基站间采用动态适应性信号调制模式。

(4) 接力站(RS)：在单点到多点体系结构中，接力站通常用于提高基站的覆盖能力，也就是说充当一个基站和若干个用户基站(或用户终端设备)间信息的中继站。接力站面向用户侧的下行频率可以与其面向基站的上行频率相同，当然也可以采用不同的频率。

(5) 用户终端设备(TE)：WiMAX 系统定义用户终端设备与用户基站间的连接接口，提供用户终端设备的接入。但用户终端设备本身并不属于 WiMAX 系统。

(6) 网管系统：用于监视和控制网内所有的基站和用户基站，提供查询、状态监控、软件下载、系统参数配置等功能。

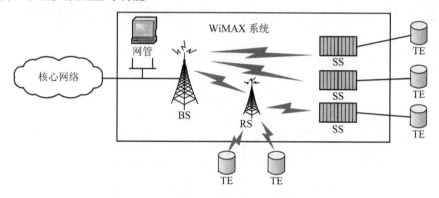

图 10.22 WiMAX 系统的结构

10.9 移动通信网

10.9.1 移动通信网的基本组成

物联网的终端都需要以某种方式连接起来，以发送或者接收数据。移动通信网是适合物联网组网特点的通信和联网方式。物联网的组网需求包括以下几点：

(1) 方便性：不需要数据线连接。

(2) 信息基础设施的可用性：不是所有地方都有方便的固定接入能力。

(3) 一些应用场景本身需要随时监控的目标就是在移动状态下。

移动通信具有覆盖广、建设成本低、部署方便、具备移动性的优点，正好可以满足物联网的组网需求。因此，移动通信网络将是物联网主要的接入手段。

移动通信网络将成为物联网最重要的信息基础设施，为人与人之间通信、人与网络之间的通信、物与物之间的通信提供服务，目前和将来要着重推进国家传感信息中心建设，促进物联网与互联网、移动互联网融合发展。

移动电话通信网的组成如图 10.23 所示。移动电话通信网一般由移动台(MS)即用户终端、基站(BS)、移动电话交换控制中心(MSC)、与公众电话网(PSTN)相连接的中继线、各基站与控制中心间的中继线、基站与移动台之间的无线信道等组成。它是一个有线、无线相结合的综合通信网。其分述如下：

(1) 移动台(MS)。移动台即用户终端设备。它有车载式、手持式、便携式及固定式等类型。

(2) 基站(BS)。基站是一套为无线小区服务的设备。它的主要作用是处理基站与移动台之间的无线通信，在移动电话交换控制中心(MSC)与移动台(MS)之间起中继作用。

(3) 移动电话交换控制中心(MSC)。移动电话交换控制中心是整个移动电话通信网的核心，它具有智能化功能。

(4) 中继线。中继线是连接移动电话交换控制中心设备与公众电话网(市话网)设备、基地站设备的线路。

(5) 无线信道。

① 语音信道：语音信道主要用于传递语音信号。它的占用和空闲由移动电话交换中心控制和管理。

② 控制信道：控制信道用来传送系统控制数据信息。

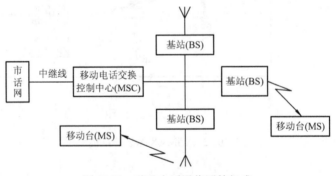

图 10.23　移动电话通信网的组成

10.9.2　移动通信网络的发展历程

早期移动通信的发展历程：

1897 年，马可尼在陆地和一艘拖船上完成无线通信实验，标志着无线通信的开始。

1928 年，美国警用车辆的车载无线电系统，标志移动通信开始。

1946 年，美国贝尔(Bell)实验室在圣路易斯建立第一个公用汽车电话网。

1960 年，美国贝尔实验室提出蜂窝移动通信的概念。

蜂窝系统的概念和理论在 20 世纪 60 年代就由美国贝尔实验室等单位提了出来，但其复杂的控制系统(尤其是实现移动台的控制)直到 20 世纪 70 年代才大规模实现。

小区制蜂窝通信具有小覆盖、小发射功率和资源重用等优点，决定了它在现代移动通信中的重要作用。

现代移动通信发展主要经历了四个阶段，正在进入第五阶段。四代移动电话通信的发展趋势如图10.24所示。以下是现代移动通信的发展历程。

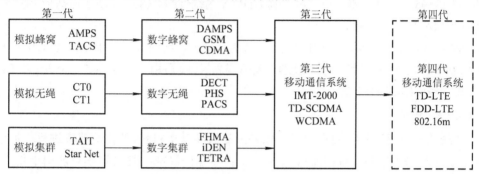

图10.24　四代移动电话通信的发展趋势

1. 第一代移动通信系统

第一代移动通信系统是模拟蜂窝移动通信网，时间是20世纪70年代中期至80年代中期。其解决了用户移动性的基本问题。蜂窝小区系统设计的频率复用，解决大容量需求与有限频谱资源的矛盾。多址方式采用FDMA，其所使用的是模拟系统，包括FM调制、模拟电路交换、模拟语音信号。其业务功能单一，只支持通话功能。

模拟系统的缺点有：频谱利用率低、业务种类有限、无高速数据业务、保密性差、易被窃听和盗号、设备成本高、体积大和重量大。

2. 第二代移动通信系统

以GSM(Global System of Mobile Communication，全球移动通信系统)和IS-95为代表的第二代移动通信系统，是从20世纪80年代中期开始的。

第三代移动通信系统采用数字化通信方式，包括语音信号数字化、数字式电路交换、数字式调制；多址方式采用时分多址(Time Division Multiple Access，TDMA)或码分多址(Code Division Multiple Access，CDMA)；采用微蜂窝小区结构，提高用户数量；采用了一系列数字处理技术来有效提高通信质量，如纠错编码、交织、自适应均衡、分集等；业务类型以通话为主，还有低速数据业务。

从1996年开始，为了解决中速数据传输问题，又出现了2.5G移动通信系统，如GPRS和IS-95B。

1) GSM系统概述

1990年完成的GSM 900规范对GSM系统的结构、信令和接口等给出了详细的描述。1991年GSM系统正式在欧洲问世，网络开通运行。现在，GSM包括两个并行的、功能基本相同的系统：GSM 900和DCS 1800。GSM 900工作于900 MHz，DCS 1800工作于1800 MHz。

GSM系统的优点有：频谱利用率高、容量大、语音质量高、安全性好、能够实现智能网业务和国际漫游等。

2) CDMA 系统概述

CDMA 技术的标准化经历了几个阶段。IS-95 是 CDMA 系列标准中最先发布的标准，IS-95B 是 IS-95A 的进一步发展，可提高 CDMA 系统性能，CDMA One 是基于 IS-95 标准的各种 CDMA 产品的总称。

CDMA 应用于数字移动通信的优点：系统容量大，比模拟网大十倍，比 GSM 大 4.5 倍；采用软切换技术，系统通信质量更佳；频率规划灵活；适用于多媒体通信系统；多 CDMA 信道方式、多 CDMA 帧方式。

3) GPRS 概述

在传统的 GSM 网络中，用户除通话以外最高只能以 9.6 kb/s 的传输速率进行数据通信，如 Fax、E-mail、FTP(File Transfer Protocol，文件传输协议)等，这种速率只能用于传送文本和静态图像，但无法满足传送活动视像的需求。

GPRS(General Packet Radio Service，通用分组无线业务)突破了 GSM 网络只能提供电路交换的思维定式，将分组交换模式引入到 GSM 网络中。它通过仅仅增加相应的功能实体和对现有的基站系统进行部分改造来实现分组交换，从而提高资源的利用率。GPRS 能快速建立连接，适用于频繁传送小数据量业务或非频繁传送大数据量业务。

GPRS 是 2.5 代移动通信系统。由于 GPRS 是基于分组交换的，用户可以保持永远在线。GPRS 最高理论传输速度为 171.2 kb/s，目前使用 GPRS 可以支持 40 kb/s 左右的传输速率。

4) EDGE 系统概述

EDGE 是英文 Enhanced Data Rate for GSM Evolution 的缩写，即增强型数据速率 GSM 演进技术。EDGE 是一种从 GSM 到 3G 的过渡技术，俗称 2.75 G。GPRS 的访问速度为 171.2 kb/s，EDGE 传输速率在峰值可以达到 384 kb/s。

3. 第三代移动通信系统

第三代移动通信系统的概念是国际电信联盟(ITU)早在 1985 年就已提出的，当时称为未来公共陆地移动通信系统(FPLMTS)，1996 年更名为 IMT-2000(International Mobile Telecommunications-2000)，在欧洲称其为通用移动通信系统(Universal Mobile Telecommunication System，UMTS)。

IMT-2000 的宗旨是建立全球的综合性个人通信网，提供多种业务，尤其是多媒体和高比特率分组数据业务并实现全球无缝覆盖。

2000 年 5 月举行的 ITU-T 2000 年全会批准并通过了 IMT-2000 无线接口技术规范。

2007 年 10 月，ITU 在日内瓦举行的无线通信全体会议上，与会国家通过投票正式通过无线宽带技术 WiMAX 成为 3G 标准。

2008 年全球移动大会上，主流设备厂商不约而同地发布了 LTE 的研究成果和后续演进策略。

自 2000 年开始迅猛发展的第三代移动通信系统的目标是能实现全球漫游、能提供多种业务、能适应多种环境、有足够的系统容量。

第三代移动通信系统以多媒体(Multimedia)综合服务业务为主要特征,包括会话型、数据流型、互动型、后台类型等多种多媒体业务类型,其多址方式采用 TDMA、CDMA 或 OFDMA,同时支持电路交换和分组交换。

第三代移动通信系统引入了包括智能天线、发端分集、空时码、正交可变扩频因子(Orthogonal Variable Spreading Factor,OVSF)多址码等在内的多种新技术。

主要的 3G 技术标准包括 WCDMA(Wideband Code Division Multiple Access,宽带码分多址)、CDMA 2000、TD-SCDMA(Time Division-Synchronous Code Division Multiple Access,时分同步码分多址)和 WiMAX 等。

2009 年 1 月,我国工业和信息化部批准并颁发了三张 3G 业务经营许可牌照,TD-SCDMA、WCDMA 和 CDMA 2000,分属中国移动、中国联通和中国电信。移动是"TD"(TD-SCDMA),联通是"沃",即"W"(WCDMA),电信是"天翼 3G"(CDMA 2000 EV-DO)。

2G 到 3G 的演进路线如图 10.25 所示。

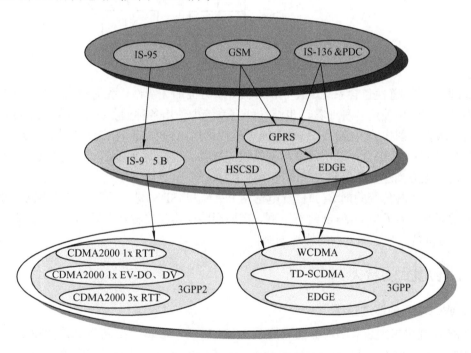

图 10.25　2G 到 3G 的演进路线

4. 第四代移动通信系统

虽然 3G 移动通信系统可以基本满足人们对快速传递数据业务的需求,但在一些发达国家和我国的某些地区,2008 年之后已经开始推行 4G 网络。4 G 网络在网络体系结构上是一个可称为宽带接入的分布式网络,其基本结构如图 10.26 所示。

由图 10.26 中的 4G 网络结构可以看出,4G 网络应该是一个无缝连接(Seamless Connection)的网络。也就是说,各种无线和有线网络都能以 IP 协议为基础连接到 IP 核心网络。类似 LTE 的 4G 网络将取消电路交换(CS)域，CS 域业务在包交换(PS)域实现，如采用 VoIP(Voice over IP，IP 电话)。

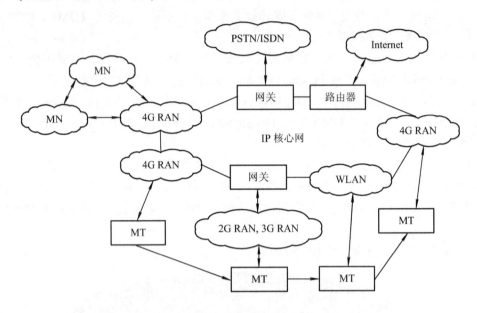

图 10.26　4G 网络的基本结构

4G 网络的无缝性包含系统、业务和覆盖等多方面的无缝性。系统的无缝性指的是用户既能在 WLAN 中使用各种业务，也能在蜂窝系统中使用各种业务；业务的无缝性指的是对话音、数据和图像的无缝性；而覆盖的无缝性则指 4G 网络应能在全球提供业务。因此，4G 网络应当是一个综合系统，蜂窝部分提供广域移动性，而 WLAN 提供热点地区的高速业务，同时也应当包含家庭和办公室的个人 LAN。

当然，为了与传统的网络(如传统电话网 PSTN 和 ISDN)进行互联，需要用网关建立相互之间的联系；为了与 Internet 进行互联，需要用路由器建立相互之间的联系。因此，未来的 4G 网络将是一个更加复杂的协议网络。

10.9.3　WCDMA 技术

1. WCDMA 的演进过程

1985 年提出未来公共陆地移动通信系统 FPLMTS，1996 年更名为 IMT-2000。

1992 年 WRC(World Radiocommunication Conference，世界无线电通信大会)大会为 IMT-2000 技术分配频谱。

1999 年 3 月完成 IMT-2000 RTT(Radio Transmission Technology，无线传输技术)关键参数的制定。

1999 年 11 月完成 IMT-2000 RTT 技术规范。

2000 年完成 IMT-2000 全部网络标准。

1998 年 12 月成立 3GPP 组织，1999 年成立 3GPP2 等标准化组织。

第 10 章 云计算与物联网通信

温馨提示：

3GPP(The 3rd Generation Partnership Project,第三代合作伙伴计划)是领先的 3G 技术规范机构,它由欧洲的 ETSI、日本的 ARIB 和 TTC、韩国的 TTA 以及美国的 TIA 在 1998 年底发起并成立,旨在研究制定并推广基于演进的 GSM 核心网络的 3G 标准,即 WCDMA、TD-SCDMA 和 EDGE 等。中国无线通信标准组(CWTS)于 1999 年加入 3GPP。

3GPP2(3rd Generation Partnership Project 2,第三代合作伙伴计划 2)组织于 1999 年 1 月成立,由北美 TIA、日本的 ARIB、日本的 TTC、韩国的 TTA 四个标准化组织发起,主要是制定以 ANSI-41 核心网为基础,CDMA 2000 为无线接口的第三代技术规范。中国无线通信标准研究组(CWTS)于 1999 年 6 月在韩国正式签字同时加入 3GPP 和 3GPP2。

2. WCDMA 技术的标准化

WCDMA 技术的标准化工作从 1999 年 12 月开始每三个月更新一次,目前已经有多个版本,包括 R99(WCDMA)、R4(HSDPA)、R5(HSDPA)和 R6(HSUPA)等。

1) HSDPA

HSDPA(High Speed Downlink Packet Access)即高速下行链路分组接入。它是 3G 的增强技术,主要作用是增加了 3G 系统中下行数据的吞吐量及提高了下行传输速率。HSDPA 用在 WCDMA 下行链路(5 MHz 带宽)内部,提供的最大数据传输速率达到 10 Mb/s,实际平均速率在(4~8) Mb/s 之间。如采用 MIMO 技术,则可达 20 Mb/s。有人称 HSDPA 为 3.5G,这在一定程度上表明了 3G 系统的演进方向。

TD-HSDPA 是 TD-SCDMA 的下一步演进技术,采用时分双工(Time Division Duplexing, TDD)方式。作为后 3G 的 HSDPA 技术可以同时适用于 WCDMA 和 TD-SCDMA 两种不同制式。

2) HSUPA

HSUPA (High Speed Uplink Packet Access)即高速上行链路分组接入。它通过采用多码传输、HARQ、基于 Node B 的快速调度等关键技术,使得单个小区最大上行数据吞吐率达到 5.76 Mb/s,大大增强了 WCDMA 上行链路的数据业务承载能力和频谱利用率。

HSUPA 是因 HSDPA 上传速度不足(只有 384 kb/s)而开发的,亦称为 3.75 G,它在一个 5 MHz 载波上的传输速率可达(10~15) Mb/s(采用 MIMO 技术,则可达 28 Mb/s)、上传速度可达 5.76 Mb/s(使用 3GPP Rel7 技术,更可达 11.5 Mb/s),使需要大量上传带宽的功能(如双向视频直播或 VoIP)得以顺利实现。

10.9.4 CDMA 2000 技术

1. CDMA 2000 的演进过程

美国电信工业协会(Telecommunications Industry Association,TIA)提出,可从 IS-95 和 IS-95B 平滑过渡到 CDMA 2000,升级简单。

CDMA 2000 1x 采用 1.25 MHz 的带宽。CDMA 2000 1x EV-DO(Data Only)可支持 2.4 Mb/s 的数据速率,CDMA 2000 1x EV-DV(Data and Voice)可支持话音和数据。CDMA 2000 3x

采用三个 1.25 MHz 的带宽进行传输。CDMA 2000 的演进过程如图 10.27 所示。

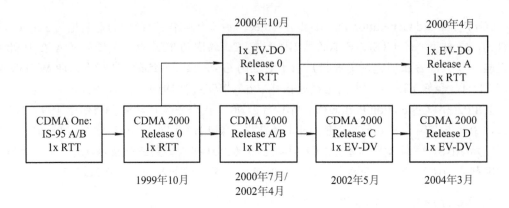

图 10.27　CDMA 2000 的演进过程

2. CDMA 2000 技术的标准化

以下为 CDMA 2000 技术的标准:

(1) CDMA One。CDMA One 是基于 IS-95 标准的各种 CDMA 产品的总称,IS-95B 可提供实现 64 kb/s。

(2) CDMA 2000 1x。CDMA 2000 1x 具有 3G 系统的部分功能,CDMA 2000 1x 完全兼容 IS-95 系统功能。

(3) 1x EV-DO。1x EV-DO 是一种专为高速分组数据传送而优化设计的 CDMA 2000 空中接口技术。在网络结构方面,1x EV-DO 与 CDMA 2000 1x 的无线接入网在逻辑功能上是相互独立的。1x EV-DO 可以作为高速分组数据业务的专用网。

(4) 1x EV-DV。1x EV-DV 在 CDMA 2000 1x 载波基础上提升前向和反向分组传送的速率和提供业务 QoS 保证。

10.9.5　TD-SCDMA 技术

1. TD-SCDMA 的演进

IMT-2000 CDMA TD 为 TDD 方式,2001 年 3 月 3GPP 通过 R4 版本,TD-SCDMA 被接纳为正式标准。其演讲阶段如下:

(1) TD-SCDMA 阶段。TD-SCDMA 采用直接序列扩频、低码片速率的 TDD(时分双工)模式。TD-SCDMA 不需要成对的工作频段,这对缓解当前移动频段资源紧张的问题是极为重要的。

(2) HSPA TDD 阶段。HSPA TDD 阶段主要包括引入高速下行分组接入(HSDPA)和高速上行分组接入(HSUPA)。

(3) LTE TDD 阶段。LTE TDD 是 TD-SCDMA 在向 4G 系统演进过程中的过渡阶段。MIMO-OFDMA 是下一代通信系统中最具有革命性的技术。在 20 MHz 的带宽内下行峰值速率达到 100 Mb/s,上行可达到 50 Mb/s。

(4) TDD B3G/4G。基于 TD-SCDMA 的后 3G(Beyond 3G)或者 4G 系统,将采用 TDD

模式。其主要目的在于实现先进国际移动通信(IMT-Advanced)提出的高速和低速移动环境下峰值速率分别达到 100 Mb/s 和 1 Gb/s 的无线传输能力。

2. TD-SCDMA 的关键技术

TD-SCDMA 的关键技术如下：

(1) 多用户检测。多用户检测是宽带 CDMA 通信系统中抗干扰的关键技术。

(2) 智能天线。典型的 TD-SCDMA 系统配置的智能天线是由八个天线元素组成的天线阵列。在接收端，智能天线可以大大提高接收机的灵敏度，抵消多径衰落，提高上行链路容量。

(3) 软件无线电。软件无线电是经过一个通用硬件平台。它利用软件加载方式来实现各种类型的无线电通信系统的新技术。其核心思想是尽可能多地用软件来定义无线功能，各种功能和信号处理都尽可能用软件实现。软件无线电使系统具有灵活性和适应性。

(4) 动态信道分配(DCA)。它的目的是进一步减少干扰，增加系统容量。需要注意的是，2G 系统使用固定信道分配。

(5) 接力切换。接力切换是 TD-SCDMA 系统的关键特征，该技术利用了硬切换与软切换技术的优点。首先，硬切换(Hard Handover)是指在不同小区之间切换过程中，业务信道有瞬时中断的切换过程。中断时间为 200 ms(1/5 s)。WCDMA 频率间切换就是硬切换。当切换发生时，移动台总是先释放原基站的信道，然后才能获得目标基站分配的信道。而软切换(Soft Handover)是指当移动台从一个小区进入另一个小区时，先建立与新基站的通信，直到当接收到原基站信号低于一个门限值时再切断与原基站的通信的切换方式。在切换过程中，移动用户与原基站和新基站都保持通信链路，只有当移动台在新的小区建立稳定通信后，才断开与原基站的联系。它属于 CDMA 通信系统独有的切换功能，可有效提高切换可靠性。

接力切换(Baton Handover)是一种改进的硬切换技术，也是 TD-SCDMA 系统的一项特色核心技术。接力切换就是终端接入新小区的上行通信而下行仍与旧小区建立着通信联系。接力切换由 RNC(无线网络控制器)判定和执行，不需要基站发出切换操作信息，克服了"软切换"浪费信道资源的缺点。

10.9.6 LTE 技术

第三代移动通信系统普遍采用的是码分多址(CDMA)技术，此技术能支持的最大系统带宽为 5 MHz。2004 年底，第三代合作伙伴计划(3GPP)提出了通用移动通信系统(UMTS)的 LTE(Long Term Evolution，长期演进)项目。目前，"准 4G"技术包括以下几种：

(1) 3GPP 的 LTE。

(2) 3GPP2 的 AIE(Air Interface Evolution，空中接口演进)。

(3) WiMAX 802.16m 技术。

(4) IEEE 802.20 移动宽带频分双工/移动宽带时分双工(Mobile Broadband FDD/TDD)。

1. TD-LTE 技术

我国主推的 TD-LTE 技术继承了 LTE TDD 制式的优点，又与时俱进地引入了 MIMO(多入多出)与 OFDM(正交频分复用)技术，在系统带宽、网络时延、移动性方面都有了跨越式提高。

TD-LTE 技术使用了 ITU 定义的 4G 时代的一部分关键技术，是我国 TD-SCDMA 的后续演进技术，继承了 TD-SCDMA 系统大量中国自主知识产权。

2. LTE 的需求

1) 系统性能需求

(1) 峰值速率：在 20 MHz 频谱带宽能够提供下行 100 Mb/s、上行 50 Mb/s 的峰值速率。

(2) 用户吞吐量和频谱效率：改善小区边缘用户的性能和提高小区容量。

(3) 移动性：能够为 350 km/h 高速移动用户提供大于 100 kb/s 的接入服务。

(4) 用户面延时：降低系统延迟，用户平面内部单向传输时延低于 5 ms。

(5) 控制面延时和容量：呼叫建立延时需要较现在蜂窝系统明显降低。

2) 部署成本和互操作性

除了系统性能，其他方面的考虑对运营商来说也很重要，包括降低部署成本、灵活使用频谱及与原系统的互操作性等。

这些基本需求可以使 LTE 系统采用多种部署方案，同时便于其他系统向 LTE 过渡。

3. LTE 的架构

LTE 的架构如图 10.28 所示。LTE 舍弃了 UTRAN(UMTS Terrestrial Radio Access Network，UMTS 陆地无线接入网)的传统 RNC/Node B 两层结构，完全由多个 eNode B(eNB) 组成一层结构。eNode B 实现了接入网的全部功能。

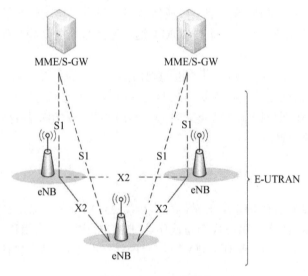

图 10.28　LTE 的架构

核心网包括服务网关(Serving-Gateway，S-GW)、移动性管理实体(Mobile Management Entity，MME)。

4. LTE 的关键技术

LTE 的关键技术如下：

(1) 多址技术。下行采用的是正交频分多址(OFDMA)技术，上行采用的是单载波-频分多址(SC-FDMA)技术。

(2) 多天线技术。多天线技术的增益来源有复用增益、分集增益和天线增益。其下行 MIMO 技术支持 2×2(两发两收)基本天线配置，上行基本天线配置为 1×2 (一发两收)。

(3) 干扰抑制技术。OFDMA 和 SC-FDMA 多址技术使小区内干扰基本得到消除，因此大部分干扰都来自其他小区，所以在 LTE 系统中十分重视小区间干扰问题的解决。LTE 在 eNode B 间引入 X2 接口，以降低小区间干扰。

5. 4G 的发展趋势

4G 将首先覆盖热点和发达地区，未来我国将形成 2G、3G 和 4G 并存的局面，而不是简单升级替换。

专家认为，3G 包括 2G 都不会被 4G 完全取代，三者将会长期并存。4G 面对的是高端的数据服务，是对 3G 有效的补充。考虑到成本和需求，4G 一定是从热点城市和发达地区开始布网。

本 章 小 结

本章可分为三个部分。本章第一部分涵盖 10.1 节到 10.2 节。首先分析了物联网三层体系结构，并进一步详细介绍了感知层、网络层、应用层的关键技术。

本章第二部分涵盖 10.3 节到 10.6 节。着重分析了四种短距离物联网通信技术，一般认为它们都属于 WPAN 通信技术，包括 ZigBee、蓝牙、超宽带、60 GHz 通信等技术。对每种技术都分别从其概念、特点、技术标准、应用等不同方面加以阐述。

本章第三部分涵盖 10.7 节到 10.9 节。描述了中长距离物联网通信的技术，包括无线 LAN、无线 MAN、无线 WAN 等技术。首先，阐述了 IEEE 802.11 标准及其衍生标准为代表的无线 LAN 的标准和组网应用。然后，分析了以 IEEE 802.16(WiMAX)为代表的无线 MAN 的概念、演进、系统结构等。最后，介绍了移动通信网代表的无线 WAN 技术的组成、发展历程以及当前和未来的主流技术。

习 题 与 思 考

一、选择题

1. 蓝牙、ZigBee 这类短距离传输技术属于物联网体系结构的_____。
　　A. 感知层　　　　　　　　　　B. 网络层
　　C. 应用层　　　　　　　　　　D. 以上都不是

2. 3G、4G 技术属于物联网体系结构的_____。
　　A. 感知层　　　　　　　　　　B. 网络层
　　C. 应用层　　　　　　　　　　D. 以上都不是

3. 云计算、数据挖掘技术属于物联网体系结构的_____。
　　A. 感知层　　　　　　　　　　B. 网络层

C. 应用层 D. 以上都不是

4. IEEE 802.15.1 规范制定有关_____技术的标准。
    A. ZigBee B. 蓝牙(Bluetooth)
    C. 超宽带(UWB) D. 60 GHz 通信

5. IEEE 802.15.3a 规范制定有关_____技术的标准。
    A. ZigBee B. 蓝牙(Bluetooth)
    C. 超宽带(UWB) D. 60 GHz 通信

6. IEEE 802.15.3c 规范制定有关_____技术的标准。
    A. ZigBee B. 蓝牙(Bluetooth)
    C. 超宽带(UWB) D. 60 GHz 通信

7. IEEE 802.15.4 规范制定有关_____技术的标准。
    A. ZigBee B. 蓝牙(Bluetooth)
    C. 超宽带(UWB) D. 60 GHz 通信

8. WPAN 所覆盖的范围一般在_____半径以内,必须运行于许可的无线频段。
    A. 1000 m B. 100 m
    C. 10 m D. 以上都不是

9. 在 ZigBee 网络中,RFD 只能扮演_____的角色。
    A. 协调器 B. 路由器
    C. 终端节点 D. 以上都不是

10. 在 ZigBee 网络中,FFD 能扮演_____的角色。(多选)
    A. 协调器 B. 路由器
    C. 终端节点 D. 以上都不是

11. 在 ZigBee 网络中,以下说法正确的是_____。(多选)
    A. ZigBee 星形网络不支持 ZigBee 路由器
    B. 在网状形和簇树形拓扑结构中,支持 ZigBee 路由器
    C. 星形网络结构的优点在于可以增加网络的覆盖范围
    D. 星形网络是一种常用且适用于长期运行使用操作的网络

12. 在蓝牙网络中,以下说法正确的是_____。(多选)
    A. 蓝牙技术支持话音、数据业务,采用一种灵活的无基站的组网方式
    B. 在 Piconet(微微网)模式中,一个 Master 最多可以同时与八个 Slave 进行通信
    C. 在点-点模式中,两个蓝牙设备可以直接通信
    D. 多达 256 个 Piconet 可连接成更大的网络

13. 对 UWB 技术,以下说法正确的是_____。(多选)
    A. UWB 通信系统可使用的免授权频段为(3.1~10.6) GHz 共 7.5 GHz 带宽
    B. 对于其他通信系统而言,UWB 信号所产生的干扰仅相当于一个宽带白噪声
    C. ECMA 368/369 标准基于 MB-OFDM 技术,支持的速率高达 480 Mb/s 以上
    D. UWB 通信系统只能视距传输

14. 对于 60 GHz 通信技术,以下说法正确的是_____。(多选)
    A. 在各国和地区开放的频谱中,大约有 5 GHz 的重合

B. 毫米波是指波长为(1～10) mm 的电磁波，相应频率为(30～300) GHz

C. 60 GHz 毫米波有明显的带宽和传输速率优势

D. 60 GHz 毫米波绕射能力差，穿透性差

15. Wi-Fi 是_____技术的同义词。

　　A. 无线局域网(WLAN)　　　　B. 无线 MAN

　　C. WWAN　　　　　　　　　D. 移动通信网

16. IEEE 802.11b 的速率最高达_____。

　　A. 1 Mb/s　　　　　　　　B. 2 Mb/s

　　C. 11 Mb/s　　　　　　　D. 54 Mb/s

17. IEEE 802.11a 的速率最高达_____。

　　A. 1 Mb/s　　　　　　　　B. 2 Mb/s

　　C. 11 Mb/s　　　　　　　D. 54 Mb/s

18. IEEE 802.11g 的速率最高达_____。

　　A. 1 Mb/s　　　　　　　　B. 2Mb/s

　　C. 11 Mb/s　　　　　　　D. 54 Mb/s

19. IEEE 802.11g 向下兼容_____。(多选)

　　A. IEEE 802.11　　　　　B. IEEE 802.11a

　　C. IEEE 802.11b　　　　D. IEEE 802.11n

20. 关于 WiMAX 标准，下面的说法正确的是_____。(多选)

　　A. IEEE 802.16d 标准支持终端移动性的接入方案

　　B. IEEE 802.16e 标准支持终端移动性的接入方案

　　C. IEEE 802.16d 标准又称为 802.16-2004

　　D. IEEE 802.16e 标准又称为 802.16-2005

21. 下面的技术属于第二代移动通信系统的是_____。(多选)

　　A. GPRS　　　　　　　　B. EDGE

　　C. CDMA 2000　　　　　D. LTE

22. 下面的技术属于第三代移动通信系统的是_____。(多选)

　　A. WiMAX　　　　　　　B. EDGE

　　C. CDMA 2000　　　　　D. LTE

23. 下面的技术属于准 4G 系统的是_____。(多选)

　　A. WiMAX 802.16m　　　B. 3GPP2 的 AIE

　　C. HSDPA　　　　　　　D. 3GPP 的 LTE

二、填空题

1. "第四屏"是除_____、_____、_____之外的"第四屏"，也称为"家庭信息第四屏"。

2. 无线应用协议的英文缩写是_____，英文全称是_____。

3. 短距离无线通信的工作频率多为免付费、免申请的全球通用的_____频段。

4. FCC(美国联邦通信委员会)规定 UWB 信号为绝对带宽大于_____或相对带宽

大于_____的无线电信号。

5. 在计算机网络中，带宽通常指最大信息传输速率(信道容量)，其单位是_____；在通信领域，带宽是频率范围，其单位是_____。

6. 20世纪60年代，美国_____实验室提出蜂窝移动通信的概念。

7. 2009年1月，我国工业和信息化部批准并颁发了三张3G业务经营许可牌照，TD-SCDMA属于_____、WCDMA属于_____、CDMA 2000属于_____。

8._____是TD-SCDMA系统的关键特征，该技术利用了软切换与硬切换技术的优点。

三、列举题

1. 列举短距离无线通信的主要特点。
2. 列举ZigBee技术支持的三种网络拓扑结构。
3. 列举蓝牙技术支持的三种网络拓扑结构。
4. 目前UWB技术的实现方案主要有哪两种？
5. 列举至少五个目前主要的60 GHz标准化组织。
6. 列举移动电话通信网组成。

四、简答题

1. 物联网体系结构包含哪三层？每层的功能分别是什么？每层目前待解决的关键问题分别是什么？
2. ZigBee技术的协议架构包括哪几层？
3. 简述蓝牙协议的发展史。
4. 概念比较：窄带、宽带和超宽带。
5. 列表比较UWB、蓝牙和IEEE 802.11a这三种技术。
6. 用图文说明如何实现60 GHz非视距传输？
7. 列表比较Wi-Fi与移动通信、蓝牙、ZigBee的区别。
8. 用图文说明WiMAX系统结构。
9. 简述接力切换、软切换与硬切换的概念。

五、计算题

对于下列功率值，按dBm单位进行折算后的值应为多少？

(1) 40 W； (2) 100 mW； (3) 2.5 mW； (4) 1 mW

第 11 章 云计算实践

本章要点：

- 建立和启动 Windows Azure 程序开发环境
- 创建 Windows Azure Web 角色应用程序
- 编写 WCF 云后台辅助角色应用程序
- 编写 Table 存储服务应用程序
- 编写基于 Blob 的云存储应用程序
- Hadoop 的伪分布式部署
- Hadoop 的分布式部署
- Spark 安装和使用
- 云中的 Spark 实验
- 云实践路径推荐

素材

11.1 建立和启动 Windows Azure 程序开发环境

11.1.1 实验目的

(1) 安装 Windows Azure 程序开发环境。
(2) 学会启动 Windows Azure 程序开发环境。

11.1.2 实验环境

(1) 操作系统：Windows 7 或以上。
(2) 软件环境：Visual Studio 2010 及其以上；IIS(Internet 信息服务)7.0；Windows Azure SDK；Windows Azure Tools for Microsoft Visual Studio；Windows Azure 工具语言包(版本为 CHS，英文为 Chinese Simple，即中文简体)。

11.1.3 实验内容

1. 第一部分

安装 Windows Azure 程序开发环境：
(1) 安装 Visual Studio 2010 旗舰版。必要时需要安装 Visual Studio 2010 SP1 补丁包。

(2) 安装 IIS 7.0。通常在 Windows 7 中已自带。

(3) 按下面的网址下载并安装 Windows Azure SDK(Software Development Kit，软件开发工具包)。

英文版：http://www.microsoft.com/download/en/details.aspx?id=15658

中文版：http://www.microsoft.com/downloads/zh-cn/details.aspx?familyid=7a1089b6-4050-4307-86c4-9dadaa5ed018。

注意：Windows Azure SDK 有 32 位和 64 位两种版本，需要根据用户的 Windows 7 的版本而选择。其中 1.4 版的 Azure SDK 32 位的程序名为：WindowsAzureSDK-x86.exe，大小为 9.1 MB。1.4 版的 Windows Azure SDK 64 位的程序名为：Windows AzureSDK -x64.exe，大小为 9.0 MB。

(4) 在上面同样的网址下载并安装 Windows Azure Tools for Microsoft Visual Studio。其程序名为 VSCloudService.exe，大小为 18.9 MB。

(5) 在上面同样的网址下载并安装 Windows Azure 工具语言包(CHS 版本)。其程序名为 VSCloudService.VS100.zh-hans.msi，大小为 1.1 MB。

温馨提示：

Visual Studio 2013 之后就不带数据库了。不过带有相关的数据库驱动组件。需要单独安装数据库，否则无法使用 Windows Azure 程序开发环境。可以安装 SQL Server 2014 的解决方案。Windows Azure SDK 的获取可以直接从 Visual Studio 2015 中得到。进入 Visual Studio 2015，点击"新建项目"→"Visual C#"→"Cloud"→"获取 Microsoft Azure SDK for .NET"，就可以引导用户到微软的网站上获取相关 SDK。IIS 也将不需要安装，而是在安装 SDK 时自动安装 IIS Express。

建议用虚拟机安装 Windows 7，然后再安装 Visual Studio 2010 和 Windows Azure SDK 1.4。这样整个实验步骤与软件对应更清晰。如果要在更高版本的软件上做实验，则应先熟悉 Windows 7 下的环境和操作。

安装虚拟机时，可在 VMware 10 上安装 Windows 7。具体步骤可参见第 11.10.4 节或上网搜索。

2. 第二部分

启动 Windows Azure 程序开发环境：

(1) 安装 Windows Azure Tool for Microsoft Visual Studio 之后开始菜单会自动出现 Compute Emulator(计算仿真器)项目。但 Storage Emulator(存储仿真器)仍处于关闭(Shutdown)状态，需要初始化工作，即在本地的 SQL Server 中创建存储仿真器所需的表和存储过程。Visual Studio 2010 旗舰版自带 SQL Server Express，用户无需自己安装 SQL Server。

(2) 启动 SQL Server Express 服务的步骤：从开始菜单中选择"所有程序→Microsoft SQL Server 2008→配置工具→SQL Server 配置管理器"，如图 11.1 所示。

(3) 在打开的对话框中的右边选择第一行"SQL Server(SQLEXPRESS)"，右键单击鼠标出现下拉菜单，选择"启动"，如图 11.2 所示。

(4) 查看并确认 SQL Server Express 服务已经启动的界面，如图 11.3 所示。

第 11 章　云计算实践

图 11.1　选择"SQL Server 配置管理器"

图 11.2　启动 SQL Server Express 服务

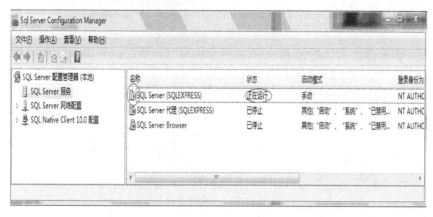

图 11.3　已经启动的 SQL Server Express 服务

(5) 执行初始化操作。进入 Windows 命令行窗口，然后进入本地目录(假设 SDK 安装到 C 盘)，路径为："cd c:\Program Files\Windows Azure SDK\v1.4\bin\devstore"，如图 11.4 所示。在 Windows 命令行窗口中执行 DSInit 命令后，本地 Storage Emulator 初始化操作成功的界面如图 11.5 所示。在 Windows 命令行窗口中执行 DSInit 命令后，若调用 DSInit，则会出现如图 11.6 所示的情况，说明 SQL Server Express 服务安装者和当前机器的用户权限不一致(在学校计算机房一次安装多机分发时容易出现此情况)，这时运行光盘中自带的 addselftosqlsysadmin.cmd 命令，即可自动给当前用户添加 SQL Server Express 的"sysadmin"权限。再重新运行 DSInit 命令就可以成功了。

图 11.4　Windows 命令行窗口执行初始化操作　　　　图 11.5　初始化操作成功

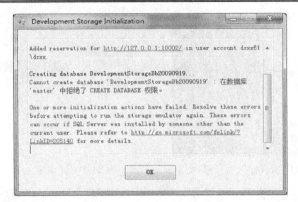

图 11.6　初始化操作失败

（6）云计算程序正常运行后将在任务栏中出现 Windows Azure 图标，启动 Storage Emulator，单击"Storage Emulator UI"，出现如图 11.7 所示的存储仿真器。

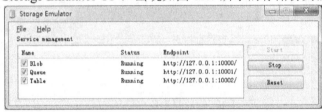

图 11.7　存储仿真器

温馨提示：

从 Visual Studio 2015 中得到 Windows Azure SDK 后将自动包含 Storage Emulator、Compute Emulator，因此也不需要运行 DSInit 命令，但需要确认 SQL Server Express 服务已经启动。

11.1.4　上机思考题

1. Windows Azure SDK 有 32 位和 64 位两种版本，在 64 位的 Windows 7 上安装 Windows Azure SDK 时可以选择 32 位的版本吗？

2. 在计算机上执行 DSInit 命令后，本地 Storage Emulator 初始化成功的界面与图 11.5 相比有哪些地方一致、哪些地方不一致？

3. 图 11.7 所示的存储仿真器中的 Blob、Table 和 Queue 的含义是什么？它们的功能有何不同？

11.2　创建 Windows Azure Web 角色应用程序

11.2.1　实验目的

（1）创建 Windows Azure Web 角色应用程序：Hello Azure。（此处的 Hello Azure 程序与 11.3 节的 Hello Windows Azure 程序功能相似，但创建方式不同。）

(2) 把旅游电子商务网站应用程序移植到 Windows Azure 云中。

11.2.2 实验环境

(1) 操作系统：Windows 7 或以上。

(2) 软件环境：Visual Studio 2010 及其以上；IIS 7.0；Windows Azure SDK；Windows Azure Tools for Microsoft Visual Studio；Windows Azure 工具语言包(CHS 版本)。

11.2.3 实验内容

1. 第一部分

创建 Windows Azure Web 角色应用程序：Hello Azure。

(1) 打开 Visual Studio 2010，进入"新建项目"对话框，使用 Visual C#语言，选中 Cloud 项目模板，如图 11.8 所示。在界面中间可以看到一个名为"Windows Azure 项目"的模板，该模板在安装 Windows Azure Tools for Microsoft Visual Studio 之前是没有的。

(2) 选中"Windows Azure 项目"，单击"确定"按钮，进入下一个对话框，如图 11.9 所示。

图 11.8　"新建项目"对话框　　　　图 11.9　"新 Winodows Azure 项目"对话框

(3) 选择"ASP.NET MVC2 Web 角色"到右侧的列表中，并将其重命名为"haoMvc WebRole1"，如图 11.10 所示。

(4) 单击"确定"按钮，出现如图 11.11 所示的界面。

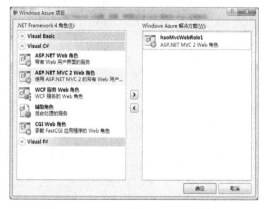

图 11.10　选择"ASP.NET MVC2 Web 角色"到右侧的　　图 11.11　"创建单元测试项目"对话框
　　　　　列表中并重命名角色

(5) 选择"否,不创建单元测试项目"。单击"确定"按钮,出现如图 11.12 所示的界面。

图 11.12　创建成功的新项目

(6) 选择"haoMvcWebRole1"文件夹下的"Views→Home→Index.aspx",如图 11.13 所示。

图 11.13　选择"haoMvcWebRole1"文件夹下的"Views→Home→Index.aspx"

(7) 选择屏幕左下角的设计视图，如图 11.14 所示。

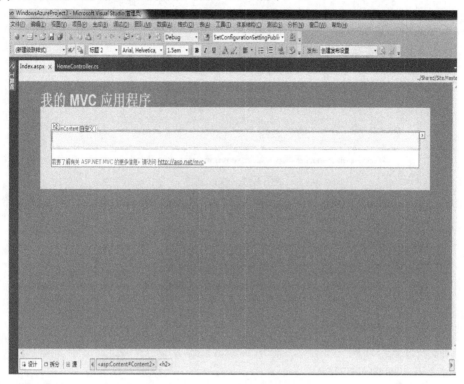

图 11.14　Index.aspx 的设计视图

(8) 选择屏幕左边的工具箱中的 Label，如图 11.15 所示。在 Index.aspx 的设计视图中增加一个 Label 标签，如图 11.16 所示。

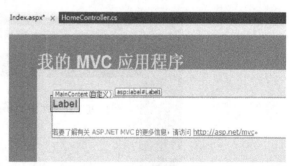

图 11.15　选择屏幕左边的工具箱中的 Label　　图 11.16　在 Index.aspx 的设计视图中增加一个 Label 标签

(9) 单击所增加的 Label 标签，在屏幕右下角出现"属性"对话框，把 Text 改为 Hello Azure，如图 11.17 所示，单击"保存"按钮(在屏幕的左上方，在图 11.17 中未显示)。

图 11.17 修改属性

(10) 打开"ServiceConfiguration.cscfg"文件,将"haoMvcWebRole1"的运行实例改为3,单击"保存"按钮。代码如下:

```
<?xml version="1.0" encoding="utf-8"?>
<ServiceConfiguration serviceName="WindowsAzureProject1" xmlns
    ="http://schemas.microsoft.com/ServiceHosting/2008/10/ServiceConfiguration" osFamily
    ="1" osVersion="*">
  <Role name="haoMvcWebRole1">
    <Instances count="3" />
    <ConfigurationSettings>
      <Setting name="Microsoft.WindowsAzure.Plugins.Diagnostics.ConnectionString" value
            ="UseDevelopmentStorage=true" />
    </ConfigurationSettings>
  </Role>
</ServiceConfiguration>
```

(11) 按"F5"键,调试运行程序。第一次运行需要等待一段时间,浏览器中的运行结果如图 11.18 所示。

图 11.18 运行结果

(12) 在屏幕右下角的任务栏中右键单击 图标,出现如图 11.19 所示的仿真器菜单。

第 11 章 云计算实践

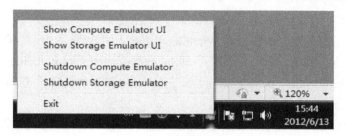

图 11.19 仿真器菜单

(13) 点击"Show Compute Emulator UI"菜单，出现如图 11.20 所示界面。

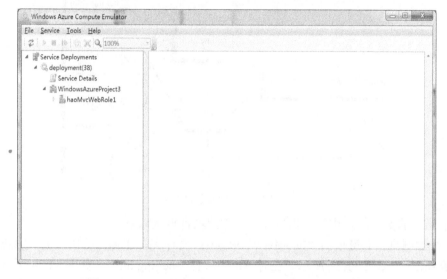

图 11.20 "Windows Azure Compute Emulator"对话框

(14) 点击图 11.20 中左边的"haoMvcWebRole1"文件夹，右边窗格出现三个实例在仿真器中运行的界面，如图 11.21 所示。

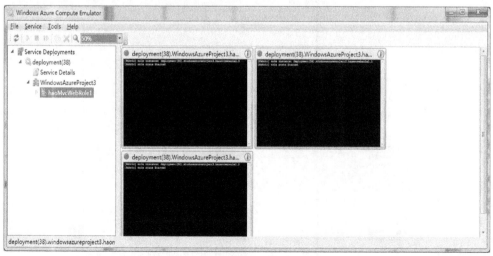

图 11.21 三个实例在仿真器中运行的界面

(15) 按"Shift"+"F5"键，退出调试运行。

2. 第二部分

将"旅游电子商务网站"移植到 Windows Azure 云中。"旅游电子商务网站"是为北京制作的一个旅游宣传网站,它由 8 个网页(即 index.htm、frame.htm、beijing.htm、menu.htm、beijing1.htm、beijing2.htm、beijing3.htm、beijing4.htm)和 1 个级联样式表(myown.css)组成。该网站的结构如图 11.22 所示。

"旅游电子商务网站"的内容参见本书附带的光盘(路径为:"实验源程序\lab2 素材")。它们是可直接执行的 HTML 文件。

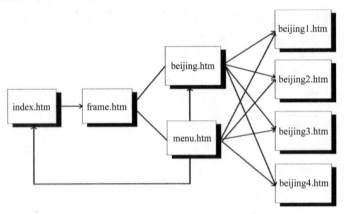

图 11.22 网站的结构

接着上面的实验继续进行,也可以重新创建项目再做以下实验:

(1) 添加网页:右键单击"haoMvcWebRole1"文件夹,在弹出的快捷菜单中选择"添加→现有项…",如图 11.23 所示。在对话框中选择"beijing.htm",如图 11.24 所示。单击"添加"按钮。依次选择"旅游电子商务网站"的 8 个 HTML 文件(网页)和 1 个级联样式表,全部添加到根目录中,添加网页后的项目如图 11.25 所示。

图 11.23 选择"添加→现有项…"

第 11 章 云 计 算 实 践

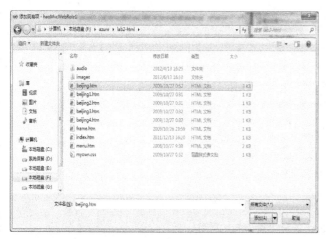

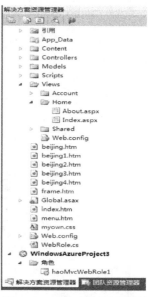

图 11.24　选择"beijing.htm"　　　　　图 11.25　添加网页后的项目

(2) 添加目录"images"：右键单击"haoMvcWebRole1"文件夹，在弹出的快捷菜单中选择"添加→新建文件夹"，如图 11.26 所示。改写新建文件夹的名称为"images"，如图 11.27 所示。右键单击"images"文件夹，在弹出的快捷菜单中选择"添加→现有项"，把"旅游电子商务网站"的"images"文件夹中的所有图片，全部添加到新建的"images"文件夹中。

(3) 添加目录"audio"：右键单击"haoMvcWebRole1"文件夹，在弹出的快捷菜单中选择"添加→新建文件夹"，如图 11.26 所示。改写新建文件夹的名称为"audio"，右键单击"audio"文件夹，在弹出的快捷菜单中选择"添加→现有项"，把"旅游电子商务网站"的"audio"文件夹中的所有音频，全部添加到新建的"audio"文件夹中。

图 11.26　选择"添加→新建文件夹"　　　图 11.27　新建文件夹名称为"images"

313

(4) 选择"index.htm",右键单击选择"设为起始页",如图 11.28 所示。

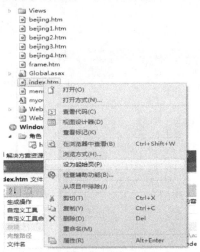

图 11.28 选择"设为起始页"

(5) 按"F5"键启动调试,程序成功运行,分别如图 11.29 和图 11.30 所示。进一步查看运行结果,在 Windows Azure Emulator 图标中单击右键,选择"Show Compute Emulator UI"(如图 11.19 所示),图 11.31 是仿真器的显示界面。按"Shift"+"F5"键,退出调试运行。

图 11.29 "旅游电子商务网站"首页

图 11.30 "旅游电子商务网站"框架页

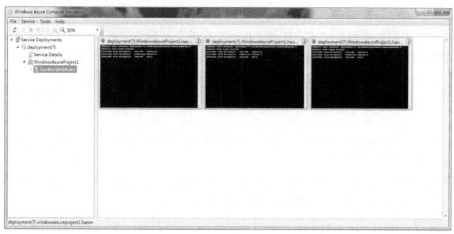

图 11.31　仿真器的显示界面

11.2.4　上机思考题

1. 如果不把 index.htm 设为起始页，本实验第二部分调试运行出现的界面是哪个，是图 11.18 还是图 11.29？

2. 图 11.31 出现的仿真器显示界面为什么是三个命令窗口？本实验中还有哪个图有这样的结果？

3. 在本实验第二部分步骤(2)的添加目录"images"中，是否有把"旅游电子商务网站"的"images"文件夹中的各个图片全部添加到相应的目录中的快速方法？

4. Windows Azure 角色主要有哪两类？它们的含义和区别是什么？

11.3　编写 WCF 云后台辅助角色应用程序

11.3.1　实验目的

(1) 用不同于 11.2 节实验的方式创建一个 Windows Azure Web 角色应用程序：Hello Azure。

(2) 编写 WCF 云后台辅助角色应用程序。

11.3.2　实验环境

(1) 操作系统：Windows 7 或以上。

(2) 软件环境：Visual Studio 2010 及其以上；IIS 7.0；Windows Azure SDK；Windows Azure Tools for Microsoft Visual Studio；Windows Azure 工具语言包(CHS 版本)。

11.3.3　实验原理

1. 行为(Behavior)

Windows Communication Foundation(WCF)是由微软开发的一系列支持数据通信的应用

程序框架，一般译为 Windows 通信开发平台。

行为是指那些影响运行时操作的 WCF 类。行为主要分为以下三类：

(1) 服务行为(Service Behaviors)：运行于服务级别，能访问所有的端点。其控制诸如实例化和事务之类的事项，还用于授权(Authorization)和审计(Auditing)。

(2) 端点行为(Endpoint Behaviors)：涉及服务端点，适用于对进出服务的消息进行审查和处理。

(3) 操作行为(Operation Behaviors)：涉及操作级别，对于服务操作而言，其适用于序列化、事务流和参数处理。

除了这三类行为，WCF 还定义了回调行为(Callback Behaviors)，其功能与服务行为相似，但它控制的是客户端创建的端点，用于双工通信。

2. 绑定(Binding)

绑定定义的是与端点通信的信道(Channel)。信道是一个所有 WCF 应用程序传递消息的管道。信道包括一系列绑定元素(Binding Elements)。最底层的绑定元素是传输(Transport)，它负责在网络上传递消息。内置的传输包括 HTTP、TCP、命名管道、PeerChannel 和 MSMQ。在此之上的绑定元素规定安全和事务(Transactions)。

WCF 中包含了九种系统提供的绑定，其信道已配置安排就绪，使用预先配置定义好的绑定能节省考虑配置的时间。以下介绍两种常见的绑定：

(1) basicHttpBinding 能与 2007 年前的大多数 Web 服务轻松通信，它符合 WS-I BP1.1 标准，具有广泛的互操作性。

(2) wsHttpBinding 实现了通用的 WS-*协议，具有安全、可靠和事务化的消息能力。

11.3.4 实验内容

1. 第一部分

创建一个 Windows Azure Web 角色应用程序：Hello Windows Azure。

(1) 启动 Visual Studio 2010，新建项目，选择 Visual C#的 Cloud 项目，并在项目名称中输入"WindowsAzureProject2"，然后单击"确定"按钮，如图 11.32 所示。

图 11.32 新建"WindowsAzureProject2"项目

第 11 章 云计算实践

(2) 在 Visual Studio 2010 创建云项目之前,会询问要新建项目的角色类型,在本例中选择 ASP.NET Web 角色(选择中间的 > 号,右边出现 WebRole1 角色),单击"确定"按钮,如图 11.33 所示。

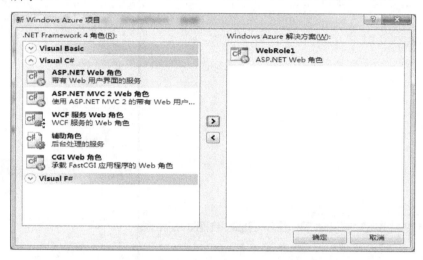

图 11.33 设置 ASP.NET Web 角色

Visual Studio 2010 会自动将云项目以及必要的 Web 应用程序项目创建完成,在新的 ASP.NET 项目中本身就有内容,如图 11.34 所示。

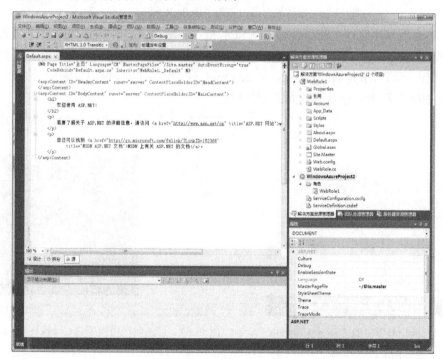

图 11.34 新建完成的云项目

(3) 将 Default.aspx 的 HTML 内容在 BodyContent 内的原有内容都清除,然后输入"Hello Windows Azure",如图 11.35 所示,然后按"F5"键启动调试。

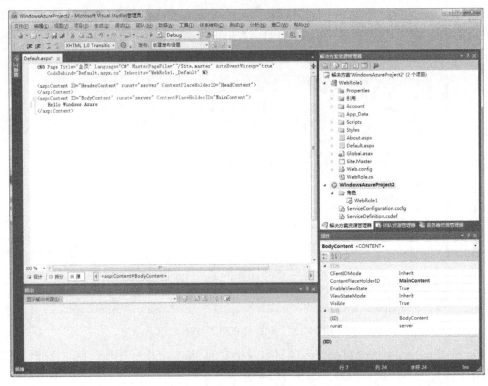

图 11.35　修改原有的内容为"Hello Windows Azure"

(4) 在应用程序启动之前,需要启动 SQL Server 服务,并执行 DSInit 命令,以便存储仿真器(Storage Emulator)和计算仿真器(Compute Emulator)自动启动。为了打开计算仿真器界面,需点击屏幕右下角的"Show Compute Emulator UI"菜单,如图 11.36 所示。在 Compute Emulator 中应用程序执行的情形如图 11.37 所示。

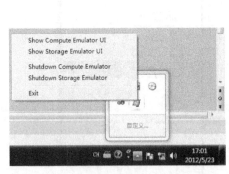

图 11.36　屏幕右下角的"Show Compute Emulator UI"菜单

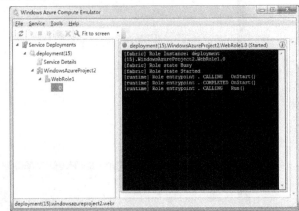

图 11.37　已加载应用程序的 Compute Emulator

(5) Visual Studio 2010 在应用程序加载后会自动将浏览器打开,就会出现"Hello Windows Azure"的字样以及默认的 ASP.NET 样式,如图 11.38 所示。

(6) 点击"Shift"+"F5"键停止调试。

第 11 章　云计算实践

图 11.38　浏览器中运行的 WindowsAzureProject2 程序

2. 第二部分

编写 WCF 云后台辅助角色应用程序：

(1) 在第一部分的基础上继续做以下实验。在"解决方案资源管理器"中的"角色"文件夹上单击右键，选择"添加→新辅助角色项目..."，如图 11.39 所示。

图 11.39　准备创建新辅助角色应用程序

(2) 此时会显示"添加新角色项目"对话框(如图 11.40 所示)，按默认值设置，单击"添加"按钮。Visual Studio 2010 会在这个项目中添加一个辅助项目 WorkerRole1，如图 11.41 所示。

图 11.40　"添加新角色项目"对话框

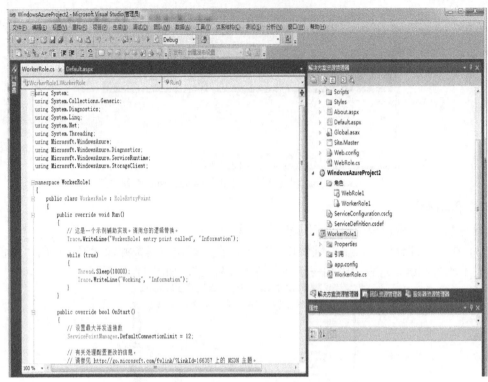

图 11.41　辅助项目 WorkerRole1 及相应的"WorkerRole.cs"文件

(3) 在 WorkerRole1 项目的引用中，添加 WCF 类库的引用，右键单击"引用"按钮出现弹出式菜单，选择"添加引用…"，如图 11.42 所示。

图 11.42　选择"添加引用…"

(4) 在出现的对话框中选择".NET→System.ServiceModel"，单击"确定"按钮，如图 11.43 所示。反复操作步骤(3)和步骤(4)，再添加 System.ServiceModel、System.ServiceModel.Activation、System.ServiceModel.Channels、System.ServiceModel.Web 共四个 WCF 类库。添加引用后的项目如图 11.44 所示。

第 11 章 云计算实践

图 11.43 添加引用 System.ServiceModel

图 11.44 添加引用后的项目

（5）在 WorkerRole1 项目内添加一个 Hello Windows Azure 类文件，并且使用下列程序代码取代原来的程序代码并保存(注意：把原始的自动生成的 HelloWindowsAzure.cs 类文件的代码保存到一个文本文件中，比较新旧两种代码的差别，回答实验后面的上机思考题。)：

```
using System;
using System.Collections.Generic;
using System.Diagnostics;
using System.IO;
using System.Linq;
using System.Text;
using System.ServiceModel;
using System.ServiceModel.Activation;
using System.ServiceModel.Description;
using System.ServiceModel.Channels;
using System.ServiceModel.Web;
using System.Threading;
using Microsoft.WindowsAzure;
using Microsoft.WindowsAzure.ServiceRuntime;

namespace WorkerRole1
{
    [ServiceContract]
    public interface IHelloWindowsAzure
    {
        [OperationContract, WebGet]
        string GetMessage();
    }

    class HelloWindowAzure : IHelloWindowsAzure
```

```
    {
        public string GetMessage()
        {
            return "Hello Windows Azure";
        }
    }
}
```

添加类的方法是右键单击 WorkerRole1 项目,选择"添加→类…",如图 11.45 所示。在出现的对话框中的名称文本框中输入"HelloWindowsAzure.cs",如图 11.46 所示。单击"添加"按钮,出现如图 11.47 所示的对话框。使用步骤(5)的程序代码取代原来的程序代码,然后保存,如图 11.48 所示。

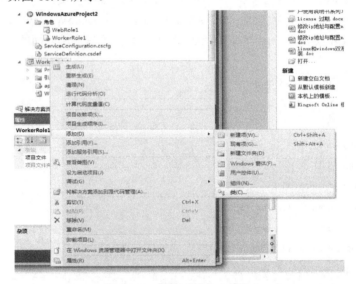

图 11.45 选择"添加→类"

图 11.46 命名 HelloWindowsAzure 类文件

第 11 章 云计算实践

图 11.47 原始的 HelloWindowsAzure 类文件

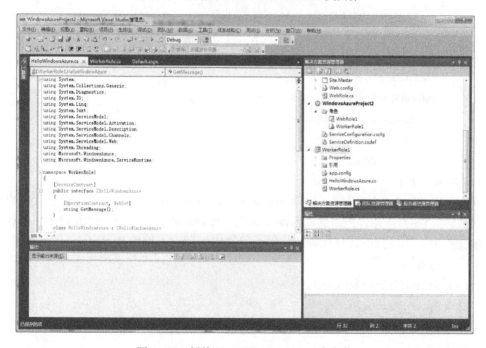

图 11.48 新的 HelloWindowsAzure 类文件

(6) 将 WorkerRole1 项目中的"app.config"配置文件打开，用以下的配置代码取代原来的代码并保存(注意：把原始的自动生成的"app.config"配置文件的代码保存到一个文本文件中，比较新旧两种代码的差别，回答实验后的上机思考题。)：

<?xml version="1.0" encoding="utf-8" ?>

<configuration>

    <system.diagnostics

```xml
            <trace>
                <listeners>
                    <add type="Microsoft.WindowsAzure.Diagnostics.DiagnosticMonitorTraceListener,
                        Microsoft.WindowsAzure.Diagnostics, Version=1.0.0.0, Culture
                        =neutral, PublicKeyToken=31bf3856ad364e35"
                        name="AzureDiagnostics">
                        <filter type="" />
                    </add>
                </listeners>
            </trace>
        </system.diagnostics>
    <system.serviceModel>
        <behaviors>
            <serviceBehaviors>
                <behavior>
                    <serviceMetadata httpGetEnabled ="true"/>
                </behavior>
            </serviceBehaviors>
        </behaviors>
        <protocolMapping>
            <add binding="wsHttpBinding" scheme ="http"/>
        </protocolMapping>
    </system.serviceModel>
</configuration>
```

(7) 将 WorkerRole1 项目中的"WorkerRole.cs"配置文件打开,用以下的配置代码取代原来的代码并保存(注意:把原始的自动生成的"WorkerRole.cs"配置文件的代码保存到一个文本文件中,比较新旧两种代码的差别,回答实验后的上机思考题。):

```
using System;
using System.Collections.Generic;
using System.Diagnostics;
using System.Linq;
using System.Net;
using System.Threading;
using System.ServiceModel.Activation;
using System.ServiceModel.Description;
using System.ServiceModel.Channels;
using System.ServiceModel.Web;
using Microsoft.WindowsAzure;
using Microsoft.WindowsAzure.Diagnostics;
```

```csharp
using Microsoft.WindowsAzure.ServiceRuntime;
using Microsoft.WindowsAzure.StorageClient;

namespace WorkerRole1
{
    public class WorkerRole : RoleEntryPoint
    {
        private WebServiceHost _serviceHost = null;
        public override void Run()
        {
            // 这是一个示例辅助实现,可以用您的逻辑替换
            Trace.WriteLine("WorkerRole1 entry point called", "Information");

            while (true)
            {
                Thread.Sleep(10000);
                Trace.WriteLine("Working", "Information");
            }
        }

        public override bool OnStart()
        {
            // 设置最大并发连接数
            ServicePointManager.DefaultConnectionLimit = 12;

            // 有关处理配置更改的信息
            // 请参见 http://go.microsoft.com/fwlink/?LinkId=166357 上的 MSDN 主题

            this._serviceHost = new WebServiceHost(
                typeof(HelloWindowAzure), new Uri("http://localhost:8080/"));
            _serviceHost.Open();

            return base.OnStart();
        }
    }
}
```

(8) 按 "F5" 键启动调试,程序运行结果如图 11.49 所示。点击屏幕右下角的 "Show Compute Emulator UI" 菜单,出现计算仿真器界面,如图 11.50 所示。在浏览器窗口中输入 "http://localhost:8080/GetMessage",可以看到如图 11.51 所示的信息,表明应用程序已经可以成功地取得请求并响应信息。

图 11.49　程序运行结果

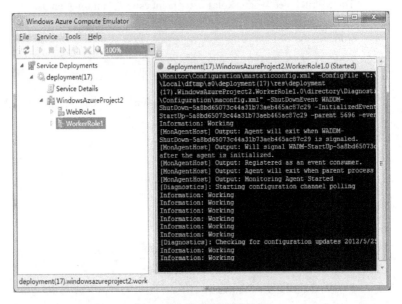

图 11.50　计算仿真器界面

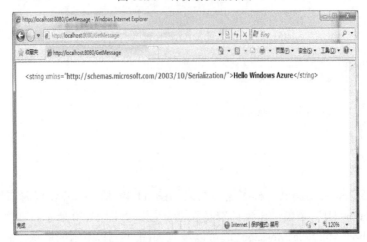

图 11.51　辅助角色应用程序的服务响应信息

(9) 按"Shift"+"F5"键停止调试。

11.3.5 上机思考题

1. 把原始的自动生成的 HelloWindowsAzure.cs 类文件的代码保存到一个文本文件中，比较与实验指导书中提供的新代码的差别，回答以下问题：

(1) 以下代码的含义是什么？

using System.ServiceModel.Activation;

using System.ServiceModel.Description;

using System.ServiceModel.Channels;

using System.ServiceModel.Web;

(2) 以下代码中的 GetMessage 函数对应图 11.51 的哪个部分？"Hello Windows Azure"对应图 11.51 的哪个部分？

```
public string GetMessage()
{
    return "Hello Windows Azure";
}
```

2. 把原始的自动生成的"app.config"配置文件的代码保存到一个文本文件中，比较与实验指导书中提供的新代码的差别，回答以下的思考题：

(1) 以下代码中的 Behavior(行为)是 WCF 中的一个术语，试查找相关 WCF 书籍，说明其含义。行为分为哪几类？它们的含义分别是什么？本例中使用的是哪一类行为？

```
<serviceBehaviors>
    <behavior>
        <serviceMetadata httpGetEnabled ="true"/>
    </behavior>
</serviceBehaviors>
```

(2) 以下代码中的 Binding(绑定)是 WCF 中的一个术语，试查找相关 WCF 书籍，说明其含义。WCF 提供了 9 种预先配置定义好的绑定，basicHttpBinding 和 wsHttpBinding 是其中的两种，它们支持的功能有何不同？

```
<protocolMapping>
    <add binding="wsHttpBinding" scheme ="http"/>
</protocolMapping>
```

3. 把原始的自动生成的 WorkerRole.cs 配置文件的代码保存到一个文本文件中，比较与实验指导书中提供的新代码的差别，回答以下的问题：

(1) 以下代码的含义是什么？试结合图 11.50 说明之。"Working"字符串出现的频率是多少？

```
while (true)
{
```

```
            Thread.Sleep(10000);
            Trace.WriteLine("Working", "Information");
    }
```

(2) 以下代码中的"http://localhost:8080/"与图 11.51 的哪个部分对应？把"http://localhost:8080/"改为"http://127.0.0.1:8080/"可以吗？在浏览器窗口输入"http://127.0.0.1::8080/GetMessage"，可以看到如图 11.51 所示的信息吗？

```
    this._serviceHost = new WebServiceHost(
        typeof(HelloWindowAzure), new Uri("http://localhost:8080/"));
    _serviceHost.Open();
```

11.4　编写 Table 存储服务应用程序

11.4.1　实验目的

本实验以一个简单的联系人应用程序(Contact List Application)来示范如何开发一个表(Table)存储服务应用程序。

11.4.2　实验环境

(1) 操作系统：Windows 7 或以上。

(2) 软件环境：Visual Studio 2010 及其以上；IIS 7.0；Windows Azure SDK；Windows Azure Tools for Microsoft Visual Studio；Windows Azure 工具语言包(CHS 版本)。

11.4.3　实验原理

LINQ(Language Integrated Query，语言集成查询)是一组用于 C# 和 Visual Basic 语言的扩展，它允许编写 C# 或者 Visual Basic 代码以与查询数据库相同的方式操作内存数据。从技术角度而言，LINQ 定义了大约 40 个查询操作符，如 select、from、in、where 以及 orderby(C#) 等。使用这些操作符可以编写查询语句。

LINQ 基础知识：

(1) LINQ 的读法：① lin k；② lin q。

(2) LINQ 的关键词：from、select、in、where、group by、orderby …

(3) LINQ 的注意点：必须以 select 或者是 group by 结束。

(4) LINQ 的语法格式如下(为清晰起见，分成几行书写，具体实例参见 10.4.5 节上机思考题 2。以下格式中的汉字是紧跟在关键词后面的数据类型(如对象、表达式或变量等)。格式中的中括号里的内容代表可选项，在某些情况下并不必需。)：

　　　from 临时变量　in　集合对象或数据库对象
　　　where　条件表达式

[orderby   条件]

[group by   条件]

select 临时变量中被查询的值

LINQ 的查询返回值的类型是临时变量的类型，可能是一个对象也可能是一个集合。并且 LINQ 的查询表达式是在最近一次创建对象时才被编译的。LINQ 的查询一般跟 var 关键字一起联用。

LINQ 的分类：LINQ to Object、LINQ to XML、LINQ to SQL、LINQ to DataSet、LINQ to ADO.NET。

LINQ 的命名空间：System.Linq。

应注意的是，因为 LINQ 是在.NET Framework 3.5 中出现的技术，因此在创建新项目时，必须要选 3.5 或者更高版本，否则无法使用。

选择 3.5 或更高版本的.NET Framework 之后，创建的新项目中会自动包含 System.Linq 的命名空间。

11.4.4 实验内容

(1) 在 Visual Studio 2010 内创建一个云项目，名称为 ContactManager。启动 Visual Studio 2010，新建项目，选择 Visual C# 的 Cloud 项目，并在项目名称中输入"ContactManager"，然后单击"确定"按钮，如图 11.52 所示。

图 11.52　新建 ContactManager 项目

(2) 在 Visual Studio 2010 创建云项目之前，会询问要新建那些项目角色类型，在本例中选择 ASP.NET Web 角色(选择中间的 > 号，右边出现 WebRole1 角色)，单击右侧的小笔图标重命名 Web 角色，将"WebRole1"改名为"ContactManagerWeb"，分别如图 11.53 和图 11.54 所示。单击"确定"按钮。

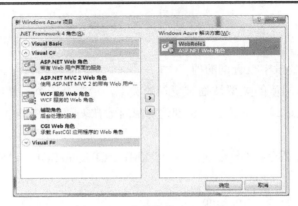

图 11.53 改名前的 Web 角色

图 11.54 改名后的 Web 角色

(3) Visual Studio 2010 会自动将云项目以及必要的 Web 角色项目创建完成,在新的 ASP.NET 项目中本身就有内容,如图 11.55 所示。

(4) 在解决方案资源管理器中,展开"角色"文件夹,右键单击"ContactManagerWeb",选择"属性",如图 11.56 所示。

图 11.55 新建完成的云项目

图 11.56 查看 WebRole 属性

(5) 在弹出的对话框(如图 11.57 所示)中,选择左侧的"设置"栏,点击"添加设置",创建一个命名为"DataSource"的 ConnectionString(连接字符串)类型的设置,如图 11.58 所示。

第 11 章 云计算实践

图 11.57 ContactManagerWeb 角色的属性

图 11.58 添加设置

(6) 点击"值"域的"…",在弹出的对话框中设定"使用 Windows Azure 存储仿真程序",如图 11.59 所示。单击"确定"按钮,保存属性,其属性值如图 11.60 所示。重复上面的步骤,新增加一个命名为"DiagnosticsConnectionString"的 ConnectionString(连接字符串)类型的设置,如图 11.61 所示。

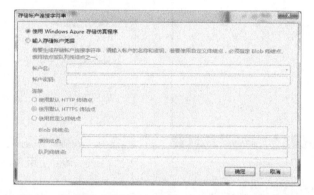

图 11.59 设置"使用 Windows Azure 存储仿真程序"

图 11.60 保存后的属性值

图 11.61 最终完成添加后的设置

(7) 在 ContactManagerWeb 项目的引用中，添加 WCF Data Services 类库的引用以及 Windows Azure 存储功能类的引用，右键单击"引用"按钮，出现弹出式菜单，选择"添加引用…"，如图 11.62 所示。

(8) 在出现的对话框中选择".NET→System.Data.Services"，单击"确定"按钮，如图 11.63 所示。反复操作步骤(7)和步骤(8)，另添加 System.Data.Services.Client 和 Microsoft.WindowsAzure.StorageClient 组件的引用(若已有该组件则不必添加)。添加完成的项目如图 11.64 所示。

图 11.62　添加引用　　　　　　　图 11.63　添加引用 System.Data.Services

图 11.64　添加完成的项目

(9) 新建一个 Contact 类，并且在其中添加下列程序代码：

```csharp
using System;
using System.Collections.Generic;
using System.Linq;
using System.Web;
using System.Data.Services;
using System.Data.Services.Client;
using Microsoft.WindowsAzure;
using Microsoft.WindowsAzure.StorageClient;

namespace ContactManagerWeb
{
    public class Contact : TableServiceEntity
    {
        public string Name { get; set; }
        public string Address { get; set; }
        public string Phone { get; set; }
        public string Cellphone { get; set; }

        //构造函数之一，完成对象初始化工作
        public Contact()
        {
            base.PartitionKey = "Contact";
            base.RowKey = Guid.NewGuid().ToString();
        }

        //构造函数之二，完成对象初始化工作
        public Contact(string Name, string Address, string Phone, string Cellphone)
        {
            base.PartitionKey = "Contact";
            base.RowKey = Guid.NewGuid().ToString();
            this.Name = Name;
            this.Address = Address;
            this.Phone = Phone;
            this.Cellphone = Cellphone;
        }
```

```csharp
//构造函数之三,完成对象初始化工作
    public Contact(string ContactID)
    {
        CloudStorageAccount storageAccount = CloudStorageAccount.From
                                    ConfigurationSetting("DataSource");
        CloudTableClient tableClient = storageAccount.CreateCloudTableClient();
        TableServiceContext context = tableClient.GetDataServiceContext();

        var queryItem = from contacts in context.CreateQuery<Contact>("Contacts")
                    where contacts.RowKey == ContactID
                    select contacts;

        if (queryItem.First<Contact>() == null)
        {
            storageAccount = null;
            tableClient = null;
            throw new ArgumentException("系统无法找到指定代码的联络人数据。");
        }

        this.PartitionKey = queryItem.First<Contact>().PartitionKey;
        this.RowKey = queryItem.First<Contact>().RowKey;
        this.Address = queryItem.First<Contact>().Address;
        this.Name = queryItem.First<Contact>().Name;
        this.Phone = queryItem.First<Contact>().Phone;
        this.Cellphone = queryItem.First<Contact>().Cellphone;
        this.Timestamp = queryItem.First<Contact>().Timestamp;

        context = null;
        storageAccount = null;
        tableClient = null;
    }
}
```

添加类的方法是右键单击 ContactManagerWeb 项目,选择"添加→类…",如图 11.65 所示。在出现的对话框中的名称文本框中输入"Contact.cs",如图 11.66 所示。单击"添加"按钮,出现如图 11.67 所示的对话框。使用以上的程序代码取代原来的程序代码,然后保存,如图 11.68 所示。

第 11 章 云计算实践

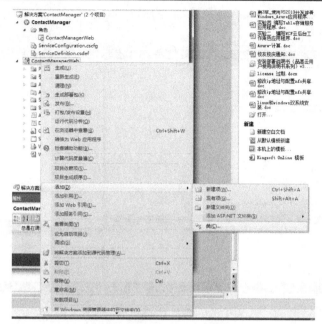

图 11.65 选择"添加→类..."

图 11.66 在名称文本框中输入"Contact.cs"

```
using System;
using System.Collections.Generic;
using System.Linq;
using System.Web;

namespace ContactManagerWeb
{
    public class Contact
    {
    }
}
```

图 11.67 原有 Contact.cs 类文件

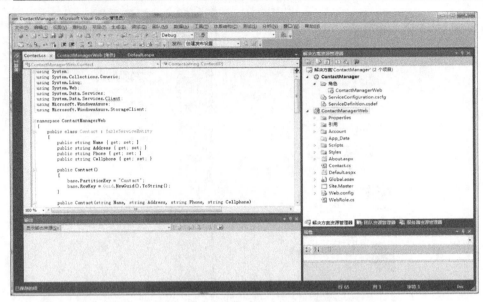

图 11.68 新的 Contact.cs 类文件

（10）新增一个"ContactManager_TableDirect.aspx"文件(使用 Site.Master 母版页)。使用以下代码替换自动生成的原文件：

<%@ Page Title="" Language="C#" MasterPageFile="~/Site.Master" AutoEventWireup="true" CodeBehind="ContactManager_TableDirect.aspx.cs"

Inherits="ContactManagerWeb.ContactManager_TableDirect" %>

<asp:Content ID="Content1" ContentPlaceHolderID="HeadContent" runat="server">

</asp:Content>

<asp:Content ID="Content2" ContentPlaceHolderID="MainContent" runat="server">

  <asp:MultiView ID="mvContactManager" runat="server" ActiveViewIndex="0">

    <asp:View ID="vContactViewer" runat="server">

      <asp:LinkButton ID="cmdAddNewContact" runat="server" Text="新增联络人..."

        onclick="cmdAddNewContact_Click" />

      <asp:GridView ID="gvContactViewer" runat="server" CellPadding="4" ForeColor

        ="#333333"

        GridLines="None" AutoGenerateColumns="false"

        onrowcommand="gvContactViewer_RowCommand">

        <AlternatingRowStyle BackColor="White" ForeColor="#284775" />

        <EditRowStyle BackColor="#999999" />

        <FooterStyle BackColor="#5D7B9D" Font-Bold="True" ForeColor="White" />

        <HeaderStyle BackColor="#5D7B9D" Font-Bold="True" ForeColor="White" />

        <PagerStyle BackColor="#284775" ForeColor="White" HorizontalAlign="Center" />

        <RowStyle BackColor="#F7F6F3" ForeColor="#333333" />

        <SelectedRowStyle BackColor="#E2DED6" Font-Bold="True" ForeColor

```
                            ="#333333" />
                    <SortedAscendingCellStyle BackColor="#E9E7E2" />
                    <SortedAscendingHeaderStyle BackColor="#506C8C" />
                    <SortedDescendingCellStyle BackColor="#FFFDF8" />
                    <SortedDescendingHeaderStyle BackColor="#6F8DAE" />
                    <EmptyDataTemplate>
                        您尚未定义任何联络人数据。
                    </EmptyDataTemplate>
                //定义数据字段以及"编辑"和"删除"操作指令
                    <Columns>
                        <asp:BoundField DataField="Name" HeaderText="姓名" ItemStyle-Width
                            ="150px" />
                        <asp:BoundField DataField="Phone" HeaderText="电话" ItemStyle-Width
                            ="150px" />
                        <asp:BoundField DataField="Cellphone" HeaderText="手机" ItemStyle-Width
                            ="150px" />
                        <asp:BoundField DataField="Address" HeaderText="住址" ItemStyle-Width
                            ="250px" />
                        <asp:TemplateField HeaderText="指令" ItemStyle-Width="100px">
                            <ItemStyle HorizontalAlign="Center" />
                            <ItemTemplate>
                                <asp:LinkButton ID="cmdEditContact" runat="server"
                                    CommandName="EditContact" Text="编辑" CommandArgument
                                        ='<%# Eval("RowKey") %>' />
                                <asp:LinkButton ID="cmdDeleteContact" runat="server" OnClientClick
                                        ="return confirm('请问是否要删除？')"
                                    CommandName="DeleteContact" Text="删除" CommandArgument
                                        ='<%# Eval("RowKey") %>' />
                            </ItemTemplate>
                        </asp:TemplateField>
                    </Columns>
                </asp:GridView>

            </asp:View>
        //定义输入联络人信息的文本框和按钮
            <asp:View ID="vContactForm" runat="server">
                <br />
                姓名：<asp:TextBox ID="txtName" runat="server"></asp:TextBox>
                <br />
```

地址：<asp:TextBox ID="txtAddress" Width="400px" runat="server"></asp:TextBox>

电话：<asp:TextBox ID="txtPhone" MaxLength="30" runat="server"></asp:TextBox>

手机：<asp:TextBox ID="txtCellphone" MaxLength="10" runat="server"></asp:TextBox>

<asp:Button ID="cmdOK" runat="server" Text=" 确定 " onclick="cmdOK_Click" />

<asp:Button ID="cmdCancel" runat="server" Text=" 取消 "
    onclick="cmdCancel_Click" />

</asp:View>
</asp:MultiView>
</asp:Content>

右键单击 ContactManagerWeb 项目，选择"添加→新建项..."，如图 11.69 所示。在出现的"添加新项"对话框中选择"使用母版页的 Web 窗体"，同时在名称文本框中输入"ContactManager_TableDirect.aspx"，如图 11.70 所示。单击"添加"按钮，出现如图 11.71 所示的"选择母版页"对话框。单击"确定"按钮。在新生成的"ContactManager_TableDirect.aspx"文件中用上述代码替换原代码并保存文件，如图 11.72 所示。右键单击解决方案资源管理器中的"ContactManager_TableDirect.aspx"文件，将其设为起始页，如图 11.73 所示。

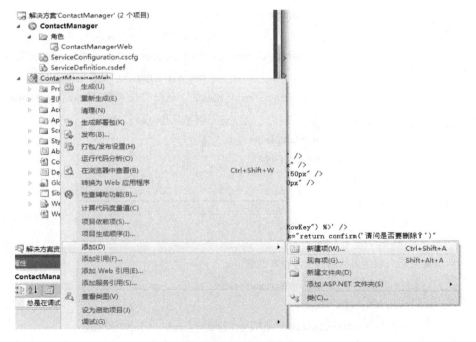

图 11.69　选择"添加→新建项..."

第 11 章 云计算实践

图 11.70 "添加新项"对话框

图 11.71 "选择母版页"对话框

图 11.72 "ContactManager_TableDirect.aspx"文件

图 11.73 设为起始页

点击窗口下部的"设计"按钮,出现上述源代码对应的联络人的用户界面,如图 11.74 所示。

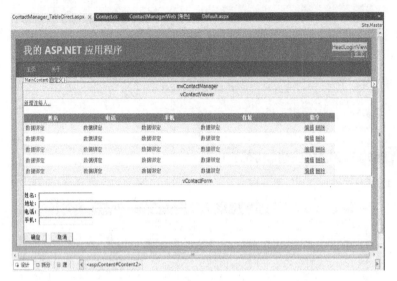

图 11.74 联络人的用户界面

(11) 修改 ContactManagerWeb 项目的 WebRole.cs,用下列程序代码替换原代码并保存:

```
using System;
using System.Collections.Generic;
using System.Linq;
using Microsoft.WindowsAzure;
using Microsoft.WindowsAzure.Diagnostics;
using Microsoft.WindowsAzure.ServiceRuntime;
using Microsoft.WindowsAzure.StorageClient;

namespace ContactManagerWeb
{
    public class WebRole : RoleEntryPoint
    {
    //需要注意的是,OnStart()方法中的特定程序需要按本实验后的上机思考题移动位置
        public override bool OnStart()
        {
            DiagnosticMonitor.Start("DiagnosticsConnectionString");

            // 处理角色状态的改变
            RoleEnvironment.Changing += RoleEnvironmentChanging;

            // 传输配置源到服务配置文件
```

```
        CloudStorageAccount.SetConfigurationSettingPublisher((configName, configSetter) =>
        {
            configSetter(RoleEnvironment.GetConfigurationSettingValue(configName));
            RoleEnvironment.Changed += (anotherSender, arg) =>
            {
                if (arg.Changes.OfType<RoleEnvironmentConfigurationSettingChange>()
                    .Any((change) => (change.ConfigurationSettingName == configName)))
                {
                    if (!configSetter(RoleEnvironment.GetConfigurationSetting
                        Value(configName)))
                    {
                        RoleEnvironment.RequestRecycle();
                    }
                }
            };
        });
        return base.OnStart();
    }
    private void RoleEnvironmentChanging(object sender, RoleEnvironmentChangingEventArgs e)
    {
        // 如果正在变更组态设定
        if (e.Changes.Any(change => change is RoleEnvironmentConfigurationSettingChange))
        {
            // 请将 e.Cancel 设为 true 以重新启动这个角色执行个体
            e.Cancel = true;
        }
    }
}
```

(12) 右键单击"ContactManager_TableDirect.aspx"。选择菜单中的"查看代码",如图 11.75 所示。打开"ContactManager_TableDirect.aspx.cs"文件,如图 11.76 所示。用下列程序代码替换原代码并保存:

```
using System;
using System.Collections.Generic;
using System.Data.Services;
using System.Data.Services.Client;
using System.Linq;
using System.Web;
using System.Web.UI;
```

```csharp
using System.Web.UI.WebControls;
using Microsoft.WindowsAzure;
using Microsoft.WindowsAzure.Diagnostics;
using Microsoft.WindowsAzure.ServiceRuntime;
using Microsoft.WindowsAzure.StorageClient;

namespace ContactManagerWeb
{
    public partial class ContactManager_TableDirect : System.Web.UI.Page
    {
        public enum EditState
        {
            None,
            Add,
            Update
        }

        //完成页面初始化
        protected void Page_Load(object sender, EventArgs e)
        {
            if (!Page.IsPostBack)
            {
                ViewState.Add("EditState", EditState.None);
                ViewState.Add("EditContactID", null);

                CloudStorageAccount storageAccount =
                            CloudStorageAccount.FromConfigurationSetting("DataSource");
                CloudTableClient tableClient = storageAccount.CreateCloudTableClient();

                tableClient.CreateTableIfNotExist("Contacts");

                TableServiceContext context = tableClient.GetDataServiceContext();

                DataServiceQuery<Contact> queryProvider =
                            context.CreateQuery<Contact>("Contacts");

                this.gvContactViewer.DataSource = from contacts in queryProvider
                                                 select contacts;
                this.gvContactViewer.DataBind();
```

```csharp
            context = null;
            storageAccount = null;
            tableClient = null;
        }
    }

    // "取消"按钮的响应程序
    protected void cmdCancel_Click(object sender, EventArgs e)
    {
        this.txtName.Text = this.txtPhone.Text = this.txtAddress.Text = this.txtCellphone.Text
                    = string.Empty;
        this.mvContactManager.SetActiveView(this.vContactViewer);
    }

    // "新增联络人"按钮的响应程序
    protected void cmdAddNewContact_Click(object sender, EventArgs e)
    {
        ViewState["EditState"] = EditState.Add;
        this.txtName.Text = this.txtPhone.Text = this.txtAddress.Text = this.txtCellphone.Text
                    = string.Empty;
        this.mvContactManager.SetActiveView(this.vContactForm);
    }

    // "确认"按钮的响应程序
    protected void cmdOK_Click(object sender, EventArgs e)
    {
        CloudStorageAccount storageAccount = CloudStorageAccount.FromConfiguration
                                    Setting("DataSource");
        CloudTableClient tableClient = storageAccount.CreateCloudTableClient();
        TableServiceContext context = tableClient.GetDataServiceContext();

        if (EditState.Add == ((EditState)ViewState["EditState"]))
        {
            context.AddObject("Contacts",
                new Contact(this.txtName.Text, this.txtAddress.Text, this.txtPhone.Text,
                    this.txtCellphone.Text));
        }
        else
```

```csharp
            {
                var queryItem = (from contacts in context.CreateQuery<Contact>("Contacts")
                                 where contacts.RowKey == ViewState
                                                         ["EditContactID"].ToString()
                                 select contacts).AsTableServiceQuery();

                Contact contact = queryItem.First<Contact>();

                contact.Address = this.txtAddress.Text;
                contact.Name = this.txtName.Text;
                contact.Phone = this.txtPhone.Text;
                contact.Cellphone = this.txtCellphone.Text;

                context.UpdateObject(contact);
            }

            context.SaveChangesWithRetries(SaveChangesOptions.Batch);

            this.gvContactViewer.DataSource = from contacts in context.CreateQuery
                                              <Contact>("Contacts")
                                              select contacts;
            this.gvContactViewer.DataBind();

            this.mvContactManager.SetActiveView(this.vContactViewer);

            ViewState["EditState"] = EditState.None;
            ViewState["EditContactID"] = null;

            context = null;
            storageAccount = null;
            tableClient = null;
        }

        protected void gvContactViewer_RowCommand(object sender, GridViewCommandEventArgs e)
        {
            CloudStorageAccount storageAccount = CloudStorageAccount.FromConfiguration
                                                 Setting("DataSource");
            CloudTableClient tableClient = storageAccount.CreateCloudTableClient();
            TableServiceContext context = tableClient.GetDataServiceContext();
            Contact contact = null;
```

```csharp
switch (e.CommandName)
{
//"编辑"指令的响应程序
    case "EditContact":

        contact = new Contact(e.CommandArgument.ToString());

        this.txtName.Text = contact.Name;
        this.txtPhone.Text = contact.Phone;
        this.txtCellphone.Text = contact.Cellphone;
        this.txtAddress.Text = contact.Address;

        ViewState["EditState"] = EditState.Update;
        ViewState["EditContactID"] = e.CommandArgument.ToString();

        this.mvContactManager.SetActiveView(this.vContactForm);

        break;

//"删除"指令的响应程序
    case "DeleteContact":

        var queryItem = from contacts in context.CreateQuery<Contact>("Contacts")
                    where contacts.RowKey == e.CommandArgument.ToString()
                    select contacts;

        context.DeleteObject(queryItem.First<Contact>());
        context.SaveChanges(SaveChangesOptions.Batch);

        // 重新绑定gridview控件。注意此处需用LINQ语法
        this.gvContactViewer.DataSource = from contacts in context.CreateQuery
                                <Contact>("Contacts")
                                    select contacts;
        this.gvContactViewer.DataBind();

        break;
}
```

```
            context = null;
            storageAccount = null;
            tableClient = null;
        }
    }
}
```

图 11.75　选择菜单中的"查看代码"

```
using System;
using System.Collections.Generic;
using System.Linq;
using System.Web;
using System.Web.UI;
using System.Web.UI.WebControls;

namespace ContactManagerWeb
{
    public partial class ContactManager_TableDirect : System.Web.UI.Page
    {
        protected void Page_Load(object sender, EventArgs e)
        {

        }
    }
}
```

图 11.76　自动生成的"ContactManager_TableDirect.aspx.cs"文件

(13) 按"F5"键启动 Visual Studio 2010 的调试器以及 WindowsAzure 仿真环境。程序调试若出错，请参见实验后的上机思考题。出现"新增联络人"界面，如图 11.77 所示，单击"新增联络人…"进入新建窗口。在新建窗口输入数据以后，单击"确定"按钮，即可将数据输入表格中。联络人列表如图 11.78 所示。在该界面中，可以自行测试"编辑"和"删除"功能。

第 11 章 云 计 算 实 践

图 11.77 "新增联络人"界面

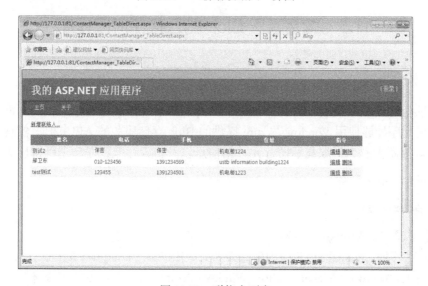

图 11.78 联络人列表

11.4.5 上机思考题

1. 在执行实验中的程序时，会发生"SetConfigurationSettingPublisher needs to be called before FromConfigurationSetting can be used"的异常，因为在 Full IIS 的模式下，WebRole.cs 中的程序并不会执行。

若要解决此问题，则要将原本执行于 WebRole.cs 的 OnStart 方法中的 SetConfigurationSettingPublisher 程序移到 Web 应用程序的 Global.asax.cs 内的 Application_Start 事件程序中。

请依照上述说明移动程序并解决调试问题。

2. 以下是一个很简单的 LINQ 查询示例，查询一个 int 数组中小于 5 的数字，并将查询结果按照从小到大的顺序排列，代码如下：

```
static void Main(string[] args)
{
```

```
int[] arr = new int[] { 8, 5, 89, 3, 56, 4, 1, 58 };
var m = from n in arr where n < 5 orderby n select n;
foreach (var n in m)
{
    Console.WriteLine(n);
}
Console.ReadLine();
}
```

使用 Visual Studio 2010 中的 C# 语言创建一个简单的控制台项目，上机实现上述例子，并查看结果。

11.5 编写基于 Blob 的云存储应用程序

11.5.1 实验目的

在本实验中，需要使用 Visual Studio 2010 开发部署一个具备简单云存储功能的应用程序。该应用程序能够使用 Windows Azure 提供的 Blob 存储服务的 API 接口，实现上传接收图片、提取显示图片、提取显示图片元数据信息以及将云存储程序部署到微软云数据中心等功能。

11.5.2 实验环境

(1) 操作系统：Windows 7 或以上。
(2) 软件环境：Visual Studio 2010 及其以上；IIS 7.0；Windows Azure SDK；Windows Azure Tools for Microsoft Visual Studio；Windows Azure 工具语言包(CHS 版本)。

11.5.3 实验内容

云存储实验需要实现三大功能，按顺序依次实现提取显示图片、上传接收图片、提取显示图片元数据信息功能。作为一个可选功能，用户可根据自己的网络情况和做实验时微软官方网站的开放程序将云存储程序部署到微软云数据中心。

1. 提取显示图片

提取显示图片任务将创建一个图片显示页面以显示来自 Windows Azure 存储库中的图片。具体操作步骤如下：

(1) 打开 Visual Studio 2010，选择"打开→项目/解决方案"，弹出"打开项目"对话框，调整目录至该实验所在的附带光盘的"实验源程序和素材\lab5 素材\begin\CS"文件下，选择并打开 begin.sln 文件。

(2) 在解决方案资源管理器中，展开"Roles"文件夹，右键单击"RDImageGallery_WebRole"，选择"属性"，如图 11.79 所示。

图 11.79　查看 WebRole 属性

（3）在弹出的对话框中，选择"Settings"，点击"Add Setting"，创建一个命名为"DataConnectionString"的 ConnectionString 类型的设置，如图 11.80 所示。

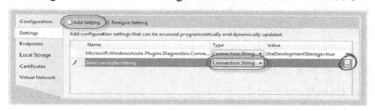

图 11.80　添加设置

（4）点击"Value"域的"…"，在弹出的对话框中设定使用 Windows Azure 存储仿真器，如图 11.81 所示。

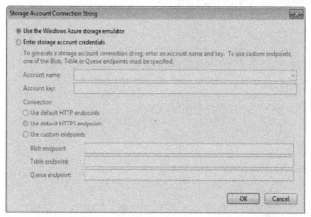

图 11.81　设置"使用 Windows Azure 存储仿真器"

（5）点击"Add Setting"，添加一条命名为"ContainerName"的设置信息，并将其值设为"gallery"，如图 11.82 所示。

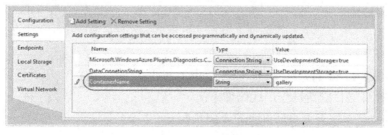

图 11.82　添加设置

(6) 右击"Default.aspx",选择"查看代码",打开图片显示页面的用户界面的源代码文件,在文件顶部添加 namespace 指示代码来引用存储类和 ServiceRuntime 类,代码如下:

  using Microsoft.WindowsAzure;
  using Microsoft.WindowsAzure.ServiceRuntime;
  using Microsoft.WindowsAzure.StorageClient;

(7) 为了确保在 ServiceConfiguration.cscfg 中指明的 Container 确实存在,在 _Default 类中添加如下代码:

```
public partial class _Default : System.Web.UI.Page
{
    ...
    //确认 Container 存在,如果不存在,则创建它
    private void EnsureContainerExists()
    {
        var container = GetContainer();
        container.CreateIfNotExist();

        var permissions = container.GetPermissions();
        permissions.PublicAccess = BlobContainerPublicAccessType.Container;
        container.SetPermissions(permissions);
    }
}
```

(8) 在 _Default 类中添加一个 GetContainer()方法,用于获取 Container 的一个引用(Reference),代码如下:

```
public partial class _Default : System.Web.UI.Page
{
    ...
    private CloudBlobContainer GetContainer()
    {
        // 获得存储账号的句柄,创建 Blob 服务客户端,获得 Container 的一个引用
        var account = CloudStorageAccount.FromConfigurationSetting("DataConnectionString");
        var client = account.CreateCloudBlobClient();
        return client.GetContainerReference
            (RoleEnvironment.GetConfigurationSettingValue("ContainerName"));
    }
}
```

(9) 在 Page_Load ()方法中加入对 Container 进行初始化操作和对图片显示页面的 asp:ListView 控件进行刷新操作,代码如下:

```
public partial class _Default : System.Web.UI.Page
{
```

```
        ...
        protected void Page_Load(object sender, EventArgs e)
        {
          try
          {
          //对 Container 进行初始化
            if (!IsPostBack)
            {
              this.EnsureContainerExists();
            }
            //刷新图片显示页面
            this.RefreshGallery();
          }
          catch (System.Net.WebException we)
          {
            status.Text = "Network error: " + we.Message;
            if (we.Status == System.Net.WebExceptionStatus.ConnectFailure)
            {
              status.Text += "<br />Please check if the blob service is running at " +
              ConfigurationManager.AppSettings["storageEndpoint"];
            }
          }
          catch (StorageException se)
          {
            Console.WriteLine("Storage service error: " + se.Message);
          }
        }
        ...
    }
```

(10) 为了将 images 控件绑定到在图片库 Container 中的 Blob 列表, 在 _Default 类中添加如下代码(该代码使用 CloudBlobContainer 对象中的 ListBlobs 方法来提取显示包含每个 Blob 信息的 IListBlobItem。页面中的图像 asp:ListView 控件与这些对象进行绑定以显示它们的值):

```
    public partial class _Default : System.Web.UI.Page
    {
        ...
        //Refresh Gallery()方法的具体实现,其功能是刷新图片显示页面
        private void RefreshGallery()
        {
```

```
            images.DataSource =
                this.GetContainer().ListBlobs(new BlobRequestOptions()
                {
                    UseFlatBlobListing = true,
                    BlobListingDetails = BlobListingDetails.All
                });
            images.DataBind();
        }
    }
```

(11) 按"F5"键启动调试,运行程序,会看到一个可以显示图片库中图片的页面。因为当前 Container 为空,没有图片可以显示,因此可以看到"No Data Available"的信息,如图 11.83 所示。

图 11.83　运行结果截图

(12) 按"Shift"+"F5"键停止调试。在下面的"上传接收图片"中,将实现向图片库中上传添加图片的功能。

2. 上传接收图片

上传接收图片任务将实现向图片显示页面添加上传图片至 Windows Azure 存储库的功能。该页面包括能够用来输入所选图片可描述性元数据的文本控件。页面中的 asp:FileUpload 控件从硬盘中提取图片,将图片上传并存储到 Blob 中。具体操作步骤如下:

(1) 右击 Default.aspx 文件,选择"查看代码",打开 Default.aspx 的源文件。

(2) 在 _Default 类中添加一个 SaveImage()方法,用于将图片及其元数据以 Blob 的形式存放在 Windows Azure 存储库中。该方法使用 CloudBlobContainer 对象中的 GetBlob Reference()方法在图片数据组和元数据属性区中创建一个 Blob,代码如下:

```
    public partial class _Default : System.Web.UI.Page
```

```csharp
{
    ...
    private void SaveImage(string id, string name, string description, string tags, string fileName,
                string contentType, byte[] data)
    {
        // 在 Container 中创建 Blob，并上传图片数据到 Blob 中
        var blob = this.GetContainer().GetBlobReference(name);
        blob.Properties.ContentType = contentType;
        // 为所上传的图片创建一些元数据
        var metadata = new NameValueCollection();
        metadata["Id"] = id;
        metadata["Filename"] = fileName;
        metadata["ImageName"] = String.IsNullOrEmpty(name) ? "unknown" : name;
        metadata["Description"] = String.IsNullOrEmpty(description) ? "unknown" : description;
        metadata["Tags"] = String.IsNullOrEmpty(tags) ? "unknown" : tags;
        // 添加和确认元数据到 Blob 中
        blob.Metadata.Add(metadata);
        blob.UploadByteArray(data);
    }
}
```

(3) 在_Default 类中添加一个 upload_Click()方法，实现"Upload Image"句柄按钮响应功能，代码如下：

```csharp
public partial class _Default : System.Web.UI.Page
{
    ...
    protected void upload_Click(object sender, EventArgs e)
    {
        if (imageFile.HasFile)
        {
            //显示所上传图片的状态信息
            status.Text = "Inserted [" + imageFile.FileName + "] - Content Type [" + imageFile.PostedFile
                    .ContentType + "] - Length [" + imageFile.PostedFile.ContentLength + "]";
            //用 SaveImage()方法和 RefreshGallery()方法实现图片信息的上传
            this.SaveImage(
                Guid.NewGuid().ToString(),
                imageName.Text,
                imageDescription.Text,
                imageTags.Text,
                imageFile.FileName,
```

```
            imageFile.PostedFile.ContentType,
            imageFile.FileBytes
        );
        RefreshGallery();
    }
    else
        status.Text = "No image file";
}
...
}
```

(4) 按"F5"键启动调试,程序会打开图片显示页面。在"Name"、"Description"和"Tags"的文本输入框中输入相应的元数据。点击"浏览"按钮,选择图片所在目录,并插入图片,如图 11.84 所示。

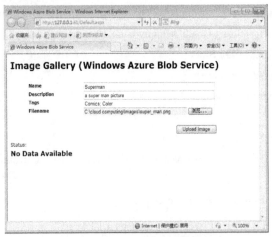

图 11.84　输入图片信息

(5) 单击"Upload Image"按钮,上传图片。页面将刷新并显示新添加的图片,同时,一条状态信息将会显示所上传图片的名称、类型及大小等信息,如图 11.85 所示。

图 11.85　运行结果截图

(6) 按 "Shift" + "F5" 键停止调试。

3. 提取和显示图片元数据信息

Blob 可以有与之相匹配的元数据。本任务将完成对存放于 Windows Azure 存储库中图片的元数据信息进行提取和显示的功能。具体操作步骤如下：

(1) 打开 "Default.aspx"，选择 "设计视图"，然后点击所选中页面偏下部位的 "ListView#images" 控件，在右侧的属性窗口(可以右击控件选择 "属性" 显示该窗口)中点击 "事件" 按钮(闪电形状)，找到 "ItemDataBound" 事件，输入 "OnBlobDataBound" 并确认，插入用于提取和显示图片的元数据信息功能的事件句柄，如图 11.86 所示。

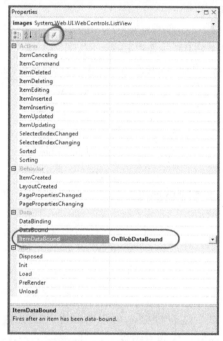

图 11.86 添加事件句柄

(2) 在源代码文件中，找到 OnBlobDataBound()方法，插入用于提取 Blob 属性信息的代码，代码如下：

```
public partial class _Default : System.Web.UI.Page
{
    ...
    protected void OnBlobDataBound(object sender, ListViewItemEventArgs e)
    {
        if (e.Item.ItemType == ListViewItemType.DataItem)
        {
            var metadataRepeater = e.Item.FindControl("blobMetadata") as Repeater;
            var blob = ((ListViewDataItem)(e.Item)).DataItem as CloudBlob;
            // 如果 Blob 是一个快照(Snapshot)而不是源 Blob，则将按钮重命名为 "Delete Snapshot"
            if (blob != null)
```

```
            {
                if(blob.SnapshotTime.HasValue)
                {
                    var delBtn = e.Item.FindControl("deleteBlob") as LinkButton;
                    if (delBtn != null) delBtn.Text = "Delete Snapshot";
                    var snapshotBtn = e.Item.FindControl("SnapshotBlob") as LinkButton;
                    if (snapshotBtn != null) snapshotBtn.Visible = false;
                }
                if (metadataRepeater != null)
                {
                    //绑定元数据。注意此处需用 LINQ 语法
                    metadataRepeater.DataSource = from key in blob.Metadata.AllKeys
                                                  select new
                                                  {
                                                      Name = key,
                                                      Value = blob.Metadata[key]
                                                  };
                    metadataRepeater.DataBind();
                }
            }
        }
    }
}
```

(3) 按"F5"键启动调试，运行程序，可以看到图片的元数据信息，如图 11.87 所示。

图 11.87 运行结果截图

(4) 按 "Shift" + "F5" 键停止调试。

4. 将云存储程序部署到微软云数据中心

(1) 右键单击 RDImageGallery 项目，在弹出的菜单中选择 "发布..."，如图 11.88 所示。在弹出的 "部署 Windows Azure 项目" 对话框中选择 "仅创建服务包"，如图 11.89 所示。单击 "确定" 按钮，生成一个可以发布的文件包。生成的文件目录如图 11.90 所示。

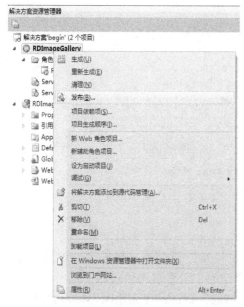

图 11.88 在弹出的菜单中选择 "发布..."   图 11.89 选择 "仅创建服务包"

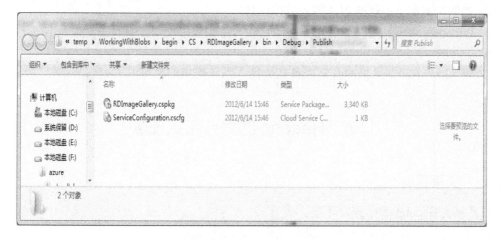

图 11.90 生成的文件目录

(2) 注册一个 Windows Azure 平台的账户(选择 Windows Azure 90 天免费试用)，使用 Windows Live ID 登录(https://windows.azure.com)，如图 11.91 所示。将按上述步骤生成的 RDImageGallery 工程文件包发布到微软云数据中心。通过设定，用户就可以通过网络访问在微软云中心的 RDImageGallery 应用程序了。

图 11.91　登录 Windows Azure 平台

11.5.4　上机思考题

1. 把描述性信息用中文输入是否可以上传？

2. 当程序调试运行时，出现"外部组件发生异常"错误是什么原因？改变 Service Configuration.cscfg 文件中的运行实例的个数(如 2 改为 3)能否解决该问题？

3. 当程序调试运行时，出现"存储仿真器未加载"错误是什么原因？如何解决？

4. 在本实验中是否可以上传多个图片？

5. 如何在本实验中修改图片的元数据信息？

6. Windows Azure 提供了哪几种存储方式？本实验中使用了哪种方式？为什么选择这种存储方式？

7. Windows Azure 提供的存储服务和数据库系统提供的存储服务有何不同？

11.6　Hadoop 的伪分布式部署

11.6.1　实验目的

(1) 安装 Hadoop 程序开发环境。

(2) 学会运行 WordCount 程序以测试所安装的环境。

11.6.2　实验环境

(1) 操作系统：Windows 7 或以上。

(2) 软件环境：VMware Workstation 6.5 及其以上；Red Hat Enterprise Linux 5.3 及其以上；Hadoop-0.20.2 及其以上；JDK 1.6.0_22 及其以上。

11.6.3　实验内容

1. 下载相关软件

在 Windows 7 上安装 VMware Workstation 6.5，并用它创建新的虚拟机，安装 Red Hat Enterprice Linux 5.3 操作系统，完成 Hadoop 的安装准备工作。安装过程中选择采用伪分布式模式，即用不同的 Java 进程模仿分布式运行中的各类节点(Namenode、Datanode、JobTracker、TaskTracker、Secondary Namenode)。文件下载地址如下：

(1) jdk-6u22-linux-i586-rpm：下载地址为“http://www.oracle.com/technetwork/ java/javase/downloads/index.html”。

(2) Hadoop-0.20.2：下载地址为“http://www.apache.org/dyn/closer.cgi/hadoop/common/”。

温馨提示：

在 VMWare 上安装 Linux 虚拟机参见 11.10.4 节。

2. JDK 的安装

JDK 是 Java 的开发编译环境，里面包含了很多类库。即 jar 包，还有 jre jvm 虚拟机。JDK 是 Java 语言开发最基础的工具包。它是 Java 程序运行的基础，也是各种 IDE 开发环境的基础。在安装 Hadoop 前需要安装 JDK，分别如图 11.92 和图 11.93 所示。

(1) 下载“jdk-6u22-linux-i586-rpm”文件，在“/usr”目录下新建“java”文件夹，将安装包放在“/usr/java”目录下。程序为：

```
# mkdir /usr/java
```

(2) 安装 JDK。程序为：

```
# cd /usr/java
# chmod 755 jdk-6u22-linux-i586-rpm.bin
# ./jdk-6u22-linux-i586-rpm.bin
```

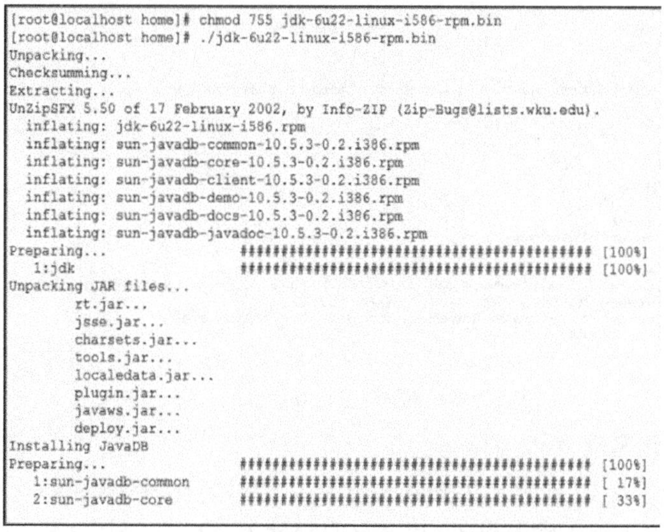

```
[root@localhost home]# chmod 755 jdk-6u22-linux-i586-rpm.bin
[root@localhost home]# ./jdk-6u22-linux-i586-rpm.bin
Unpacking...
Checksumming...
Extracting...
UnZipSFX 5.50 of 17 February 2002, by Info-ZIP (Zip-Bugs@lists.wku.edu).
  inflating: jdk-6u22-linux-i586.rpm
  inflating: sun-javadb-common-10.5.3-0.2.i386.rpm
  inflating: sun-javadb-core-10.5.3-0.2.i386.rpm
  inflating: sun-javadb-client-10.5.3-0.2.i386.rpm
  inflating: sun-javadb-demo-10.5.3-0.2.i386.rpm
  inflating: sun-javadb-docs-10.5.3-0.2.i386.rpm
  inflating: sun-javadb-javadoc-10.5.3-0.2.i386.rpm
Preparing...                ########################################### [100%]
   1:jdk                    ########################################### [100%]
Unpacking JAR files...
        rt.jar...
        jsse.jar...
        charsets.jar...
        tools.jar...
        localedata.jar...
        plugin.jar...
        javaws.jar...
        deploy.jar...
Installing JavaDB
Preparing...                ########################################### [100%]
   1:sun-javadb-common      ########################################### [ 17%]
   2:sun-javadb-core        ########################################### [ 33%]
```

图 11.92　安装 JDK

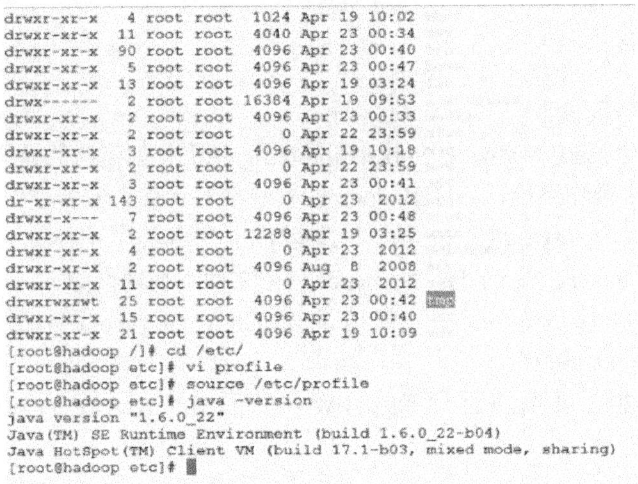

```
drwxr-xr-x    4 root root  1024 Apr 19 10:02
drwxr-xr-x   11 root root  4040 Apr 23 00:34
drwxr-xr-x   90 root root  4096 Apr 23 00:40
drwxr-xr-x    5 root root  4096 Apr 23 00:47
drwxr-xr-x   13 root root  4096 Apr 19 03:24
drwx------    2 root root 16384 Apr 19 09:53
drwxr-xr-x    2 root root  4096 Apr 23 00:33
drwxr-xr-x    2 root root     0 Apr 22 23:59
drwxr-xr-x    3 root root  4096 Apr 19 10:18
drwxr-xr-x    2 root root     0 Apr 22 23:59
drwxr-xr-x    3 root root  4096 Apr 23 00:41
dr-xr-xr-x  143 root root     0 Apr 23  2012
drwxr-x---    7 root root  4096 Apr 23 00:48
drwxr-xr-x    2 root root 12288 Apr 19 03:25
drwxr-xr-x    4 root root     0 Apr 23  2012
drwxr-xr-x    2 root root  4096 Aug  8  2008
drwxr-xr-x   11 root root     0 Apr 23  2012
drwxrwxrwt   25 root root  4096 Apr 23 00:42
drwxr-xr-x   15 root root  4096 Apr 23 00:40
drwxr-xr-x   21 root root  4096 Apr 19 10:09
[root@hadoop /]# cd /etc/
[root@hadoop etc]# vi profile
[root@hadoop etc]# source /etc/profile
[root@hadoop etc]# java -version
java version "1.6.0_22"
Java(TM) SE Runtime Environment (build 1.6.0_22-b04)
Java HotSpot(TM) Client VM (build 17.1-b03, mixed mode, sharing)
[root@hadoop etc]#
```

图 11.93　安装 JDK 成功

3. 配置环境变量

(1) 用 gedit 打开 "/etc" 目录下的 "profile" 文件。程序为：

　　#gedit /etc/profile

(2) 环境变量设置命令的执行结果如图 11.94 所示。程序为：

　　export JAVA_HOME=/usr/java/jdk1.6.0_22

　　export CLASSPATH=. :$JAVA_HOME/lib/dt.jar:$JAVA_HOME/lib/tools.jar

　　export HADOOP_HOME=/home/hadoop-0.20.2

　　export PATH=$JAVA_HOME/bin:$PATH:$HADOOP_HOME/bin

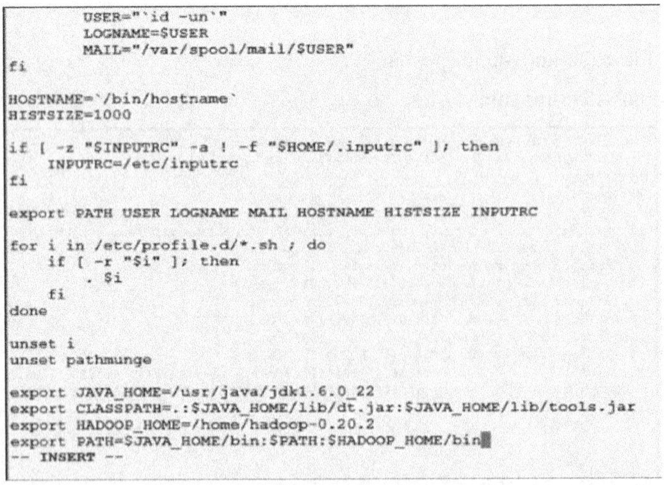

```
        USER="`id -un`"
        LOGNAME=$USER
        MAIL="/var/spool/mail/$USER"
fi

HOSTNAME=`/bin/hostname`
HISTSIZE=1000

if [ -z "$INPUTRC" -a ! -f "$HOME/.inputrc" ]; then
    INPUTRC=/etc/inputrc
fi

export PATH USER LOGNAME MAIL HOSTNAME HISTSIZE INPUTRC

for i in /etc/profile.d/*.sh ; do
    if [ -r "$i" ]; then
        . $i
    fi
done

unset i
unset pathmunge

export JAVA_HOME=/usr/java/jdk1.6.0_22
export CLASSPATH=.:$JAVA_HOME/lib/dt.jar:$JAVA_HOME/lib/tools.jar
export HADOOP_HOME=/home/hadoop-0.20.2
export PATH=$JAVA_HOME/bin:$PATH:$HADOOP_HOME/bin
-- INSERT --
```

图 11.94　环境变量设置命令的执行结果

4. 设置 ssh 无密码

设置 ssh 无密码的目的是创建认证文件，使得可用 Public Key(公钥)的方式登录 root@hadoop，而不用手工输入密码。以 root 身份输入命令 "[root@hadoop conf]# ssh-keygen -t rsa"。ssh 的设置如图 11.95 所示。

第 11 章 云计算实践

```
[root@hadoop conf]# ssh-keygen -t rsa
Generating public/private rsa key pair.
Enter file in which to save the key (/root/.ssh/id_rsa):
Created directory '/root/.ssh'.
Enter passphrase (empty for no passphrase):
Enter same passphrase again:
Your identification has been saved in /root/.ssh/id_rsa.
Your public key has been saved in /root/.ssh/id_rsa.pub.
The key fingerprint is:
65:2d:0b:c4:57:be:81:11:f2:9b:8d:b4:18:38:3e:55 root@hadoop
[root@hadoop conf]# cat /root/.ssh/id_rsa
-----BEGIN RSA PRIVATE KEY-----
MIIEoQIBAAKCAQEApj/Xr/stkNg/YcLbws5IJNmOo1O8Vn35G0CkYtMuOAiCBrru
I4iJIqoqTf1n8xTnac9q85PFjk8/E2g4qWOnkHIHX1Z9Mon19JPnEodXt27jLeHA
72lNu4pGolFWdf02rMlma2sw7vSGsxCSihGD014daRn/VA2LyVZbQh+KtRUZFllv
nrt1vS9IGBL9mzQT81ztbZ7nPE7zpKcttFpuf8Kgv/VFn1W78dioPWit+by7mclc
c63snMLoSYfoSONtJ+nKxg/ksNHg01HWnH0UqlbSFGTdr9mitNWZ0UJWqr/Tf/Ur
ROYQJpgW1FKNena5e//YHQU4HN1XWf8ReEtPEQIBIwKCAQAEv/7ZJG8EI2+GcOgb
gjyTVq1jwJBaPh0PaD82Bgiig+Z1OIp2CzceP2BLXwL4UQ3tFI4G9ZfuH4V1lUNy
jdGWaahwaN8BcafxC4pCW6NrpBUekWvp1UtdITU31nAvQb+7y1qynKmgbWLvLFv1
```

图 11.95　ssh 的设置

然后将此 ssh-key 添加到信任列表中，并启用此 ssh-key 输入命令"[root@hadoop conf]# cat /root/.ssh/id_rsa.pub > /root/.ssh/authorized_keys"。程序为"#chmod 755 authorized_keys"（将权限设置为 755，否则 ssh 将不读取公钥信息）。

5. 安装 Hadoop

（1）下载 Hadoop 并建立安装目录，将"hadoop-0.20.2.tar.gz"文件复制到"/usr"目录下的"local"文件夹内。程序为"#cp hadoop"，路径为"/usr/local"。

（2）进入到"/local"目录下，解压"hadoop-0.20.2.tar.gz"文件。程序为：

　　#cd /usr/local

　　#tar -xzf hadoop-0.20.2.tar.gz

6. 修改 Hadoop 配置文件

（1）配置"/home/hadoop-0.20.2/conf"目录下的"core-site.xml"文件(打开之后，标签<configuration>和标签</configuration>之间是空的,在空的地方加入如图 11.96 所示的配置)。

```
[root@hadoop conf]# vi /etc/profile
[root@hadoop conf]# cat core-site.xml
<?xml version="1.0"?>
<?xml-stylesheet type="text/xsl" href="configuration.xsl"?>

<!-- Put site-specific property overrides in this file. -->

<configuration>
<property>
        <name>fs.default.name</name>
        <value>hdfs://localhost:9000</value>
</property>

<property>
        <name>dfs.replication</name>
        <value>1</value>
</property>

<property>
        <name>hadoop.tmp.dir</name>
        <value>/home/hadoop/tmp</value>
</property>
</configuration>
```

图 11.96　Hadoop 环境配置 1

（2）配置"/conf"目录下的"mapred-site.xml"文件(打开之后，标签<configuration>和标签</configuration>之间也是空的，在空的地方加入如图 11.97 所示的配置)。

```
[root@hadoop conf]# cat mapred-site.xml
<?xml version="1.0"?>
<?xml-stylesheet type="text/xsl" href="configuration.xsl"?>

<!-- Put site-specific property overrides in this file. -->

<configuration>
<property>
        <name>mapred.job.tracker</name>
        <value>localhost:9001</value>
</property>
</configuration>
[root@hadoop conf]#
```

图 11.97　Hadoop 环境配置 2

(3) 配置"conf/hadoop-env.sh"文件，增加如下配置：

export JAVA_HOME=/usr/java/jdk1.6.0_22

7. 格式化 Namenode

执行命令"[root@hadoop conf]# hadoop namenode –format"，其执行结果如图 11.98 所示。

```
[root@hadoop /]# ssh hadoop
Last login: Mon Apr 23 01:59:39 2012 from localhost.localdomain
[root@hadoop ~]# cd /
[root@hadoop /]# hadoop namenode -format
12/04/23 02:01:13 INFO namenode.NameNode: STARTUP_MSG:
/************************************************************
STARTUP_MSG: Starting NameNode
STARTUP_MSG:   host = hadoop/127.0.0.1
STARTUP_MSG:   args = [-format]
STARTUP_MSG:   version = 0.20.2
STARTUP_MSG:   build = https://svn.apache.org/repos/asf/hadoop/common/branches/branch-0.20 -r 911707; compiled by 'chrisdo' o
n Fri Feb 19 08:07:34 UTC 2010
************************************************************/
12/04/23 02:01:15 INFO namenode.FSNamesystem: fsOwner=root,root,bin,daemon,sys,adm,disk,wheel
12/04/23 02:01:15 INFO namenode.FSNamesystem: supergroup=supergroup
12/04/23 02:01:15 INFO namenode.FSNamesystem: isPermissionEnabled=true
12/04/23 02:01:15 INFO common.Storage: Image file of size 94 saved in 0 seconds.
12/04/23 02:01:16 INFO common.Storage: Storage directory /home/hadoop/tmp/dfs/name has been successfully formatted.
12/04/23 02:01:16 INFO namenode.NameNode: SHUTDOWN_MSG:
/************************************************************
SHUTDOWN_MSG: Shutting down NameNode at hadoop/127.0.0.1
************************************************************/
```

图 11.98　格式化 Namenode

8. 启动 Hadoop

(1) 修改 Hadoop 文件夹权限，保证 Hadoop 用户能正常访问其中的文件，如图 11.99 所示。

```
[root@hadoop conf]# vi hadoop-env.sh
[root@hadoop conf]# cd ..
[root@hadoop hadoop-0.20.2]# cd bin/
[root@hadoop bin]# ls
hadoop              hadoop-daemon.sh    rcc         start-all.sh        start-dfs.sh        stop-all.sh         stop-dfs.sh
hadoop-config.sh    hadoop-daemons.sh   slaves.sh   start-balancer.sh   start-mapred.sh     stop-balancer.sh    stop-mapred.sh
```

图 11.99　修改 Hadoop 文件夹权限

(2) 启动 Hadoop，如图 11.100 所示。程序为：

start-all.sh

```
[root@hadoop bin]# start-all.sh
starting namenode, logging to /home/hadoop-0.20.2/bin/../logs/hadoop-root-namenode-hadoop.out
hadoop: starting datanode, logging to /home/hadoop-0.20.2/bin/../logs/hadoop-root-datanode-hadoop.out
hadoop: starting secondarynamenode, logging to /home/hadoop-0.20.2/bin/../logs/hadoop-root-secondarynamenode-hadoop.out
starting jobtracker, logging to /home/hadoop-0.20.2/bin/../logs/hadoop-root-jobtracker-hadoop.out
hadoop: starting tasktracker, logging to /home/hadoop-0.20.2/bin/../logs/hadoop-root-tasktracker-hadoop.out
```

图 11.100　启动 Hadoop

(3) 查看 Hadoop 是否正常启动，如图 11.101 所示。程序为：

#jps

```
[root@hadoop bin]# jps
11638 TaskTracker
11536 JobTracker
11365 DataNode
11468 SecondaryNameNode
11270 NameNode
11737 Jps
[root@hadoop bin]#
```

图 11.101　Hadoop 正常启动

温馨提示：

Hadoop 中的 JobTracker 进程相当于第 5 章所说的 Master 程序，TaskTracker 进程相当于第 5 章所说的 Worker 程序。在浏览器中用以下地址检测 Hadoop 的运行情况：

(1) http://hadoop:50070。

(2) http://localhost:50070。

9. 运行 WordCount 程序

为了展示 Hadoop 不同版本的多样性，以下的步骤采用 Hadoop 1.0.4 版本。

(1) 创建输入文件的目录"/input"。程序为：

[root@hadoop ~]# hadoop fs -mkdir input

Warning: $HADOOP_HOME is deprecated.

You have new mail in /var/spool/mail/root

(2) 查看已创建的目录。程序为：

[root@hadoop ~]# hadoop fs -ls

Warning: $HADOOP_HOME is deprecated.

Found 1 items

drwxr-xr-x   - root supergroup   0 2012-11-06 17:49 /user/root/input

(3) 在"/home"目录下创建文件"file1"，并输入"hello world, hello hadoop, bye world, bye hadoop"四句话，把"/home/file1"文件复制到"user/root/input"文件夹内。程序为：

[root@hadoop ~]# hadoop fs -put /home/file1 hdfs://hadoop:9000/user/root/input

Warning: $HADOOP_HOME is deprecated.

(4) 查看拷贝后的文件。程序为：

[root@hadoop hadoop-1.0.4]# hadoop fs -ls /user/root/input

Warning: $HADOOP_HOME is deprecated.

Found 1 items

-rw-r--r--   3 root supergroup   46 2012-11-06 17:55 /user/root/input/file1

(5) 转到"/home/hadoop-1.0.4/"目录下并查看是否存在"hadoop-examples-1.0.4.jar"文件。程序为：

云计算及其实践教程

```
[root@hadoop ~]# cd /home/hadoop-1.0.4/
[root@hadoop hadoop-1.0.4]# ls
bin              hadoop-ant-1.0.4.jar         ivy           README.txt
build.xml        hadoop-client-1.0.4.jar      ivy.xml       sbin
c++              hadoop-core-1.0.4.jar        lib           share
CHANGES.txt      hadoop-examples-1.0.4.jar    libexec       src
conf             hadoop-minicluster-1.0.4.jar LICENSE.txt   webapps
contrib          hadoop-test-1.0.4.jar        logs
docs             hadoop-tools-1.0.4.jar       NOTICE.txt
```

（6）运行"hadoop-examples-1.0.4.jar"文件中的 WordCount 类，其输入为"hdfs://hadoop:9000/ user/root/input"，结果输出到"hdfs://hadoop:9000/user/root/output"。需要注意的是，输出文件夹不能预先存在，而应由系统自动创建。程序为：

```
[root@hadoop hadoop-1.0.4]# hadoop jar   hadoop-examples-1.0.4.jar wordcount
    hdfs://hadoop:9000/user/root/input hdfs://hadoop:9000/user/root/output
Warning: $HADOOP_HOME is deprecated.

12/11/06 18:02:45 INFO input.FileInputFormat: Total input paths to process : 1
12/11/06 18:02:46 INFO util.NativeCodeLoader: Loaded the native-hadoop library
12/11/06 18:02:46 WARN snappy.LoadSnappy: Snappy native library not loaded
12/11/06 18:02:49 INFO mapred.JobClient: Running job: job_201211052335_0001
12/11/06 18:02:50 INFO mapred.JobClient:   map 0% reduce 0%
12/11/06 18:03:38 INFO mapred.JobClient:   map 100% reduce 0%
12/11/06 18:04:09 INFO mapred.JobClient:   map 100% reduce 100%
12/11/06 18:04:26 INFO mapred.JobClient: Job complete: job_201211052335_0001
12/11/06 18:04:27 INFO mapred.JobClient: Counters: 29
12/11/06 18:04:27 INFO mapred.JobClient:   Job Counters
12/11/06 18:04:27 INFO mapred.JobClient:     Launched reduce tasks=1
12/11/06 18:04:27 INFO mapred.JobClient:     SLOTS_MILLIS_MAPS=52772
12/11/06 18:04:27 INFO mapred.JobClient:     Total time spent by all reduces waiting after reserving slots (ms)=0
12/11/06 18:04:27 INFO mapred.JobClient:     Total time spent by all maps waiting after reserving slots (ms)=0
12/11/06 18:04:27 INFO mapred.JobClient:     Launched map tasks=1
12/11/06 18:04:27 INFO mapred.JobClient:     Data-local map tasks=1
12/11/06 18:04:27 INFO mapred.JobClient:     SLOTS_MILLIS_REDUCES=30674
12/11/06 18:04:27 INFO mapred.JobClient:   File Output Format Counters
12/11/06 18:04:27 INFO mapred.JobClient:     Bytes Written=31
12/11/06 18:04:27 INFO mapred.JobClient:   FileSystemCounters
```

12/11/06 18:04:27 INFO mapred.JobClient:	FILE_BYTES_READ=53
12/11/06 18:04:27 INFO mapred.JobClient:	HDFS_BYTES_READ=151
12/11/06 18:04:27 INFO mapred.JobClient:	FILE_BYTES_WRITTEN=43207
12/11/06 18:04:27 INFO mapred.JobClient:	HDFS_BYTES_WRITTEN=31
12/11/06 18:04:27 INFO mapred.JobClient:	File Input Format Counters
12/11/06 18:04:27 INFO mapred.JobClient:	Bytes Read=46
12/11/06 18:04:27 INFO mapred.JobClient:	Map-Reduce Framework
12/11/06 18:04:27 INFO mapred.JobClient:	Map output materialized bytes=53
12/11/06 18:04:27 INFO mapred.JobClient:	Map input records=4
12/11/06 18:04:27 INFO mapred.JobClient:	Reduce shuffle bytes=0
12/11/06 18:04:27 INFO mapred.JobClient:	Spilled Records=8
12/11/06 18:04:27 INFO mapred.JobClient:	Map output bytes=78
12/11/06 18:04:28 INFO mapred.JobClient:	Total committed heap usage (bytes)=124850176
12/11/06 18:04:28 INFO mapred.JobClient:	CPU time spent (ms)=13730
12/11/06 18:04:28 INFO mapred.JobClient:	Combine input records=8
12/11/06 18:04:28 INFO mapred.JobClient:	SPLIT_RAW_BYTES=105
12/11/06 18:04:28 INFO mapred.JobClient:	Reduce input records=4
12/11/06 18:04:28 INFO mapred.JobClient:	Reduce input groups=4
12/11/06 18:04:28 INFO mapred.JobClient:	Combine output records=4
12/11/06 18:04:28 INFO mapred.JobClient:	Physical memory (bytes) snapshot=185212928
12/11/06 18:04:28 INFO mapred.JobClient:	Reduce output records=4
12/11/06 18:04:28 INFO mapred.JobClient:	Virtual memory (bytes) snapshot=752676864
12/11/06 18:04:28 INFO mapred.JobClient:	Map output records=8

(7) 经过超过 1 min 的运行，程序出现结果。查看输出结果，结果显示在输入文件"/home/file1"中有两个 bye、两个 hadoop、两个 hello、两个 world。程序为：

[root@hadoop hadoop-1.0.4]# hadoop fs -cat hdfs://hadoop:9000/user/root/output/*

Warning: $HADOOP_HOME is deprecated.

bye   2
hadoop 2
hello   2
world   2

cat: File does not exist: /user/root/output/_logs

(8) 显示输出文件夹"/user/root/output"下的三个文件，其中，"/user/root/output/part-r-00000"是存放输出结果的块。程序为：

[root@hadoop hadoop-1.0.4]# hadoop fs -ls /user/root/output

Warning: $HADOOP_HOME is deprecated.

Found 3 items

-rw-r--r--	3 root supergroup	0 2012-11-06 18:04	/user/root/output/_SUCCESS
drwxr-xr-x	- root supergroup	0 2012-11-06 18:02	/user/root/output/_logs
-rw-r--r--	3 root supergroup	31 2012-11-06 18:04	/user/root/output/part-r-00000

11.6.4 上机思考题

1. 参照本书 5.8.1 节内容，运行 WordCount 程序，比较与本实验步骤的差别。
2. 参照本书 5.8.2 节内容，运行每年最高气温实例程序。

11.7 支持 YARN 的 Hadoop 在两个虚拟机中分布式运行

11.7.1 实验目的

(1) 在两个虚拟机中分布式安装支持 YARN 的 Hadoop 程序开发环境。
(2) 学会运行 PI 程序和 WordCount 程序以测试所安装的环境。

11.7.2 实验环境

(1) 操作系统：Windows 7 或以上。
(2) 软件环境：VMware Workstation 10 及其以上；CentOS Linux 6 及其以上；Hadoop-2.5.1 及其以上；JDK 1.7.0_71 及其以上。

11.7.3 实验原理

1. 配置 Hadoop 集群时 No route to host(没有到主机的路由)问题的解决

问题描述：2012-07-04 18:43:31, 479 ERROR org.apache.hadoop.hdfs.server.datanode.DataNode: java.io.IOException: Call to /192.168.18.218:9000 failed on local exception: java.net.NoRouteToHostException: 没有到主机的路由。

在配置 Hadoop 时，很容易遇到以上错误，一般可以通过以下几种方法解决：

(1) 从 namenode 主机 ping 其他主机名(如 ping slave1)，如果 ping 不通，原因可能是 namenode 节点的"/etc/hosts"配置错误。

(2) 从 datanode 主机 ping namenode 主机名，如果 ping 不通，原因可能是 datanode 节点的"/etc/hosts"配置的配置错误。

(3) 查看 namenode 主机的 9000(具体根据 core-site.xml 中的 fs.default.name 节点配置)端口，是否打开。

(4) 关闭系统防火墙。这是最容易出现的问题。用命令"service iptables stop"关闭后，一切正常集群正常使用。

2. 在 Linux 下查看某一端口是否开放的方法

查看的命令是：netstat -nupl (UDP 类型的端口)和 netstat -ntpl (TCP 类型的端口)。查看 TCP 类型的端口的命令运行结果如图 11.102 所示。

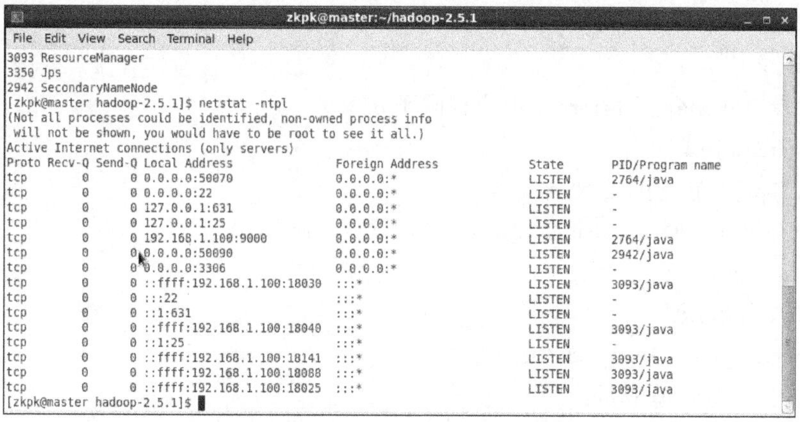

```
zkpk@master:~/hadoop-2.5.1
File Edit View Search Terminal Help
3093 ResourceManager
3350 Jps
2942 SecondaryNameNode
[zkpk@master hadoop-2.5.1]$ netstat -ntpl
(Not all processes could be identified, non-owned process info
 will not be shown, you would have to be root to see it all.)
Active Internet connections (only servers)
Proto Recv-Q Send-Q Local Address               Foreign Address             State       PID/Program name
tcp        0      0 0.0.0.0:50070               0.0.0.0:*                   LISTEN      2764/java
tcp        0      0 0.0.0.0:22                  0.0.0.0:*                   LISTEN      -
tcp        0      0 127.0.0.1:631               0.0.0.0:*                   LISTEN      -
tcp        0      0 127.0.0.1:25                0.0.0.0:*                   LISTEN      -
tcp        0      0 192.168.1.100:9000          0.0.0.0:*                   LISTEN      2764/java
tcp        0      0 0.0.0.0:50090               0.0.0.0:*                   LISTEN      2942/java
tcp        0      0 0.0.0.0:3306                0.0.0.0:*                   LISTEN      -
tcp        0      0 ::ffff:192.168.1.100:18030  :::*                        LISTEN      3093/java
tcp        0      0 :::22                       :::*                        LISTEN      -
tcp        0      0 ::1:631                     :::*                        LISTEN      -
tcp        0      0 ::ffff:192.168.1.100:18040  :::*                        LISTEN      3093/java
tcp        0      0 ::1:25                      :::*                        LISTEN      -
tcp        0      0 ::ffff:192.168.1.100:18141  :::*                        LISTEN      3093/java
tcp        0      0 ::ffff:192.168.1.100:18088  :::*                        LISTEN      3093/java
tcp        0      0 ::ffff:192.168.1.100:18025  :::*                        LISTEN      3093/java
[zkpk@master hadoop-2.5.1]$
```

图 11.102 查看 TCP 类型的端口

3. Linux 防火墙服务 iptables 的打开与关闭方法

(1) 重启后生效：

开启： chkconfig iptables on

关闭： chkconfig iptables off

(2) 即时生效，重启后失效：

开启： service iptables start

关闭： service iptables stop

(3) 命令“service iptables status”可以查看到 iptables 服务的当前状态。

11.7.4 实验内容

1. 安装准备工作

在 Windows 7 上安装 VMware Workstation 10，并用它创建新的虚拟机，安装 CentOS Linux 6 操作系统，完成 Hadoop 的安装准备工作。

温馨提示：

在 VMWare 上安装 Linux 虚拟机参见 11.10.4 节。

安装过程中选择采用分布式模式，即用两个不同的虚拟机 master 和 slave 分别分布式运行各类节点(NameNode、DataNode、ResourceManager、NodeManager、Secondary NameNode)。

两个虚拟机的制作可以用克隆的方式，即先创建 master 基本环境再克隆 slave。安装准备工作如下：

(1) 克隆之前创建 master 时要创建一个非 root 用户，如 ustb。不建议采用 root 用户操作 Hadoop。在用 CentOS 装虚拟机时，会提示输入一个用户名，建议为 ustb，密码为 ustb。

(2) 在 master 节点上安装 JDK。将 jdk-8u73-linux-i586.tar.gz 拖曳到 ustb 用户的桌面上，即“/home/ustb/Desktop”目录下。

切换到 root 用户：

```
su - root
```

输入密码:
　　ustb

创建目录"/usr/java"(在 root 用户权限下):
　　mkdir /usr/java

把 JDK 复制到新建的目录下:
　　mv /home/ustb/Desktop/jdk-8u73-linux-i586.tar.gz　/usr/java
　　cd /usr/java

将 JDK 文件解压:
　　tar -xvf　jdk-8u73-linux-i586.tar.gz

使用 gedit 配置环境变量:
　　gedit /home/ustb/.bash_profile

添加以下内容到 gedit 打开的文件中:
　　export JAVA_HOME=/usr/java/jdk1.8.0_73/
　　export PATH=$JAVA_HOME/bin:$PATH

使改动生效的命令:
　　source /home/ustb/.bash_profile

在 ustb 用户权限下测试配置:
　　java -version

若出现如图 11.103 所示的信息,则表示 JDK 安装成功。

图 11.103　JDK 安装成功

(3) 在 VMware Workstation 10 用 master 基本环境克隆 slave,如图 11.104 所示。

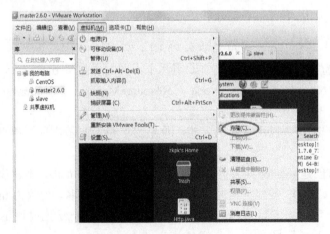

图 11.104　克隆虚拟机

选择"创建完整克隆",如图 11.105 所示。克隆虚拟机名称为"ustbslave",如图 11.106 所示。

第 11 章 云计算实践

图 11.105　克隆类型　　　　　　　　　图 11.106　虚拟机名称

2. 配置主机名

(1) master 节点。在 root 用户下使用 gedit 编辑主机名：

　　gedit /etc/sysconfig/network

以下是配置信息，将第一个节点的主机名改为 master，代码如下：

　　NETWORKING=yes #启动网络

　　HOSTNAME=master #主机名

确认修改生效命令如下：

　　hostname master

检测主机名是否修改成功命令如下，在操作之前要关闭当前终端，重新打开一个终端：

　　hostname

执行完命令，结果如图 11.107 所示。

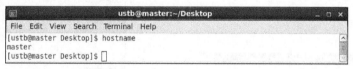

图 11.107　修改 master 主机名

(2) slave 节点。使用 gedit 编辑主机名：

　　gedit /etc/sysconfig/network

以下是配置信息，将第二个节点的主机名改为 slave，代码如下：

　　NETWORKING=yes #启动网络

　　HOSTNAME=slave #主机名

确认修改生效命令如下：

　　hostname slave

检测主机名是否修改成功命令如下，在操作之前要关闭当前终端，重新打开一个终端：

　　hostname

执行完命令，结果如图 11.108 所示。

图 11.108　修改 slave 主机名

3. 配置网络

(1) 在 master 节点配置网络。在终端执行下面的命令：

ifconfig

如果看到如图 11.109 所示的 ifconfig 的输出，则根据存在的网络地址 IP、广播地址、子网掩码配置网络。

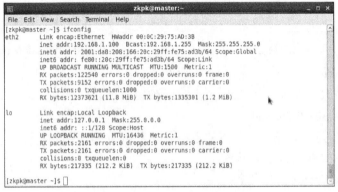

图 11.109　ifconfig 的输出

否则，在 master 节点的"System→Preferences→Network connections"菜单中，打开如下窗口，配置网络接口，如图 11.110 所示。

选择"Edit…"按钮，配置 IP 地址、子网掩码和缺省网关如图 11.111 所示。

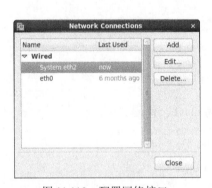

图 11.110　配置网络接口

图 11.111　配置 IP 地址、子网掩码和缺省网关

点击 Apply。如果系统提示输入 root 用户口令，则正确输入相关口令。

用 ifdown 和 ifup 命令重启网络设置，代码如下：

[ustb@master Desktop]$ su - root

Password:

第 11 章 云计算实践

[root@master ~]# ifdown eth2

Device state: 3 (disconnected)

[root@master ~]# ifup eth2

Active connection state: activated

Active connection path: /org/freedesktop/NetworkManager/ActiveConnection/1

(2) 在 slave 节点配置网络。在 slave 节点做同样的事情，其配置信息如图 11.112 所示。用 ifdown 和 ifup 命令重启网络设置。配置成功后，运行 ifconfig 命令，应看到如图 11.113 所示的结果。

图 11.112　在 slave 节点配置 IP 地址

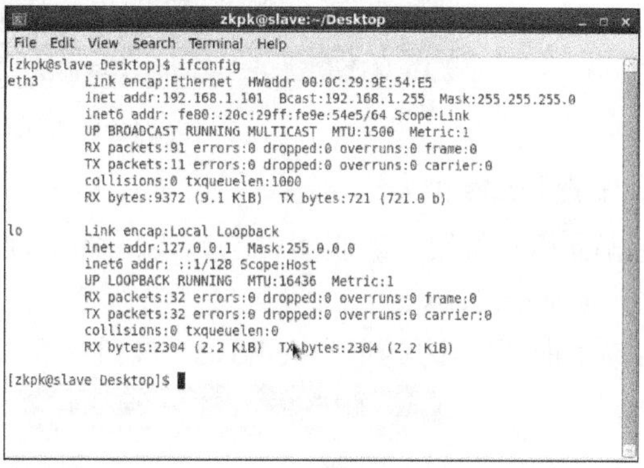

图 11.113　在 slave 节点运行 ipconfig 命令

(3) 关闭防火墙。

① 在 CentOS 中用 setup 关闭网络防火墙：

需要在 master 和 slave 两个节点上关闭防火墙，否则 nodemanager 不能启动。

② 在 root 用户下输入 setup 命令：

　　setup

出现如图 11.114 所示的界面。用光标选择 "Firewall configuration"，按回车键进入选项，如果该项前面有 "*" 标记，则按一下空格键，关闭防火墙，如图 11.115 所示。然后将光标移动到 "OK" 处保存修改内容。

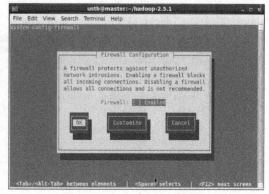

图 11.114　setup 命令弹出的界面

图 11.115　关闭防火墙

选择 "Yes"，如图 11.116 所示。

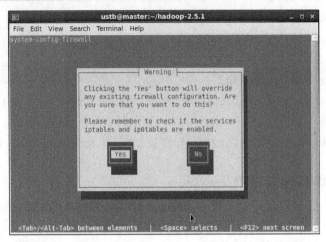

图 11.116　保存设置

4. 配置 hosts 列表

在 root 用户权限下编辑主机名列表，命令如下：

gedit /etc/hosts

将最下面两行添加到"/etc/hosts"文件中，如图 11.117 所示。

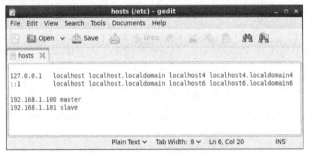

图 11.117　编辑主机名列表

按 Save(保存)退出。如果在网络配置中输入的地址不是"192.168.1.100"等地址，则在"/etc/hosts"文件中改为 master 和 slave 对应的 IP 地址。

在 slave 节点也进行同样配置。如果打开 gedit 时出现如下问题，则在 ustb 用户下输入 xhost +命令，如图 11.118 所示。

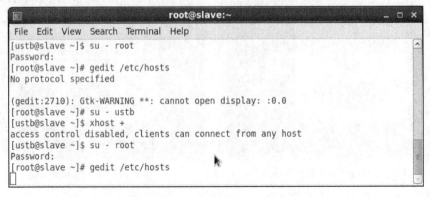

图 11.118　使用 xhost +命令

第 11 章 云计算实践

验证配置是否成功的命令如下：

    ping master

    ping slave

如果出现如图 11.119 所示的信息，则说明配置成功。

图 11.119 配置成功

在虚拟机 master 的右下角选择"网络适配器"，右键单击鼠标，出现如下图标，如图 11.120 所示。

选择"设置"，出现如图 11.121 所示的"虚拟机设置"对话框，确保"网络连接"选项选择"NAT 模式"。

图 11.120 虚拟机网络适配器设置　　　　图 11.121 "网络连接"选择"NAT 模式"

5．免密钥登录配置

该部分所有操作都要在 ustb 用户下进行。切换到 ustb 用户的命令如下：

    su - ustb

然后输入用户密码即可。

(1) master 节点。在终端生成公钥和私钥对，命令如下(一直点击回车键，生成密钥)：

ssh-keygen -t rsa

生成的密钥在 ".ssh" 目录下，复制公钥文件 id_rsa.pub 为 authorized_keys，命令如下：

cat ~/.ssh/id_rsa.pub >> ~/.ssh/authorized_keys

修改 authorized_keys 文件的权限，命令如下：

chmod 600   ~/.ssh/authorized_keys

修改完权限后，用 ls -l 查看文件列表情况如图 11.122 所示。

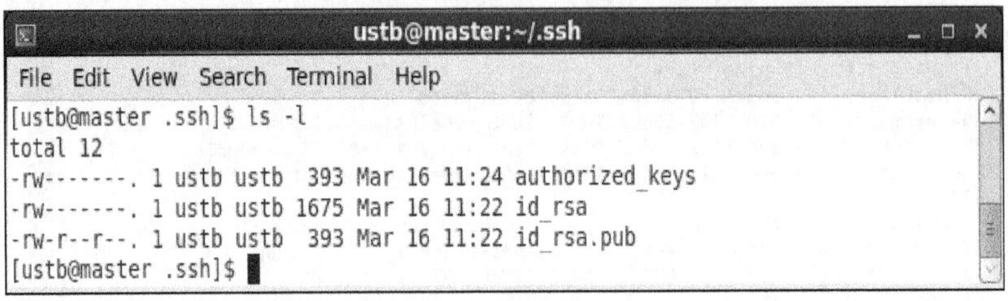

```
[ustb@master .ssh]$ ls -l
total 12
-rw-------. 1 ustb ustb  393 Mar 16 11:24 authorized_keys
-rw-------. 1 ustb ustb 1675 Mar 16 11:22 id_rsa
-rw-r--r--. 1 ustb ustb  393 Mar 16 11:22 id_rsa.pub
[ustb@master .ssh]$
```

图 11.122　查看文件权限

将 authorized_keys 文件复制到 slave 节点，命令如下：

scp ~/.ssh/authorized_keys ustb@slave:~/

如果提示输入 yes/no 时，则输入 yes，按回车键。需要输入密码时，输入 ustb 用户的密码。

(2) slave 节点。在终端生成公钥和私钥对，命令如下(一直点击回车键，生成密钥)：

ssh-keygen -t rsa

将 authorized_keys 文件移动到 ".ssh" 目录，命令如下：

mv authorized_keys ~/.ssh/

修改 authorized_keys 文件的权限，命令如下：

cd ~/.ssh

chmod 600   authorized_keys

(3) 验证免密钥登录。在 master 机器上执行如下命令：

ssh slave

如果出现如图 11.123 所示的内容，则表示免密钥配置成功。

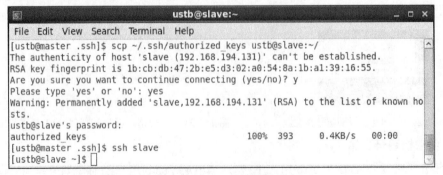

图 11.123　免密钥配置成功

然后输入 exit 命令，退出免密钥登录，如图 11.124 所示。

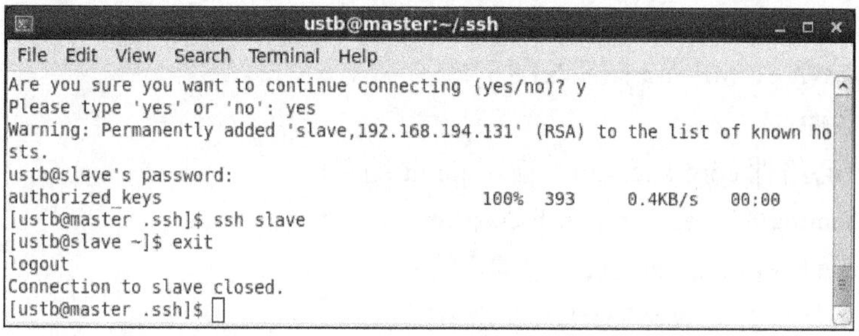

第 11 章 云计算实践

[图片:退出免密钥登录终端截图]

图 11.124 退出免密钥登录

6. Hadoop 配置部署

每个节点上的 Hadoop 配置基本相同，在 master 节点操作，完成后复制到 slave。下面的操作都使用 ustb 用户：

(1) Hadoop 安装包解压。复制并解压 Hadoop 安装包的命令如下：

cp hadoop-2.5.1.tar.gz ~

cd

tar -xvf hadoop-2.5.1.tar.gz

cd hadoop-2.5.1

用 ls -l 看到如图 11.125 所示的内容，则表示解压成功。

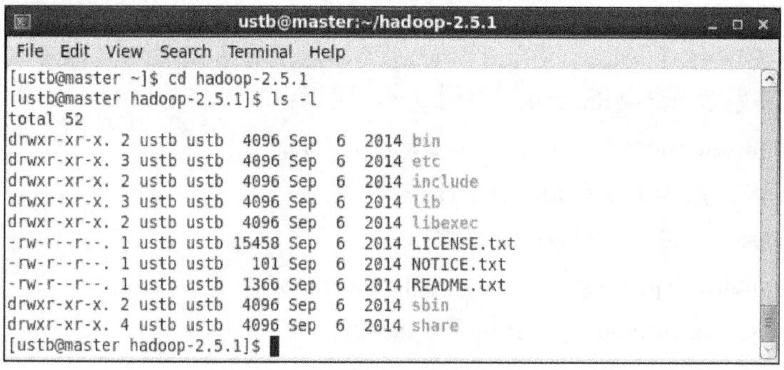

[图片:解压成功终端截图]

图 11.125 解压成功

(2) 配置环境变量 hadoop-env.sh。在环境变量文件中，只需要配置 JDK 的路径，命令如下：

gedit /home/ustb/hadoop-2.5.1/etc/hadoop/hadoop-env.sh

在文件的靠前部分找到下面一行代码：

export JAVA_HOME=${JAVA_HOME}

将以上这行代码修改为下面的代码：

export JAVA_HOME=/usr/java/jdk1.8.0_73/

然后保存文件。

(3) 配置环境变量 yarn-env.sh。在环境变量文件中，只需要配置 JDK 的路径，命令如下：

gedit /home/ustb/hadoop-2.5.1/etc/hadoop/yarn-env.sh

在文件的靠前部分找到下面一行代码：

#export JAVA_HOME=/home/y/libexec/jdk1.6.0/

将以上这行代码修改为下面的代码(将#号去掉):

export JAVA_HOME=/usr/java/jdk1.8.0_73/

然后保存文件。

(4) 配置核心组件 core-site.xml。使用 gedit 编辑：

gedit /home/ustb/hadoop-2.5.1/etc/hadoop/core-site.xml

用下面的代码替换 core-site.xml 中的内容：

```
<?xml version="1.0" encoding="UTF-8"?>
<?xml-stylesheet type="text/xsl" href="configuration.xsl"?>
<!-- Put site-specific property overrides in this file. -->
<configuration>
    <property>
        <name>fs.defaultFS</name>
        <value>hdfs://master:9000</value>
    </property>
    <property>
        <name>hadoop.tmp.dir</name>
        <value>/home/ustb/hadoopdata</value>
    </property>
</configuration>
```

(5) 配置文件系统 hdfs-site.xml。使用 gedit 编辑：

gedit /home/ustb/hadoop-2.5.1/etc/hadoop/hdfs-site.xml

用下面的代码替换 hdfs-site.xml 中的内容：

```
<?xml version="1.0" encoding="UTF-8"?>
<?xml-stylesheet type="text/xsl" href="configuration.xsl"?>
<!-- Put site-specific property overrides in this file. -->
<configuration>
    <property>
        <name>dfs.replication</name>
        <value>1</value>
    </property>
</configuration>
```

(6) 配置文件系统 yarn-site.xml。使用 gedit 编辑：

gedit /home/ustb/hadoop-2.5.1/etc/hadoop/yarn-site.xml

用下面的代码替换 yarn-site.xml 中的内容：

```
<?xml version="1.0"?>
<configuration>
    <property>
        <name>yarn.nodemanager.aux-services</name>
        <value>mapreduce_shuffle</value>
```

```
        </property>
        <property>
                <name>yarn.resourcemanager.address</name>
                <value>master:18040</value>
        </property>
        <property>
                <name>yarn.resourcemanager.scheduler.address</name>
                <value>master:18030</value>
        </property>
        <property>
                <name>yarn.resourcemanager.resource-tracker.address</name>
                <value>master:18025</value>
        </property>
        <property>
                <name>yarn.resourcemanager.admin.address</name>
                <value>master:18141</value>
        </property>
        <property>
                <name>yarn.resourcemanager.webapp.address</name>
                <value>master:18088</value>
        </property>
</configuration>
```

(7) 配置计算框架 mapred-site.xml。复制 mapred-site.xml.template 文件：

```
cd /home/ustb/hadoop-2.5.1
cp etc/hadoop/mapred-site.xml.template etc/hadoop/mapred-site.xml
```

使用 gedit 编辑：

```
gedit /home/ustb/hadoop-2.5.1/etc/hadoop/mapred-site.xml
```

用下面的代码替换 mapred-site.xml 中的内容：

```
<?xml version="1.0"?>
<?xml-stylesheet type="text/xsl" href="configuration.xsl"?>
<configuration>
        <property>
                <name>mapreduce.framework.name</name>
                <value>yarn</value>
        </property>
</configuration>
```

(8) 配置从节点文件 slaves。使用 gedit 编辑：

```
gedit etc/hadoop/slaves
```

用下面的代码替换 slaves 中的内容：

slave

(9) 复制到从节点。使用下面的命令将已经配置完成的 Hadoop 从主节点 master 复制到从节点 slave 上：

cd

scp -r hadoop-2.5.1 slave:~/

需要注意的是，因为之前已经配置了免密钥登录，这里可以直接远程复制。

7. 启动 Hadoop 集群

下面所有的操作都使用 ustb 用户：

(1) 配置 Hadoop 启动的系统环境变量。该节的配置需要同时在两个节点(master 和 slave)上操作，命令如下：

cd

gedit ~/.bash_profile

将下面的代码追加到.bash_profile 末尾：

#HADOOP

export HADOOP_HOME=/home/ustb/hadoop-2.5.1

export PATH=$HADOOP_HOME/bin:$HADOOP_HOME/sbin:$PATH

然后执行命令：

source .bash_profile

(2) 创建数据目录。该节的配置需要同时在两个节点(master 和 slave)上操作。在 ustb 用户主目录下，创建数据目录，命令如下：

mkdir /home/ustb/hadoopdata

(3) 格式化文件系统。在 master 节点执行格式化文件系统命令，命令如下：

hdfs namenode -format

该命令不需在 slave 节点执行。执行结果如图 11.126 所示，则格式化成功。

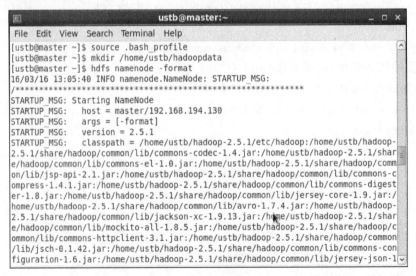

图 11.126　格式化成功

(4) 启动 Hadoop。使用 start-all.sh 启动 Hadoop 集群，首先进入 Hadoop 安装主目录，然后执行启动命令：

cd ~/hadoop-2.5.1

sbin/start-all.sh

执行命令后，在提示输入 yes/no 时，输入 yes。也可以分别用 start-dfs.sh 和 start-yarn.sh 启动 HDFS 和 Yarn。该命令不需在 slave 节点执行。

8. 检查进程是否启动

(1) 在 master 虚拟机的 Terminal 执行 jps 命令，在输出结果中会看到四个进程，分别是 NameNode、ResourceManager、Jps、SecondaryNameNode，如图 11.127 所示。如果出现这些进程，则表明主节点启动成功。

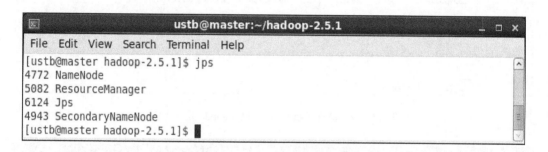

图 11.127　master 节点的 jps 进程

(2) 在 slave 虚拟机的 Terminal 执行 jps 命令，在输出结果中会看到三个进程，分别为 DataNode、NodeManager、Jps，如图 11.128 所示。如果出现这些进程，则表明从节点启动成功。

图 11.128　slave 节点的 jps 进程

9. Web 界面查看集群是否成功启动

(1) 在 master 虚拟机上启动 Firefox 浏览器，在地址栏输入："http://master:50070/"，检查 Namenode 和 Datanode 是否正常，如图 11.129 所示。

(2) 在 master 虚拟机上启动 Firefox 浏览器，在地址栏输入："http://master:18088/"，检查 Yarn 是否正常，如图 11.130 所示。

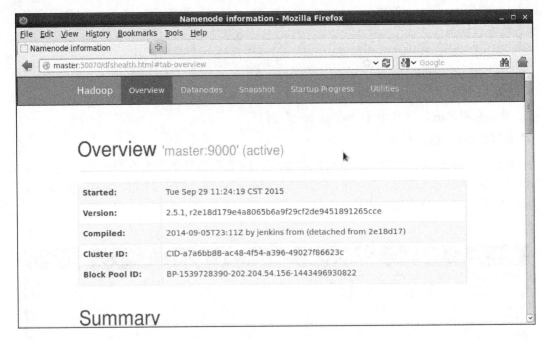

图 11.129　检查 Namenode 和 Datanode 是否正常

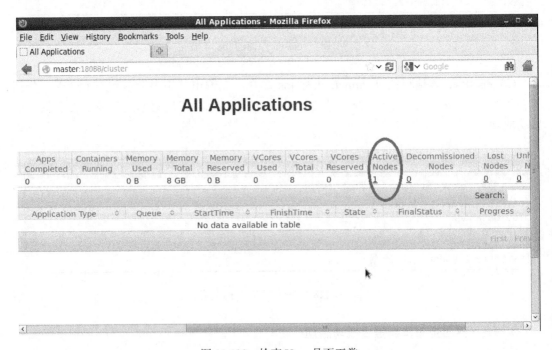

图 11.130　检查 Yarn 是否正常

10. 运行 PI 程序检查分布式集群是否成功

(1) 进入如下目录，运行下面的命令：

　　cd hadoop-2.5.1/share/hadoop/mapreduce

(2) 执行如下命令：

hadoop jar hadoop-mapreduce-examples-2.5.1.jar pi 10 10(表明启动 10 个 map task) 会有如图 11.131 所示的过程和图 11.132 所示的结果，最后一行是估算出来的 PI 值。

```
zkpk@master:~/hadoop-2.5.1/share/hadoop/mapreduce
File  Edit  View  Search  Terminal  Help
[zkpk@master hadoop-2.5.1]$ cd share/hadoop/mapreduce
[zkpk@master mapreduce]$ hadoop jar hadoop-mapreduce-examples-2.5.1.jar pi 10 10
Number of Maps  = 10
Samples per Map = 10
15/09/30 10:54:09 WARN util.NativeCodeLoader: Unable to load native-hadoop libra
ry for your platform... using builtin-java classes where applicable
Wrote input for Map #0
Wrote input for Map #1
Wrote input for Map #2
Wrote input for Map #3
Wrote input for Map #4
Wrote input for Map #5
Wrote input for Map #6
Wrote input for Map #7
Wrote input for Map #8
Wrote input for Map #9
Starting Job
15/09/30 10:54:17 INFO client.RMProxy: Connecting to ResourceManager at master/2
02.204.54.209:18040
15/09/30 10:54:22 INFO input.FileInputFormat: Total input paths to process : 10
15/09/30 10:54:22 INFO mapreduce.JobSubmitter: number of splits:10
15/09/30 10:54:23 INFO mapreduce.JobSubmitter: Submitting tokens for job: job_14
43581542785_0001
15/09/30 10:54:26 INFO impl.YarnClientImpl: Submitted application application_14
43581542785_0001
15/09/30 10:54:26 INFO mapreduce.Job: The url to track the job: http://master:18
088/proxy/application_1443581542785_0001/
15/09/30 10:54:26 INFO mapreduce.Job: Running job: job_1443581542785_0001
15/09/30 10:55:21 INFO mapreduce.Job: Job job_1443581542785_0001 running in uber mod
e : false
15/09/30 10:55:21 INFO mapreduce.Job:  map 0% reduce 0%
15/09/30 11:10:25 INFO mapreduce.Job:  map 10% reduce 0%
15/09/30 11:11:12 INFO mapreduce.Job:  map 60% reduce 0%
```

图 11.131　运行 PI 程序的过程

```
zkpk@master:~/hadoop-2.5.1/share/hadoop/mapreduce
File  Edit  View  Search  Terminal  Help
                Map output records=20
                Map output bytes=180
                Map output materialized bytes=280
                Input split bytes=1410
                Combine input records=0
                Combine output records=0
                Reduce input groups=2
                Reduce shuffle bytes=280
                Reduce input records=20
                Reduce output records=0
                Spilled Records=40
                Shuffled Maps =10
                Failed Shuffles=0
                Merged Map outputs=10
                GC time elapsed (ms)=229163
                CPU time spent (ms)=27860
                Physical memory (bytes) snapshot=734986240
                Virtual memory (bytes) snapshot=9214771200
                Total committed heap usage (bytes)=1196654592
        Shuffle Errors
                BAD_ID=0
                CONNECTION=0
                IO_ERROR=0
                WRONG_LENGTH=0
                WRONG_MAP=0
                WRONG_REDUCE=0
        File Input Format Counters
                Bytes Read=1180
        File Output Format Counters
                Bytes Written=97
Job Finished in 386.671 seconds
Estimated value of Pi is 3.20000000000000000000
[zkpk@master mapreduce]$
```

图 11.132　运行 PI 程序的结果

11. 运行 WordCount 程序

(1) 创建输入文件的目录"input":

[ustb@master ~]$ hadoop fs -mkdir input

15/10/16 13:18:06 WARN util.NativeCodeLoader: Unable to load native-hadoop library for your platform... using builtin-java classes where applicable

(2) 查看已创建的目录:

[ustb@master ~]$ hadoop fs -ls

15/10/16 13:18:44 WARN util.NativeCodeLoader: Unable to load native-hadoop library for your platform... using builtin-java classes where applicable

Found 2 items

drwxr-xr-x   - ustb supergroup 0 2015-09-30 10:55 QuasiMonteCarlo_1443581646614_410124067

drwxr-xr-x   - ustb supergroup   0 2015-10-16 13:18 input

(3) 在"/home/ustb"下用 gedit file1 命令创建文件"file1",并输入"hello world"、"hello hadoop"、"bye world"、"bye hadoop"四句话。用如下命令把"/home/ustb/file1"(本地目录)拷贝到"user/ustb/input"文件夹(hdfs 目录):

[ustb@master ~]$ hadoop fs -put /home/ustb/file1 hdfs://master:9000/user/ustb/input

15/10/16 13:28:38 WARN util.NativeCodeLoader: Unable to load native-hadoop library for your platform... using builtin-java classes where applicable

(4) 用如下命令查看拷贝后的文件:

[ustb@master ~]$ hadoop fs -ls /user/ustb/input

15/10/16 13:31:55 WARN util.NativeCodeLoader: Unable to load native-hadoop library for your platform... using builtin-java classes where applicable

Found 1 items

-rw-r--r--   1 ustb supergroup   49 2015-10-16 13:28 /user/ustb/input/file1

(5) 转到如下目录并查看是否存在"hadoop-mapreduce-examples-2.5.1.jar"文件:

[ustb@master ~]$ cd hadoop-2.5.1/share/hadoop/mapreduce

[ustb@master mapreduce]$ ls

hadoop-mapreduce-client-app-2.5.1.jar

hadoop-mapreduce-client-common-2.5.1.jar

hadoop-mapreduce-client-core-2.5.1.jar

hadoop-mapreduce-client-hs-2.5.1.jar

hadoop-mapreduce-client-hs-plugins-2.5.1.jar

hadoop-mapreduce-client-jobclient-2.5.1.jar

hadoop-mapreduce-client-jobclient-2.5.1-tests.jar

hadoop-mapreduce-client-shuffle-2.5.1.jar

hadoop-mapreduce-examples-2.5.1.jar

lib

lib-examples

sources

(6) 用以下命令运行"hadoop-mapreduce-examples-2.5.1.jar"文件中的 wordcount 类，其输入为" hdfs://master:9000/user/ustb/input"，结果输出到" hdfs://master:9000/user/ustb/output"。需要注意的是，输出文件夹不能预先存在，而应由系统自动创建。命令如下：

[ustb@master mapreduce]$ hadoop jar hadoop-mapreduce-examples-2.5.1.jar wordcount hdfs://master:9000/user/ustb/input hdfs://master:9000/user/ustb/output

(7) 经过超过 1 min 的运行，程序出现结果。用下列命令查看输出结果，结果显示在输入文件"/home/ustb/file1"中，有两个 bye、两个 hadoop、两个 hello、两个 world。命令如下：

[ustb@master mapreduce]$ hadoop fs -cat hdfs://master:9000/user/ustb/output/*
15/10/16 13:41:37 WARN util.NativeCodeLoader: Unable to load native-hadoop library for your platform... using builtin-java classes where applicable
bye   2
hadoop 2
hello   2
world   2

(8) 以下命令显示输出文件夹"/user/ustb/output"下的两个文件，其中"/user/ustb/output/part-r-00000"是存放输出结果的块。命令如下：

[ustb@master mapreduce]$ hadoop fs -ls /user/ustb/output
15/10/16 13:44:01 WARN util.NativeCodeLoader: Unable to load native-hadoop library for your platform... using builtin-java classes where applicable
Found 2 items
-rw-r--r--   1 ustb supergroup   0 2015-10-16 13:39 /user/ustb/output/_SUCCESS
-rw-r--r--   1 ustb supergroup   42 2015-10-16 13:39 /user/ustb/output/part-r-00000

11.7.5 上机思考题

1. 如何在 CentOS Linux 中创建用户？
2. 如何在 CentOS Linux 中的不同用户之间切换？
3. 比较本节的 WordCount 实例操作和上一节有何不同？

11.8 Spark 安装部署及上机操作

11.8.1 实验目的

(1) 在已经安装好的 Hadoop 环境中安装 Spark 程序开发环境。
(2) 学会运行 PI 程序和 Spark Shell 程序以测试所安装的环境。

11.8.2 实验环境

(1) 操作系统：Windows 7 或以上。
(2) 软件环境：VMware Workstation 10 及其以上；CentOS Linux 6 及其以上；

Hadoop-2.5.1 及其以上；JDK 1.7.0_71 及其以上；Spark 1.6.0 及其以上。

11.8.3 实验内容

该部分的安装需要在 Hadoop 已经成功安装的基础上，并且要求 Hadoop 已经成功启动。将 Spark 安装到 master 节点上，下面的操作都在 master 节点执行。用户使用 ustb 用户。

1. 解压并安装 Spark

将 spark-1.6.1-bin-hadoop2.4.gz 拖曳到 ustb 用户的桌面上，即 "/home/ustb/Desktop" 目录下。

使用下面的命令，解压 Spark 安装包：

```
mv /home/ustb/Desktop/spark-1.6.1-bin-hadoop2.4.gz ~/
cd
tar -zxvf spark-1.6.1-bin-hadoop2.4.gz
cd spark-1.6.1-bin-hadoop2.4
```

执行 ls-l 命令查看目录中的文件，如图 11.133 所示。

图 11.133 解压成功

2. 配置 Hadoop 环境变量

在 Yarn 上运行 Spark 需要配置环境变量，命令如下：

```
gedit ~/.bash_profile
```

在最后增加如下代码：

```
export HADOOP_CONF_DIR=$HADOOP_HOME/etc/hadoop
export HDFS_CONF_DIR=$HADOOP_HOME/etc/hadoop
export YARN_CONF_DIR=$HADOOP_HOME/etc/hadoop
```

保存关闭后，执行命令：

```
source ~/.bash_profile
```

使环境变量生效。

3. 验证 Spark 安装

(1) 进入 Spark 安装主目录，命令如下：

[ustb@master ~]$ cd spark-1.6.1-bin-hadoop2.4

(2) 执行"./bin/spark-submit"命令，提交任务，命令如下：

[ustb@master spark-1.6.1-bin-hadoop2.4]$ ./bin/spark-submit --class org.apache.spark.examples.SparkPi --master yarn-cluster --num-executors 3 --driver-memory 1g --executor-memory 1g --executor-cores 1 lib/spark-examples*.jar 10

(3) 运行结果如下，则说明成功：

    client token: N/A

    diagnostics: N/A

    ApplicationMaster host: 192.168.195.11

    ApplicationMaster RPC port: 0

    queue: default

    start time: 1458197379622

    final status: SUCCEEDED

    tracking URL: http://master:18088/proxy/application_1458192627621_0003/A

    user: ustb

16/03/17 14:50:19 INFO util.ShutdownHookManager: Shutdown hook called

16/03/17 14:50:19 INFO util.ShutdownHookManager: Deleting directory /tmp/spark-70cc9b1b-c035-4667-a4bf-aab9c0f6f215

(4) 注意到最终状态是 SUCCEEDED，应用 ID 是 application_1458192627621_0003。查看执行结果，需要在 master 节点上执行以下代码并远程登录到 slave 上：

[ustb@master spark-1.6.1-bin-hadoop2.4]$ ssh slave

Last login: Wed Mar 16 11:32:17 2016 from master

[ustb@slave ~]$ cd $HADOOP_HOME/logs/userlogs/

[ustb@slave userlogs]$ ls

application_1458192627621_0001   application_1458192627621_0002   application_1458192627621_0003

[ustb@slave userlogs]$ cd application_1458192627621_0003

[ustb@slave application_1458192627621_0003]$ ls

container_1458192627621_0003_01_000001   container_1458192627621_0003_01_000003

container_1458192627621_0003_01_000002   container_1458192627621_0003_01_000004

[ustb@slave application_1458192627621_0003]$ cd container_1458192627621_0003_01_000001

[ustb@slave container_1458192627621_0003_01_000001]$ ls

stderr   stdout

[ustb@slave container_1458192627621_0003_01_000001]$ cat stdout

Pi is roughly 3.142316

注意到最终结果为 Pi，大约为 3.142316(结果可能有微小差别)。最后退出远程登录，命令如下：

[ustb@slave container_1458192627621_0003_01_000001]$ exit

logout

Connection to slave closed.

4. Spark Shell 的使用：基本命令

(1) 进入 Spark 主目录，并运行 spark-shell 命令：

[ustb@master ~]$ ls

Desktop	hadoop-2.5.1.tar.gz	Public	test
Documents	hadoopdata	software	Videos
Downloads	Http.java	spark-1.6.1-bin-hadoop2.4	workspace
file1	Music	spark-1.6.1-bin-hadoop2.4.gz	
hadoop-2.5.1	Pictures	Templates	

[ustb@master ~]$ cd spark-1.6.1-bin-hadoop2.4

[ustb@master spark-1.6.1-bin-hadoop2.4]$ ls

bin   data   examples   LICENSE   python   RELEASE
conf   ec2   lib   NOTICE   README.md   sbin

[ustb@master spark-1.6.1-bin-hadoop2.4]$ bin/spark-shell

下面是运行结果：

SQL context available as sqlContext.

scala>

出现"scala>"提示符，说明已经可以使用 Spark Shell。

(2) 用集合创建 RDD。命令如下：

scala> val nums=sc.parallelize(List(1,2,3))

结果如下：

nums: org.apache.spark.rdd.RDD[Int] = ParallelCollectionRDD[0] at parallelize at <console>:27

(3) 返回前 N 个值。命令如下：

scala> nums.take(2)

结果如下(一些辅助性信息没有显示)：

res0: Array[Int] = Array(1, 2)

(4) 计算总元素数。命令如下：

scala> nums.count()

结果如下(一些辅助性信息没有显示)：

res1: Long = 3

(5) 元素求和。命令如下：

scala> nums.reduce(_+_)

结果如下(一些辅助性信息没有显示)：

res2: Int = 6

(6) 打开浏览器，查看运行界面，如图 11.134 所示。命令如下：

http://localhost:4040/

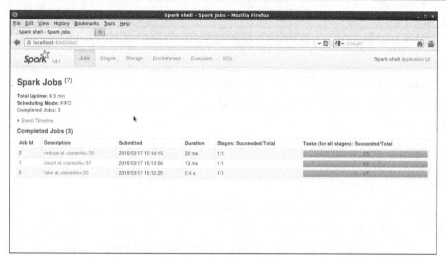

图 11.134 查看运行界面

可以看到上述三个 job 的运行描述和运行时间。

(7) 退出 Spark Shell。使用 exit 命令退出。

5. Spark Shell 的使用:Key-Value 类型的 RDD 命令

出现"scala>"提示符，说明已经可以使用 Spark Shell。

(1) 创建 RDD。用集合创建 Key-Value 类型的 RDD。命令如下：

scala>　val rdd=sc.parallelize(List(("A",1),("B",2),("C",3),("A",4),("B",5)))

结果如下：

rdd: org.apache.spark.rdd.RDD[(String, Int)] = ParallelCollectionRDD[1] at parallelize at <console>:27

(2) 使用 reduceByKey。命令如下：

scala> val rbk=rdd.reduceByKey(_+_).collect

结果如下(一些辅助性信息没有显示)：

rbk: Array[(String, Int)] = Array((B,7), (A,5), (C,3))

(3) 使用 groupByKey。命令如下：

scala> val gbk=rdd.groupByKey.collect

结果如下(一些辅助性信息没有显示)：

gbk: Array[(String, Iterable[Int])] = Array((B,CompactBuffer(2, 5)), (A,CompactBuffer(1, 4)), (C,CompactBuffer(3)))

(4) 使用 sortByKey。命令如下：

scala> val sbk=rdd.sortByKey().collect//注意这里 sortByKey 小括号不能省，因为代表参数列表。

结果如下(一些辅助性信息没有显示)：

sbk: Array[(String, Int)] = Array((A,1), (A,4), (B,2), (B,5), (C,3))

(5) 创建新的 Key-Value 类型的 RDD。命令如下：

scala> val player=sc.parallelize(List(("ACMILAN","KAKA"),("ACMILAN","BT"), ("GUANGZHOU", "ZHENZHI")))

结果如下：

  player: org.apache.spark.rdd.RDD[(String, String)] = ParallelCollectionRDD[5] at parallelize at <console>:27

(6) 创建新的 Key-Value 类型的 RDD。命令如下：

  scala> val team=sc.parallelize(List(("ACMILAN",5),("GUANGZHOU",3)))

结果如下：

  team: org.apache.spark.rdd.RDD[(String, Int)] = ParallelCollectionRDD[6] at parallelize at <console>:27

(7) 使用 join。命令如下：

  scala> player.join(team).collect//注意，没有 collect 将不在本地显示结果

结果如下(一些辅助性信息没有显示)：

  res3: Array[(String, (String, Int))] = Array((GUANGZHOU,(ZHENZHI,3)), (ACMILAN,(KAKA,5)), (ACMILAN,(BT,5)))

(8) 使用 cogroup。命令如下：

  scala> player.cogroup(team).collect

结果如下(一些辅助性信息没有显示)：

  res4: Array[(String, (Iterable[String], Iterable[Int]))] = Array((GUANGZHOU, (CompactBuffer(ZHENZHI), CompactBuffer(3))), (ACMILAN,(CompactBuffer(KAKA, BT),CompactBuffer(5))))

11.8.4 上机思考题

1. 使用 exit 命令退出 Spark Shell 后，还能用"http://localhost:4040/"查看 job 的运行描述和运行时间吗？

2. 使用 spark-submit 运行如下程序，并查看结果(在"/home/ustb/spark-1.6.1-bin-hadoop2.4"目录下)：

  bin/spark-submit --master yarn-cluster --class org.apache.spark.examples.SparkPi lib/spark-examples-1.6.1-hadoop2.4.0.jar 5

3. 使用 spark-submit 运行如下程序，并查看结果(在"/home/ustb/spark-1.6.1-bin-hadoop2.4"目录下)：

  bin/spark-submit --master local --class org.apache.spark.examples.SparkPi lib/ spark-examples-1.6.1-hadoop2.4.0.jar 5 >Sparkpilog.txt

4. 比较本节的 PI 程序运行时间和上一节的 PI 程序运行时间有何不同？

11.9 云中的 Spark 实验

11.9.1 实验目的

(1) 利用 Databricks Community Edition(Databricks CE)在网上做 Spark 实验。

(2) 学会运行 Spark Shell 程序以测试所用的云环境。

11.9.2 实验环境

(1) 操作系统：Windows 7 或以上。

(2) 软件环境：Google Chrome 浏览器。

需要注意的是，Internet Explorer 11 和 Microsoft Edge 似乎不能登录到 Databricks Community Edition 的控制台界面。

11.9.3 实验内容

(1) 输入网址："https://databricks.com/try-databricks"，进入如图 11.135 所示的界面。

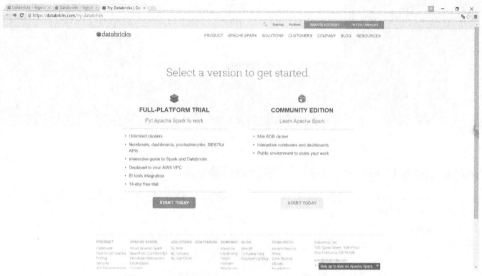

图 11.135　Databricks Community Edition 首页

(2) 选择右侧的"Start Today"，进入注册界面(不选择 14 天试用的版本，而是选择 Community Edition，该版本长期免费)，如图 11.136 所示。输入个人信息和自己设置的密码，并实现人机身份验证，点击"Sign up"按钮，进入下一步。

图 11.136　注册界面

(3) 在图 11.137 中确认接收使用协议,进入下一步。

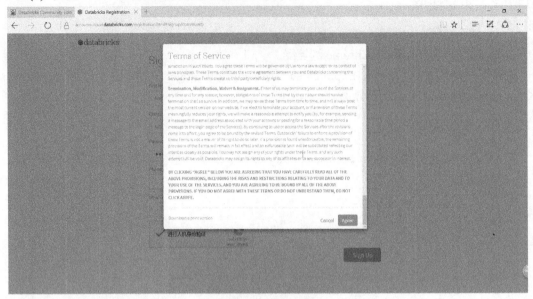

图 11.137 同意协议

(4) 出现如图 11.138 所示的界面,进行邮箱验证。

图 11.138 邮箱验证

(5) 在自己的邮箱中验证连接后,转入 Databricks Community Edition 用户登录界面 (https://community.cloud.databricks.com/login.html),输入邮箱名和 Databricks Community Edition 的密码,进入如图 11.139 所示的界面。

(6) 选左边列表栏中的 Cluster,得到如图 11.140 所示的界面。

第 11 章 云计算实践

图 11.139　Databricks Community Edition 控制台

图 11.140　Cluster 列表界面

(7) 创建 Cluster，点击"Create Cluster"按钮，得到如图 11.141 所示的界面。

图 11.141　创建 Cluster

(8) 输入 Cluster 名字、Spark 版本号，如图 11.142 所示。

图 11.142　一个创建 Cluster 的例子

(9) 创建完 Cluster 后，等待 Cluster 启动并运行起来，如图 11.143 所示。

图 11.143　一个运行的 Cluster 的信息

(10) 创建 Notebook。在左边的列表栏中选择"Workspace"，点击"Create→Notebook"，如图 11.144 所示。

第 11 章 云计算实践

图 11.144 创建 Notebook

(11) 在打开的"Create Notebook"对话框中输入 Notebook 的名字、选择编程语言(这里选择 Python)、选择绑定的 Cluster,如图 11.145 所示。

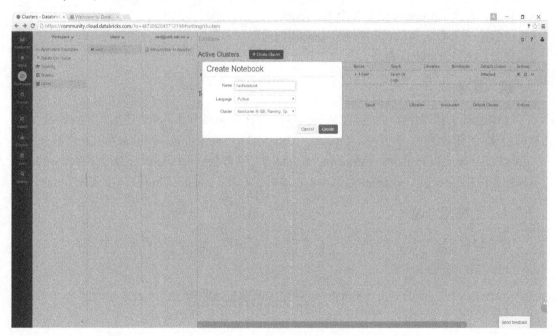

图 11.145 输入 Notebook 信息

(12) 在创建好的"Notebook"中输入程序命令,按"Shift"+"Enter"键运行程序命令,如图 11.146 所示。

图 11.146　在 Notebook 中运行程序命令

(13) 可以试着运行更多的命令，并参考 Databricks Guide。在控制台的右上角点击" ? "，出现一个帮助列表，并选择"Databricks Guide"，如图 11.147 所示。

(14) 可以创建多个 Cluster 或者多个 Notebook。一个 Cluster 可以有多个 Notebook。建议再创建一个面向 Scala 语言的 Notebook，并测试实验 11.8 节的 Scala 命令。

图 11.147　帮助列表

💬 温馨提示：

对 Cluster 的操作停止 1 h 后，Cluster 将转入 Terminated 状态，可以通过在 Notebook 中重新执行某个程序命令来重启 Cluster。Databricks Community Edition 的登录界面是："https://community.cloud.databricks.com/login.html"。似乎 Internet Explorer 11 和 Microsoft Edge 不能登录到 Databricks Community Edition 的控制台界面，Google Chrome 浏览器可以使用。

11.9.4　上机思考题

比较本节实验和上一节实验，同样实现 Spark 编程，两者各有什么优缺点？

11.10　云实践路径推荐

11.10.1　从一份调查问卷谈云实践路径

学习云计算既需要懂理论，更需要重实践。那么，到底应该如何开始和进入云计算的实践之路呢？

第 11 章 云计算实践

一个重要起点是先摸清自己的虚实。下面的调查问卷可以帮助读者了解自身对云计算的理论和实践知识掌握的程度。

仔细思考，根据自己的情况，选择回答如下问题：

1. 你为何选择"云计算"这门课？(可多选)
   A. 听往届学长推荐　　　　　　　　　　B. 随便选的
   C. 看本科教学网站上的教学日志和教学大纲选的
   D. 喜欢云计算和物联网，看课程名字选的　　E. 其他

2. 你学过如下哪些课程？(可多选)
   A. 计算机网络　　　　B. 数据库原理
   C. Linux　　　　　　D. 程序开发(如 JAVA/C#)

3. 你对 Hadoop 了解多少？(可多选)
   A. 没听说过　　　　B. 听说过，但没仔细了解过　　C. 知道一些相关理论和概念
   D. 安装过 Hadoop　　E. 安装过带 Yarn 的 Hadoop　　F. 在 Hadoop 上运行过程序
   G. 在 Hadoop 上开发过程序

4. 你对 Windows Azure 了解多少？(可多选)
   A. 没听说过　　　　B. 听说过，但没仔细了解过　　C. 知道一些相关理论和概念
   D. 在 Visual Studio 中安装过 Windows Azure 开发环境
   E. 在 Visual Studio 中的 Windows Azure 开发环境中编写过程序
   F. 申请到 Windows Azure 的账号
   G. 申请到 Windows Azure 的账号并上传自己的程序到其云中

5. 你对 Spark 了解多少？(可多选)
   A. 没听说过　　　　B. 听说过，但没仔细了解过　　C. 知道一些相关理论和概念
   D. 在 Hadoop+Yarn 环境中安装过 Spark　　E. 听说过其编程语言 Scala
   F. 在 Spark 环境下用其编程语言 Scala 开发过程序

6. 你对 Amazon EC2 了解多少？(可多选)
   A. 没听说过　　　　B. 听说过，但没仔细了解过　　C. 知道一些相关理论和概念
   D. 有 Amazon 云计算账号　　E. 用 Amazon 云计算账号创建过 EC2 虚拟机

7. 你对 Google App Engine 了解多少？(可多选)
   A. 没听说过　　　　B. 听说过，但没仔细了解过　　C. 知道一些相关理论和概念
   D. 有 Google 云计算账号　　E. 在 GAE(Google App Engine)中创建过自己的应用

8. 你对 OpenStack 了解多少？(可多选)
   A. 没听说过　　　　B. 听说过，但没仔细了解过　　C. 知道一些相关理论和概念
   D. 在 Linux 上安装过 OpenStack　　E. 在 OpenStack 上创建过虚拟机

9. 你获取新知识时，是优先扩展广度，还是优先扩展深度？(单选)
   A. 广度优先　　　B. 深度优先　　　C. 不知道

10. 下面哪种形式的知识你最喜欢吸收？(可多选)
    A. 中文文本　　B. 英文文本　　C. 程序源代码　　D. 数学公式
    E. 图片　　　　F. 视频　　　　G. 表格

以上这个问卷首先讲明了云计算这门课的先行课程，即计算机网络、数据库原理、

Linux、 程序开发(如 JAVA/C#)等。如果学生没学过这些课程,就需要授课老师在讲到相关内容时给他们及时补充。如果是学生自学,就需要找相关的教材,并进一步从网络上搜索一些信息以解决某些知识缺陷。

其次,该问卷还给出了云计算这门课相关的学习内容。至少包括 Hadoop、Spark、OpenStack、Windows Azure、Amazon EC2、Google App Engine 等六项。其中,前三者是开源云平台,需要 Linux 知识,需要自行安装,对技术要求较高;后三者是商业云平台,无需安装,只要申请到账号就可以开始使用,入门较容易。

最后,该问卷建议了学习云计算的方法。例如要了解自己是广度优先还是深度优先,在照顾自己获取新知识的特性的同时,补充另一个方面的不足,争取做到既有深度又有广度。但自己最终会发现,要么追求广度,要么追求深度,不可兼得,这也是单选的原因。

另外,学习方法中还建议了几种知识形式,最好都喜欢,但本质上是做不到的,因为自己喜欢吸收的知识形式必然是有限的。授课老师可以从学生对第 10 题的回答中掌握一些倾向,在备课时多准备相应的知识形式。

但是,这个问卷的深层意义在于可以根据上述六项学习内容的选项,列出学习和实践的路径。比如对 Spark 而言,给出的选项是:

  A. 没听说过 B. 听说过,但没仔细了解过 C. 知道一些相关理论和概念
  D. 在 Hadoop+Yarn 环境中安装过 Spark E. 听说过其编程语言 Scala
  F. 在 Spark 环境下用其编程语言 Scala 开发过程序。从 A 到 F 的次序可以看做实践 Spark 的顺序和路径。其他五项学习内容的选项也可以看做实践路径,这里就不赘述了。

11.10.2 结合翻转课堂进行云实践

建议结合翻转课堂(Flipped Classroom 或 Inverted Classroom)的理念,重新调整课堂内外的时间,将学习的决定权从教师转移给学生。其目标是为了让学生通过云平台安装和开发的实践获得更真实的学习。

翻转课堂(Flipped Classroom 或 Inverted Classroom)的理念就是教师不再过多的占用课堂的时间来讲授信息,这些信息需要学生在课后完成自主学习。让学生成为学习的主人,教师只讲重点的关键内容,学生通过实践获得知识。

那么翻转课堂自主学习的内容可以有哪些呢?至少包括以下三部分:

(1) 入门级。只看不做,重点在理论和概念。例如,可以看视频讲座(如教师购买的小象学院的 Hadoop 视频课程、网上公开的华为云计算大会视频、网上公开的百度年度大会视频等)、听播客、阅读功能增强的电子书,还可以在网络上与别的同学讨论,能在任何时候去查阅需要的材料。

(2) 提高级。做本书的实验。结合本书的实验部分做 Windows 平台(Windows Azure)和 Linux 平台(Hadoop 和 Spark)的云计算实验,每个学生也可以更个人性化地与教师交流。例如,自己动手安装 Hadoop、Spark 运行环境并用 Java 或 Scala 语言开发 Linux 平台下的云程序;自己动手安装 Windows Azure 运行环境并用 C#语言开发 Windows 平台下的云程序;自己动手安装 VMware Workstation 虚拟化软件或 OpenStack 开源虚拟化管理平台,创建自己的虚拟机。这些内容都能在本书中得到启发并由学生自己进一步找资料和软件加以完成,使学生获得云计算实践领域的系统的而非零散的体验。

(3) 扩展级。真正的自主学习。可以优选国内的云平台，也可以选择国外的云平台。国内的主流云平台包括阿里云(https://www.aliyun.com)、腾讯云(https://www.qcloud.com)、百度云(https://bce.baidu.com)、新浪云(http://www.sinacloud.com)等。国外的云平台包括亚马逊 AWS(http://aws.amazon.com/cn/)、微软云(https://www.azure.cn)等。

在扩展级的自主学习中还要具体区分自己的学习档次。首先，最简单的是云存储服务，如百度云盘(http://pan.baidu.com)。其次是云服务器和云数据库，如阿里云(https://www.aliyun.com)、腾讯云(https://www.qcloud.com)、百度云(https://bce.baidu.com)等，这相当于国外的 Amazon，属于 IaaS 云服务，可以在网上注册和使用虚拟机和网上数据库服务。比较高级的是面向开发者的 PaaS 云服务，如阿里云的企业级分布式应用服务(Enterprise Distributed Application Service，EDAS)、百度应用引擎(Baidu App Engine，BAE)、新浪云应用(Sina App Engine，SAE)等。一些网站还提供专门的机器学习服务，如百度机器学习(Baidu Machine Learning，BML)、腾讯云的机智机器学习(Tencent Machine Learning)等。

11.10.3 亚马逊 AWS 云服务的申请步骤

下面以亚马逊 AWS 云服务为例介绍申请云服务器的步骤。亚马逊 AWS 云服务承诺一年的免费试用，比国内阿里云 15 天试用要好很多。但亚马逊 AWS 云服务需要一个信用卡号，阿里云只要有淘宝账号就可以用。不过亚马逊 AWS 云服务需要的信用卡可以从淘宝网上购买虚拟卡。进入"http://aws.amazon.com/"，创建一年免费账户，如图 11.148 所示。

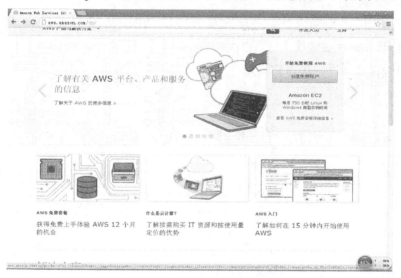

图 11.148　进入 http://aws.amazon.com/

1. 创建账户

通过登录亚马逊官网获取相关的云计算服务需要 Amazon 云计算账号的注册，并获得 Amazon 服务器的认证。

图 11.149 为信用卡信息注册的页面。由于云计算的支付方式是按需支付，因此每一个账号必须有一个可以实现美元支付的国际信用卡账户，从而保证用户对自己使用的服务进行实时付费。

完成注册后使用 Amazon AWS 相关任意服务(如 EC2 或 S3)都需要进行账号的登录。

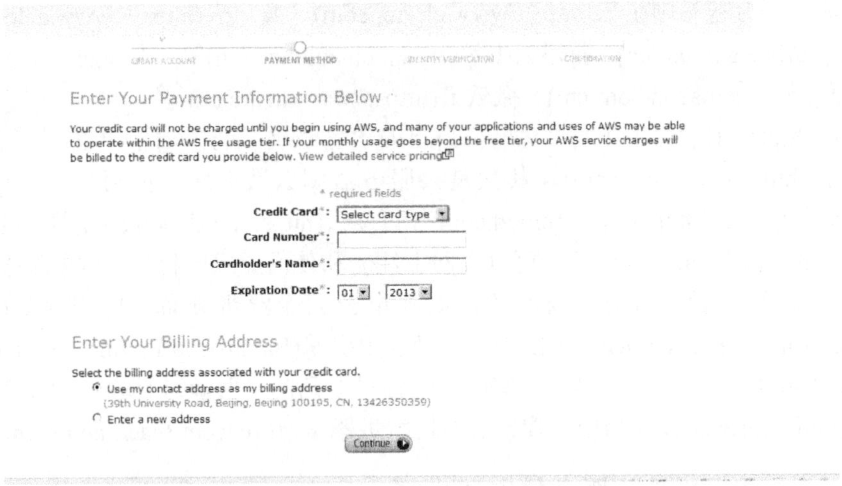

图 11.149 信用卡信息注册的页面

2. 创建 EC2 虚拟机的步骤总述

(1) 选择区域。一般选择新加坡,其次选择东京。

(2) 选择 AMI。一年免费账户可同时选定两个 AMI 及其相关实例:一个为 Linux 系统;另一个为 Windows Server 系统。

(3) 选定实例。一般为微型实例(配置为 613 MB 的内存、32 位或 64 位平台支持)。

3. 创建 EC2 的步骤详解

(1) 打开 AWS 面板,找到 EC2 选项,如图 11.150 所示。

图 11.150 AWS 面板

(2) 点击图 11.150 中划红线框的 EC2 链接,跳转到如下页面,如图 11.151 所示,此页面主要是当前的运行实例、空间、密钥数量等信息。

第 11 章　云计算实践

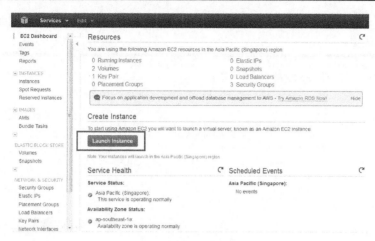

图 11.151　创建实例

(3) 点击图 11.151 中划红线的 "Launch Instance"，跳转到如下页面，如图 11.152 所示，选择虚拟机。

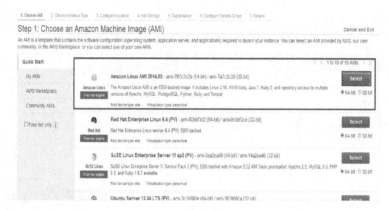

图 11.152　选择虚拟机

(4) 点击图 11.152 中的 "select"，进入如图 11.153 所示的配置界面，这里选择的是微实例。

图 11.153　选择微实例

◀399▶

(5) 点击图 11.153 中的"Next: Configure Instance Details",跳转到如下页面,如图 11.154 所示,选择默认值。

图 11.154　配置实例细节

(6) 点击图 11.154 中的"Next: Add Storage",跳转到如下页面,如图 11.155 所示,参数都是默认的。

图 11.155　增加存储

(7) 点击图 11.155 中的"Next: Tag Instane",页面如图 11.156 所示,在 value 中输入"201403"。

图 11.156　给实例加标记(Tag)

第 11 章 云计算实践

(8) 点击图 11.156 中的"Next: Configure Security Group",跳转到如下页面,如图 11.157 所示,选择一个安全组。

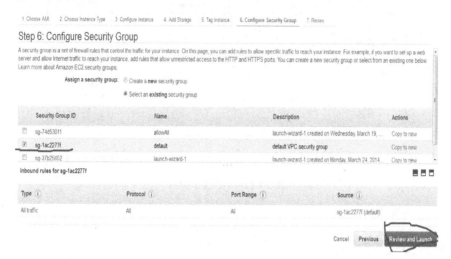

图 11.157 配置安全组

(9) 点击图 11.157 中的"Review and launch",显示配置的详细信息,如图 11.158 所示。

图 11.158 配置的详细信息

(10) 点击图 11.158 中的"Launch",进入如下页面,如图 11.159 所示。此时需要创建一个密钥对,供登录 EC2 使用,点击"Download Key Pair"按钮,保存密钥对。

(11) 点击图 11.159 中的"Launch Instance",稍等片刻,显示创建结果,如图 11.160 所示。

(12) 回到 EC2 主界面,稍等片刻,完成创建 EC2 后,结果如图 11.161 所示。

(13) 现在就测试连接到 Amazon linux 虚拟机上,选择"201403"点击图 11.161 中"3"区域的"Connect"按钮,稍等,弹出如图 11.162 所示的窗口,选择图中的"1"选项,然后把刚才保存的密钥路径填写在"2"的输入框。

图 11.159　创建密钥对

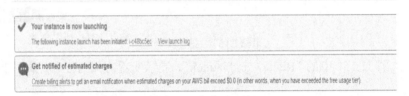

图 11.160　显示创建结果

图 11.161　实例创建成功

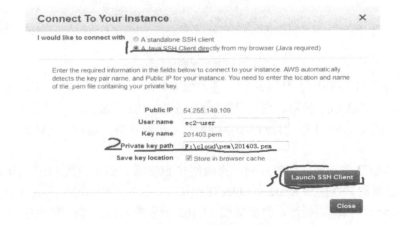

图 11.162　连接到实例

第 11 章 云计算实践

（14）点击图 11.162 中的"Launch SSH Client"，稍等片刻，出现如图 11.163 所示的实例的 SSH 终端窗口，表示正确连接到了 AWS 虚拟机。

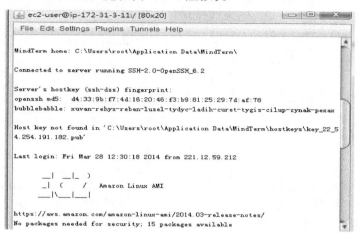

图 11.163　实例的 SSH 终端窗口

至此，EC2 虚拟机能够连通，成功配置了 Amazon 的 EC2 服务，获得了一个云服务器。

11.10.4　在 VMWare 上安装 Linux 虚拟机

下面详细叙述在 VMWare Workstation 上安装 Linux 虚拟机的步骤。该步骤在 11.6、11.7、11.8 节都需要。

（1）创建虚拟机。在安装好的 VMWare Workstation 中选择"创建新的虚拟机"，如图 11.164 所示。

图 11.164　创建新的虚拟机

（2）选择典型安装，如图 11.165 所示。
（3）选择用 ISO 文件安装，如图 11.166 所示。

◀403▶

图 11.165　选择典型安装　　　　　图 11.166　选择用 ISO 文件安装

(4) 找到本地已下载好的 ISO 文件，如图 11.167 所示。

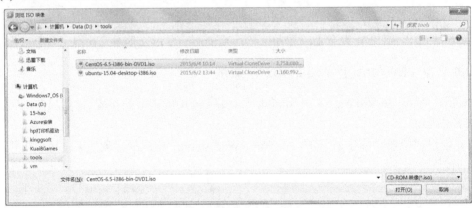

图 11.167　本地已下载好的 ISO 文件

(5) 程序显示"已检测到 CentOS。"，如图 11.168 所示。

(6) 为虚拟机创建用户，如图 11.169 所示。所设置的密码不仅是 ustb 用户的密码，而且默认是 root 用户的密码。

图 11.168　已检测到 CentOS　　　　　图 11.169　为虚拟机创建用户

(7) 指定虚拟机名称，如图 11.170 所示。
(8) 指定磁盘容量，如图 11.171 所示。

图 11.170　指定虚拟机名称

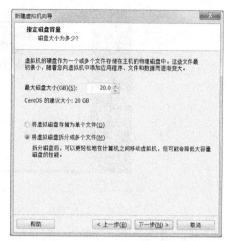

图 11.171　指定磁盘容量

(9) 已设置完成的信息，如图 11.172 所示。

图 11.172　已设置完成的信息

(10) 安装 CentOS，如图 11.173 所示。

图 11.173　安装 CentOS

(11) 安装中复制文件,如图 11.174 所示。

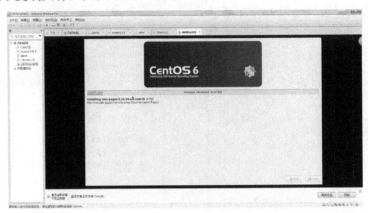

图 11.174 安装中复制文件

(12) 安装成功后的 CentOS 桌面,如图 11.175 所示。

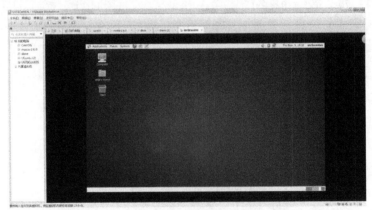

图 11.175 安装成功后的 CentOS 桌面

(13) 带 Terminal 的 CentOS,如图 11.176 所示。

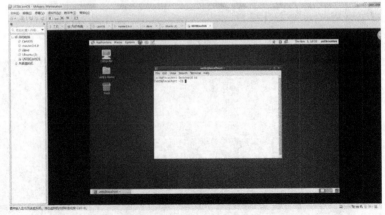

图 11.176 打开 Terminal

至此,安装成功。

附录1 习题答案

各章的简答题答案从略。

第1章习题答案

一、选择题

1. ABC   2. ABCDE   3. AB   4. ACD   5. BC

二、填空题

1. 云

2. 一种通过定义良好的信息交换来提供给客户(Client)某种能力的实体(Entity)

3. 分布式

4. SaaS PaaS IaaS

三、列举题

1. 云计算系统包含三个部分：以数据中心为代表的信息电厂；以手机、笔记本电脑、平板电脑等访问终端为代表的信息电器；以及两者之间起到互联互通作用的信息电网，比如移动通信网、光纤网、卫星通信网等。

2. Google 的云办公应用套件属于 SaaS 层次。《纽约时报》的示例属于 PaaS 和 IaaS 层次，其中 EC2 和 S3 属于 IaaS 层次、MapReduce 程序属于 PaaS 层次。

3. Web Services 的定义中包括三个方面的含义：① Web Services 是在 Internet 上跨机器进程使应用程序之间相互通信的技术，而非人与机器之间交互的技术。② Web Services 的平台无关性和语言无关性是它设计的初衷，也是它带来的最直接的好处之一。③ Web Services 只是提供一个接口，至于剩下的工作则需要程序员在他们各自擅长的开发平台上使用不同的编程语言来实现。

4. 应用开发方法的演变主要经历了四个阶段：① 面向过程开发；② 面向对象开发；③ 面向组件开发；④ 面向服务开发。

5. 网格的三要素：① 对非集中控制的资源进行协调；② 使用标准的、开放的、通用的协议和接口；③ 提供非平凡的服务质量。

第2章习题解答

一、选择题

1. C   2. ABCD   3. D

二、填空题

1. 弹性计算云 EC2 简单存储服务 S3 简单数据库服务 Simple DB 简单队列服务 SQS

2. Amazon SQS

3. 粗粒度锁 松耦合分布式 一致性问题

4. GFS　MapReduce　Chubby

三、列举题

1. 共有四种：① 公共 AMI：由亚马逊提供，可免费使用；② 私有 AMI：用户本人和其授权的用户可以进入；③ 付费 AMI：向开发者付费购买的 AMI；④ 共享 AMI：开发者之间相互共享的一些 AMI。

2. GFS、MapReduce、Chubby 和 Bigtable。

3. 计算服务 Nova、存储服务 Swift、镜像服务 Glance、身份服务 Keystone 和用户界面服务 Horizon。

第 3 章习题解答

一、选择题

1. B　　2. B　　3. A　　4. CD

二、填空题

1. 微软运营　伙伴运营　客户自建

2. Live Online

3. 三

4. 服务定义文件(ServiceDefinition.csdef)　服务配置文件(ServiceConfiguration.cscfg)

5. 声明(Claim)

三、列举题

1. 客户端层(Client Layer)、服务层(Service Layer)、平台层(Platform Layer)和基础结构层(Infrastructure Layer)。

2. ODBC(Open Database Connectivity，开放数据库连通性)、JDBC(Java Database Connection)、ADO(ActiveX Data Object，ActiveX 数据对象)和 ADO.NET。

3. "USE"命令、事务复制、日志传输、数据镜像和 SQL Agent。

第 4 章习题答案

一、选择题

1. A　　2. A　　3. B　　4. A　　5. B　　6. AB　　7. CD

二、填空题

1. 逻辑　物理

2. 虚拟机(Virtual Machine，VM)　客户操作系统(Guest OS)　虚拟机管理器(Virtual Machine Monitor)

3. 寄生　裸金属

4. P2V(Physical to Virtual)　V2V(Virtual to Virtual)　V2P(Virtual to Physical)

三、列举题

1. 包括硬件仿真、全虚拟化、半虚拟化(Para-virtualization)、操作系统级虚拟化等四种。

2. VMware ESX、Citrix XenServer、Microsoft Hyper-V 和 RedHat KVM。

附录1 习题答案

第5章习题答案

一、选择题

1. A   2. A B C   3. D   4. B

二、填空题

1. 分割数据型   2. 64 MB   3. 映射(Map)   简化(Reduce)

三、列举题

1. 对称多处理(SMP)、分布式共享存储多处理(DSM)、大规模并行处理(MPP)和集群(Cluster)。

2. 并行编程模型比较流行的是消息传递模型 MPI(Message Passing Interface)，共享存储模型 OpenMP 以及数据并行模型。

3. 用户将输入文件拷贝到 HDFS 文件系统中、Map 阶段和 Reduce 阶段。

第6章习题答案

一、选择题

1. A   2. C D   3. A D   4. C D   5. A B C

二、填空题

1. 分布式缓存   2. Scala R   3. MLlib MLI   4. 固定的 所有

三、列举题

1. map、filter、groupByKey、reduceByKey、union、join、cogroup 等。

2. count、collect、save、reduce、lookup。

六、程序题

1. (2) 结果是：{1, 4, 9}   (3) 结果是：{4}   (4) 结果是：{1, 1, 2, 1, 2, 3}

2. (2) 结果是：Array(1, 2, 3)   (3) 结果是：Array(1, 2)   (4) 结果是：3   (5) 结果是：6

第7章习题答案

一、选择题

1. A 2. B 3. C 4. D 5. C 6. B 7. B A

二、填空题

1. 定期备份   即时存取   只读访问

2. SE   LVD   HVD

3. 应用层

4. 基于主机的存储虚拟化   基于存储设备的虚拟化   基于存储网络的虚拟化

三、列举题

1. 存储层、基础管理层、应用接口层和访问层。

2. 酷盘、115 网盘、金山快盘、金山 T 盘、QQ 网盘、华为网盘、迅雷网盘、百度云网盘。

3. FC 卡(又称为主机总线适配器，即 Host Bus Adapter)、光纤通道交换机(FC Switch，或是光纤通道集线器)、存储系统(如磁盘阵列系统和磁带库系统)和存储管理软件。

4. SCSI 接口、iSCSI 接口、FC 接口、InfiniBand 接口和 Myrinet 接口。

5. Membase、MongoDB、Hypertable、Apache Cassandra、Bigtable、Dynamo 和 HBase。

第 8 章习题答案

一、列举题

1. LAN Free、Server Free、Serverless 和虚拟带库技术。

第 9 章习题答案

一、选择题

1. B D A E   2. A

二、填空题

1. 互联互通　安全可靠

三、列举题

1. 美国国家标准与技术研究院、开放云计算联盟、分布式管理任务组、企业云买方理事会、云安全联盟、《云开放宣言》、网络存储工业协会、欧洲电信标准化协会、开放网格论坛、开放云计算工作组、云计算互操作论坛、电信管理论坛、ISO/IEC、IEEE、ITU-T。

第 10 章习题答案

一、选择题

1. A   2. B   3. C   4. B   5. C   6. D   7. A
8. C   9. C   10. A B C   11. A B D   12. A C D   13. A B C
14. A B C D   15. A   16. C   17. D   18. D   19. B C
20. B C D   21. A B   22. A C   23. A B D

二、填空题

1. 电视屏幕　手机屏幕　电脑屏幕

2. WAP　Wireless Application Protocol

3. 工业、科学、医学(Industrial，Scientific and Medical，ISM)

4. 500 MHz　20%

5. b/s 赫兹

6. Bell(贝尔)

7. 中国移动　中国联通　中国电信

8. 接力切换

三、列举题

1. 通信距离短，覆盖距离一般为(10～200) m，无线发射器的发射功率较低，发射功率一般小于 100 mW，工作频率多为免付费、免申请的全球通用的工业、科学、医学(Industrial, Scientific and Medical，ISM)频段。

2. 星形(Star)、网状(Mesh)和簇树形(Cluster Tree)结构。

3. 点对点模式、Piconet(微微网)模式和Scatternet(散射网)模式。

4. 目前UWB无线通信的实现方案主要有单载波DS-CDMA方案和多载波MB-OFDM方案。

5. 工业界联盟：WirelessHD、WiGig；标准化组织：ECMA、IEEE 802.15.3c(TG3c)、IEEE 802.11ad(TGad)。

6. 移动电话通信网一般由移动台(MS)即用户终端、基站(BS)、移动电话交换控制中心(MSC)以及与公众电话网(PSTN)相连接的中继线、各基站与控制中心间的中继线、基站与移动台之间的无线信道等组成。

五、计算题

1. 46 dBm　　2. 20 dBm　　3. 4 dBm　　4. 0 dBm

第11章习题答案

11.1.4 上机思考题答案：

1. 在64位的Windows 7上安装Azure SDK时不可以选择32位的版本。

2. 本地Storage Emulator初始化成功的界面和图5的不一致部分是用户账户通常不一样，创建的数据库名也不同。其他地方一致。

3. 它们的含义如下：

(1) 大型的二进制对象Blob：Blob为存储大型的二进制对象而设计，如图片、视频和音乐文件。

(2) 表Table：该表存储类型提供了结构化存储能力，可以用来存储数量巨大、而结构相对简单的数据。

(3) 消息队列Queue：消息队列是为可靠的异步消息传递而设计的存储类型。云服务内部署的应用程序可以使用消息队列实现异步通信。

Blob非常便于存储二进制数据，如JPEG图片或MP3文档等多媒体数据。Blob适用于部分应用，但它存储的数据缺乏结构化，为了让应用能够以更易获取的方式来使用数据，Windows Azure存储服务提供了Table。它最大的不同之处是通过(key，value)对(键-值对)的方式提供半结构化数据的存储，并且是一种可扩展存储，它通过多个节点对分布式数据进行扩展和收缩，这比使用一个标准的关系型数据库更为有效。与Blob和Table都是用于长期存储数据不同，Queue的主要功能是提供一种Web角色实例和Worker角色实例之间通信的方式。

11.2.4 上机思考题答案：

1. 运行程序后修改起始页可能报错，若开始运行前忘记设置起始页则出现的界面是图11.18。

2. 三个命令窗口对应"haoMvcWebRole1"文件夹中的三个运行实例。本实验中还有图11.21有这样的结果。

3. 在类似图11.24的选择文件(添加"现有项")界面中，一次全选所有的12个图片，可以一次性添加到相应的目录中去，而无须一个一个的选择并添加。更快的方法是可以拷贝整个素材目录("实验源程序\lab2素材")中的文件到解决方案资源管理器"haoMvcWeb

Role1"文件夹下。

4. Windows Azure 角色是指在云中运行的可单独缩放的组件,云中的每个角色实例都分别对应于一个虚拟机(VM)实例。有两种类型的角色:Web 角色和辅助角色(Worker Role)。

Web 角色是运行于 IIS 上的 Web 应用程序。该角色可通过 HTTP 或 HTTPS 终结点访问。

Worker 角色是一个可运行任意 .NET 代码的后台处理应用程序。它也能够公开面向 Internet 的终结点和内部终结点。

我们可以认为 Web 角色和 Worker 角色是两种不同的虚拟机模版。其中 Web 角色是为了方便运行 Web 应用程序而设计的,而 Worker 角色是为了其他应用类型,如批处理。一种比较常见的架构设计方式是使用 Web 角色来处理展示逻辑,而通过 Worker 角色来进行业务逻辑处理。

11.3.5 上机思考题答案:

1. 题略。

(1) 该代码的含义是引用 WCF 类库,可以使用它们包含的方法。

(2) 该代码中的 GetMessage 函数对应图 11.51 浏览器窗口地址栏的输入"http://localhost:8080/GetMessage"。"Hello Windows Azure"对应图 11.51 的浏览器窗口的正文部分。

2. 题略。

(1) 行为是那些影响运行时操作的 WCF 类。行为主要分为三类:服务行为(Service Behaviors)运行于服务级别,能访问所有的端点,它们控制如实例化和事务之类的事项,还用于授权(Authorization)和审计(Auditing);端点行为(Endpoint Behaviors)涉及服务端点,它们适用于对进出服务的消息进行审查和处理;操作行为(Operation Behaviors)涉及操作级别,对于服务操作而言,它们适用于序列化、事务流和参数处理。

除了这三类行为,WCF 还定义了回调行为(Callback Behaviors),功能与服务行为相似,但它控制的是客户端创建的端点,用于双工通信。

本例中使用的是服务行为(Service Behaviors)。

(2) 绑定定义的是与端点通信的信道(Channel)。信道是一个所有 WCF 应用程序传递消息的管道。

信道包括一系列绑定元素(Binding Elements)。最底层的绑定元素是传输(Transport),它负责在网络上传递消息。内置的传输包括 HTTP、TCP、命名管道、Peer Channel 和 MSMQ。在此之上的绑定元素规定安全和事务(Transactions)。

WCF 中包含了九种系统提供的绑定,其信道已配置安排就绪,使用预先配置定义好的绑定能节省考虑配置的时间。

basicHttpBinding 能与 2007 年前的大多数 Web 服务轻松通信。它符合 WS-I BP1.1 标准,具有广泛的互操作性。

wsHttpBinding 实现了通用的 WS-*协议,具有安全、可靠和事务化的消息能力。

3. 题略。

(1) 该代码的含义是循环在模拟仿真器界面显示"Working"字符串,如图 11.50 所示。"Working"字符串出现的频率是 10 s 出现一次。

(2) 该代码中的"http://localhost:8080/"与图 11.51 的浏览器窗口地址栏的输入部分对

附录1 习题答案

应。可以把"http://localhost:8080/"改为"http://127.0.0.1:8080/"。在浏览器窗口输入"http://127.0.0.1::8080/GetMessage",可以看到如图 11.51 所示的消息。

11.4.5 上机思考题答案:

1. 略。

2. 程序运行结果如图 1 所示。

图 1 程序运行结果

11.5.4 上机思考题答案:

1. 不可以。会出现如图 2 所示的错误。

2. 错误的原因有多种,一种可能是没有启动 SQLExpress 进程。若启动了 SQLExpress 并初始化了存储模拟器,则可以解决该问题;否则不能解决。改变"ServiceConfiguration.cscfg"文件中的运行实例的个数(如 2 改为 3),其作用相当于迫使程序重新编译生成一遍,如图 3 所示。

图 2 "用户代码未处理"错误

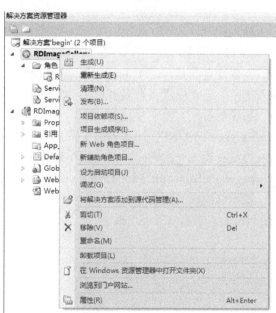

图 3 重新生成程序

3. 当程序调试运行时，出现"存储模拟器未加载"错误是没有预先执行 11.1 节中的实验步骤，需加载 Storage Emulator。

4. 可以。可以继续上传新的图片，点击"Upload Image"按钮后，新图片和其描述性元数据信息会一起显示到下方的界面中。

5. 若要修改图片的元数据信息，可以重新上传原图片，并相应地修改描述性信息。也就是说，把同一图片(对应同一浏览文件位置)上传两次，在 Blob 中只保存一次最新的(有些元数据信息不可更改，请用户自己测试 Name 信息是否可以更改。)。

6. Windows Azure 提供了 Blob、表、队列等几种存储方式。本实验中使用了 Blob 方式，选择这种存储方式的原因是要存储图片。

7. Windows Azure 提供的存储不是一个关系型数据系统，并且它的查询语言也不是 SQL(Structured Query Language，结构化查询语言)，它主要被设计用来支持建于 Windows Azure 上的应用，它提供更简单、容易扩展的存储。

11.7.5 上机思考题答案：

1. 在 CentOS 中第一个用户是在安装系统时创建的，其密码也同时是超级用户 root 的密码。若要建立一个新的用户，则包括两个步骤：第一步是使用 useradd 命令完成一个新用户的初始化设置工作；第二步是用 passwd 为这个新用户设置密码。例如，我们要给系统添加一个用户，其为"user1"，密码为"abc123"，相关的操作是：

useradd user1 <回车>

这时候系统没有任何显示。接着操作：

passwd user1 <回车>

系统显示：

Changing password for user user1

New UNIX password:

输入：

abc123<回车>

需要注意的是，由于 linux 并不采用类似 windows 的密码回显(显示为*号)——为避免输入密码时被人注意到有多少位——所以，输入的这些字符是看不见的。

系统显示：

Retype new UNIX password:

再重新输入一次密码，然后回车确认，这时系统会显示：

passwd:all authentication tokens updated successfully

表示修改密码成功了。

附录 2　增补习题及其答案

附录 2 是增补的一些习题及其答案。题型包括选择题、思考题、设计题、计算题。内容涉及云计算概论、主流云平台、并行计算和分布式计算、资源管理等。部分知识超出了本书覆盖的范围,如 Petri 网、操作系统等。

一、云计算概论选择题

1. 云计算是对(　　)技术的发展与运用。
   A. 并行计算　　B. 网格计算　　C. 分布式计算　　D. 三个选项都是
2. 从研究现状上看,下面不属于云计算特点的是(　　)。
   A. 超大规模　　B. 虚拟化　　C. 私有化　　D. 高可靠性
3. 与网格计算相比,不属于云计算特征的是(　　)。
   A. 资源高度共享　　　　　　B. 适合紧耦合科学计算
   C. 支持虚拟机　　　　　　　D. 适用于商业领域
4. IBM 在 2007 年 11 月推出了"改进游戏规则"的(　　)计算平台,为客户带来即买即用的云计算平台。
   A. 蓝云　　B. 蓝天　　C. Azure　　D. EC2
5. 微软于 2008 年 10 月推出云计算操作系统是(　　)。
   A. Google App Engine　　　　B. 蓝云
   C. Azure　　　　　　　　　　D. EC2
6. 2008 年,(　　)先后在无锡和北京建立了两个云计算中心。
   A. IBM　　B. Google　　C. Amazon　　D. 微软
7. 亚马逊 AWS 提供的云计算服务类型是(　　)。
   A. IaaS　　B. PaaS　　C. SaaS　　D. 三个选项都是
8. 将平台作为服务的云计算服务类型是(　　)。
   A. IaaS　　B. PaaS　　C. SaaS　　D. 三个选项都不是
9. 将基础设施作为服务的云计算服务类型是(　　)。
   A. IaaS　　B. PaaS　　C. SaaS　　D. 三个选项都不是
10. IaaS 计算实现机制中,系统管理模块的核心功能是(　　)。
    A. 负载均衡　　　　　　　　B. 监视节点的运行状态
    C. 应用 API　　　　　　　　D. 节点环境配置
11. 云计算体系结构的(　　)负责资源管理、任务管理、用户管理和安全管理等工作。
    A. 物理资源层　　　　　　　B. 资源池层
    C. 管理中间件层　　　　　　D. SOA 构建层
12. 云计算技术的层次结构中包含(　　)层。(多选题)

A. 物理资源层　　B. 资源池层　　　C. 管理中间件层　　　D. SOA 构建层
13. 云计算体系结构中，最关键的两层是(　　)。(多选题)
A. 物理资源层　　B. 资源池层　　　C. 管理中间件层　　　D. SOA 构建层
14. 云计算按照服务类型大致可分为以下几类(　　)。(多选题)
A. IaaS　　　　B. PaaS　　　　C. SaaS　　　　　　D. 效用计算

本部分答案
1. D　2. C　3. B　4. A　5. C　6. A　7. D　8. B　9. A　10. A　11. C
12. A B C D　13. B C　14. A B C

二、主流云平台选择题

1. 下列不属于 Google 云计算平台技术架构的是(　　)。
A. 并行数据处理 MapReduce　　　B. 分布式锁 Chubby
C. 结构化数据表 Bigtable　　　　 D. 弹性计算云 EC2
2. 与开源云计算系统 Hadoop HDFS 相对应的商用云计算软件系统是(　　)。
A. Google GFS　　　　　　　　B. Google MapReduce
C. Google Bigtable　　　　　　　D. Google Chubby
3. Google 文件系统(GFS)分块默认的块大小是(　　)。
A. 32 MB　　　B. 64 MB　　　C. 128 MB　　　D. 16 MB
4. Google 文件系统(GFS)分成固定大小的块，每个块都有一个对应的(　　)。
A. 代理　　　　B. 结点　　　　C. 索引号　　　D. 计数器
5. Google 文件系统(GFS)提供给应用程序的访问接口是(　　)。
A. 专用接口　　　　　　　　　　B. 遵守 POSIX 规范的接口
C. 网络文件系统接口　　　　　　D. Web 网页接口
6. 下列不属于 GFS 的假设和目标的是(　　)。
A. 硬件出错正常　　　　　　　　B. 主要负载是流数据读写
C. 数据写主要是"插入写"　　　　D. 需要存储大尺寸的文件
7. Google 文件系统(GFS)通过(　　)方式提高可靠性。
A. 双备份　　　B. 冗余　　　　C. 日志　　　　D. 校验码
8. Google 文件系统(GFS)中每个数据块默认是在(　　)个数据块服务器上冗余。
A. 2　　　　　B. 3　　　　　C. 4　　　　　D. 5
9. Google 文件系统(GFS)中客户端直接从(　　)角色完成数据存取。
A. 主服务器　　B. 桶　　　　　C. 数据块服务器　D. 管理块服务器
10. 下列不属于文件系统(GFS)中主服务器节点任务的是(　　)。
A. 存储元数据　　　　　　　　　B. 文件系统目录管理
C. 与数据块服务器进行周期性通信　D. 向客户端传输数据
11. 在 GFS 数据块服务器容错中，每个 Block 对应(　　)Bit 的校验码。
A. 8　　　　　B. 16　　　　　C. 32　　　　　D. 64
12. GFS 在 Google 中管理着(　　)级别的数据。
A. TB　　　　B. GB　　　　　C. PB　　　　　D. MB

13．在目前 GFS 集群中，每个集群包含(　　)个存储节点。
   A．几百个　　　　B．几千个　　　　C．几十个　　　　D．几十万个
14．下列选项中，哪条不是 GFS 采用中心服务器模式的原因(　　)。
   A．不易成为整个系统的瓶颈　　　　B．可以方便增加数据块服务器
   C．不存在元数据的一致性问题　　　D．方便进行负载均衡
15．下列选项中，哪条不是 GFS 选择在用户态下实现的原因(　　)。
   A．调试简单　　　　　　　　　　　B．不影响数据块服务器的稳定性
   C．降低实现难度，提高通用性　　　D．容易扩展
16．Google 文件系统将整个系统的节点分为(　　)的角色。(多选题)
   A．客户端　　　　B．主服务器　　　C．数据块服务器　　D．监测服务器
17．Google 文件系统具有(　　)特点。(多选题)
   A．采用中心服务器模式　　　　　　B．不缓存数据
   C．采用边缘服务器模式　　　　　　D．在用户态下实现
18．Google 不缓存数据的原因是 (　　)。(多选题)
   A．GFS 的文件操作大部分是流式读写
   B．维护缓存与实际数据之间的一致性太复杂
   C．不存在大量的重复读写
   D．数据块服务器上的数据存取使用本地文件系统
19．GFS 中主服务器节点存储的元数据包含下列信息(　　)。(多选题)
   A．文件副本的位置信息　　　　　　B．命名空间
   C．Chunk 与文件名的映射　　　　　D．Chunk 副本的位置信息
20．单一主服务器(Master)解决性能瓶颈的方法是(　　)。(多选题)
   A．减少其在数据存储中的参与程度
   B．不使用 Master 读取数据
   C．客户端缓存元数据
   D．采用大尺寸的数据块
21．(　　)是 Google 提出的用于处理海量数据的并行编程模式和大规模数据集的并行运算的软件架构。
   A．GFS　　　　　B．MapReduce　　　C．Chubby　　　　D．BitTable
22．MapReduce 适用于(　　)。
   A．任意应用程序　　　　　　　　　B．任意可在 Windows Server 2008 上运行的程序
   C．可以串行处理的应用程序　　　　D．可以并行处理的应用程序
23．下面关于 MapReduce 模型中 Map 函数与 Reduce 函数的描述正确的是(　　)。
   A．一个 Map 函数就是对一部分原始数据进行指定的操作
   B．一个 Map 操作就是对每个 Reduce 所产生的一部分中间结果进行合并操作
   C．Map 与 Map 之间不是相互独立的
   D．Reduce 与 Reduce 之间不是相互独立的
24．MapReduce 执行过程中，数据存储位置不是在 GFS 上的是(　　)。
   A．Map 处理结果　　　　　　　　　B．Reduce 处理结果

C. 日志 D. 以上都不是

25．MapReduce 1.0 通常把输入文件按照(　　)MB 来划分。
A. 16   B. 32   C. 64   D. 128

26．与传统的分布式程序设计相比，MapReduce 封装了(　　)等细节，还提供了一个简单而强大的接口。(多选题)
A．并行处理   B．容错处理   C．本地化计算   D．负载均衡

27．(　　)是 Google 的分布式数据存储与管理系统。
A. GFS   B. MapReduce   C. Chubby   D. Bigtable

28．下面哪条不是 Bigtable 主服务器作用(　　)。
A．为每个子表服务器分配子表，对外提供服务
B．对 Bigtable 表中的数据进行存储
C．探测子表服务器的故障和管理
D．负载均衡

29．Bigtable 中时间戳是(　　)位整型数。
A. 32   B. 48   C. 56   D. 64

30．Bigtable 中的数据压缩形式有(　　)种。
A. 2   B. 3   C. 4   D. 5

31．Bigtable 中行关键字的大小不能超过(　　)KB。
A. 16   B. 32   C. 48   D. 64

32．(　　)是 Bigtable 中数据划分和负载均衡的基本单位。
A．行   B．列   C．列族   D．子表

33．(　　)是 Bigtable 中访问控制的基本单元。
A．行   B．列   C．列族   D．子表

34．(　　)是 Google 为 Bigtable 设计的内部数据存储格式。
A．行   B．SSTable   C．列族   D．子表

35．SSTable 结尾的索引保存的是(　　)信息。
A. SSTable 中块的位置   B. SSTable 的位置
C. SSTable 中块的大小   D. SSTable 的大小

36．在 Bigtable 中，(　　)主要用来存储子表数据以及一些日志文件。
A. GFS   B. Chubby   C. SSTable   D. MapReduce

37．Google 设计 Bigtable 的动机主要是(　　)。(多选题)
A．需要存储的数据种类繁多   B．海量的服务请求
C．商用数据库无法满足 Google 的需求   D．需要频繁的修改数据

38．Bigtable 主要由(　　)三个部分组成。(多选题)
A．客户端程序库   B．一个主服务器
C．多个子表服务器   D．数据管理服务器

39．Bigtable 表中的数据是通过(　　)来进行索引的。(多选题)
A．行关键字   B．列关键字   C．子表地址   D．时间戳

40．Bigtable 开发团队确定了 Bigtable 设计所需达到的基本目标(　　)。(多选题)

A. 广泛的适用性　　　　　　　　B. 很强的可扩展性
C. 高可用性　　　　　　　　　　D. 简单性

41．Google App Engine 使用的数据库是(　　)。
A. 改进的 SQL Server　　　　　　B. Oracle
C. Data Store　　　　　　　　　D. 亚马逊的 SimpleDB

42．Google App Engine 目前支持的编程语言有(　　)。(多选题)
A. Python 语言　　　　　　　　B. C++语言
C. 汇编语言　　　　　　　　　D. JAVA 语言

43．下列不属于亚马逊及其映像(AMI)类型的是(　　)。
A. 公共 AMI　　B. 私有 AMI　　C. 通用 AMI　　　　D. 共享 AMI

44．亚马逊将区域分为(　　)。(多选题)
A. 地理区域　　B. 不可用区域　　C. 可用区域　　　　D. 隔离区域

45．下面选项属于 Amazon 提供的云计算服务是(　　)。(多选题)
A. 弹性计算云 EC2　　　　　　B. 简单存储服务 S3
C. 简单队列服务 SQS　　　　　D. .Net 服务

46．在使用弹性计算云 EC2 服务时，第一步要做的是(　　)。
A. 创建或选用 AMI　　　　　　B. 运行实例
C. 选择区域　　　　　　　　　D. 建立对象

47．不属于弹性计算云 EC2 包含的 IP 地址的是(　　)。
A. 公共 IP 地址　　　　　　　B. 私有 IP 地址
C. 隧道 IP 地址　　　　　　　D. 弹性 IP 地址

48．在 EC2 中用户最多可以拥有(　　)个实例。
A. 10　　　　　B. 20　　　　　C. 30　　　　　　　D. 40

49．在 EC2 服务中，每个实例自身携带(　　)个存储模块。
A. 1　　　　　B. 2　　　　　C. 3　　　　　　　　D. 4

50．在 EC2 服务的通信机制中，每个账户限制有(　　)个弹性 IP。
A. 4　　　　　B. 5　　　　　C. 6　　　　　　　　D. 7

51．在 EC2 的安全与容错机制中，一个用户目前最多可以创建(　　)安全组。
A. 50　　　　　B. 100　　　　C. 150　　　　　　D. 200

52．EC2 定义了 CPU 的计算单元 ECU，下列资源中使用一个计算单元的是(　　)。
A. Large　　　B. Small　　　C. ExtraLarge　　　D. High-CPU Medium

53．每个弹性块存储 EBS 最多可以创建(　　)个卷。
A. 10　　　　　B. 20　　　　　C. 30　　　　　　　D. 40

54．下列选项属于弹性块存储 EBS 功能的是(　　)。
A. 快照　　　　B. 负载均衡　　C. 队列　　　　　　D. 映像

55．EC2 常用的 API 包含下列哪些类型的操作(　　)。(多选题)
A. AMI　　　　B. 安全组　　　C. 实例　　　　　　D. 弹性 IP 地址

56．S3 的基本存储单元是(　　)。
A. 服务　　　　B. 对象　　　　C. 卷　　　　　　　D. 组

57. 下列操作类型不属于 S3 API 范畴的是(　　)。
A. 创建桶　　B. 读取对象　　C. 运行实例　　D. 设置访问控制策略

58. 桶是 S3 用于存储对象的容器,每个用户最多可以创建(　　)个桶。
A. 10　　B. 50　　C. 80　　D. 100

59. 与 SDB 相比较,下列选项属于 S3 范畴的是(　　)。
A. 支持数据查找、删除等操作　　B. 专为大型、非结构化的数据块设计
C. 为复杂的数据建立　　D. 为结构化的数据建立

60. S3 采用的专门安全措施是(　　)。(多选题)
A. 身份认证　　B. 访问控制列表
C. 防火墙　　D. 防木马病毒技术

61. S3 中对象有下面的(　　)组成。(多选题)
A. 键　　B. 数据　　C. 元数据　　D. 访问控制

62. 与关系数据库比较,下列选项属于 SDB 特性的是(　　)。(多选题)
A. 无需预定义模式　　B. 具有事务的概念
C. 支持自动索引　　D. 单个属性允许有多个值

63. SDB 不能完成的操作有(　　)。(多选题)
A. 没有事务的概念　　B. 不支持连接操作
C. 实际存储的数据类型过于单一
D. 查询结果只包含条目名称而不包含相应属性值,并且返回结果不支持排序操作

64. 简单队列服务 SQS 中采用的是(　　)队列方式。
A. 先进先出模式　　B. 堆栈模式
C. 权重模式　　D. 后进先出模式

65. SQS 由三个基本部分组成(　　)。(多选题)
A. 系统组件　　B. 队列　　C. 消息　　D. 桶

66. SQS 常用的 API 有(　　)。(多选题)
A. 队列管理　　B. 消息管理　　C. 访问控制　　D. 可见性设置

67. 在云计算系统中,提供"云+端"服务模式是(　　)公司的云计算服务平台。
A. IBM　　B. Google　　C. Amazon　　D. 微软

68. 下面关于 Live 服务的描述不正确的是(　　)。
A. Live 框架的核心组件是 Live 操作环境
B. 开发者可以使用基于浏览器的 Live 服务开发者入口创建和管理应用程序所需的 Live 服务
C. Live 操作环境不可以运行在桌面操作系统上
D. Live 操作环境既可以运行在云端,也可以运行在网络中的任何操作系统上

本部分答案:
1. D　2. A　3. B　4. C　5. A　6. C　7. B　8. B
9. C　10. D　11. C　12. C　13. B　14. A　15. D　16. ABC
17. ABD　18. ABCD　19. BCD　20. ABCD　21. B　22. D　23. A
24. A　25. C　26. ABCD　27. D　28. B　29. D　30. B　31. D　32. D

33. C   34. B   35. A   36. A   37. ABC   38. ABC   39. ABD   40. ABCD
41. C   42. AD   43. C   44. AC   45. ABC   46. C   47. C   48. B   49. A
50. B   51. B   52. B   53. B   54. A   55. ABCD   56. B   57. C   58. D
59. B   60. AB   61. ABCD 62. ACD 63. ABCD   64. A   65. ABC
66. ABCD 67. D   68. C

三、并行计算和分布式计算

1. 请通过计算分析并行处理对问题规模的影响。当 p 个处理器并行处理时，在同样的时间 t 内，与单处理器条件下相比，可以处理的问题的规模 n 增长多少倍？例如，对时间复杂度为 $O(n^3)$ 的算法，当处理器数量加倍时，其可以处理的问题规模只增加了略多于 25%，请解释该结果。

答：对时间复杂度为 $O(n^x)$ 的算法，其运行花费的时间可以表达为

$$t = cn^x \tag{1}$$

式中，c 为一个常数。如果 p 个处理器并行处理，则在同样的时间 t 内，问题的规模 n 允许增加的倍数为 m，则得如下公式，有

$$t = c(mn)^x/p \tag{2}$$

比较式(1)和式(2)，令它们相等，得

$$m = p^{\frac{1}{x}} \tag{3}$$

当处理器数量加倍时，有 $p = 2$，$x = 3$，代入式(3)，得 $m = 1.257$，即可以处理的问题规模增加了 25.7%。

另外，若希望可以处理的问题的规模增加到原来的两个数量级，即 $m = 10^2$，则所需的处理器应增加到多少倍？有

$$p = m^x = 10^6 \tag{4}$$

2. 给定一个有四个并发线程 t_1、t_2、t_3 和 t_4 的系统，当四个线程分别发生 3、2、4 和三个事件之后对系统的一致性状态拍摄快照；在每个线程中，除了第二个事件外都是本地事件。线程 t_1 唯一的通信事件发送消息给 t_4，线程 t_3 唯一的通信事件发送消息给 t_2。

(1) 画出显示该一致性切线(Consistent Cut)的空间时间图(Space-time Diagram)；在线程 t_i 上用 e_i^j 标记每个事件。

(2) 在该情形下，需要多少个消息交换以获得此快照？

(3) 快照协议允许应用开发者创建检查点。通过查看检查点数据，显示有一个错误发生，并决定跟踪该执行过程。问有多少潜在的执行路径需要查看以调试该系统？

答：(1) 图 1 显示了空间时间图和一致性切线 $C_1 = (e_1^3, e_2^2, e_3^4, e_4^3)$。空间时间图展示了线程生命周期中的本地事件和通信事件。在每个线程中，除了第二个事件外都是本地事件，因此每个线程的第二个事件是唯一的通信事件。在不同的线程之间发生的通信事件用起始于发送事件通过箭头终止于接收事件的一条线表示。只涉及单一线程 t_i 的所有事件是本地事件，四个线程之间通过通信事件交互。当事件 e_i^j 发生后，线程 t_i 处于状态 σ_i^j 并保持该状态直到事件 e_i^{j+1} 发生。

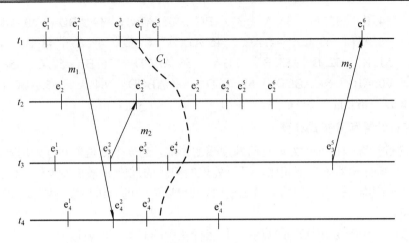

图 1 空间时间图和一致性切线

(2) 在一个有 n 个线程的全连接网络中,快照协议需要 $n \times (n-1)$ 个消息,每个消息在一个信道中。因此,当 $n=4$ 时,消息的数量为

$$M_{msg} = n(n-1) = 4 \times 3 = 12$$

(3) 系统的初始状态是所有事件发生之前的状态,表示为 $\Sigma^{(0,0,0,0)}$,当四个线程分别发生 3、2、4 和三个事件之后系统的一致性全局状态表示为 $\Sigma^{(3,2,4,3)}$。从状态 $\Sigma^{(0,0,0,0)}$ 到全局性状态 $\Sigma^{(3,2,4,3)}$ 的路径数为

$$N^{(3,2,4,3)} = \frac{(3+2+4+3)!}{(3!+2!+4!+3!)} = \frac{12!}{38}$$

3. 数据密集型应用的运行时间可能是数天,或数周,即使在强大的超级计算机上。对长期运行的计算任务周期性地实施检查点是保持可靠性的方法。当程序崩溃时,计算可以从最近的检查点开始重新运行。

(1) 缓慢率 η 表示由于增加检查点而导致的程序执行时间延长的情况,τ 表示增加检查点之前程序运行的时间,k 表示设置每个检查点所需的时间。讨论 τ 和 k 的优化选择。

(2) 检查点数据可以本地存储在每个处理器的次级存储上,或者通过高速网络存储于专用的存储服务器上。哪个方案最优,为什么?

答:(1) 假设计算需要分 n 段运行,每段持续时间为 τ,这样,没有检查点时的程序运行时间为

$$T_{nc} = n \times \tau$$

有检查点时的运行时间为

$$T_c = n \times (\tau + k)$$

缓慢率 η 是有检查点时的运行时间与没有检查点时的程序运行时间之比,即

$$\eta = \frac{T_c}{T_{nc}} = \frac{\tau + k}{\tau} = 1 + \frac{k}{\tau}$$

设置检查点所需的时间 k 是快照大小的函数，因此对给定的应用而言它是固定的。影响缓慢率的唯一因素是 τ。

如果 $\tau = k$，则 $\eta = 2$，总执行时间将加倍；如果 $\tau = 2k$，则 $\eta = 1.5$，总执行时间将增加 50%。

(2) 检查点数据存储于永久性存储设备，如磁盘，将会是 I/O 密集型操作，因此是费时的。由于主存的成本最近显著下降，一些方案将检查点数据存储于主存，这将大大缩短拷贝时间。但主存是易失性的，一旦掉电将丢失检查点数据。一个选择是在把检查点数据存储于主存的同时，利用程序运行的时间把数据转发到永久性存储设备，如闪存。

4. 图 2 的 Petri 网建立了在共享内存环境下的一组 n 个并发进程的模型。在任何给定的时间只有一个进程可以写，但是当假设没有进程可以写时，n 个进程的任何子集可以读。确定实施序列(Firing Sequences)、网的标识(Markings)、所有变迁的后置集和所有库所的前置集。你能构造一个状态机对同一过程建模吗？

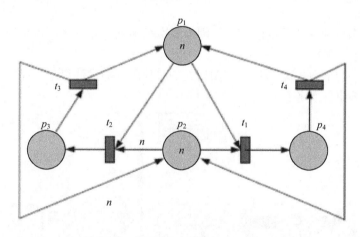

图 2　共享内存环境下的一组 n 个并发进程的模型

答：库所 p_3 代表允许写的进程，库所 p_4 代表允许读的进程，库所 p_2 代表准备好访问共享内存的进程，库所 p_1 代表运行的任务。变迁 t_2 代表允许写的进程的初始化/选择，变迁 t_1 代表允许读的进程的初始化/选择，变迁 t_3 代表写完成，变迁 t_4 代表读完成。其实，p_3 最多可能有一个托肯(Token)，而 p_4 最多可能有 n 个托肯。如果所有的 n 个进程都准备好访问共享内存，当变迁 t_1 实施时，p_2 中的所有 n 个托肯将都被消费(Consume)。

网的标识描述各个库所 p_1、p_2、p_3、p_4 中托肯的分布，能够被用于描述系统的状态。例如，图 2 网的初始标识是：$M_0 = (n, n, 0, 0)$，在该状态下，读和写操作都被允许。

当变迁 t_2(代表写请求被初始化)实施，那么网的标识变成：$M_1 = (n-1, 0, 1, 0)$，无论变迁 t_1(代表读请求的初始化)还是 t_2 都不能实施，因为库所 p_2 中不包含托肯。这意味着一次只有一个进程可以写，在写操作期间没有进程可以读。变迁 t_3(代表实际的写操作)实施之后，标识变回初始状态 M_0。

当系统处于初始状态 M_0 并且变迁 t_1(代表读请求的初始化)实施，那么标识变成 $M_1 = (n-1, n-1, 0, 1)$，此时变迁 t_2 不能实施，没有写可被初始化，但后续 $n-1$ 个读可被初始化并完成读操作。

从标识 M_1 代表的状态出发有两种可能性：① t_4 实施，接着读操作完成，下一个状态是初始状态 M_0；② t_1 再次实施，标识变成 $M_1 = (n-2, n-2, 0, 2)$，该过程可以重复 $k<n$ 次使标识变成 $M_{k-1} = (n-k, n-k, 0, k)$。

一些可能的实施序列如下：

(1) $(t_2t_3)^k$：k 个连续的写操作。

(2) $(t_1t_4)^k$：k 个连续的读操作。

(3) $((t_2t_3), (t_1t_4)^k$：一个写操作后跟 k 个连续的读操作。

(4) $((t_2t_3)^n, (t_1t_4)^k, (t_2t_3))$：$n$ 个连续的写操作，后跟 k 个连续的读操作，后跟一个写操作。

所有变迁的后置集是：t_1 的后置集是(p_4)，t_2 的后置集是(p_3)，t_3 的后置集是(p_1, p_2)，t_4 的后置集是(p_1, p_2)。

所有库所的前置集是：p_1 的前置集是(t_3, t_4)，p_2 的前置集是(t_3, t_4)，p_3 的前置集是(t_2)，p_4 的前置集是(t_1)。

不可能用状态机构建该系统的模型，因为状态机不支持并发，而该系统需要对并发的读操作建模。

5. 概述如图 3 所示的基于发布-订阅模式的事件服务的设计思想。并举一个已知的云服务的例子模拟该事件服务。

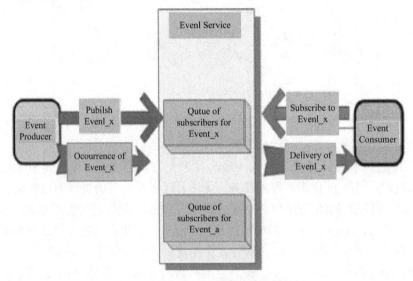

图 3　基于发布-订阅模式的事件服务

答：图 3 是一个在分布式系统环境中支持协调的事件服务。该服务基于发布-订阅模式；一个事件产生者发布事件，另一个事件消费者订阅事件。事件服务器为每个事件维护一个队列，当事件发生时新事件被加入特定的事件队列，服务器发送通知(一个消息)给所有订阅者。

亚马逊的简单通知服务(Simple Notification Service，SNS)是一个基于发布-订阅模式的 IaaS 云服务。使用 SNS 的步骤如下：

(1) 创建主题(Topic)。主题是识别特定事件类型用于发布消息和允许客户端订阅通知的"访问点"。

(2) 为主题设置策略。一旦创建了主题，主题所有者就可以为其设置策略，如限制谁可以发布消息或订阅通知或者指定支持哪个通知协议(即简单队列服务 SQS、HTTP/HTTPS、电子邮件、短信)。一个主题可以跨多个传输协议支持通知发送。

(3) 给主题增加订阅者。订阅者是对感兴趣的主题接收通知的客户端；它们可以直接订阅某个主题或由主题所有者加以订阅。订阅者指定协议格式和终端(SQS 队列名称(ARN)、URL、电子邮件地址、电话号码等)用于传递通知。一旦收到一个订阅请求，亚马逊 SNS 将发送一个确认消息给指定的终端，要求订阅者显式选择性加入(Opt-in)以接收来自该主题的通知。选择性加入可以由调用 API、使用命令行工具或者通过简单地点击一个链接发送电子邮件通知来完成。

6. 考虑一个由 M 阶段组成的计算，在每个阶段的结束，N 个线程实现障碍同步(Barrier Synchronization)。假设已知每个阶段每个线程的随机执行时间的分布，用次序统计量(Order Statistics)估计该计算的完成时间。

答：给定 N 个随机变量 $X_1, X_2, \cdots, X_N$，其次序统计量 $X_{(1)}, X_{(2)}, \cdots, X_{(N)}$ 也是随机变量，其定义是对 $X_1, X_2, \cdots, X_N$ 的值按升序排列。当随机变量 $X_1, X_2, \cdots, X_N$ 形成一个样本时，它们是独立同分布的。

第一次序统计量(或最小次序统计量)是样本的最小值 $X_{(1)} = \min\{X_1, X_2, \cdots, X_N\}$，类似地，对规模为 N 的样本，第 N 次序统计量(或最大次序统计量)是样本的最大值 $X_{(N)} = \max\{X_1, X_2, \cdots, X_N\}$。

如果随机变量 $X_1^k, X_2^k, \cdots, X_N^k$ 代表线程 $t_1, t_2, \cdots, t_N$ 分别在有 M 个阶段的计算 C 的第 k 阶段的完成时间，那么第 k 阶段的整体完成时间由第 N 次序统计量给出：$X_{(N)}^k = \max\{X_1^k, X_2^k, \cdots, X_N^k\}$，因为障碍同步要求线程等待具有最大完成时间的线程执行完毕。

这样，有 M 个阶段的计算 C 的总完成时间是 $T_C = \sum_{k=1}^{M} X_{(N)}^k$。

显然，次序统计量 $X_{(N)}$ 依赖于随机变量的分布。例如，对一个 (μ, σ) 正态分布而言，$X_{(N)}$ 的数学期望的上界是 $E[X_{(N)}] \leq \mu + \frac{(N-1)\sigma}{(2N-1)^{1/2}}$。假设随机变量 $X_1^k, X_2^k, \cdots, X_N^k$ 是具有均值 μ_k 和方差 σ_k 的正态分布，则总完成时间是 $T_C \leq \sum_{k=1}^{M} \mu_k + \frac{(N-1)}{(2N-1)^{1/2}} \sum_{k=1}^{M} \sigma_k$。

7. 分析和比较超级计算机和云计算服务的性能差异，说明为什么一个良好的并行云计算服务的性能较差。

答：根据论文 K. R. Jackson, L. Ramakrishnan, K. Muriki, S. Canon, S. Cholia, J. Shalf, H. Wasserman, N. J. Wright. "Performance analysis of high performance computing applications on the Amazon Web services cloud." Proc. IEEE Second Int. Conf. on Cloud Computing Technology and Science, pp. 159–168, 2010.的信息，作者比较了三个超级计算机与云计算服务的性能。

下面是在比较中使用的机器信息：

Carver: 一个400节点的IBM iDataPlex集群，每个节点运行四核2.67GHz Intel Nehalem处理器，每个节点带24GB RAM(每核6GB)。网络连接采用四倍数据速率(QDR)InfiniBand链路，代码编译器采用Portland Group套件10.0版本和Open MPI 1.4.1版本。

Franklin: 一个9660节点Cray XT4；每个节点有一个四核2.3 GHz AMD Opteron处理器，每个节点带8 GB RAM(每核2 GB)。每个处理器通过6.4 GB/s双向HyperTransport接口互联。代码编译器采用Portland Group 9.0.4版本。

Lawrencium: 198节点(1584核)Linux集群；计算节点采用Dell Poweredge 1950服务器，每个节点带两个Intel Xeon四核64位、2.66GHz Harpertown处理器，每个节点带16 GB RAM(每核2 GB)。计算节点连接到双倍数据速率(DDR)InfiniBand网络，该网络配置成带3：1阻塞因子(Blocking Factor)的胖树(Fat Tree)。代码使用Intel 10.0.018和Open MPI 1.3.3编译。

Amazon上虚拟集群有四个EC2 CU(Compute Unit，计算单元)，两个虚拟核，每核带两个CU(计算单元)以及7.5 GB内存(按照Amazon的说法是一个m1.large实例)；一个计算单元大约等价于(1.0~1.2) GHz 2007 Opteron或者2007 Xeon处理器。节点之间用千兆以太网互联。二进制代码在Lawrencium上编译。

四种计算系统的测试指标结果如表1所示。

表1 四种计算系统的测试指标结果

系统	DGEMM /Gflops	STREAM /(GB/s)	延迟 /μs	带宽 /(GB/s)	HPL /Tflops	FFTE /Gflops	PTRANS /(GB/s)	RandAcc /GUPs
Carver	10.2	4.4	2.1	3.4	0.56	21.99	9.35	0.044
Franklin	8.4	2.3	7.8	1.6	0.47	14.24	2.63	0.061
Lawrencium	9.6	0.7	4.1	1.2	0.46	9.12	1.34	0.013
EC2	4.6	1.7	145	0.06	0.07	1.09	0.29	0.004

表1的测试指标说明如下：

DGEMM: 测试处理器/核的浮点性能；内存带宽对该指标的结果影响甚微，因为其代码是缓存友好的。因此该测试结果接近于处理器的理论峰值性能。

STREAM: 测试内存带宽的指标。

延迟: 指网络延迟指标。

带宽: 指网络带宽的指标。

HPL: 在分布式内存计算机上用双精度算法解决随机稠密线性系统问题的软件包；它是高性能计算Linpack指标的简便免费的可用的实现。

FFTE: 执行双精度复杂一维DFT(Discrete Fourier Transform，离散傅里叶变换)的浮点速率的指标。

PTRANS: 并行矩阵转置；它测试成对的处理器之间同时通信时的通信能力。它是网络总通信容量的有用的测试指标。

RandAcc(RandomAccess): 测试内存的整型随机更新速率。

表1的结果显示：

(1) EC2虚拟集群的计算能力测试(以Tflops或Gflops表示)显著低于三个超级计算机

中的任何一个。

(2) EC2 虚拟集群的内存带宽比三个超级计算机中的一个小大约一个数量级。

(3) EC2 虚拟集群的通信延迟比三个超级计算机中的一个大大约两个数量级。

(4) EC2 虚拟集群的通信带宽比三个超级计算机中的一个小大约两个数量级。

通信密集型应用受影响于增加的延迟(比 Carver 大 70 倍)和降低的带宽(比 Carver 小 50 倍)。计算密集型应用受影响于更低的 CPU 和内存之间的带宽。

四、资源管理

1. 分析实现资源管理策略的四种方法的优点和问题：控制理论、机器学习、基于效用、面向市场。

答：四种基本的实现资源管理策略的机制是：

(1) 控制理论：控制理论使用反馈保证系统稳定性并预测瞬时行为，但是仅被用于预测局部而非全局行为。应用控制理论的局限性在于系统的规模，它需要构建系统模型以及获得每个系统组件的详细状态信息，这导致它不能被应用到具有数十万组件的真实系统。

(2) 机器学习：机器学习技术的一个主要优点是它不需要构建系统的性能模型；该技术可被用于协调几个自治的系统管理者。

(3) 基于效用：基于效用的方法需要性能模型和机制使用户级别性能与成本关联。

(4) 面向市场/经济机制：这些机制不需要系统模型，如用于成束资源的组合拍卖。

2. 五种优化策略(接纳控制、容量分配、负载均衡、能量优化、QoS 保证)能否在云中被实际实现？为什么？一类优化策略可能与其他的一类或几类优化策略相冲突，试举例加以说明；优化策略之间常常有相互作用，试举例加以说明。

答：优化策略不能在云中实现，因为它们需要有关系统状态的精确信息，而由于系统的规模，这些状态信息实际上不能获得。对于控制理论和基于效用的机制而言，它们所需的系统模型也不能精确构建用于策略实现。

有关 QoS 的优化策略可能与能量最小化的策略相冲突；实际上，QoS 可能需要服务器在能量消费的优化区域之外操作。

云中的各个优化策略子系统之间应该相互作用。例如，一旦系统的 QoS 保证处于失效的危险中，负责接纳控制的子系统就应该拒绝附加的工作负载。类似地，负载均衡和能量最小化也应该协同。当某个服务器处于轻载时，运行于其上的应用可以迁移到其他服务器上，以便让该服务器切换到休眠状态以节约能量。

3. 分析系统的规模与资源管理策略和机制之间的关系。在分析中考虑系统的地理规模。

答：系统的规模在不同资源管理策略的实现机制中起到关键性作用。大规模系统的集中管理是不可行的。

任何管理机制都必须依赖于监控系统收集的信息。该信息的容量随着系统的数量以及连续报告之间间隔的时间的增长而增长。报告的频率越大，则信息的容量越大，但同时资源管理系统可用的状态信息越精确。监控系统提供给资源管理系统的信息的精确度还受系统的地理规模以及报告状态信息的频率的影响。高频率的报告不仅增加了系统开销，而且可能导致系统不稳定。

尽管从理论上说，同质系统将减少系统的复杂度，但是大量的组件会导致模型具有巨大的状态空间。即使仅仅对这种系统进行精确仿真也是极具挑战性的。实际上，仿真必须包括每个系统的描述及其状态以及各个系统之间的相互作用。

4. 在无尺度网络(Scale-free Network)中节点的度具有指数分布。无尺度网络可被用于云计算的虚拟网络基础设施。控制器表达为担任资源管理任务的一类专用节点；在无尺度网络中具有高连通性的节点可被指派为控制器。分析这种策略的潜在优势。

答：无尺度网络是异构的，因为其节点的度具有负指数分布，即

$$p(k)=\frac{1}{\varsigma(\gamma,k_{\min})}k^{-\gamma}$$

式中，$k_{\min}$ 是所有顶点中的最小度，此处假设 $k_{\min}=1$；ς 是胡尔维茨 zeta 函数。$p(k)$ 是顶点具有度 k（即顶点连接到其他 k 个顶点）的概率。

因此，度较大的节点数量相对很少，如表 2 所示。表 2 给出参数 $\gamma=2.5$ 时的幂律分布。其中，N_k 为具有度 k 的顶点的数量，网络中总顶点数为 $N=10^8$。

表 2 参数 $\gamma=2.5$ 时的幂律分布

k	$p(k)$	N_k	k	$p(k)$	N_k
1	0.745	74.5×10^6	6	0.009	0.9×10^6
2	0.131	13.1×10^6	7	0.006	0.6×10^6
3	0.049	4.9×10^6	8	0.004	0.4×10^6
4	0.023	2.3×10^6	9	0.003	0.3×10^6
5	0.013	1.3×10^6	10	0.002	0.2×10^6

在无尺度网络中具有高连通性的节点可被指派为控制器的优点如下：

(1) 可以有一个自然的方式选择控制器，如果 $\deg(c_i)>k$，则 c_i 是控制器，其中 k 是一个相对大的数，如 $k=10$。

(2) 可以有一个自然的方式围绕控制器聚集节点；在最小距离 $d(q,c_i)$ 下，节点 q 加入围绕控制器 c_i 的集群。这样，集群中控制器和服务器之间的平均距离是最小的。

(3) 一系列的研究表明无尺度网络具有一些不平凡的属性，例如，对随机失效的鲁棒性、良好的可扩展性、对拥塞的弹性、对攻击的容忍性、具有小的直径以及小的平均路径长度。

5. 假设有四道作业，它们的提交时刻及执行时间由表 3 给出。计算在单道程序环境下，采用先来先服务调度算法和最短作业优先调度算法时周转时间和平均带权周转时间，并指出它们的调度顺序。

表 3 四道作业的提交时刻及执行时间

作业号	提交时刻	执行时间/h
1	10:00	2
2	10:20	1
3	10:40	0.5
4	10:50	0.3

答：(1) 先来先服务调度：

顺序	提交时刻	开始执行时刻	结束时刻	执行时刻	等待时刻
①	Ts1 = 10:00	10:00	Te1 = 12:00	Tr1 = 2.00	Tw1 = 0
②	Ts2 = 10:20	12:00	Te2 = 13:00	Tr2 = 1.00	Tw2 = 1.70
③	Ts3 = 10:40	13:00	Te3 = 13:30	Tr3 = 0.50	Tw3 = 2.30
④	Ts4 = 10:50	13:30	Te4 = 13:50	Tr4 = 0.30	Tw4 = 2.70

T = 0.25*(2 + 2.7 + 2.8 + 3) = 2.625 h
W = 0.25*(4 + 0 + 1.7/1 + 2.3/0.5 + 2.7/0.3) = 4.825

(2) 最短作业优先调度：

顺序	提交时刻	开始执行时刻	结束时刻	执行时刻	等待时刻
①	Ts4=10:50	10:50	Te4=11:10	Tr4=0.3	Tw4=0
②	Ts3=10:40	11:10	Te3=11:40	Tr3=0.5	Tw3=0.5
③	Ts2=10:20	11:40	Te2=12:40	Tr2=1	Tw2=1.3
④	Ts1=10:00	12:40	Te1=14:40	Tr1=2	Tw1=2.7

T=0.25*(0.3+1+2.3+4.7)=2.075 h
W=0.25*(4+0+1+1.3+2.7/2)=1.9125 h

6. 设有三道作业，它们的提交时间及执行时间由表 4 给出。

表 4　三道作业的提交时间及执行时间

作业号	提交时间/h	执行时间/h
1	8.5	2.0
2	9.2	1.6
3	9.4	0.5

试计算在单道程序环境下，采用先来先服务调度算法和最短作业优先调度算法时的平均周转时间 (时间单位：h，以十进制进行计算；要求写出计算过程)。

答：计算过程如下：

FCFS: 作业号　提交时间　执行时间　开始时间　完成时间　周转时间
　　　　1　　　8.5　　　2.0　　　　8.5　　　10.5　　　2.0
　　　　2　　　9.2　　　1.6　　　　10.5　　　12.1　　　2.9
　　　　3　　　9.4　　　0.5　　　　12.1　　　12.6　　　3.2

平均周转时间 = (2.0 + 2.9 + 3.2)/3 = 2.7 h

SJF: 作业号　提交时间　执行时间　开始时间　完成时间　周转时间
　　　1　　　8.5　　　2.0　　　　8.5　　　10.5　　　2.0
　　　2　　　9.2　　　1.6　　　　11.0　　　12.6　　　3.4
　　　3　　　9.4　　　0.5　　　　10.5　　　11.0　　　1.6

平均周转时间 = (2.0 + 3.4 + 1.6)/3 = 2.3 h

7. 某虚拟存储器的用户编程空间共 32 个页面，每页为 1 KB，内存为 16 KB。假定某时刻一用户页表中已调入内存的页面的页号和物理块号的对照表如表 5 所示。

表5 习题7的表

页号	物理块号
0	5
1	10
2	4
3	7

则逻辑地址 0A5D(H) 所对应的物理地址是什么？

答：0A5D(H)=0000 1010 0101 1101；

2 号页对应 4 号块，所以物理地址是 0001 0010 0101 1101；

即 125D(H)。

8. 假定当前磁头位于 100 号磁道，进程对磁道的请求序列依次为 55、58、39、18、90、160、150、38、180。当采用先来先服务和最短寻道时间优先算法时，总的移动的磁道数分别是多少(请给出寻道次序和每步移动磁道数)？

答：FCFS：

服务序列依次为：55、58、39、18、90、160、150、38、180。

移动的磁道数分别是：45、3、19、21、72、70、10、112、142。

总的移动的磁道数是：494。

SSTF：

服务序列依次为：90、58、55、39、38、18、150、160、180。

移动的磁道数分别是：10、32、3、16、1、20、132、10、20。

总的移动的磁道数是：244。

9. 某系统有 A、B、C、D 四类资源可供五个进程 P1、P2、P3、P4、P5 共享。系统对这四类资源的拥有量为：A 类 3 个、B 类 14 个、C 类 12 个、D 类 12 个。进程对资源的需求和分配情况如表 6 所示。

表6 习题9的表

进程	已占有资源				最大需求数			
	A	B	C	D	A	B	C	D
P1	0	0	1	2	0	0	1	2
P2	1	0	0	0	1	7	5	0
P3	1	3	5	4	2	3	5	6
P4	0	6	3	2	0	6	5	2
P5	0	0	1	4	0	6	5	6

按银行家算法回答下列问题：

(1) 现在系统中的各类资源还剩余多少？

(2) 现在系统是否处于安全状态？为什么？

(3) 如果现在进程 P2 提出需要 A 类资源 0 个、B 类资源 4 个、C 类资源 2 个和 D 类资源 0 个，系统能否去满足它的请求？请说明原因。

答：(1) A：1；B：5；C：2；D：0。

(2) need 矩阵为：

P1　　0　0　0　0
P2　　0　7　5　0
P3　　1　0　0　2
P4　　0　0　2　0
P5　　0　6　4　2

存在安全序列，如 P1、P3、P4、P5、P2，所以安全。

(3) 能。因为试探分配后，可用资源为 1、1、0、0，可找到安全序列，所以可分配。

附录 3 中英文术语对照表

英 文 名 称	英文缩写	中 文 名 称
3rd Generation Partnership Project	3GPP	第三代合作伙伴计划
3rd Generation Partnership Project 2	3GPP2	第三代合作伙伴计划 2
Access Control List	ACL	访问控制列表
Access Point	AP	访问点
Action		行动
Atomicity、Consistency、Isolation、Durability	ACID	原子性、一致性、隔离性、持久性
Active Directory Federation Services	ADFS	活动目录联合服务
ActiveX Data Objects	ADO	ActiveX 数据对象
Adaptive Antenna System	AAS	自适应天线系统
Advanced Encryption Standard	AES	高级加密标准
Advanced Message Queue Protocol	AMQP	高级消息队列协议
Advanced Traffic Manager	ATM	高级流量管理器
Agent		智能体或称智体
Air Interface Evolution	AIE	空中接口演进
Amazon Machine Image	AMI	亚马逊机器映像
Amazon Web Services	AWS	亚马逊 Web 服务
Application Programming Interface	API	应用程序编程接口
Application Support Sublayer	APS	应用支持子层
Application-specific Integrated Circuit	ASIC	特定应用集成电路
Artificial Intelligence		人工智能
Asymmetric Cryptography		非对称加密
Asymmetrical Digital Subscriber Loop	ADSL	非对称数字用户环路
Asynchronous Connectionless Link	ACL	异步无连接链路
Automatic Repeat Request	ARQ	自动重发请求
Autonomic Service		自治服务
Batch Computing		批处理计算
Baton Handover		接力切换
Berkeley Data Analytics Stack	BDAS	伯克利数据分析软件栈
Binary JSON	BSON	二进制 JSON
Binary Phase Shift Keying	BPSK	双相相移键控
Business Productivity Online Suite	BPOS	企业生产力在线套件

续表一

英文名称	英文缩写	中文名称
Business to Business	B2B	企业对企业的电子商务
Business to Customer	B2C	商家对顾客的电子商务
Carrier Sense Multiple Access/Collision Avoidance	CSMA/CA	载波侦听多址访问/冲突避免
Carrier Sense Multiple Access/Collision Detect	CSMA/CD	载波侦听多址访问/冲突探测
Certificate Authority	CA	认证中心
Claim		声明
Client/Server	C/S	客户机/服务器
Cloud Security Alliance	CSA	云安全联盟
Cloud Computing		云计算
Cloud Computing Interoperability Forum	CCIF	云计算互操作论坛
Cloud Security		云安全
Cloud Service		云服务
Code Division Multiple Access	CDMA	码分多址
Column Family		列簇
Combine		连接
Compile-time type-safety		编译时类型安全
Common Object Request Broker Architecture	CORBA	通用对象请求代理架构
Complementary Code Keying	CCK	补码键控
Computer Security Subsystem Interpretation	CSSI	计算机安全系统解释
Configuration Management		配置管理
Customer to Customer	C2C	个人与个人之间的电子商务
Content Delivery Network	CDN	内容分发网络
Customer Relationship Management	CRM	客户关系管理
Data Encryption Standard	DES	数据加密标准
Data Mining		数据挖掘
Data Replication Service		数据复制服务
Database Management System	DBMS	数据库管理系统
Datanode		数据节点
Digital Digest		数字摘要
Digital Living Network Alliance	DLNA	数字生活网络联盟
Digital Print		数字指纹
Digital Signature		数字签名
Directed Acyclic Graph	DAG	有向无环图
Direct Attached Storage	DAS	直接连接存储
Direct Memory Access	DMA	直接内存访问
Direct Sequence-CDMA	DS-CDMA	直接序列码分复用
Direct Sequence Spread Spectrum	DSSS	直接序列扩频

续表二

英文名称	英文缩写	中文名称
Distributed Component Object Model	DCOM	分布式组件对象模型
Distributed Computing		分布式计算
Distributed Management Task Force	DMTF	分布式管理任务组
Distributed Resource Scheduler	DRS	分布式资源调度器
Distributed Shared-Memory	DSM	分布式共享存储多处理
Double Data Rate	DDR	双倍数据倍率
EC2 Compute Unit	ECU	EC2 计算单元
Edge Virtual Bridging	EVB	边缘虚拟桥接
Elastic Block Store	EBS	弹性块存储
Elastic Compute Cloud	EC2	弹性计算云
Enhanced Data Rate for GSM Evolution	EDGE	增强型数据速率 GSM 演进
entry point		入口
Enterprise Cloud Buyers Council	ECBC	企业云买方理事会
Enterprise Grid Alliance	EGA	企业网格联合会
Enterprise JavaBean	EJB	企业 JavaBean
Enterprise Resource Planning	ERP	企业资源规划
Enterprise Service Bus	ESB	企业服务总线
Entity Data Model	EDM	实体数据模型
European Telecommunications Standards Institute	ETSI	欧洲电信标准协会
Extensible Markup Language	XML	可扩展标记语言
Factory Design Pattern		工厂设计模式
Federal Communications Commission	FCC	美国联邦通信委员会
Fiber Channel	FC	光纤通道
File Transfer Protocol	FTP	文件传输协议
Flexible Payments Service	FPS	灵活支付服务
Forward Error Correction	FEC	前向纠错编码
Frequency-hopping Spread Spectrum	FHSS	跳频扩频
Full Function Device	FFD	全功能设备
Full Virtualization		全虚拟化
Garbage Collection	GC	垃圾收集
General Packet Radio Service	GPRS	通用分组无线业务
Global Grid Forum	GGF	全球网格论坛
Global Positioning System	GPS	全球定位系统
Global System of Mobile communication	GSM	全球移动通信系统
Google File System	GFS	Google 文件系统
Grid Computing		网格计算
Grid Service		网格服务

续表三

英文名称	英文缩写	中文名称
Guaranteed Time Slot	GTS	时槽保障
Hadoop Distributed File System	HDFS	Hadoop 分布式文件系统
Hard Handover		硬切换
High Availability	HA	高可用性
High Definition Multimedia Interface	HDMI	高清晰度多媒体接口
High Speed Downlink Packet Access	HSDPA	高速下行链路分组接入
High Speed Uplink Packet Access	HSUPA	高速上行链路分组接入
High Voltage Differential	HVD	高压差分
Hive Query Language	HQL	Hive 查询语言
Host Bus Adapter	HBA	主机总线适配器
Host Controller Interface	HCI	主机控制器接口
Human Resource	HR	人力资源
Information Communication Technology	ICT	信息通信技术
Interactive Computing		交互式计算
Impulse Radio		脉冲无线电
Independent Software Vendors	ISV	独立软件开发商
Industrial, Scientific and Medical	ISM	工业、科学、医学
Infrared Data Association	IrDA	红外数据组织
Infrastructure as a Service	IaaS	基础设施即服务
Institute for Electrical and Electronic Engineers	IEEE	美国电气和电子工程师协会
Intel Architecture	IA	Intel 架构
Intelligent Transportation Systems	ITS	智能交通系统
International Electrotechnical Commission	IEC	国际电工委员会
International Mobile Telecommunications-2000	IMT-2000	国际移动通信-2000
International Organization for Standardization	ISO	国际标准化组织
International Telecommunication Union	ITU	国际电信联盟
Internet Data Center	IDC	互联网数据中心
Internet Information Services	IIS	互联网信息服务
Intrusion Prevention System	IPS	入侵预防系统
Java Data Base Connectivity	JDBC	Java 数据库连接
JavaScript Object Notation	JSON	JavaScript 对象表示法
Job		作业
Language Integrated Query	LINQ	语言集成查询
Lightweight Data Replicator	LDR	轻量数据复制器
Link Management Protocol	LMP	链路管理协议
Local Area Network	LAN	局域网
Logical Link Control and Adaptation Protocol	L2CAP	逻辑链路控制和适配协议
Long Term Evolution	LTE	长期演进

续表四

英 文 名 称	英文缩写	中 文 名 称
Low Rate-WPAN	LR-WPAN	低数据率的 WPAN
Low Voltage Differential	LVD	低压差分
Machine to Machine	M2M	机器对机器
Map		映射
Massively Parallel Processing	MPP	大规模并行处理
Mean Time To Failure	MTTF	平均无故障时间
Mean Time To Repair	MTTR	平均维修时间
Medium Access Control	MAC	介质访问控制
Message Passing Interface	MPI	消息传递接口
Meta Store		元数据存储
Mobile Equipment	ME	移动设备
Mobile Management Entity	MME	移动性管理实体
Monte Carlo		蒙特卡洛
Multiband-OFDM	MB-OFDM	多带正交频分复用
Multiband OFDM Alliance	MBOA	多频带 OFDM 联盟
Multiple Program Multiple Data	MPMD	多程序多数据
Multiple-input Multiple-output	MIMO	多入多出
Name Service		命名服务
Namenode		名字节点
Narrow Dependency		窄依赖
National Institute of Standards and Technology	NIST	美国国家标准与技术研究院
Network Address Translation	NAT	网络地址转换
Network Attached Storage	NAS	网络附加存储
Network on Chip	NOC	片上网络
Open Cloud Consortium	OCC	开放云计算联盟
Open Cloud Manifesto		云开放宣言
Open Data Base Connectivity	ODBC	开放数据库连接
Open Grid Forum	OGF	开放网格论坛
Open Grid Services Architecture	OGSA	开放网格服务体系结构
Open Grid Services Infrastructure	OGSI	开放网格服务基础结构
Open Group Cloud Work Group		开放云计算工作组
Open System Interconnect	OSI	开放系统互联
Operator		操作
Orthogonal Variable Spreading Factor	OVSF	正交可变扩频因子
Parallel Computing		并行计算
Para-virtualization		半虚拟化
Partition		分区

续表五

英文名称	英文缩写	中文名称
Peer to Peer	P2P	对等计算
Personal Area Network	PAN	个域网
Physical to Virtual	P2V	物理到虚拟
Piconet		微微网
Piconet Coordinator	PNC	微微网协调器
Pipeline		流水线
Platform as a Service	PaaS	平台即服务
Point to Point Protocol	PPP	点对点协议
Portable Operating System Interface of Unix	POSIX	可移植操作系统接口
Power Spectral Density	PSD	功率谱密度
Protocol Adaption Layer	PAL	协议适应层
Pseudo Noise	PN	伪随机噪声
Pulse Amplitude Modulation	PAM	脉幅调制
Pulse Position Modulation	PPM	脉位调制
Quad Data Rate	QDR	四倍数据倍率
Quadrature Phase Shift Keying	QPSK	四相相移键控
Quality of Service	QoS	服务质量
Radio Frequency	RF	射频
Radio Frequency Identification	RFID	射频识别
Radio Transmission Technology	RTT	无线传输技术
Reduce		简化,规约
Reduced Function Device	RFD	精简功能设备
Reduced Instruction Set Computer	RISC	精简指令集计算机
Redundant Array of Inexpensive Disks	RAID	廉价磁盘冗余阵列
Remote Direct Memory Access	RDMA	远程直接内存访问
Remote Procedure Call	RPC	远程过程调用
Representational State Transfer	REST	表述性状态转移
Resilient Distributed Datasets	RDD	弹性分布式数据集
Robust Agile Service-oriented Systems		鲁棒敏捷面向服务系统
Row Key		行键
Scatternet		散射网
SCSI Trade Association	STA	SCSI 同业公会
Secure Hash Algorithm	SHA	安全 Hash 编码法
Secure Sockets Layer	SSL	安全套接层
Service Discovery Protocol	SDP	服务发现协议
Service Level Agreement	SLA	服务等级协议
Service Level Protocol	SLP	服务等级协议

续表六

英文名称	英文缩写	中文名称
Service-oriented Development		面向服务开发
Service Visualization		服务虚拟化
Service-oriented Architecture	SOA	面向服务的体系结构
Serving-Gateway	S-GW	服务网关
Shuffle		混洗
Simple DB	SDB	简单数据库服务
Simple Object Access Protocol	SOAP	简单对象访问协议
Simple Queuing Services	SQS	简单队列服务
Simple Storage Service	S3	简单存储服务
Single Data Rate	SDR	单倍数据倍率
Single Ended	SE	单端
Single Program Multiple Data	SPMD	单程序多数据
Small Computer System Interface	SCSI	小型计算机系统接口
Social Networking Services	SNS	社会性网络服务
Soft Handover		软切换
Software as a Service	SaaS	软件即服务
Sort		排序
Special Interest Group	SIG	特别兴趣小组
Spectral Power Distribution	SPD	谱功率分布
Stage		阶段
Storage Area Network	SAN	存储区域网络
Storage Level		存储级别
Storage Network Industry Association	SNIA	存储网络工业协会
Streaming Computing		流式计算
Structured Query Language	SQL	结构化查询语言
Subscriber Identity Module	SIM	用户身份模块
Symmetric Cryptography		对称加密
Symmetrical Multi-processing	SMP	对称多处理
Synchronous Connection-oriented	SCO	同步面向连接
System Integrator	SI	系统集成商
System on Chip	SOC	片上系统
Tabular Data Stream	TDS	表格数据流
Tachyon		超光子
Task		任务
Taskset		任务集
Telecommunications Industry Association	TIA	电信工业协会
Time Division Duplexing	TDD	时分双工

续表七

英文名称	英文缩写	中文名称
Time Division Multiple Access	TDMA	时分多址
Time Division-Synchronous Code Division Multiple Access	TD-SCDMA	时分同步码分多址
Time Hopping Spread Spectrum	THSS	跳时扩频
Time Stamp		时间戳
Transformation		转换
Trusted Computing Base	TCB	可信计算基
Trusted Computing Group	TCG	可信计算组织
Trusted Cryptography Module	TCM	可信密码模块
Trusted Database Interpretation	TDI	可信数据库解释
Trusted Network Interpretation	TNI	可信网络解释
Typed Methods		有类型的方法
Ultra Wide Band	UWB	超宽带
UMTS Terrestrial Radio Access Network	UTRAN	UMTS 陆地无线接入网
Unified Cloud Interface	UCI	统一云接口
Unified Threat Management	UTM	统一威胁管理
Universal Mobile Telecommunication System	UMTS	通用移动通信系统
Universal Plug and Play	UPnP	通用即插即用
University of California, Berkeley		加州大学伯克利分校
Untyped Methods		无类型的方法
User Datagram Protocol	UDP	用户数据报协议
Virtual Desktop Infrastructure	VDI	虚拟桌面架构
Virtual Environment	VE	虚拟环境
Virtual Ethernet Bridge	VEB	虚拟以太交换机
Virtual Ethernet Port Aggregator	VEPA	虚拟以太网端口聚合器
Virtual Local Area Network	VLAN	虚拟局域网
Virtual Machine	VM	虚拟机
Virtual Machine Monitor	VMM	虚拟机管理器
Virtual Private Network	VPN	虚拟专用网
Virtual Private Server	VPS	虚拟专用服务器
Virtual to Physical	V2P	虚拟到物理
Virtual to Virtual	V2V	虚拟到虚拟
Virtualization		虚拟化
Voice over IP	VoIP	IP 电话
Web Role		Web 角色
Web Services		Web 服务
Web Services Description Language	WSDL	Web 服务描述语言
Web Services Resource Framework	WSRF	Web 服务资源框架

续表八

英文名称	英文缩写	中文名称
Wide Dependency		宽依赖
Wideband Code Division Multiple Access	WCDMA	宽带码分多址
Wireless Gigabit Alliance	WiGig	无线千兆比特联盟
Wireless Local Area Network	WLAN	无线局域网
Wireless Metropolitan Area Network	WMAN	无线城域网
Wireless Multimedia	WiMedia	无线多媒体
Wireless Personal Area Network	WPAN	无线个域网
Wireless Sensor Network	WSN	无线传感器网络
Wireless Wide Area Network	WWAN	无线广域网
Wireless-Fidelity	Wi-Fi	无线保真度
Worker Role		辅助角色
World Radiocommunication Conference	WRC	世界无线电通信大会
Worldwide Interoperability for Microwave Access	WiMAX	全球微波接入的互操作性
WS-Resource		Web 服务-资源
ZigBee		紫蜂
ZigBee Device Object	ZDO	ZigBee 设备对象

参 考 文 献

[1] 罗军舟，金嘉晖，宋爱波，等. 云计算：体系架构与关键技术[J]. 通信学报，2011，32(7)：3-21.

[2] Foster I，et al. The Grid：blueprint for a new computing infrastructure[M]. 2nd ed. Morgan Kaufmann Press Ltd，2004.

[3] 岳昆，王晓玲，周傲英. Web 服务核心支撑技术：研究综述[J]. 软件学报，2004，5(3)：428-442.

[4] Foster I，Kesselman C，Nick J，et al. Grid services for distributed system integration[J]. IEEE Computer，2002，35(6)：37-46.

[5] Foster I，Jennings N R. Kesselman C. Brain meets Brawn：Why Grids and Agents Need Each Other[C]. AAMAS'04，New York：USA，2004.

[6] Gutierrez-Garcia J O，Kwang-Mong Sim. Self-organizing agents for service composition in cloud computing[A].Cloud Computing Technology and Science (CloudCom)，2010 IEEE Second International Conference on[C]. Indiana：IEEE Press，2010：59-66.

[7] Foster I，Frey J，Graham S，et al. Modeling Stateful Resources with Web Services. Globus Alliance，2004.

[8] Chervenak A，Kesselman C，et al. Design and Implementation of a Data Replication Service Based on the Lightweight Data Replicator System[C].14th IEEE International Symposium on High Performance Distributed Computing (HPDC-14)，2005.

[9] 吴劲松，陈孚. 云计算发展及应用研究[J]. 广西通信技术，2011(2).

[10] 陈康，郑纬民. 云计算：系统实例与研究现状[J]. 软件学报，2009(5)：1337-1348.

[11] 张亚东. 浅谈云计算发展现状与趋势[J]. 科技向导，2011(12).

[12] 高晓燕. 云计算在图书馆中的应用探究[J]. 高校图书情报论坛，2010(6).

[13] 黎春兰，邓仲华. 论云计算的价值[J]. 图书与情报，2009.

[14] 刘树超. 云计算的研究与探讨[J]. 煤炭技术，2010.

[15] 李建卓. 云计算及其发展综述[J]. 宝鸡文理学院学报：自然科学版，2010(9).

[16] 王庆波. 虚拟化与云计算[M]. 北京：电子工业出版社，2009.

[17] 何宝宏，李洁. 我国云计算发展的现状与展望[J]. 电信技术，2012(1).

[18] 田爽. 云计算的发展阶段以及在亚洲的具体表现[J]. 互联网天地，2011(3).

[19] 刘鹏. 云计算[M]. 2 版. 北京：电子工业出版社，2011.

[20] 郝卫东，杨扬，王先梅，等. 网络环境下的电子商务与电子政务建设[M]. 北京：清华大学出版社，2006.

[21] 王志良，王新平. 物联网工程实训教程：实验、案例和习题解答[M]. 北京：机械工业出版社，2011.

[22] 赵立威，方国伟. 让云触手可及：微软云计算实践指南[M]. 北京：电子工业出版社，2010.

[23] 董焱. 面向中小企业的虚拟化解决方案[J]. 科技创新导报，2011(2).

[24] 陆英南. 基于微软 Hyper-V 的虚拟化技术[J]. 信息技术与课程整合，2007(12).

[25] Loganayagi B，Sujatha S. Improving Cloud Security through Virtualization[J]. Nagamalai D，Renault E，Dhanushkodi M(Eds.)：CCSEIT 2011，CCIS 204，pp. 442-452，2011. Springer-Verlag Berlin Heidelberg

2011.

[26] 刘爱军,耿国华. 基于 x86 的虚拟机技术现状、应用及展望[J]. 计算机技术与发展, 2007, 17(11): 250-253.

[27] 夏建兵. 浅谈"虚拟化"技术[J]. 电脑知识与技术, 2009(6).

[28] 董耀祖,周正伟. 基于 X86 架构的系统虚拟机技术与应用[J]. 计算机工程, 2006, 32: 71-73.

[29] 刘庆磊,信师国,李晓林. 虚拟技术在 IT 运维管理中的应用研究[J]. 信息技术与信息化, 2010.

[30] 翁飚,徐佳. 基于 VM Server 的虚拟服务环境构建研究[J]. 科技资讯, 2008.

[31] 胡晓荷. 虚拟化时代即将来临[J]. 信息安全与通信保密, 2009(3).

[32] 雷葆华. 云计算解码:技术架构和产业运营[M]. 北京:电子工业出版社, 2011.

[33] 李英,陈苏豫. Linux 虚拟化技术研究[J]. 商丘师范学院学报, 2008(6).

[34] 王建红. 浅析 Linux 虚拟化技术[J]. 湖北师范学院学报:自然科学版, 2008, 28(1).

[35] 黄亭宇,张琼声,夏守姬. 系统虚拟机实现技术综述[J]. 农业网络信息, 2007(10).

[36] 罗革新,胡利强. 基于云计算的虚拟化数据中心(上)[J]. 行业应用, 2011(9).

[37] 杨文志. 云计算技术指南:应用、平台与架构[M]. 北京:化学工业出版社, 2010.

[38] 崔泽永,赵会群. 基于 KVM 的虚拟化研究及应用[J]. 计算机技术与发展, 2011, 21(6).

[39] 刘荣发. 服务器虚拟化技术在图书馆数字化服务中的应用[J]. 现代图书情报技术, 2007(4).

[40] 汤小康. 服务器虚拟化技术在校园网中的应用[J]. 计算机时代, 2009(2).

[41] 叶玲,贡维才,孙鉴坤. 网络环境下图书馆服务器虚拟化方案设计[J]. 农业图书情报学刊, 2011, 23(4).

[42] 曾云华,江伟. 图书馆服务器虚拟化及其风险应对[J]. 情报探索, 2011(12).

[43] 梁凯鹏. 基于 VEPA 的云计算数据中心的设计与实现[J]. 广东通信技术, 2011(9).

[44] 曾巧红. VPN 技术在高校图书馆的应用[J]. 情报学报, 2005, 25(3).

[45] 刘昌,冯炎. 桌面虚拟化及其在知识型企业的应用方案[J]. 中国信息界, 2011(8).

[46] 姜昌金,陶桦,黄琦,等. 桌面虚拟化技术在校园网环境的应用[J]. 实验技术与管理, 2011, 28(5).

[47] 刘艳霞,周东华,郑羽. 基于 XenDesktop 桌面虚拟化网络平台的研究[J]. 计算机时代, 2011(6).

[48] 郑羽,刘艳霞. 基于 Citrix 虚拟化技术和 PXE 无盘 Linux 的局域网应用平台[J]. 计算机系统应用, 2011, 20(7).

[49] 付永振. 关于实现通信应用系统快速集中的探讨[J]. 科技传播, 2010(6).

[50] 陈国良. 并行计算结构·算法·编程[M]. 3版. 北京:高等教育出版社, 2011.

[51] Mattson T G, Sanders B A, Massingill B L. 并行编程模型[M]. 敖富江,译. 北京:清华大学出版社, 2005.

[52] Tom White. Hadoop 权威指南(中文版)[M]. 曾大聃,周傲英,译. 北京:清华大学出版社, 2010.

[53] Chen Quan, Zhang Daqiang, et al. SAMR:A Self Adaptive MapReduce Scheduling Algorithm in Heterogeneous Environment [A]. Proc of IEEE International Conference on Computer and Information Technology[C]. Los Alamitos:IEEE computer society, 2010:2736-2743.

[54] 周敏. MapReduce 综述[M]. 广州:暨南大学出版社, 2008.

[55] 盘隆. 基于 MapReduce 的分布式编程框架的设计与实现[M]. 哈尔滨:哈尔滨工业大学出版社, 2011.

[56] Guo Leitao, Sun Hongwei, et al. A data distribution aware task scheduling strategy for MapReduce

参考文献

system[A]. First International Conference on Cloud Computing [C]. Berlin：Springer，2009.

[57] Lammel R. Google's MapReduce Programming Model-revisited [J]. Science of Computer Programming，2008，7(1).

[58] Sandholm T，Lai K. MapReduce optimization using regulated dynamic prioritization[J]. Performance Evaluation Review，2009，37(1).

[59] Kim K，Jeon K，et al. MRBench：A benchmark for MapReduce framework[A]. Proc of International Conference on Parallel and Distributed Systems[C]. Piscataway：IEEE computer society，2008.11-18.

[60] Zaharia M，Konwinski A，et al. Improving MapReduce performance in heterogeneous environments[A]. Proc of USENIX conference on Operating systems design and implementation[C]. Berkeley：USENIX Association，2008.

[61] Shan Yi，Wang Bo，et al. FPMR：MapReduce framework on FPGA a case study of rankboost acceleration[A]. Proc of ACM SIGDA International Symposium on Field Programmable Gate Arrays[C]. New York：ACM，2010.

[62] Kontagora M，Velez H G. Benchmarking a MapReduce environment on a full virtualization platform[A]. Proc of International Conference on Complex，Intelligentand Software Intensive Systems[C]. Piscataway：IEEE，2010.

[63] 武永卫，黄晓猛. 云存储[J]. 中国计算机学会通讯，2009.

[64] Sanjay Ghemawat，Howard Gobioff，Shun-Tak Leung，The Google File System，2005.

[65] 王建红. 浅析 Linux 虚拟化技术[J]. 湖北师范学院学报：自然科学版，2008，28(1).

[66] 李虹，李昊. 可信云安全的关键技术与实现[M]. 北京：人民邮电出版社，2010.

[67] 李德毅. 云计算技术发展报告.2011[M]. 北京：科学出版社，2011.

[68] 郎为民，杨德鹏，李虎生. 国外云计算标准化组织介绍[J]. 电信工程技术与标准化，2011，24(12).

[69] Jon William Toigo. 灾难恢复规划[M]. 连一峰，等，译. 北京：电子工业出版社，2004.

[70] 张艳，李舟军，何德全. 灾难备份和恢复技术的现状与发展[J]. 计算机工程与科学，2005，27(2).

[71] 吴文军. 关于灾难恢复系统建设的思考[J]. 中国管理信息化. 2011，14(20).

[72] 刘建国. 电子商务安全管理与支付[M]. 上海：立信会计出版社，2011.

[73] 张恒喜，史争军. 云时代电子商务安全研究[J]. 现代商业，2011(14).

[74] 李燕. 由支付宝看我国第三方支付平台[J]. 广西质量监督导报. 2008(2).

[75] 贾美云，李杰. 我国第三方电子支付工具安全性问题研究[J]. 科技和产业，2010，10(8).

[76] 穆立波. 事件驱动型传感网络低能耗协议设计[J]. 无线电工程，2011(6)：15-18.

[77] 朱近之. 智慧的云计算：物联网的平台[M]. 北京：电子工业出版社，2011.

[78] 张莉. ZigBee 技术在物联网中的应用[J]. 电信网技术，2010(3)：1-5.

[79] 王锦山，赵建平，李树宏. 4G 技术演进及移动终端芯片设计[J]. 移动通信，2006(3).

[80] 沈嘉. 3GPP LTE 核心技术及标准化进展[J]. 移动通信，2006(4).

[81] Zaharia M, Chowdhury M, Das T, et al. Resilient distributed datasets: a fault-tolerant abstraction for in-memory cluster computing[C]. Proceedings of the 9th USENIX conference on Networked Systems Design and Implementation, USENIX Association Berkeley, CA, USA, 2012: 2-2.

[82] Zaharia M, Chowdhury M, Franklin M J, et al. Spark: cluster computing with working sets[C]. Usenix Conference on Hot Topics in Cloud Computing. USENIX Association, 2010:1765-1773.

[83] Garcia H, Ludu A. The Google File System[C]. Acm Sigops Operating Systems Review. ACM, 2003: 29-43.

[84] Dean J, Ghemawat S. MapReduce: Simplified Data Processing on Large Clusters [J]. Communications of the Acm, 2008, 51(1): 107-113.

[85] 徐立冰. 云计算和大数据时代网络技术揭秘[M]. 北京：人民邮电出版社，2013.

[86] 杜拉特(Duarte O.C.M.B.)，普杰(Pujolle G.). 虚拟网络：下一代互联网的多元化方法[M]. 北京：机械工业出版社，2015.

[87] 赫特兰(Hetland). Python 基础教程[M]. 2 版. 北京：人民邮电出版社，2014.

[88] 凯·S·霍斯曼(Cay S. Horstmann). 快学 Scala，北京：电子工业出版社，2012.